JN207508

Global Change Biology
The study of life on a rapidly changing planet

Erica Bree Rosenblum

グローバル変動生物学

急速に変化する
地球環境と生命

エリカ・B・ローゼンブラム ［著］

宮下 直 ［監訳］ 深野祐也・安田仁奈・鈴木 牧 ［訳］

朝倉書店

監訳者まえがき

　この本はカリフォルニア大学バークレー校のエリカ・B・ローゼンブラム（Erica Bree Rosemblum）教授の著書 "Global Change Biology: The Study of Life on a Rapidly Changing World"（2021）の邦訳である．海外には Global Change Biology という学術誌はあるが，学問分野として確立したものはないため，和訳には相当頭を悩ませた．検討の結果，グローバルという用語をそのまま使うのが直観的にわかりやすいという理由で，「グローバル変動生物学」とした．グローバル変動という用語は，経済用語でよく使われているが，生態系の分野でも一部で使用されており，漢字の羅列よりも望ましいと判断した．

　「グローバル変動生物学」は生物学と環境学をつなぐ課題解決型の新しい学問である．生物学の一分野ではなく，社会や経済の変革までをも視野に入れた真に学際的な分野と考えていただきたい．これまで生態学や環境学の教科書は数多く出版されてきたが，それらはどちらか一方の分野に力点を置いたものが多かった．本書では地球規模での生物多様性の危機を科学的に分析し，それに社会がどう対処したらよいかを常に問いかけている．真に統合的で類書がない教科書といえるだろう．ローゼンブラム氏は，主に両生類や爬虫類を対象に，生物多様性の創出や維持のメカニズムを研究している．だが，本書の目次からもわかる通り，彼女の見識は非常に広範かつ深淵であり，遺伝子から地球環境まで，そして自然科学と社会科学の接点に至るまでの造詣に満ちている．さらに，教育や啓発にも熱心で，学生が自ら社会課題を見出し，課題解決のためのアイデアを育むための教育を実践している．

　本書は，まず第1章でグローバル変動生物学の方法論を紹介した後で，第2章では地球上における生命の長大な進化の歴史を論じている．第3，4章では私たちホモ・サピエンスの起源から近年の人新世までの流れを概観している．ここでは生物としてのヒトや人間社会の変遷について理解できるだろう．第5〜8章では，環境変動に対する生物の応答をタイプごとに整理し紹介している．移動，適応，絶滅などを一連の応答として扱っている点は，教科書として斬新である．第9，10章では生物群集と生態系のレベルでの環境応答を紹介している．生態学を学んだ読者には馴染み深い話題も少なくない．最後の第11，12章では，生物や生態系の保全の基本概念を紹介するとともに，人と自然の調和をとれた社会を実現するための制度や取り組みについて，個人や組織，政治，ガバナンスなど多方面から論じている．

　本書のもう一つの特徴は，非常に広範な分野を1人の著者が，しかも学術的な緻密さをもって書き上げていることである．分担執筆がふつうになった昨今，首尾一貫したパースペクティブが読み取れる大著の価値は大きい．

　本書は専門的で難解な内容も含まれているが，図解や事例が豊富で，意欲のある人であれば無理なく理解できるように仕上がっている．最新の情報が美しい写真やイラストつきで紹介されていることも魅力の1つである．最近，世間ではSDGsをはじめ，環境課題に関する様々な用語が飛び交っている．生態系サービス，持続可能性，ネイチャーポジティブなど枚挙にいとまがない．だが，これら用語には学術的な体系があるわけではない．本書にはそれらを支える科学的な概念や方法論の体系が詰まっているだけでなく，社会の公正や正義といった哲学や倫理との関係性も

述べられている．生態系，生物多様性，そして広く環境問題に関心のある学生の教科書としては
もちろん，研究者，行政や企業において環境問題に携わる人々，教育者，市民科学者，NPO など，
多くの方々にとって非常に有益な情報源になると確信している．

　本書の翻訳は 4 名で行った．第 2，3，4，7 章は深野祐也，第 5，6，8，11 章は安田仁奈，
第 9，10，12 章は鈴木牧，序論と第 1 章そして監訳は宮下直が担当した．さらに日本の読者向
けに，国内の課題や取り組みをオリジナルのコラムとして追加した．グローバル変動生物学は展
開が速い分野であるため，可能な限り早く刊行することを目指した．その甲斐あって，企画から
1 年半余りでこれだけの大著の刊行にこぎつけることができたのは喜ばしいことである．少人数
での翻訳には苦労もあったが，著者の視野の広さや最新の研究成果を目の当たりにでき，私たち
にとっても大変勉強になった．

　最後に，刊行までのすべての過程でご助力いただいた朝倉書店編集部にはこの場を借りて御礼
申し上げる．

2024 年 9 月

宮下　直

　原著の各章末尾に掲載されている引用文献の情報は，紙面から
は割愛し，ホームページに掲載しました．QR コードよりアクセ
スしてご利用ください．
　　https://www.asakura.co.jp/user_data/contents/18064/1.pdf

序

概観

　私たちは今，地球の歴史において非常に重要な時代に生きている．地球上の生命とそれを支える地球環境は，何十億年にもわたり進化し，変化を遂げてきた．しかし今日，我々は驚異的な規模と速度で環境が変化するという，いわば「大加速の時代」にいる．かつて単一の生物種が地球上でこれほど急速な環境変化を引き起こしたことはなかった．人間は，深海から大気の上層に至るまで，地球システムを改変している．科学者たちは長い間，私たちが生物圏へ及ぼす影響により地球が「転換点」に近づき，劇的で長期にわたる不幸な帰結をもたらすだろうと警告してきた．また，環境と経済，社会，そして文化システムは，密接不可分な関係にある．社会の公平性や持続可能性，公衆衛生に関する多くの差し迫った課題は，これまで生物や地球で起きてきたことと無縁ではない．今，人間が地球上の生命をとりまく環境をどのように変化させ，多様な生物種がそれに対してどのように応答し，地球上の生物的な遺産を適切に保全するにはどうすればよいかを探ることが急務となっている．

グローバル変動生物学

　本書の目的は，グローバル変動生物学というダイナミックで統合的な新しい学問分野を紹介することにある．グローバル変動生物学は，環境の変化が地球上の生命にどのような影響を与えるかという，緊急性の高い問いに取り組んでいる．研究者は，多様な時間スケール（過去から現在まで），空間スケール（地域から地球全体まで），そしてあらゆる生物群（微生物から哺乳類まで）を含む様々な問いに挑戦している．彼らは，新しい手法をもとに，複雑な生物システムが急速な環境変化にどのように応答するかについて理解を深めようとしている．本書は，グローバル変動生物学を包括的に紹介するとともに，変動する地球環境下で生物を研究し，保全するための最先端の手法や考え方に焦点を当てている．

歴史上の分岐点

　本の執筆には何年もの時間が必要である．執筆の間には，広範な文献調査と文章の書き直しが繰り返される．この数年間，グローバル変動生物学は発展し続け，私たちの世界や生活も劇的に変化した．パンデミックの発生（COVID-19 を含む），気候変動に関連した災害（火災，洪水，ハリケーン）の頻度と強度の増加，根深い人種差別やマイノリティへの差別などの社会的・経済的な不平等の蔓延に直面した．また病気や難民，死亡，そして暴力は，人々がもつ恐怖の念と地球の未来に対する不確実性を増幅させている．

　近年，これらの問題はグローバル変動生物学の中心的なトピックと関係深いことが明白になっている．現代社会は，人間や他の生物種，天然資源を浪費の対象としてきた．こうした社会正義の危機を招いたイデオロギーは，生態系を岐路に導いたイデオロギーと同じである．搾取のシス

テムが永続すれば，地球上のすべての生物が苦しむことになる．しかし，激動の時代は絶好のチャンスでもある．様々な立場の人々が，疎外感をもたらすシステムから脱却し，創造的で前向きな活動に投資するために，スピード感をもって仕事に取り組んでいる．私たちは，人を含むすべての生き物とそれらの深い相互関係を尊重する新たな社会のあり方を模索し始めている．

グローバル変動生物学は，本質的にこうしたつながりに焦点を当てている．地球上のすべての生命は相互に依存しており，そのなかでの私たちの立ち位置を考えることなく地球の変化を考えることはできない．この本は科学としてのグローバル変動生物学に焦点を当てているが，激動期に生きる私たちにとって，生物現象と社会現象の間の深いつながりに気づかせてくれるだろう．本書を読み進めるときは，その内容が自分の経験とどう関連しているか，またこの時代に生きる人間として何をなすべきかという問いを探究してもらいたい．

この本は，読者に新しい研究分野についての刺激を与えることを意図している．筆者は学生たちが環境科学の文献を読んで，過去に腹を立てたり，未来に絶望したり，人間であることに罪悪感を抱いたりするという話を耳にしたことがある．この本が，人と人，そして人と自然界全体を関係づける新しい方法や視点を提供してくれることを願っている．人間が生物圏に与える影響を研究することで，私たち個人や集団がもつ力と可能性を見出すことができるだろう．私たちは皆，問題解決のためのインスピレーションや，創造性，存在感をもっているのだ．

読者対象

筆者はカリフォルニア大学バークレー校に採用されたときに，グローバル変動生物学の講義の立ち上げを依頼された．これは刺激的な機会だったが，この新しい分野の研究をまとめた教科書がないことに気づいた．生態学，進化学，保全学，および環境科学の教科書は関連するテーマを扱ってはいるが，最先端の洗練された学際分野としてのグローバル変動生物学を扱ってはいない．地球規模での環境変動を扱う教科書は，特定の駆動因や生態系に限定されてきた．また多くは複数の著者による教科書であり，明確な統一概念を記したものではなく，グローバル変動生物学が扱う複合的な科学についての統合的視点を提供するテキストが必要だった．この本はそうした背景から生まれた．

本書は，学部の専門課程で生物学と環境科学を専攻する学生を念頭に置いて作成した．しばしば，学生たちは，生態学と進化学の重要な概念を地球環境変動のテーマに適用し，科学者としての高度に分析的で統合的なスキルを身につけるために筆者の講義に参加している．しかし，グローバル変動生物学には，他分野を巻き込む力があり，本書はより広範な読者を意図している．教養課程の学生や専門外の学生は，この本により，生物圏が直面している課題を理解することができるだろう．専門性が高い大学院生は，この本を新しい分野への導入として，また将来の研究分野を見つけるためのロードマップとして使用できる．つまり本書の基本概念は，学生を最先端の研究トピックに導くとともに，多様な読者が利用できるテキストとなっている．

アプローチ

この本は，グローバル変動生物学の包括的な入門書であり，学習するための段階を用意している．それを通して，読者が様々な空間や時間スケールから現実の課題に取り組み，生態，進化，保全の視点を統合できる能力を身につけることを目指している．本書は，4つの学習目標を中心

に構成されている.

ユニット I：背景

　ここでは，過去から現在までの歴史と現状を概観する．まず，グローバル変動生物学で使用されるアプローチや分析手法を紹介する（第1章）．次に，地球の歴史を通じた生物多様性のパターンと環境変化について紹介する（第2章）．続いて，人類の進化の歴史（第3章）と，人間活動が地球を劇的に変化させた地質年代である「人新世」（第4章）を探究する．最後に，気候変動，生息地の変化，グローバリゼーションなどの地球規模の変化を引き起こしている駆動因について明らかにする（第4章）．

ユニット II：地球変動ストレス要因に対する応答

　ここでは，分子，個体，個体群，および種レベルを対象に，現在の地球環境の変化が生物にどのような影響を与えているかを探る．特に，変動環境下で生物が示す4つの主要な応答，すなわち移動（第5章），調節（第6章），適応（第7章），および死滅（第8章）について説明する．様々な生物や生態系で起きている事例をもとに，概念をわかりやすく伝える．

ユニット III：地球変動に対する複雑な応答

　ここでは，生物群集，生態系，生物圏のレベルに重点を置き，環境変化が地球上の生命にどのように影響しているかを紹介する．生物群集（第9章）や大規模な地球システム（第10章）で見られる，複雑に相互作用する応答とフィードバックの機構を解き明かす．ここでも，様々な生物や，主要なバイオームで起きている事例をもとに，様々な分析技術を紹介し，差し迫った現代の課題に対処するための道筋を提示する．

ユニット IV：将来への展望

　本書の最後では，変化する世界で復元力のある生態系を維持するために，どのような行動をとることができるかを考える．新たなアプローチと複雑なトレードオフに焦点を当て，グローバル変動生物学の枠組み（第11章）をもとに，保全や管理の選択肢を批判的に考える．また，科学と社会の関係性とその課題についても扱う（第12章）．生物多様性の保全は，個人，社会，および生態系から生じる利害をいかに調整するかにかかっている．

発展学習のための「付録」

　この教科書には本文の理解を深めるための「付録」があり，基本概念の見直し，データの解釈，システム思考の涵養，学習プロセスの振り返り，などの機会を与えている．これらの付録は，読者の自発的な取り組みや総合学習を促すための予習や復習の機会にもなっている．

　各章の冒頭にある**事前チェック**は，各章の話題について，読者が自身の経験に基づいた作図や作文をする場を提供しており，復習や自己評価をするための役割を果たしている．事前チェックは，全米科学財団の「学習のための描画」を参考にしたもので，科学的概念を図式化することで，読者が自身の誤解に気づき，理解を深めることができると考えられている．読者が自分自身で教材に取り組むきっかけにもなるだろう．

　学習成果も各章の冒頭にあり，そこから得られる知識とスキルを掲げている．

　基本知識では，グローバル変動生物学を理解するために必要な，生態学，進化学，遺伝学の基

本概念を確認することができる．事前知識に乏しい専門外の読者にとって重宝するだろう．

データで見るは，グローバル変動生物学についてのデータを読み解く場となる．予測を立て，図を解釈し，重要な発見をすることで，読者はデータの収集，分析，解釈の方法を学ぶ．これは，学習内容を超えて，グローバル変動生物学の専門家になるための実践の機会となるだろう．

発展は，複雑なシステムが示す多面的な応答を考える場となる．読者はそれをもとに章の内容を統合し，グローバル変動生物学のテーマと自分の生活との関連性を探ることができる．

考えてみようは，テキスト全体の図や表に付記されており，読者は資料にアクセスすることができる．

章のまとめは各章の要約であり，重要概念を確認し，概念どうしを関連づけるのに役立つ．

まとめ

現在は人類にとって歴史上極めて重要な時代であるが，科学者にとっては魅力的な時代でもある．かつて，人類が生物圏にこれほど複雑で劇的な影響を与えたことはなかった．しかし同時に，急速に変化する地球上の生物多様性を研究し，保全するための革新的なツールを科学者が手にしたこともなかった．万能の解決策はないが，この変化の時代に科学と社会に貢献する方法はたくさんある．グローバル変動生物学の専門家になるかどうかにかかわらず，この本は，持続可能な解決策に貢献できる基本概念と分析技術を習得するための支援を目的としている．

謝辞

何十人もの校閲者と何百人もの学生たちが本書のアプローチや構成，内容の推敲の手助けをしてくれた．過去から現在に至るまで，筆者の教え子らのすべてが素晴らしいインスピレーションを与えてくれた．グローバル変動生物学課程と「環境と自己（Environment and the Self）」課程を通してフィードバックをくれた学生たちに感謝する．特に，Rainbow DeSilva, Shannon O'Hara, Allison Byrne や Elizabeth McAlpine-Bellis など，執筆を手助けしてくれた学生や同僚たちに感謝する．また，筆者の研究室の学部生・大学院生，ポスドクにも感謝したい．彼らの献身と思いやりによって，専門職のコミュニティがあたかも家族のように感じられた．

数多くの査読者（ここに掲載している人もいれば匿名の人もいる）から，多くの有益なコメントをいただいた：

David Allard（テキサス A & M 大学）

Jennifer Boyd（テネシー大学）

Colin Carlson（カリフォルニア大学バークレー校）

Sarah Fitzpatrick（ミシガン州立大学）

Richard A. Gill（ブリガムヤング大学）

Alex R. Gunderson（テュレーン大学）

Michelle Hersh（サラ・ローレンス大学）

Luke M. Jacobus（インディアナ大学 - パーデュー大学インディアナポリス校）

Thomas Jenkinson（カリフォルニア大学バークレー校）

Jason Knouft（セントルイス大学）

Jason J. Kolbe（ロードアイランド大学）

Kristy Kroeker（カリフォルニア大学サンタクルーズ校）

Jay Lunden（ハバフォード大学）

Bruce Robertson（バード大学）

John Skillman（カリフォルニア州立大学サンバーナーディーノ校）

Madhu Srinivasan（ケンタッキー大学）

Robert Warren（ニューヨーク州立大学バッファロー校）

さらに，Thomas Jenkinson, Sarah Fitzpatrick, Sarah Evans らは，執筆に行き詰まりを感じたときに，それを打開するような意見を提供してくれた．

また，「データで見る」で取り上げた科学者たち（Gerardo Ceballos, Qiaomei Fu, David Reich, Terry Root, Camille Parmesan, Maria Rivera, Craig Moritz, James Patton, Carolina Voigt, Maj Rundlöf, Eric Hallstein, Mariano Rodriguez-Cabal など）には，写真提供や自身の研究についての記述をチェックしていただいた．

科学のキャリアを追求する私を支え，インスピレーションを与え続けてくれた恩師や同僚に深く感謝の意を表する．David Miles, David Rand, Craig Moritz, David Wake, Michael Eisen には特に重要な科学的なご指導をいただいた．Jeanne Robertson, Luke Harmon, Kristen Ruegg, Jamie Voyles, Seema Bhangar, Noah Whitman, Ari Makridakis, Jordan Rosenblum は，筆者がこの執筆に取り組んでいる間，重要な場面でサポートしてくれた．また，Harry Greene, James Collins, Jonathan Losos, Dolph Schluter, Justin Brashares など，本書の構想中に指導してくださった多数のメンターにも感謝している．彼らは私が目標を絞り込み，目的を明確にし，本書の構成を作るのを助けてくれた．この間に信頼できるメンターを得られたことは大きな喜びである．

この本の舵取りをしてくれたオックスフォード大学出版局の人々，すなわち，シニア・アクイジション・エディターの Jason Noe, 編集アシスタントの Sarah D'Arienzo, アシスタント・エディターの Katie Tunkavige, シニア・プロダクション・エディターの Louise Karam, SPi グローバル・プロジェクト・マネージャーの Brad Rau, アート・ディレクターの Michele Laseau, マーケティング・マネージャーの Joan Lewis-Milne, マーケティング・ディレクターの Chris Bowers, ナショナル・セールス・マネージャーの Bill Marting, コンテンツ・デジタル戦略ディレクターの Petra Recter に感謝の意を表したい．

最後に，私の家族による継続的な素晴らしいサポートには感謝してもしきれない．本書の執筆中，私の家族は祖母（100 年以上もの間，この地球の変化を目の当たりにしてきた！），母，そして私の子どもたちを含め，4 世代がともに暮らしていた．この間，家族や親戚からの忍耐，愛情，サポートが，確かな支えとなった．Sybil, Wendy, Mike, Chloe, そして Bodhi には特に心から感謝し，愛していることを伝えたい．また，私の生物多様性研究への情熱を生かしてくれた「最高に美しい無限の形態（endless forms most beautiful）」にも感謝する．自宅でも，ネコ，カエル，トカゲたちが私の執筆を見守ってくれた（ありがとう，Sumo, Apollo, Mina-bird, Sticky, そして Crescents！）．そして何よりも，私たちに好奇心を抱かせ，インスピレーションを与え続けている偉大な生命の神秘に感謝する．

エリカ・B・ローゼンブラム
カリフォルニア大学バークレー校

監訳者

宮　下　　　直　東京大学大学院農学生命科学研究科教授［第 1 章］

訳　者

深　野　祐　也　千葉大学大学院園芸学研究科准教授［第 2, 3, 4, 7 章］
安　田　仁　奈　東京大学大学院農学生命科学研究科教授［第 5, 6, 8, 11 章］
鈴　木　　　牧　東京大学大学院新領域創成科学研究科准教授［第 9, 10, 12 章］

目　　　　　次

ユニット1　背景

ユニットII 地球変動ストレス要因に対する応答

ユニット III　地球変動に対する複雑な応答

ユニット IV　将来への展望

🌐 コ　ラ　ム

1　グローバル変動生物学への招待

学習成果

この章では次のことを学ぶ.
- グローバル変動生物学の発展.
- グローバル変動生物学における主要なアプローチと方法.
- 自然の価値を評価するための枠組み.
- 知識の実データへの活用.

事前チェック

　各章には, 冒頭に「事前チェック」の項があり, そのなかで問いが設けられている. その目的は, この章のトピックについて事前に考える機会を与えることにある. 自分が知っていること, 知らないこと, 気になることを振り返ることで, その後の学習意欲を高める効果を狙っている. 問いに答える際には, 事前に何かを知っているはずだと思い込まず, そのトピックを素直に探究してほしい. 考え方の流れを書いたり, リストやフローチャートを作ったり, 絵を描いたりして, 課題の答えを自由に思いめぐらすとよい. それは事前の評価ツールとして役立つだろう. 一方, 章を読み終えた後で再び問いに立ち返り, 新たに得た知識により自分の意見がどう修正されたか確認することもできる. ここで次の問いを考えてみよう. 地球上の生命を研究することで, 私たちは何を学ぶことができるのか？　生物多様性に関する新しい知見が, 人類社会や地球上の何百万種もの生物にとって, どのような価値をもたらすだろうか. 地球上の生物多様性を研究する動機として, どのようなものが考えられるかリストアップしてみよう. そのなかで, あなた個人の興味を最もそそるものは何だろうか.

はじめに

　環境変化の原因と結果を研究することは, 現代科学において重要な課題となっている. グローバル変動生物学は, 環境変化とそれが地球上の生物に及ぼす影響, および環境変化と生物との相互作用を理解することに焦点を当てた, 新しい生物学の一分野である.

　この本で見ていくように, 私たちは, ヒトというたった1つの種が地球を支配するという前例のない時代に生きている. そのため, グローバル変動生物学は人為が生物多様性へ与える影響を特に重視している. 現代の環境変化は, 地球上のすべての生物種にとって緊急性の高い課題となっている. グローバル変動生物学者は, 微生物から哺乳類まで, また海洋から山岳まで, 様々な生態系に存在する多様な種を研究対象としている.

　過去の環境変化の動態を理解し, 現在の人為的圧力を評価すること, 将来の生態系の変化を予測すること, それらはすべて密接に関連している. それゆえ, グローバル変動生物学者は, 様々

な空間および時間スケールで研究を行っている．急激な環境変化に対して生物がどう応答しているかという喫緊の問いに答えるため，最先端のツールや技術を頻繁に用いている．

　この章の目的は，グローバル変動生物学の歴史や，研究者が採用している研究手法，そして分野横断的な課題を知ることにある．同時に，本章はこれから読者とともに探究していく後続の章の基礎にもなっている．

研究の発展

初期の歴史

　科学の営みの歴史は何千年も前に遡る．自然に関する詳細な知識は文字が出現する前からあり，初期の社会では天文や農業の知識など，自然界の観察を口伝えする伝統があった．しかし，今から 5,000 年前〜 2,000 年前に初期の文字が開発されたことにより，初期文明が自然界に関する綿密な観察記録をとっていたことを示す最初の証拠が得られた（図 1.1）．

　紀元前 500 年頃，ギリシャの哲学者らは，自然現象を説明するための実証的な研究と科学理論の構築を精力的に行っていた．しかし，天文学，数学，医学をはじめとする科学の進歩は，それよりはるか以前から世界各地で起こっていた．アフリカの古代数学，インドのアーユルヴェーダ医学，中国の冶金など，多くの地域文化に初期の高度な科学的実践の証拠が残されている（例：Selin, 2008）．

　それから約 2,000 年後，1600 年代から 1700 年代にかけての科学革命により，物理学，化学，地質学，天文学，生物学といった科学の主だった分野が正式に確立された．1800 年代後半には，週刊の科学雑誌が刊行され，世の中に広く配布されるようになった（1869 年 "Nature" 創刊号，1880 年 "Science" 創刊号）．学問分野ごとの学術誌は，現代の科学の成果を公表する 1 つの手段となっている．

　グローバル変動生物学が参照する生物学の分野の多くは，20 世紀に入ってから細分化された

A
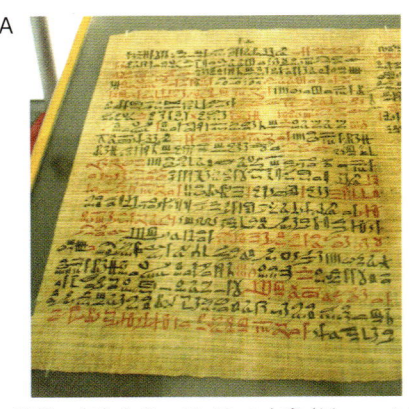

B

図 1.1　古代の科学．（A）古代エジプトの文書（例：エベルス・パピルス）は，最も古い科学記録の 1 つとして保存されている．数学，天文学，医学のいくつかは，紀元前 2000 年に遡る．（B）ギリシャの哲学者，タレス（紀元前 624 年〜 546 年頃，「科学の父」とも呼ばれる）は，自然現象を説明するための哲学的，科学的手法を開発した．
考えてみよう：どのような出来事や観察が，新しい科学分野を生み出すきっかけになるのか．
出典　（A）https://www.sciencesource.com/archive/Ancient-Egypt--Ebers-Medical-Papyrus-1550-BC-SS2501699.html；（B）Naci Yavuz/Shutterstock

（1920 年に "Ecology"，1946 年に "Evolution"，1987 年に "Conservation Biology" が創刊された）．雑誌 "Global Change Biology" は，1995 年に創刊された生物学のなかでも最も新しい分野の 1 つであり，「地球規模での環境変化と生物システムとの関係についての新たな理解を促進する」ことを目的としている．

現代のストレス要因

グローバル変動生物学が生物学の独立した分野として正式に発足したきっかけは何だったのか．簡単にいえば，人類が地球上の生物の生存環境を急速に変化させているという認識が広がったからだ．グローバル変動生物学は，必ずしも人為影響のみに焦点を当てているわけではない．実際，この分野には，生物圏に影響を及ぼすあらゆる環境変化のトレンド（過去，現在，予測）を研究することが含まれる．しかし，人間活動がもたらす劇的でグローバルな影響を目の当たりにすることで，この新しい研究分野は緊急性の高いものになった．

気候変動はその例である．1896 年，スウェーデンの科学者スヴァンテ・アレニウスは，地球の温度が大気中の二酸化炭素濃度に影響されることを示す推定結果を発表し，石炭の燃焼によって地球の表面温度が上昇すると主張した（Arrhenius, 1897）．それから数十年後，イギリスの技師であるガイ・カレンダーは，地球の気温の上昇と二酸化炭素濃度の上昇に相関関係があることを示す最初のデータを発表した（Callendar, 1938）．その後，50 年の間に，人為的な排出と地球温暖化の関連性が確かなものとなり，地球温暖化が生物多様性に与える影響も否定できないものとなっていった．1988 年には「気候変動に関する政府間パネル」（IPCC）が設立され，1990 年の第 1 次評価報告書では，人為的な気候変動が生物圏に壊滅的な影響を与える可能性があると警告した．その後の活発な研究成果により，気候変動が生物多様性に与える影響は，グローバル変動生物学の中心テーマとなった．

しかし，グローバル変動生物学は気候変動だけでなく，生物圏に対する数多くのストレス要因を扱う．土地利用の変化や化学物質による影響はその例である．次の章で詳しく述べるが，過去数世紀は，急激な人口増加と，都市化，農業の集約化，先住民の強制退去などによる劇的な土地利用の変化で特徴づけられる．こうした人為活動が，森林の破壊，土壌の劣化，生物多様性の減少，生物地球化学的循環の変化を引き起こしているという認識が徐々に広まった．1900 年代初頭には，各地で自然保護協会や保護区（例：アメリカ合衆国国立公園制度）が誕生した．しかし，一般の人々や科学者の関心が高まったのは，1900 年代半ばになってからである．西洋環境史の転換点としてよく挙げられるレイチェル・カーソンの著書『沈黙の春』（1962）により，農薬が生態系に及ぼす影響が注目されるようになったからである．その後，1970 年に第 1 回アースデイが開催され，約 2,000 万人が参加した（現在では年間 10 億人近くが参加しているイベント）．これと時を同じくして，図 1.2 に示すように，土地利用の変化や化学物質の汚染が生物多様性に与える影響に関する研究が加速し始めた．

知るための方法

科学雑誌などの出版物は，グローバル変動生物学の公式な知見として重要であり，本書でも主要な文献を引用している．しかし，自然界の変化を理解し伝える他の方法も不可欠である．例えば，先住民の生態的知識は，グローバル変動生物学の分野の発展と進歩に重要な役割を果たしてきたし，今でもその重要性に変わりはない．

具体的な例として，北極圏のイヌイットのような先住民の社会は，気候変動とその影響につい

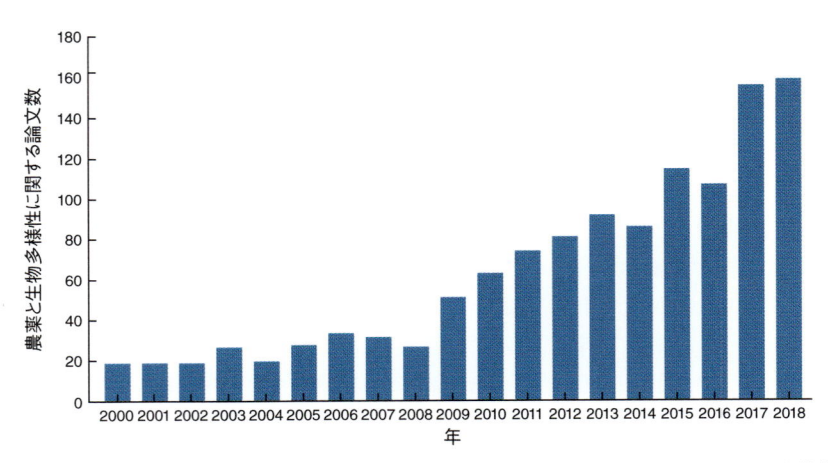

図 1.2 農薬が生物多様性へ与える影響に関する年間の総論文数に示されるように，人間による環境影響に関する研究は，この数十年で劇的に加速している．
考えてみよう：グローバル変動生物学の研究や，多様な意見を取り入れる環境づくりに対し，あなた自身が抱いている関心，経験，視点，アイデンティティは何だろうか？
出典 Web of Science

て口述的な証拠を提供している．伝統的な知識と科学的な計測は，気候変動研究の初期の段階から互いに補完し合う関係にあり，証拠の総量を増やしてきた．また，これらのアプローチは，それぞれ空間的・時間的に異なるスケールでの情報を提供することによって，互いを補完することができる（Alexander et al., 2011）．したがって，正規の科学的研究と伝統的知識の間の連携と対話の拡大は，グローバル変動生物学を豊かにし続けている（例：Berkes, 2009；Makondo & Thomas, 2018）．これは，「双方向学習」と呼ばれている（Middleton et al., 2019）．

　このアプローチの模範となるのが，ミドルトン（Beth Rose Middleton）博士とカリフォルニア州北部のユロック族との共同研究である．地域社会を基盤にした参加型研究の枠組みを用いて，大学の研究者と先住民社会のメンバーが協力し，人間と生態系の健康に影響を与える流域の有毒汚染物質を調査した．この協同により，伝統的な生態的知識と高解像度の質量分析データを統合し，環境中の毒素の定量化と発生源の特定を行うことができた．このプロジェクトは，先住民の知識を地球変動研究のなかで優先させるためのモデルとなっているだけでなく，共同学習によって構築されたパートナーシップは，先住民の土地の搾取という非常に痛ましい環境的・社会的遺産に対処することが可能になっている．

多様性の尊重による新たな地平

　多くの研究は，現状を知るために様々な方法を取り入れているが，多様な視座や人々の意見は，歴史的に長い間ないがしろにされ，抑圧され，無視されてきた．過去数千年にわたり構築されてきた社会，経済，文化システムは，無数の人々や生物種，生態系，土地の搾取に依存している．それは科学も同じである．科学における偏見は，アイデンティティをもつ多くのグループを排除し，伝統的知識の多くを無視してきた．多くの実務家が科学の多様化を求めてきたなか（例：Puritty et al., 2017；Vaughan et al., 2019），2020 年は，STEM 分野（科学（S），技術（T），工学（E），数学（M）の総称）に内在している人種差別と排除の意識を率直かつ冷静に分析する分岐点となった（例：Chen, 2020）．科学における不平等と人種差別に真正面から取り組むには，個人と組織による継続的で多面的な取り組みが必要である（例：Schell et al., 2020a）．

本書では主に科学雑誌に公表された一次文献を利用している．文献は，グローバル変動生物学の歴史，実践，主要な知見についての確固とした根拠を提供するが，反面，学術研究や雑誌に浸透している固有のバイアスに左右されることもある．だが，この分野は常に変化しており，概してよい方向へ向かっている．今こそ，生態学，経済，社会，文化システムの間の密接な関係を尊重し，あらゆる声を反映した，グローバル変動生物学の新しい見方，研究，関わり方を創造するときである．

　最近，地球変動研究を公平，正義，社会変革の価値と統合する，刺激的で意義深いイニシアチブが数多く立ち上がっている．その一例が Critical Ecology Lab（www.criticalecology.space）で，搾取的で抑圧的な社会システムと生態学的・生物地球化学的プロセスとの関連性を明らかにするために活動している．もう一つは，Civic Laboratory for Environmental Action Research（CLEAR；www.civiclaboratory.nl）で，コミュニティベースと市民科学のアプローチを統合し，海洋プラスチック汚染の研究に取り組んでいる．どちらの取り組みも科学的な研究を行うと同時に，西洋科学に浸透している抑圧的な社会システムに果敢に挑戦している．疎外されたシステムは人間の不平等と環境悪化を同時に引き起こす，という認識のもとでの取り組みである．図 1.3 には，この 2 つの取り組みの責任者を紹介している．

　今後数年のうちに，統合的で公平なアプローチがグローバル変動生物学の標準となることが期待される．科学者が自らの偏見を自覚し，より深い価値観を体現するようになれば，この分野は進化し続けるだろう．本書もまた，彼らとともに進歩することができる．最も重要なことは，読者自身もこの変化に関わってほしいということである．本書は，あなたがこの本と直接関わり，あなた自身のユニークな視点を本の内容に反映させることを求めている．そうすることで，異な

図 1.3　（A）クリティカル・エコロジー研究室のディレクターであるピエール（Suzanne Pierre）博士．グローバル変動生物学者であり，植物，微生物，生物環境をつなぐプロセスを研究する生物地球化学者でもある．クリティカル・エコロジー研究室では，環境変化と人間の富や権力の追求との関連性を明らかにし，新たな科学文化の創造とより公正な世界の実現を目指して研究を続けている．（B）リボイロン（Max Liboiron）博士は，CLEAR の所長である．科学技術者，環境科学者，活動家であり，海洋食物網におけるプラスチック汚染の実態解明と対策に取り組んでいる．CLEAR は反植民地的な海洋科学研究所であり，草の根的な活動により，プラスチック汚染に関する地域密着型の環境モニタリングを行っている．写真は，リボイロン博士（右）と研究室メンバーであるエミリー・ウェルズ（左）が，ニューファンドランドでプラスチック汚染を調査するため，トロール網を使用しているところ．
考えてみよう：もし，あなたがこれらの科学者に，彼らの研究，キャリアパス，科学者としての個人的な経験についてインタビューできるとしたら，どのような質問をするか？
出典　（A）写真：Amy Snyder，テキスト：http://www.criticalecology.space；（B）写真：David Howells（https://www.davehowellsphoto.com/），テキスト：www.civiclaboratory.nl

る視点，アイデンティティ，認識方法がこの重要な研究分野に統合され，グローバル変動生物学が新たな発展を遂げることになるだろう．

研究デザイン

　グローバル変動生物学は，環境変化の様々な影響を理解し，異なる空間的・時間的スケールを統合することに焦点を当てた発展中の研究分野である．だが，ダイナミックに変化するシステムを地球規模で研究することには，特有の課題がある．ここでは，グローバル変動生物学者が用いる主要な研究手法について説明する．また，以下の科学的アプローチは，多様な声や視点を尊重し，それらを取り入れて進めることが肝要である．

統合的なアプローチ

　グローバル変動生物学の研究は，様々な空間スケール（地域から地球全体），時間スケール（数分から数千年），そして生物学的スケール（遺伝子から生態系まで）において，環境変化に対する生物学的な応答を扱っている．単年度のストレス要因に対する単一集団の応答を評価する研究もあれば，数千年にわたる環境変化に対する生態系全体の応答を測定する研究もある．研究を価値あるものにするには，空間的，時間的，生物学的スケールを明確にすべきである．

　グローバル変動生物学は，人為か非人為かを問わず，様々な環境問題に取り組んでいる．環境問題には，特定の生態系に局所的な影響を与えるものもあれば，地球規模で影響を与えるものもある．同様に，ストレス要因には，火山の噴火や大規模な石油流出など，すぐにその影響を測定できるものもあれば，海洋循環パターンの変化など，長い時間をかけて影響を明らかにするものもある．現代の主なストレス要因については，第4章でより詳細に述べる．

　グローバル変動生物学は，多様なストレス要因に対する応答を多様なスケールで扱うため，究極的には多くの分野を高度に統合した学問領域となる．そのため，グローバル変動生物学は，生態学，進化学，保全生物学，古生物学，生理学などの多くの生物学の分野や，地質学，化学，大気科学，コンピュータ科学など他の科学分野で発展したデータ収集や解析方法を利用している．これらの分野はすべて，科学的方法（体系的な観察により，仮説や予測を発見，検証，修正すること）を適用することで統合される．

研究デザインの重要な要素

　ここでは，科学的方法の基本を網羅することはせず，グローバル変動生物学の研究をデザインする際の最適な方法を要約することを目的としている．この教科書では，実際の現場で行われている研究の手法や結果をもとに，随時研究デザインの各要素に立ち戻る．**表 1.1** には，研究デザインの主要な要素を列挙している．また，本章の「基本知識」では，研究データがどのように表示されるかを概説している．

　これらの概念をグローバル変動生物学のシナリオに適用する訓練として，仮想的な例を考える．まず，あなたは銅山の廃坑の近くで育ったとしよう．あなたが生まれてからは採掘が行われることはなかったが，地域住民は重金属が近くの土壌に溶出していないか常に気にかけていた．重金属（鉛，カドミウム，鉄，銅，ヒ素など）は自然界に存在し，その多くは地球上の生物にとって微量栄養素として不可欠である．しかし，重金属を過剰に摂取すると強い毒性がある．鉱業，農業，工業生産などの人間活動によって過剰な重金属が環境中に放出されると，生物に悪影響を与

表 1.1　科学的研究デザインの主要な要素.

用語	定義
独立変数	値が他の要因に依存しない要因. 1つの研究で複数の独立変数が存在することがある. 説明変数と呼ばれることもある.
従属変数	独立変数の値に依存する要因. 1つの研究で複数の従属変数が存在することがある. しばしば応答変数と呼ばれる.
処理区	独立変数の処理の影響を受ける個体またはサンプルの集団.
対照区	独立変数の処理の影響を受けない個体またはサンプルの集団で, 処理群との比較に使用される.
交絡変数	従属変数と独立変数の両方に影響を与え, 偏った結果や誤った解釈を招く可能性のある外的な (または隠れた) 変数.
主効果	1つの独立変数の個別効果で, 他の独立変数の効果は含まれない.
交互作用効果	2つ以上の独立変数の共同効果で, 個々の効果の合計より大きいことも, 小さいことも, 等しいこともある.
反復	複数の個体, サンプル, 集団, ないしは場所において, 同じ実験を繰り返すこと.
無作為化	系統的な偏りを避けるため, サンプルをランダムに選択したり, ランダムに実験グループへ割り当てたりすること.

考えてみよう：(a) 独立変数と従属変数, (b) 対照区と処理区, (c) 主効果と交互作用効果, のそれぞれの違いを自分の言葉で説明せよ.

えることがある (Nagajyoti et al., 2010).

　地域住民は, 採掘の影響が残っているかどうかを調べる研究資金をクラウドソーシングで調達し, あなたを主任研究者に選んだ. つまり, あなたは銅山が地域の生物多様性に長期的な影響を及ぼしているかどうかを調査する役割を担っている.

　あなたは, 採掘作業で発生した廃棄物には高濃度の重金属が含まれており, それが土壌に浸出し, 地域の生物多様性に影響を与えていると予想した. 重金属汚染物質が土壌微生物, 植物, 動物に影響を及ぼすと予想したが, 最初は食物連鎖で特に重要な植物1種に焦点を当てることにした. 土壌や植物組織に取り込まれた様々な重金属の濃度を測定し, それらの濃度を**独立変数**(independent variable), 植物の密度やバイオマス, または成長速度を**従属変数**(dependent variable) としよう.

　調査地は慎重に選ぼう. もちろん, 鉱山に近い場所で植物を調査したいところだが, ここでは, 重金属の影響を受けていると思われる複数の独立した集団で測定を行うことで, 結果が一般化されるかを確認するのがよい. また, 重金属汚染の影響を受けていない比較対照となる集団も見つけよう. 汚染されていない場所と比較することで, **対照区**(control) が得られる. 汚染されていない場所は, 重金属濃度以外の環境条件を, できるだけ同じにすべきだ. 測定する植物を選択する場合, 偏りが生じないように**無作為化**(randomization) の方法を使おう (例：ある場所では測定する植物が大きく, 別の場所では小さいような選択の仕方をしないようにする).

　重金属濃度や植物バイオマスといった注目すべき変数のモニタリングに加え, 交絡する可能性がある他の環境要因(例：気温の違い) を測定すれば, 重金属汚染だけで観察されたパターンが説明できるという確証を得ることができる. 調査を進めていくうちに, 調査地が重金属汚染以外のストレス要因にさらされていたことが判明するかもしれない. この場合はさらに調査を行い, これらストレス要因の**主効果**(main effect) と, 要因間の**交互作用効果**(interaction effect) を解析するとよいだろう.

　もちろん, この研究はいくらでも拡張することができる. 例えば, 採掘事業が始まる前の歴史

的データがあれば，経年変化を評価することもできるし，複数の生物種にわたって金属汚染の影響を研究したり，数理モデルを用いてシステムの将来変化を予測することもできる．この章の残りの部分では，グローバル変動生物学の問いに適用できる主要なアプローチと最先端の手法について見ていく．

個人と社会の関連性

その前に，今回紹介した鉱山の例とグローバル変動生物学との関連性を簡単に見ておこう．あなたが育った場所では，鉱業の影響にさらされることはなかったかもしれないが，他の環境ストレス要因を経験したことがあるかもしれない．自分が住んでいる地域を思い返し，地球規模の変化が自分自身にどのような影響を与えたかを考えてみよう．台風で洪水が発生する，大規模な火災で大気の質が悪くなるなど，一時的ではあるが強い影響を経験したことがあるかもしれない．あるいは，土壌汚染や水質汚染といった長期的な影響を経験した地域もあるかもしれない．田舎で育った人にも都会で育った人にも，環境変化は私たち全員に影響を与えることになる．

グローバル化は多くの普遍的な影響をもたらすが，すべてのストレス要因が同じように影響を与えるわけではない．私たちは，地球上に暮らす何百万という生物種に対するグローバルで多様なストレス要因を理解することに重点を置いて研究を進めている．一方で，環境からの脅威は，人間社会にも不均等な影響を及ぼしている．地理的条件，人種，階級など数多くの要因が，気候変動や汚染などのストレス要因に対する脆弱性と相関している（例：Kelly-Reif & Wing, 2016）．

資源，富，権力の分配における不平等により，国と国の間はもとより，地域間，共同体間でグローバル化の悪影響は不均等に起きている．例えば，最近のある研究によれば，様々な人種主義や階級主義が，都市環境における生態的・進化的プロセスに連鎖的な悪影響を及ぼしていることが明らかになっている（Schell et al., 2020b）．図 1.4 は，移民政策，住居分離，政治的代表権などの社会問題が，環境の生物的・非生物的要素に連鎖的な影響を与えている様子を示している．例えば，緑地や化学物質の分布は，人の健康に大きな影響を与えるだけでなく，生物多様性にも影響を与える．したがって，地球変動の原因と結果を評価するときには，生態系の健全性と社会正義は切っても切れない関係にあることを忘れてはならない（Drescher, 2019）．

環境正義（environmental justice）の研究と実践は，こうした不公平に対処する方法の 1 つである（例：Brulle & Pellow, 2006；Ramirez, 2019）．アメリカ合衆国環境保護庁は，環境正義を「すべての人々が公平に扱われ，人種，肌の色，国籍，所得にかかわらず，環境に関する法律，規制，政策の立案や実施に参画すること」と定義している．この目標は，すべての人が環境と健康の危険から同じ程度に保護され，生活し，学び，働くための健全な環境を得るための意思決定プロセスに，平等にアクセスできるようになったときに達成される．

環境正義や社会正義は，政策の場で注目されるだけでなく，グローバル変動生物学に対しても直接情報を提供することができる．最近の多くの研究は，これを行うための有意義な方法を提案している（Leong et al., 2018；Kuras et al., 2020；Schell et al., 2020b）．例えば，研究者は，社会的公平性の指標が生態系の健全性の指標と相関しているかどうかを明示的に問うている．生物多様性は，都市内や都市間の豊かさによって変化するのか？　経済的な平等性が高い国は，生物多様性の保全に深く取り組んでいるか？　経済的な既得権益をもつ人々は，生物多様性を保護するための規制にことさら強く反対しているか？　これらは，思いつくほんの一例にすぎない．

私たちの研究の多くは，人間社会が他の生物にどのような影響を与えるかに焦点を当てているが，あなた自身の人生，経験，興味と結びつけて考えてみよう．グローバル変動生物学は多様で

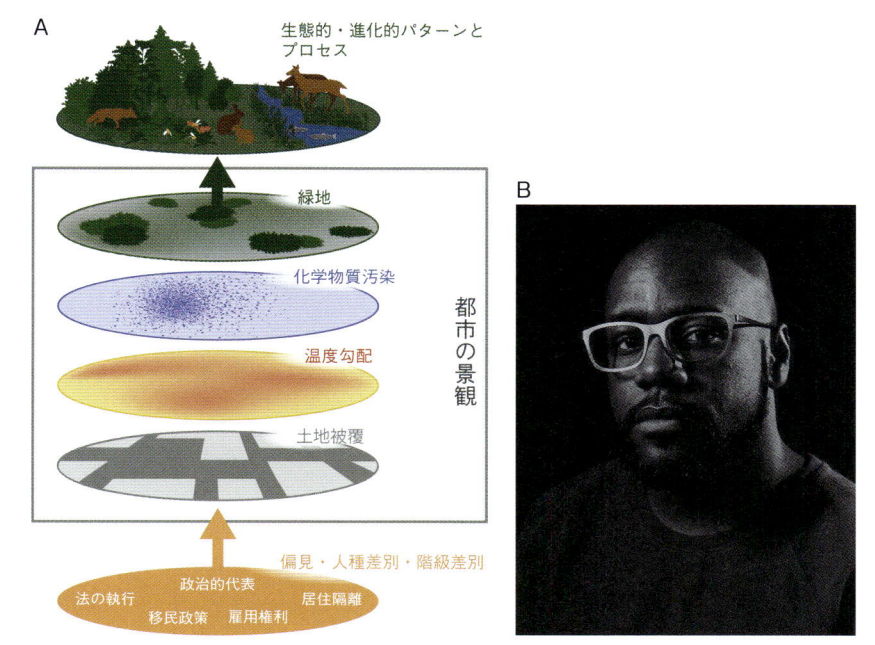

図 1.4　(A) 人間の社会的プロセスが，都市の生物的・非生物的環境の様々な構成要素にどのように影響するかを表したもの．偏見，人種差別，階級差別は，都市における不平等を悪化させる政策をもたらしている．これらの不平等は，都市景観の生物的・非生物的構成要素に影響を与え，ひいてはヒトとそれ以外の生物の生態や進化に影響を与えている．(B) この研究の枠組みを生み出したシェル (Chris Schell) 博士は，人間と野生動物の軋轢や，社会と生態系の相互作用について研究している都市生態学者である．シェル博士の研究の多くは，社会的地位が低いコミュニティや，文化施設，政府機関，野生生物管理者との共同作業による．シェル博士の研究は，グローバル変動生物学と環境正義を結びつける統合的かつ包括的なアプローチを適用している．

考えてみよう：グローバル化と社会正義の相互作用について，どのような問いに興味があるか？

出典　(A) Simone Des Roches, Schell et al. (2020b) より改変；(B) Quinn Russell Brown (https://quinnrussellbrown.com/)

ダイナミックな分野であり，あなた独自の視点を提供することで，ユニークな貢献ができるかもしれない．この章の最後にある「データで見る」と「発展」では，自然の価値を評価する様々な方法をさらに探究している．

研究アプローチ

　ここでは，グローバル変動生物学の問題に適用できる4つの主要な研究アプローチ（観察，実験，モデリング，データ統合）を簡単に紹介する．これらはそれぞれ長所と短所があり，目的とする課題に最も適したアプローチを選択することが重要である．もちろん，これらは相互排他的ではなく，複数のアプローチを適用することで補完し合うことができる．

　本章では，まず主要なアプローチの定義を行い，次にグローバル化のストレス要因が地球上の生物にどのような影響を与えているかを理解するための実例を紹介する．さらに，異なるアプローチから得られたデータがどのように収集され，解釈され，伝達されるかについて，「データで見る」の項で探っていく．

観察

　観察的アプローチとは，研究者が研究システムを操作することなく，生物的または環境的要因を測定するものである．観察研究は，「比較」が重要となる．例えば，異なる時点，異なる地域，異なる環境条件，異なる種間で比較する．先ほどの重金属汚染が植物に与える影響を測定するための仮想的研究は，観察研究の一例である．

　観察研究は，生物圏の変化を理解するための強力な方法である．また後述するように，非常に多様で洗練されたツールを用いることができる．しかし，観察研究では，原因と結果を直接検証したり，自然界で相互作用する複数のストレス要因の影響を切り離したりすることには限界がある．例えば，20世紀に起こった人口減少は地球温暖化のパターンと相関しているが，だからといって気候変動が人口減少のすべての原因であるとはいえない．より明確な仮説検証を行うためには，観測と他のアプローチを組み合わせることが有効である．

実験

　操作実験は，グローバル変動生物学における仕組みを明らかにするための有効な手段である．制御された条件下での実験により，要因を分離することができ，生物の応答とストレス要因との因果関係を明確にすることができる．観察と同様に，適切な対照区と十分な繰り返しが必要である．

　実験研究は，自然環境でも実験室でも実施することができる．自然環境下での野外実験は強力な手法だが，実施には困難が伴う場合がある．実験室での研究は，個々の変数を分離するのに有効だが，その結果が自然のシステムを反映していることを確かめることは難しい．研究者は，比較的自然な環境で対照区を設定して実験を行うという「中間点」を探すこともある（例：図 1.5 に示すメソコスム実験）．実験的アプローチは，必ずしも実験室での短期的な研究に限定されない．大規模かつ長期的な野外研究は，グローバル変動生物学において非常に重要な知見を提供してきた．本文中でもその多くを紹介する．

　実験的アプローチは，様々なストレス要因の影響を切り分けるための強力なツールとなりうる．しかし，絶滅危惧種など，すべての種やシステムが操作実験に適しているわけではない．さらに，数十年にわたる生物群集の応答に着目した有名な研究はあるものの，ほとんどの実験的研究は，短い時間スケールで1種または数種に焦点を当てている．したがって，次に述べる他のアプロー

図 1.5　陸域と海域におけるメソコスム．メソコスム実験は，繰り返しのある処理区を野外に設置することで，実験操作と生物学的なリアリズムを結びつけられる強力な手段である．
　　考えてみよう：このようなメソコスムは，通常，輸送可能な小型の生物（無脊椎動物や魚など）に使用される．どのような実験方法をとれば，生物学的なリアルさを最大限に生かしつつ，より大きな動物や樹木などにも適用できるだろうか？
　　出典　（A）Scott Kissel；（B）Martin Oczipka IGB/HTW Dresden

チは，より大きな地理的スケール，より長い時間スケール，より広い分類学的スケールでの生物の応答を一般化するのに有効である．

モデリング

数理的あるいは計算的アプローチは，グローバル変動生物学における驚くほど多様な問いに対応できる．モデルは，非生物的条件（将来の気候など）や，生物学的現象（捕食・被食の動態など），生物と非生物の相互作用（温暖化する世界で種がどのよう応答を示すか）の理解と予測に用いることができる．モデル化のアプローチは，遺伝子から生態系まで，生物の様々なレベルに焦点を当て，個別のシステムに合わせることができるため，非常に柔軟性がある．例えば，グローバルな植生モデルは，将来の気候条件が水文・生物地球化学的循環にどのような影響を与えるかを予測することができ，種分布モデルは，将来の環境シナリオのもとで様々な種の地理的分布を予測するために使用でき，社会生態モデルは，環境条件と人間行動との相互作用を理解するために使用できる．次節では，様々なモデリングアプローチを詳細に見ていく．

他の手法と同様，モデリングアプローチにも限界がある．モデルからの推論は，初期の仮定に非常に敏感である．さらに，モデルは考えられるすべての要因を取り込むことはできない．例えば，気候変動に対する種の応答を予測するモデルでは，他の重要なストレス要因が考慮されていない場合には，全体的な絶滅リスクを過小評価する可能性がある．また，モデルに入力されるデータの質は，予測結果の有用性と妥当性に影響を与える．そのため，モデリング研究は，観察や実験から得られた確かな情報を利用できれば，頑強な予測が可能になる．

データ統合

科学的情報を統合する方法は数多くある．グローバル変動生物学の分野で，おそらく最も一般的な統合方法は，メタ解析と呼ばれるデータ集計である．メタ解析は，多数の個別研究からデータを集め，これらデータを定まった枠組みで再解析するものである．異なる種，異なる地理的条件から収集された個別のデータセットをまとめることで，地球温暖化問題の解決に貢献できる可能性がある．

メタ解析は，大規模かつ一般的なパターンを明らかにすることができる．図 1.6 で示すように，生態学，進化学，保全生物学では，メタ解析が普及して以来（Fernandez-Duque & Valeggia, 1994；Arnqvist & Wooster, 1995），その使用は劇的に増加している（Vetter et al., 2013）.

メタ解析は，個々の研究からは見ることができない一般的なパターンを明らかにすることができる．しかし，メタ解析にも限界がある．例えば，グローバル変動生物学は，他の科学分野と同様に，「お蔵入り問題」の影響を受けている．予想外の結果や否定的な結果（効果が期待されたが検出されなかった場合）は，論文にするのが難しいため，研究者のファイルの引き出し（お蔵）に入れられたままになることがある（Rosenthal, 1979）．この出版バイアスは，研究事例についてのサンプルの偏りを意味するので，メタ解析に影響を与える可能性がある．さらに，先に述べたモデリングアプローチと同様，入力データ（この場合は個々の研究）の質は，メタ解析の結果に大きく影響する．さらに，利用する統計手法によって結果が異なる場合がある．そのため，共通したトレンドやばらつきをより正しく評価するための新しい統計手法が今でも開発中である（例：Nakagawa et al., 2015）．図 1.6 が示すように，結果が可能な限り偏らないようなメタ解析の開発が待たれる．

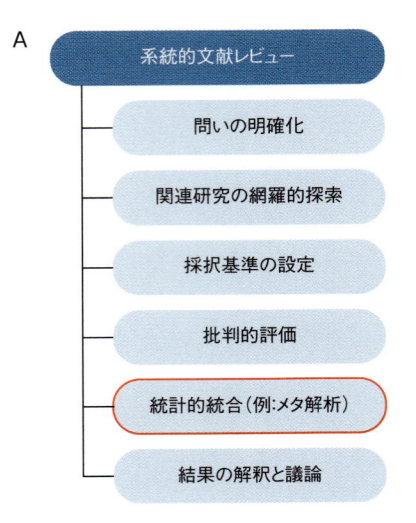

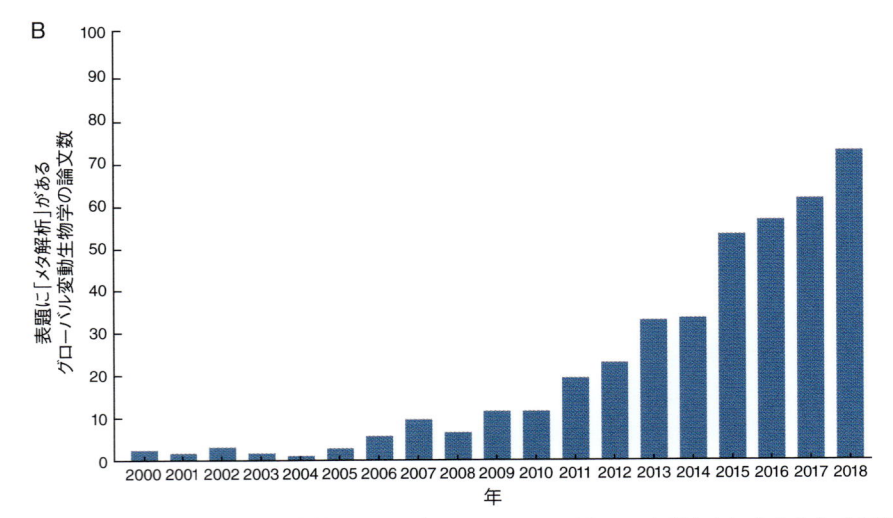

図 1.6　メタ解析は，グローバル変動生物学において大スケールでのパターンを明らかにするうえで重要な役割を果たす．（A）メタ解析ではバイアスを避けるため，体系的なアプローチをとる必要がある．（B）この分野ではメタ解析の重要度が増しており，タイトルに「メタ解析」を含む地球変動に関する論文数は増加の一途をたどっている．

考えてみよう：複数の研究アプローチを組み合わせて利用する具体的な方法を，重金属汚染の事例をもとに考えてみよう．

出典　（A）Vetter et al. (2013)；（B）Web of Science から引用レポート

参加型

　参加型アプローチとは，地域の人々や地域に根ざした組織を研究に参加させる方法である（Fortmann, 2008）．参加型調査は，プロジェクトの構想からデータ収集，結果の解釈，結果の伝達まで，すべての段階でコミュニティと連携している．参加型アプローチは，相互の信頼と透明性を高め，セクターを越えたパートナーシップを構築し，結果を行動に移すのに役立つ（例：Ramirez-Andreotta et al., 2015）．

　市民科学は，一般市民を研究に参画させる参加型アプローチの1つである（例：Dickinson et al., 2010；Soleri et al., 2016）．市民科学プロジェクトは，厳密な実験計画に基づいて組織化され

ることもあれば，自発的に募集されることもある．市民科学の例として，eButterfly (e-butterfly.org) がある．eButterfly は，チョウの愛好家が自身で目撃情報を記録し共有するためのプラットフォームを提供している．専門家の観察結果と比較することにより，市民データが地球変動に対する種の応答を評価するうえで重要かつ補完的なデータとして活用できることが確かめられている（例：種の分布や移動のタイミングの変化など；Soroye et al., 2018）．市民科学は，総じて科学に対する市民の熱意を育むことができ，研究努力を大きく後押しすることができる．ある研究によれば，生物多様性モニタリングの取り組みだけで，一般市民が年間 100 万人以上のボランティアと最大 25 億ドルの資金援助を提供したと推定している（Theobald et al., 2015）．

まとめ

これらの異なるアプローチを併用することも可能である．例えば，観察研究により仮説を立て，それを実験的アプローチで検証することができる．実験データは，将来予測をするためのモデルのパラメータ推定に使えるかもしれない．多数の研究から得られたモデリング結果は，メタ解析で統合されるかもしれない．さらに統合的な研究により，新たな予測が生み出され，それを観察により検証することができるかもしれない．参加型アプローチは，他のどの手法とも組み合わせて使うことができる．グローバル変動生物学者は，複数の視点とアプローチを同時に，あるいは順次適用することで，生態系が環境変化にどのように応答するかを，より包括的に理解することができる．

研究ツール

この章の前半で述べたように，人間は何千年もの間，自然のパターンを観察し，測定してきた．しかし，生物多様性の変化のパターンを理解するための研究ツールは進歩し続けており，技術革新はグローバル変動生物学の研究に革命を起こし続けている．ここでは，環境変化が地球上の生物に与える影響を理解するうえで，新技術が果たしている画期的な役割についていくつか紹介する．そして，それら新技術が，グローバル変動生物学の難問に取り組む科学者らをどのように支援しているかについても紹介する．

環境のモニタリング

グローバル変動生物学者は，新たな技術開発により，土壌中のガスの微細な流れから，地球規模での大気変動の測定に至るまで，これまで以上に詳細な情報を収集できるようになった．図 1.7A では，海洋環境計測のための技術革新の例を示している．深海の環境を測定するため，潜水艇は海底に向かって約 6,000 m 近くまで下降できるようになった．ソナーと最新のデータロガーを搭載した潜水艇は，水温，塩分，溶存酸素など非生物的条件を記録し，遠隔地の海洋地形の詳細な地図を作成することができる．同様に，高性能のセンサーを備えた浮遊する小型ロボットは，藻類の大増殖や油の流出により脅かされている保護海域の非生物的要因を測定することができる（Jaffe et al., 2017）．ここでは，海洋，陸上，大気の環境の状態を記録し，その変化が地球上の生物に与える影響を記録することを可能にするツールに焦点を当てる．

生物のモニタリング

技術革新により，非生物的条件のモニタリングだけでなく，生物の形態，生理，行動など，生

物を多方面から測定できるようになった．例えば，先ほど説明した深海艇には，クジラの音声交信を記録したり，発光する生物体を検出したりするための，高度な音響機器や光学機器を搭載することができる．また，昆虫にも搭載できるほど小型のセンサーもある．図 1.7B のように，軽量の無線送信機をミツバチに取りつけ，採食，分散，繁殖のパターンを把握することができる．一方，リモートセンシング技術は，地球規模での植生情報を提供できる．例えば，ランドサット8 号（図 1.7C）は，わずか 2 週間余りで地球全体を撮影し，その情報は 24 時間以内に公開されて自由に利用することができる．画像は 1 m の解像度をもち，光合成能力などの植生の機能特性を推定することができる．これらのツールにより，今やグローバル変動生物学者は，あらゆる生物に対する環境変化の影響を把握する機会を得ている．

図 1.7　(A) ～ (C) 漂流型センサー，超小型無線発信機，地球観測衛星など，環境変化に対する生物の応答を監視するためのツールは，ますます高度化している．
　　　　考えてみよう：もしあなたがグローバル変動生物学者が使う道具や技術を発明できるとしたら，それは何に使うか，そしてどんな難問に答える手助けとなるのか？
　　　　出典　(A) https://jaffeweb.ucsd.edu/research-projects/autonomous-underwater-explorers/：(B) Andrew McRobb/Royal Botanical Gardens, Kew：(C) Andrei Armiagov/Shutterstock

分子解析

　過去数十年間における最も劇的な科学の進歩の 1 つは，遺伝子あるいはゲノム解析の進展とその広範な適用である．DNA の塩基配列の決定技術は指数関数的に上昇し，コストは指数関数的に低下した．図 1.8 で示すように，ヒトの全ゲノムに相当する配列は，現在，1,000 ドルほどかければ 10 分程度で決定できる．これは大量の遺伝子情報を使って，グローバル変動生物学における多くの疑問の解決に迫ることができることを意味している．また DNA 配列の解析技術の高感度化により，分析に必要な物質の量が驚くほど少なくて済むようになった．このような**非侵襲的サンプリング**（noninvasive sampling）を使用して，研究対象の生物に害を与えることなく，羽毛，毛皮，糞から DNA を収集することができる（例：Byrne et al., 2017；Natesh et al., 2019）．環境 DNA（e-DNA）は土壌や水のサンプルから濾過することもできるので，微生物から哺乳類に至るまで，生物が地球変動のストレス要因にどのように応答するかを把握することができる素晴らしい技術である．生命体を構成する分子や細胞を測定し，さらに操作する技術は，グローバル変動生物学における多様で強力なツールとなっている．

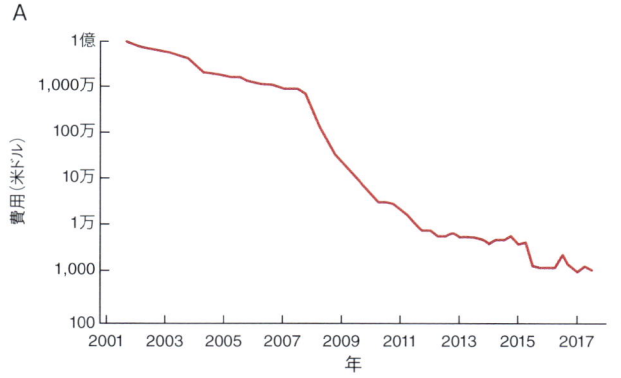

A

B

図 1.8 （A）DNA の塩基配列決定のコストが低下したことで，研究者は遺伝子データを様々な疑問に対して適用できるようになった．（B）バイオプシーダーツ（生検ダーツ）は，絶滅の危機に瀕しているクロミンククジラを傷つけることなく，小さな組織サンプルを採取することができる．サンプルから DNA を分離し，亜種の同定，移動ルートや，個体数の推定に利用できる．

考えてみよう：研究対象種から DNA を得るために，害を与えず行える非侵襲的サンプリングには，他にどのようなものがあるか．

出典 （A）Ben Moore/Wikipedia；（B）Nino Pierantonio/Tethys Research Institute

計算機

　私たちは今，かつてないほど高速な処理と大容量のデータ保存を実現したコンピュータ技術革命のなかに生きている．世界で最も強力なスーパーコンピュータは，数百万の処理ユニットを備え，宇宙の何百万年もの歴史をシミュレートすることができる．その能力をグローバル変動生物学の問題に生かすことで，多くの新しい研究の路が開かれた．高度な計算システムは，数学的モデリングとデータ統合を飛躍的に向上させた．生物と環境のデータを空間・時間スケールで統合し，将来の環境条件と生物の応答を予測することが可能になった．また計算機インフラの整備により，様々なスケールのデジタルデータに容易にアクセスできるようになった．例えば，多くの博物館では生物の記録や標本それ自体のデジタル化が進められており，世界中の研究者が数百万件の記録を電子媒体で入手できるようになっている．さらに，標本の3次元での可視化により，環境変化に対する生物の応答を，時間を遡って研究することも可能になった．以後の章でも，計算機ツールがグローバル変動生物学における統合的研究の新たな可能性を生み出すことを紹介していく．

基本知識

データの表現法

各章では，基礎的な科学概念を復習する「基本知識」の項が設けられている．ここでは，グラフデータの解釈の基本を簡単に説明する．データは，散布図，棒グラフ，折れ線グラフ，箱ひげ図など，様々な方法で表示することができる．本書では，たびたび視覚的な表示からデータを解釈することになる．まず，タイトルとラベルに目を通し，全般的な傾向を読み取ろう．グラフの内容が理解できたら，自分の言葉で説明することだ．グラフが理解できない場合は，どこが理解しにくいかを具体的にしよう．

グラフは，変数間の関係を理解するために示されている．グラフはふつう水平な X 軸と垂直な Y 軸の 2 軸で表示される．X 軸は**独立変数**（測定される因子）で，その値は調査された他の因子に依存しない．Y 軸は**従属変数**で，その値は独立変数に依存するのである．**BOX 図 1.1** では，X 軸に時間，Y 軸に人口が表示されている．変数には，連続変数（個体数のように無限に多くの値をとりうる尺度），またはカテゴリー（在と不在のように，限られた数の値をもつ尺度）がある．

変数間の関係は，様々な形をとりうる．**BOX 図 1.1A** は，線形および指数関数の関係の例であるが，周期変動のような他の関係も考えられる．トレンドを評価する際には，軸に示されたスケールに注目することが重要である．例えば，ある変量が対数スケールで表示された場合，指

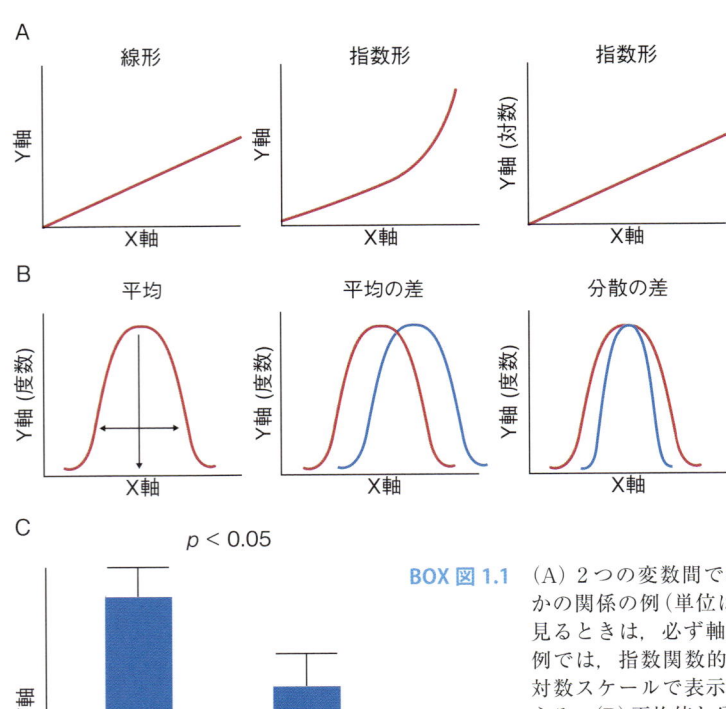

BOX 図 1.1 （A）2 つの変数間で考えられるいくつかの関係の例（単位は任意）．グラフを見るときは，必ず軸を見ること．この例では，指数関数的な関係が，Y 軸を対数スケールで表示すると直線的に見える．（B）平均値と分散をグラフで表したもの．（C）統計的有意性を示すためのエラーバーと P 値の例．
考えてみよう：平均値，分散ともに差があるグラフを，図の中段のスタイルで例示せよ．

数関数的な関係が線形関係に見えることがある（**BOX 図 1.1A**）．測定値はふつう**平均値**（mean）と**分散**（variance, 平均値周りのばらつき）で表される．**BOX 図 1.1B** では，平均値と分散の関係の変化を示している．変数間の関係の**統計的有意性**（statistical significance）は，その関係が単に偶然で説明できるかどうかを判断するために用いられる．関係が偶然では説明できないことを示すために，科学者は **BOX 図 1.1C** に示すような **P 値**（p-value）やエラーバーを表示することが多い．統計的有意性とは，P 値が 0.05 未満であることである．

まとめ

　様々な画期的ツールの開発により，グローバル変動生物学者が利用できる情報は前代未聞な量となっている．迅速かつ信頼性の高い研究を促進するためには，大規模で一般に公開されたデータベースの構築が不可欠である．アメリカ合衆国では，アメリカ合衆国海洋大気庁（NOAA）が世界中の氷河や氷冠のデータを，アメリカ合衆国国立衛生研究所（NIH）が数億の DNA の塩基配列アーカイブを，そしてアメリカ合衆国科学財団（NSF）は全米生態系観測所ネットワークを通じて驚くほど多くの生態系データを公開している．これらは，グローバル変動生物学における情報革命に貢献しているリポジトリのほんの一部にすぎない．

結論

　この章で見てきたように，グローバル変動生物学は，様々なスケールの課題に答えるために統合的手法を駆使し，急速に発展している分野である．この学問の基礎を理解したところで，いよいよ環境条件の変化が地球上の生物にどのような影響を与えるか，探索を始めることにする．この教科書は，4 つのユニットで構成されている．

　最初のユニットの残りの章では，過去への旅に出る．地球上の生物がどのように進化してきたかを学び，生物多様性の歴史的パターンを分析する．次に，人類の進化の物語を探究し，古代人と現代人の双方が環境をどのように改変してきたかを分析する．過去と現在のパターンを比較することで，現在私たちが置かれている特殊な状況をより深く理解することができるだろう．ヒトという単一の生物種が，地球環境条件や生物多様性にこれほど広範な影響を及ぼしたことは，かつてなかったことである．

　ユニット II では，現在の地球環境の変化が，地球上の生物にどのような影響を与えるかを分析する．地球変動のストレス要因に直面したときに示す主たる応答に注目し，様々な分類群の様々な時間・空間スケールでの事例研究を紹介する．ユニット III では，環境変化が個体や種だけでなく，群集，生態系，生物圏全体にどのような影響を及ぼすかについて，規模を拡大して見ていく．最終的には，複雑な生物学的システムが急激な環境変化にどのように応答するかについて，包括的な理解を得ることを目的としている．

　最後のユニットでは，地球変動に対する将来の応答を予測する方法を検討し，復元力のある生態系を維持するためにどのような行動をとることができるかを考える．変化する世界における保全と管理の選択肢をもとに，科学と社会の接点に横たわる諸課題について議論する．地球上に存在する何百万も生物種を保全するための万能な解決策はほとんどないが，地球史上稀に見る激動の時代のなかにも多くの希望の光がある．

本書の意図は，単に内容のまとめを読者に提供するだけでなく，読者が科学者として必要なスキルを磨き，地球の管理者としてのツールを身につけることにある．本書では，最先端の研究手法や最新の研究成果を紹介している．また，随所に読者が探究できるような問いを用意している．これらを使ってよく考えてみてほしい．科学を進めるうえで重要なことは，疑問をもち，それに対処することである．疑問と向き合うたびに，知識を整理し，新しいスキルを身につけ，自分が知っていることを現実の課題に適用する訓練を積むことができるはずだ．私たちは歴史的な時代に生きており，皆さんのユニークな才能やスキルが科学や社会で必要とされる時代である．本書の目的は，生物学の分野でキャリアを積むかどうかにかかわらず，地球上の持続可能な課題解決に貢献できるような概念的基盤と分析技術を身につける手助けをすることにある．

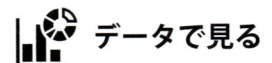 **データで見る**

自然の経済価値

各章には「データで見る」があり，実際のデータの解釈と応用を体験することができる．ここでは，ある特定の研究を深く掘り下げ，予測を立て，データを収集し，研究結果の重要性を明らかにする方法を体験することができる．

誰が，何を目指していたのか？

ここでは，「自然の価値」というテーマを取り上げる．特に，自然環境の経済的価値を定量化することを目的とした2つの関連研究を紹介する．最初の論文は，Costanza らによる「世界の生態系サービスと自然資本の価値」で，1997年に "Nature" 誌に掲載された．2つ目の論文は，de Groot らによる「生態系とそのサービスの価値を貨幣で表したグローバルな価値」で，2012年に "Ecosystem Services" 誌に掲載された．これは Costanza らの結論を15年後に再評価したものである．

生態系は本質的な価値を含む数多くの機能を提供している．酸素の供給，きれいな水の供給，土壌の生成など，これらの機能の多くは，地球上のすべての生物の生命維持システムとして働いている．これらの**生態系機能**が人間に直接恩恵をもたらす場合，**生態系サービス**と呼ばれる．上記の研究では，人間が地球の自然資源から受ける恩恵の経済価値を定量的に評価することを目的としている．

両研究とも，過去に発表されたデータを集め，共通の統計的枠組みを用いた**メタ解析**を行っている．Costanza ら（1997）の論文は驚異的な関心を集め，生態系評価についての研究を大いに活性化させた．その発表以来，他の著者によって 5,000 回以上引用されている．de Groot らがこのテーマを再検討した時点では，何百もの追加研究が発表されており，これらを新たな分析に含めることができたのである．

あなたの予測は？

この先を読み進める前に，生態系サービスと人間の土地利用の歴史について，この章で学んだことを少し応用してみる．まず，次の質問を考えてみよう．

- グローバルな生態系サービスの年間価値をドル換算するといくらになるか？
- 特定のバイオームや地域の生態系サービスの価値が特に高くなると予想されるか？
- この2つの研究の間の15年間で，生態系サービスの価値は変化していると思うか？ もしそうなら，どのような方向で？

次に，生態系サービスの価値について，また，その価値が地域や時代によって異なるかどうかについて，予想されることを簡潔に要約してみよう．

科学者らの予測は？

Costanza ら（1997）の論文の最後の段落には，後に de Groot ら（2012）が検証した予測が記されている．「自然資本と生態系サービスは，将来，よりストレスがかかり，より『希少』になっていくため，その価値は高まる一方であると予想される．」

どのようなデータを収集したのか？

著者らは文献調査を行い，過去の出版物からデータを収集した．1997 年の研究では，100 以上の先行研究から生態系サービスの価値に関するデータを収集した．1997 年から 2012 年の間に，生態系評価の論文数は激増し，300 以上の個別研究からのデータが使用された．著者らは，すべての評価指標を 1 年当たり 1 ha 当たりの国際ドル（Int\$/ha/year）に変換した．そして，異なる土地利用形態における生態系サービスの価値を評価した．

データをどのように解釈するか？

この先を読む前に，**BOX 図 1.2** で示した調査結果を解釈するために数分の時間をとろう．データを見ながら，次の問いについて考えてみよう．

 ・生態系サービスの価値は，バイオームによってどのように異なるのか？

 ・バイオマス間の平均値やばらつきの違いをどのように説明するか？

 ・時系列での主要なトレンドは何か，またそれをどのように説明するか？

この研究の主要な発見とその意義について，1 ～ 2 文で書いてみよう．

科学者らはデータをどう解釈したか？

世界の生態系サービスの総額は，1997 年に年間約 33 兆ドル，2012 年には年間約 125 兆ドルと推定されている．この数字の大きさには驚かされる．例えば，世界銀行は，2012 年の世界の国内総生産（GDP，生産されたすべての財とサービスの財務的価値）を年間約 74 兆ドルと推定している（http://data.worldbank.org）．このように，生態系サービスは，他のすべての取引される財を合わせた金額的価値を凌駕する，信じがたい価値をもっている．

さらに，バイオームのなかには，単位面積当たり非常に多くの生態系サービスを提供しているものもある．例えば，沿岸（サンゴ礁や沿岸湿地を含む），森林，湿地は，莫大な価値を生み出している．さらに，ほとんどの生態系サービスは，現在の市場システムで取引されていない．例えば，栄養循環は，それだけで年間 17 兆米ドルの価値をもたらすと推定されている．

1997 年から 2012 年にかけて，多くの生物群における生態系サービスの価値が変化しており，観察されたパターンについてはいくつか説明が可能である．グローバルな生態系サービスの評価額が全体的に上昇したのは，評価方法が改善されたためと思われる．世界の多くの地域で研究が蓄積され，価値を推定するための包括的なデータが提供されたのである．しかし，土地利用の変化もまた，生態系サービスの価値を変化させる．例えば，1997 年から 2012 年の間に，サンゴ礁や熱帯雨林のような生産性が高い生態系の面積が減少し，年間 20 兆米ドル以上の生態系サービスが失われた（Costanza et al., 2014）．またこの間，人口は 59 億人から 70 億人へと，15％以上も増加した．生態系が人口増加の圧力にさらされるにつれ，生態系サービスの価値はますます高騰したのである．

生態系サービスを経済の枠組みに位置づけると，自然資源の商品化や私物化が進む可能性があると主張する研究者もいる．しかし，著者らは，生態系サービスが他の商品と同様に評価され，取引されるべきだと主張をしているわけではない．むしろ，自然の驚くべき価値に注目し，環境と経済の間で誤った二項対立を生じさせないよう警告しているのである．実際，私たちの経済，福利，そして最終的には生存が，すべて生態系サービスに依存しているのだ．

今後の研究の方向性について考えよう

Costanza らと de Groot らは，生態系サービスの価値は高く，おそらく上昇しているという証拠を提供したが，次の研究のステップとしてどのようなものが想定されるだろうか？　もし，あなたがこの研究に携わっていたとしたら，どのようなフォローアップをするか？　次の問いについて考えることから始めよう．

・特定のバイオームについて，より詳細な質問ができるようになっただろうか？

・未来について予測し，後で検証することは可能か？

・関連する経済的，哲学的な問いはあるか？

次に，この研究テーマに関する今後の方向性について，数行で書いてみよう．

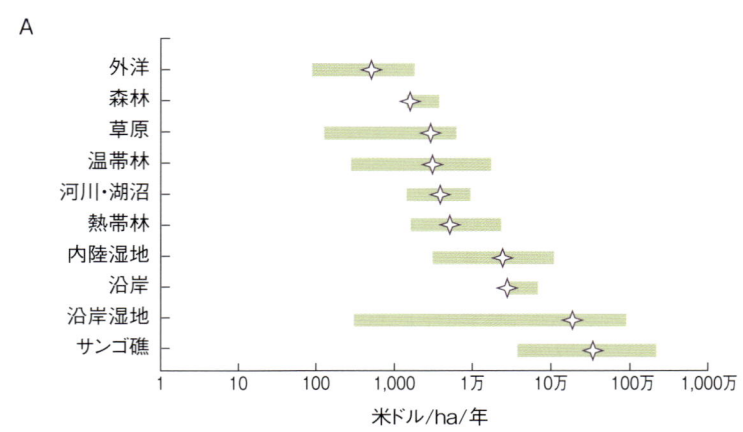

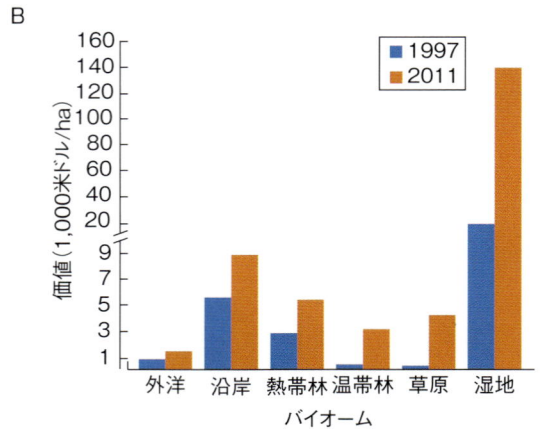

BOX 図 1.2 （A）異なるバイオームにおける生態系サービスの平均値（星印）と範囲（横棒）．値は1年当たり1ha当たりのドル．（B）1997年から2011年までの様々なバイオームにおける平均値の変化（百の位を四捨五入）．値は1年当たりのドル（インフレを補正するため，ドルは2007年をベースにしている），総額は1年当たりの億ドル単位．

出典　（A）de Groot et al., Global estimates of value of ecosystem and their services in monetary units, *Ecosystem Services*, **1**(1), 50–61 (2012)；（B）de Groot et al., Global estimates of value of ecosystem and their services in monetary units, *Ecosystem Services*, **1**(1), 50–61 (2012).

生物多様性の価値

各章には「発展」という項目を設け，各章のテーマを横断的に考える機会を提供している．ここでは，地球変動によるストレス要因，生態系，生物群などを取り上げるほか，社会との関連性が高いトピックを扱うこともある．

すでに述べたように，グローバル変動生物学は，環境変動が生物多様性に及ぼす影響を理解することを主眼としている．しかし，そもそもなぜ私たちは生物の多様性に関心をもたなければならないのか．地球上の生物に価値があることは自明の理のように思えるが，地球上の生物的遺産を理解し，保全することが重要である理由はたくさんある．ここでは，そのうちのいくつかを簡単に紹介するが，これらはすべてを網羅したものでも，互いに排他的なものでもない．どの理由が最も腑に落ちるかは，読んでのお楽しみである．これらのテーマは，ユニットIVを中心に後でも繰り返し出てくることになる．

なぜ生物多様性に配慮しなければならないのか？

科学的価値

生物の世界には，非常に大きな科学的価値がある．生物の多様性を研究することで，生命を形成するプロセスを学ぶことができる．科学的な探究は，生命の起源から，極限環境での生存，生物多様性の大規模な消失につながる要因まで，様々な課題を明らかにすることができる．地球上の生命を研究することによって，私たちは地球上の生物的遺産の保全のあり方を学ぶことができるのだ．

人の健康への価値

自然は人類の生存と幸福に不可欠なものである．私たちは，生存のために太陽光，水，空気，食物，そして住み場所を必要とするが，寿命や生活水準を向上させるための膨大な種類の物質も自然界に由来している．多くの植物や動物が，人間の病気の治療に利用できる化合物を生産している．さらに人間の健康は，地球上の他の生物種の健康と，これまで以上に密接に関係してきている．近年の旅行や貿易がグローバル化したことで，きれいな水や空気だけでなく，病原体が地球上を循環することがますます容易になっている．病原体はまたたく間に広がり，時には種の境界さえも越えてしまう．この背景から，人間，動物，環境の三者の「健康」の相互依存性を強調する「ワンヘルス」という概念が生まれた．

経済価値

自然界には計り知れない経済的価値がある．生物多様性の商業的価値は，商業や貿易を通じて金銭化される財やサービスに具体的に表れている．生物多様性は，私たちが呼吸する空気や飲み水など，無限に近い価値をもつサービスも提供している．生物多様性の経済的評価については，「データで見る」で詳しく解説している．

文化的価値

自然は，世界中の文化の大きな支えとなっている．古代より，文化は自然のサイクルを深く意識してきた．文化的に重要な動植物のシンボルは，古代より芸術や儀式に用いられてきた．現代でも，都会の小さな公園で芝生に寝転んだり，広大な自然保護区域で珍しい鳥を探したりなど，自然のなかでの散策やレクリエーションを通じて，生物多様性から文化的価値を得ている．

倫理的価値

個人や社会の多くが，地球を守るためには深い倫理感が必要であると感じている．倫理的観点は，私たちが依存している生態系を保護するという実利的必要性にとどまらない．むしろ，生物学的多様性の意味と価値に関する道徳的な

感覚に由来している.「スチュワードシップ」(責任ある管理委託)という倫理的な動機は,世界中の多くの文化に深く根ざしている.ここ数十年,個人や地域社会が,人間が地球に及ぼす影響に責任をもつようになり,この要請はさらに強まっている.

内在的・精神的価値

地球上の生物多様性に関心をもつもう一つの理由は,私たちが根源的に生命を大切にし,多様性を重んじる心をもっているからにほかならない.多くの人は,自然界から大きな癒しや畏敬の念,インスピレーションを得ている.これを美的感覚として感じる人もいれば,神的感覚との結びつきとして感じる人もいるだろう.また,多くの人は,自分自身が地球上の生物多様性の一部であることを経験することで,一体感を感じている.私たちは自然界と表裏一体の存在であるため,他の理由とは無関係に自然を大切にするのである.

まとめ

生物多様性を価値づけることは簡単なように思えるが,ここに挙げた評価法は,様々な議論を引き起こすことがある.例えば,天然資源の経済的価値は乱開発につながる可能性があり,この点については第4章で触れる.また,天然資源の金銭的価値は,個人やコミュニティがその資源を利用できるか否かをめぐる紛争(武力紛争を含む)を引き起こす可能性がある.同様に,人間の健康に対する生物多様性の価値は,**BOX 図 1.3** に示すように,生物多様性の商業化を模索する「バイオプロスペクティング」につながる可能性がある.新しい薬効成分の発見に対する経済的な動機は,倫理的に問題のある行為を誘発するおそれがある.それは,伝統知が部外者の利益のために搾取されること(バイオパイラシー)を引き起こす.さらに,生物多様性の保全に関する倫理感さえも,しばしば罪悪感,恐怖,絶望といった感情を伴うことがあり,複雑な側面をもっている.後の章では,このような複雑な問題を取り上げ,グローバル変動生物学の課題が,私たちの社会における個人的,集団的意思決定とどのように関連するかを明らかにしていく.

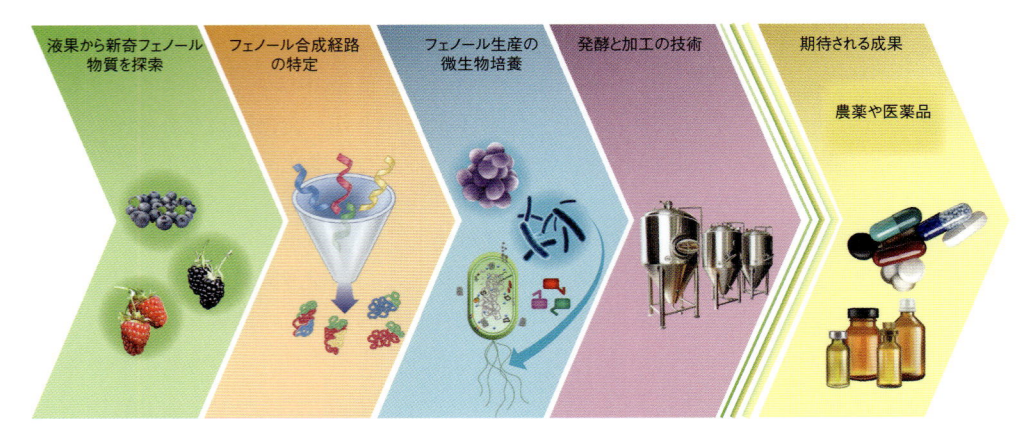

BOX 図 1.3　生物多様性に関わる新製品を開発し,その商品化を通じて,農村開発に貢献することを目的としたバイオプロスペクティング・プロジェクト.この例では,欧州委員会の資金援助を受けた国際的な研究者のコンソーシアムが,食品および薬学産業で使用できる新しいフェノール化合物をベリー類から特定するために活動している.
　　考えてみよう:バイオプロスペクティングにより,人間社会,生物種,環境にもたらされる明らかな利益をリストアップせよ.また,バイオプロスペクティングから生じる可能性のあるリスク(意図しない負の効果)をリストアップせよ.リスクを減らしながら,利益を促進する方法はあるだろうか?
　　出典 http://www.bachberry.eu(原書刊行時)

第 1 章のまとめ

○グローバル変動生物学とは？
• グローバル変動生物学は，環境変化とそれが生物圏に及ぼす影響，および生物圏との相互作用を理解することに重点を置いている．それは様々な空間的，時間的スケールを統合し，多くの異なる学問分野を必要としている．

○研究の発展
• グローバル変動生物学は，生物学のなかでも最も新しい分野の 1 つである．この分野は，1800 年代後半から蓄積された，人間が地球環境を急速かつ大幅に変えているという証拠に突き動かされてきた．

○研究デザイン
• グローバル変動生物学者は，対照区，無作為化，反復など，洗練された調査デザインを駆使している．

○研究アプローチ
• グローバル変動生物学者は，観察，実験，モデリング，データ統合など，多くのアプローチを用いている．これらはそれぞれ長所と短所があり，相互に補完的な関係にある．

○研究ツール
• グローバル変動生物学者は，様々なツールを使って，生物学的なパラメータをモニタリングし，環境変化に対する生物の応答を測定している．例えば，分子生物学やコンピュータ科学などの技術進歩により，この分野に新しい技術が導入されている．

○基本知識：データの表現法
• グローバル変動生物学のデータの解釈には，基礎的な統計概念に精通している必要がある．

○データで見る：自然の経済価値
• 生態系サービスの経済価値を評価した 2 つのメタ解析によると，人間が生態系から得ている利益は年間 100 兆ドル以上の価値があり，この数字は生態系が人間活動によってより大きな影響を受けるようになるにつれて増加していることがわかった．

○発展：生物多様性の価値
• 地球上の生物多様性を評価する動機は，生物医薬の経済的価値からレクリエーションの文化的価値に至るまで，物質的なものから非物質的なものまで数多く存在する．

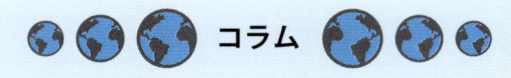 **コラム**

市民参加で生態系の健康診断―モニタリングサイト 1000

　生態系や生物多様性は，大規模な土地改変により短期間で劇的に変化することもあるが，たいていは時間をかけてゆっくり変化している．昔は身近にたくさんいた動植物が，いつの間にかいなくなったという経験のある人は多いに違いない．そうした感覚を科学的に評価し，変化を早期に察知することは，持続可能な生態系を保つうえで不可欠であり，グローバル変動生物学の主要な課題である．だが，国スケールでのモニタリング調査を限られた人数の研究者だけで長期間行うことは現実的ではない．イギリスなどでは，古くから市民ボランティアらの協力で，非常に多くの場所で鳥やチョウのモニタリングが行われてきた．日本は，アジア諸国のなかでは自然史情報が突出して充実しているが，全国レベルで統一した手法で生物をモニタリングする体制が作られたのは最近である．

　日本では環境省が主導して進められている「モニタリングサイト 1000」が，先駆的かつ大規模なモニタリング事業である．これは 2003 年から始まり，現在では森林，里山，沿岸など 8 つの生態系を対象に，1,000 地点以上で動植物の種数や個体数を継続調査している．全国統一の調査マニュアルを定め，それに従って調査することは 1 つの特徴だが，大学や研究機関の専門家だけでなく，市民，NPO，企業など様々な立場の人たちが調査を担っている参加型アプローチをとっている点も特色である．これはデータの充実というメリットはもちろん，多くの人たちが調査に参画することで，自然環境の変遷を肌で感じ，保全の機運を高める啓発的な効果も期待できる．この事業が始まってからまだ日が浅いが，すでに生態系の変化が次々と明らかになっている．温暖化による生物の増減はもちろん，シカの増加による森林の下層植生の衰退，外来種の急速な分布拡大など，教科書や行政文書などに載っている生物多様性の危機が，リアルタイムに進行していることが最新のデータから裏づけられている．なかには，原因が推測しにくいものもある．例えば，里地で行われた調査によれば，ヒヨドリやツバメなど，全国的な普通種が急速に減っているという結果が得られている．チョウ類でも同様で，普通種のうち約 4 割で 2008 ～ 2017 年の 10 年間で個体数が約 30％も減少していることがわかった．原因はいろいろ推測されているが，まだ明確なことはわかっていない．この傾向が今後も続くのか，さらに加速する可能性はないのか，現時点では誰にもわからない．しかし，長期間データが蓄積されれば，減少に影響している環境要因も特定できるかもしれない．

　モニタリングサイト 1000 などの市民参加型の調査にはいくつか課題がある．最も大きなものは，調査の担い手が年々減っていることである．これは近年の人口減少もあるだろうが，地域で生物相を地道に調べ続けている在野の研究者が高齢化し，後進が育っていないことが最大の原因である．市民参加のモニタリングにいかに持続性をもたせるか，知恵の出しどころである．　　　　　　　　　　［宮下　直］

2　生命の歴史

学習成果

この章では次のことを学ぶ.
- 地球上の生命の誕生と多様化.
- 地球上の生物種の進化過程と増減.
- 歴史的な大量絶滅を含む生物多様性の時間的変化.
- 知識の実データへの活用.

事前チェック

　この章を読む前に，地球上の生命の歴史について，現在の自分の理解を試してみよう．まず地球の形成から現在に至るまでの年表を書いてみよう．この年表には，地球上の生命の歴史における重要な生物学的イベントを書き込もう．また，イベントとイベントの間の経過時間について考え，年表におおよその年代を書き込もう.

はじめに

　生命の歴史を描くとき，多くの人は，3つの主要な目立つもの（単細胞，恐竜，そして「私」という人物）がほぼ等間隔に並ぶ水平線を描くことが多い．この章の目的は，地球上の生命の歴史における重要な出来事について，よりきちんとした理解を提供することである．地球上の生物多様性の歴史を理解することは，それ自体がグローバル変動生物学の重要な目標である．また，現在地球上で起きている変化を分析するための下準備としても必要不可欠である．進化生物学や地球科学の知識がほとんどない人は，この章を読んで，グローバル変動生物学の土台を築いてほしい．また，これらの分野をすでに学んだことのある人は，これまでの知識を深め，急速に変化する地球上の生命の研究に応用できるだろう.

地球上の生命の出現

　私たちが住んでいる地球は，銀河系にある 1,000 億個以上ある惑星の1つである．宇宙には 2,000 億個以上の銀河があり，生命を宿す可能性のある惑星は驚異的な数に上る（例：Petigura et al., 2013）. 地球がどのように形成され，私たちが知っている生命がいかに繁栄するようになったかは，長く驚きに満ちた物語である．本章では，地球上の生命の起源について現代科学が明らかにしたことを網羅的に説明するのではなく，生命の歴史上の重要な転換点に焦点を当てる．図 2.1 は，地球上の生命の歴史における初期の出来事をまとめた年表である.

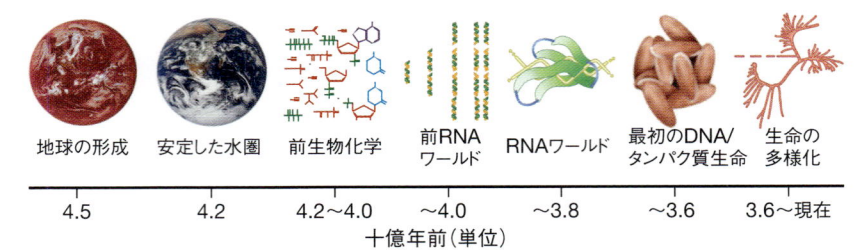

地球の形成	安定した水圏	前生物化学	前RNA ワールド	RNAワールド	最初のDNA/ タンパク質生命	生命の 多様化
4.5	4.2	4.2～4.0	～4.0	～3.8	～3.6	3.6～現在

十億年前(単位)

図 2.1 地球上の生命の歴史における初期の出来事をまとめた年代表.

考えてみよう：この表は，重要な出来事を示しているが，これらの出来事の原因となったプロセスは描かれていない．図の出来事のなかから3つを選び，その原因にどのようなプロセスが関与していたかを考えてみよう.

出典 Joyce GF, The antiquity of RNA-based evolution, *Nature*, **418**(6894):214–221 (2002)

宇宙の起源

　私たちの物語は，約140億年前，ビッグバンと呼ばれる宇宙での出来事から始まる．ビッグバンとは，宇宙が超高温で超高密度の状態から急速に膨張し，現在私たちが観測しているすべての光と物質が誕生した過程を説明するモデルである．宇宙の誕生からわずか数分後，まだ温度が約10億ケルビン（分子の運動が止まる温度をゼロとする単位）だった頃，陽子と中性子が結合して最初の元素の原子核が誕生した．この原子核が電子と結合して原子ができ，生命の素となるまでには，数十万年の歳月を要した.

　宇宙が膨張し，冷えていくにつれて，物質が近くの物質を引き寄せ，密度の高い領域が形成された．このような密度の高い領域が，若い宇宙の構造をゆっくりと作り上げていった．誕生から10億年後，宇宙はすでに星，銀河，銀河団，超星団など，現在の多くの特徴を備えていた．私たちの太陽系は，約45億年前に分子雲（ガスや塵が密集した星間領域；図 2.2 参照）の一部が崩

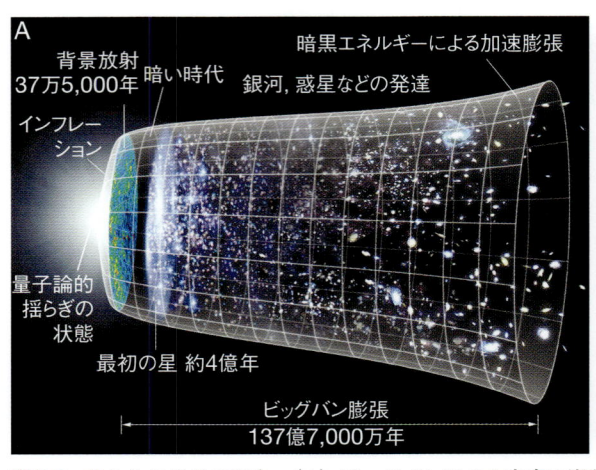

図 2.2 私たちの世界の誕生．（A）ビッグバンによる宇宙の膨張のモデル．宇宙は，約140億年前のビッグバンから膨張を続けている．最初の星はビッグバンから数億年後に出現したが，私たちの太陽系が誕生したのは約45億年前である．（B）2014 年にハッブル宇宙望遠鏡で撮影された「創造の柱」．この分子雲は，太陽系を誕生させた分子雲と似ている可能性がある.

考えてみよう：宇宙とその形成について，あなたが抱いている大きな疑問は何か？

出典（A）Wikipedia public domain (https://en.wikipedia.org/wiki/Big_Bang#/media/File:CMB_Timeline300_no_WMAP.jpg)；（B）©NASA

壊して誕生した．この崩壊から生まれた物質のほとんどは太陽に集約され，太陽の周りにはガスと塵の円盤があった．この物質が少しずつ集まって小さな天体となり，重力によって衝突を繰り返しながら成長し，やがて惑星が誕生した．

地球の誕生

地球は約 45 億年前に誕生したが，誕生後，数百万年にわたり惑星の間に浮かぶ岩石の衝突を受け続けた．初期の衝突で発生した熱は，地球全体を滅菌するのに十分なほど激しいものだったと思われる．表面はほとんど溶融しており，液体の水は存在しなかった．そのため，この惑星の歴史の最初の 5 億年間は，地球上に生命が存在した記録はない．仮に，この時期に生命が誕生したとしても，極限環境のため，初期の生命は壊滅的な打撃を受けたことだろう．

地殻と水圏の形成

生命に必要な条件は，地球が形成されてから 10 億年以内に整った．地球誕生の数億年後には，太陽系の残骸の多くは取り除かれるか，他の惑星の一部となった．その頃，地球は大気を形成し始め，それは恒星から絶えず降り注ぐ隕石から保護する役割を果たした．このときの大気の主成分は，硫化水素，メタン，二酸化炭素など，初期の地殻変動で形成された火山から噴出するガスであった．その結果，地球は冷え始め，固い地殻を形成するようになった．地球が冷え始めたことにより，水が液体の状態で維持されるようになり，生命の維持に適した条件が整った．

前生物化学（プレバイオティック化学）

最新の科学的知見により，初期の地球大気に存在した元素は，生命の構成要素を形成するのに十分であったことが示唆されている．生命が誕生する前の環境条件を対象とする前生物化学は，直接的に研究することできない．しかし，実験的なアプローチによって，地球上の生命が誕生するまでの重要なステップを理解し，再現することは可能である．

ユーリー・ミラーの実験（Miller, 1953；Miller & Urey, 1959）は，無機物の前駆体から有機化合物が自然に合成されることを証明した重要な実験の 1 つである．ミラー（Stanley Miller）博士とユーリー（Harold Urey）博士は，初期の地球の大気に存在した元素や化合物（水，メタン，アンモニア，水素など）をフラスコに封じ込めた．このフラスコを熱と電気にさらし，初期の地球史のエネルギー源を再現しようとした．すると，わずか 1 週間後には，かなりの割合の炭素が有機化合物に変化していた．糖，脂質，核酸の構成要素の一部が形成され，少量の炭素がアミノ酸を形成していた．ユーリー・ミラーの実験が地球初期の大気環境を適切にシミュレートしていたかどうか，得られた有機化合物が他の前生物化学的なプロセスを促進するのに十分であったかどうかについては，議論があるところだ．しかし，ユーリー・ミラーの実験とその後の 50 年以上にわたるこの分野の研究により，無機分子から生命の構成要素を作り出すことが可能であることが実証された（Robinson, 2005；McCollom, 2013）．これは，地球上の生命誕生に向けた重要な一歩といえる．

遺伝の起源

地球上に生命が誕生するまでの道のりで，次に画期的だったのは，自己複製が可能な分子の出現だった．「ある時点で，特に注目すべき分子が形成された．…私たちはこれを『複製子』と呼ぶことにする．それは，最も大きく，最も複雑な分子ではなかったかもしれないが，それ自身のコ

ピーを作ることができるという特別な性質をもっていた.」これは，進化生物学者で作家のリチャード・ドーキンス (1976) の言葉である．自己複製ができる最初の分子は何だったのだろうか？　現代の地球上には，**リボ核酸** (ribonucleic acid, RNA)，**デオキシリボ核酸** (deoxyribonucleic acid, DNA)，**タンパク質** (protein) という生命の鍵となる 3 つの高分子（大型で複雑な分子）が存在する．これらの生命の構成要素については，第 6 章で詳しく説明する．これらの高分子のうち，RNA が地球上で最初に誕生した可能性が高いと科学者は推測している．RNA は情報の保存と情報の処理の両方を行うことができ，地球上の生命の誕生に向けた重要なステップであったと広く考えられている (Gilbert, 1986；Joyce, 2002；Powner et al., 2009)．最初の RNA 分子は，おそらく約 38 億年前に出現したと考えられている．

　最初の複製する分子と，複雑な細胞生物の出現の間には，多くのステップが必要である．しかし，簡単にいえば，**遺伝** (heredity) の仕組み，つまり遺伝情報を親から子へと受け継ぐ方法が備われば，複製，変異，競争，自然選択のプロセスを経て，初期の生命は進化することができた．例えば，時折起こる必然的な複製ミス（突然変異と呼ばれる）は，RNA 分子の集団のなかに変異を生じさせたと考えられる．より速く複製される変異体や，より安定した変異体は有利であり，RNA の集団のなかで不釣り合いに増加していく．長い時間をかけて，このプロセスは，RNA のより安定した同類の分子である DNA の出現や，細胞膜の発達など，細胞生物への主要な移行を生み出した．細胞膜の誕生により，特定の物質を選択的に出入りさせ，大規模で多様な反応をより効率的に起こすことができるようになった．

生物の進化と多様化の歴史

　地球の激動の誕生からわずか 10 億年足らずで，初めて細胞からなる生物が誕生した．図 2.3 は，地球上の生命の進化における金字塔的な出来事を示している．

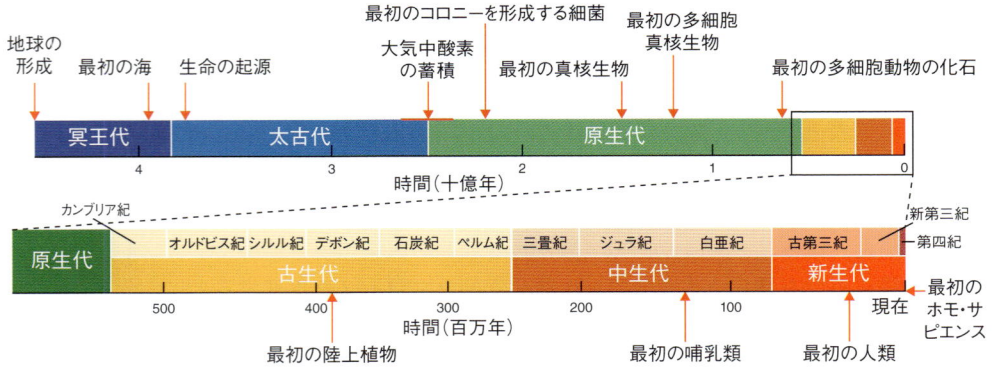

図 2.3　地球上の生命の主な変遷を示す年表．人類が誕生したのは，地球の歴史から見ると非常に最近のことであるとわかる．
　考えてみよう：地球上の生命の歴史を通じて，生物的プロセスと非生物的プロセスは互いに影響し合ってきた．この図にある「大気中の酸素」を例にとって考えてみよう．25 億年以上前に大気中に酸素が蓄積されたのは，どのような生物学的事象が原因だったのだろうか．そして，それが地球上の生物の進化にどのような影響を与えたのだろうか？
　出典 Hillis DM et al., Principles of Life 3rd ed. (Sinauer Associates) より図 17.10 を改変

細菌と古細菌の進化

地球上に初めて生きた細胞が出現したのは，今から約35億年前である．その後，10億年以上にわたって，単細胞生物が繁栄してきた．この最初の生物は，DNAはもっていたが，膜で覆われた区画はもっていなかった．膜で囲まれた核をもたない単細胞生物をひとまとめにして**原核生物**（prokaryotes）と呼ぶことがある．しかし，原核生物という言葉は，生命の樹の特定の枝を正確に表現しているわけではない．実際，原核生物には2つの系統がある．**古細菌**（archaea）と**細菌**（bacteria）である（Woese et al., 1990）．古細菌は，当初細菌に分類されていたが，現在では独自の複雑な進化の歴史をもつ独立したグループとして認識されている．細菌（真正細菌と呼ばれることもある）は，地球上で最も古い細胞生物であると考えられている．

最初の単細胞生物は，地球上の生命の進化に不可欠な役割を果たした．単細胞生物は，その後の地球上のすべての生命の祖先であるだけでなく，生物的・非生物的条件を変化させ，その後の生物の進化に影響した．例えば，25億年以上前にシアノバクテリアのなかから，酸素を放出して光合成をするものが進化した（Leslie, 2009）．その結果，大気中に酸素がゆっくりと蓄積され，当時生息していたほとんどの嫌気性生物にとって毒となり，進化の景色が変わり，地球上の生命の流れが変わったと考えられる．

真核生物の進化

およそ20億年前，**真核生物**（eukaryotes）が登場した．最初の真核生物はその祖先と同じく単細胞生物であった．しかし，真核生物には核があり，核は膜に囲まれた区画で，そこに遺伝物質が保存されていた．真核生物のゲノム（生物がもつ遺伝情報全体）は，細菌と古細菌という非常に離れた祖先の遺伝物質が融合してできたと考えられている（Rivera & Lake, 2004；McInerney et al., 2015）．章末の「データで見る」では，この古代に起きた融合についてより深く掘り下げている．

ほとんどの真核細胞には，核の他に膜で囲まれた小器官があり，そのなかには核とは異なるDNAをもつものもある．ミトコンドリアゲノムと葉緑体ゲノムの獲得は，しばしば**細胞内共生**（endosymbiosis）と呼ばれる地球上の最初期の生命体の間で起きた深い相互作用を反映している（Margulis, 1971；Martin et al., 2015）．細胞内共生説では，真核生物を構成する細胞小器官（細胞構成要素）の一部は，より大きな細胞に吸収された古代の原核生物に関連していると提唱されている．この原核生物は，時間の経過とともにゲノムの一部を失い，より大きな細胞に入り込んで機能するようになった．例えば，植物細胞の葉緑体はシアノバクテリアに由来すると考えられている．地球上で最も早く分岐した生命の系統間の関係を理解することは，かなり複雑で面倒なものとなる．なぜなら，遠い過去に遡る必要があるだけでなく，細菌，古細菌，真核生物の間で遺伝情報が古くから共有されていたからである．なお，**系統**（lineage）とは，共通の祖先をもつ生物（現存，絶滅を問わず）のグループのことである．

多細胞性の進化

単細胞の生物は，進化の戦略として非常に成功しており，現在でも地球上の生命の大部分は，単細胞生物である．しかし，多細胞化もまた進化的なメリットをもたらす．最初の多細胞生物は，およそ20億年前に出現したと考えられている（Albani et al., 2010）．多細胞化は，集合することが環境ストレスからの緩衝作用，捕食者からの防御，栄養素の利用機会の増大をもたらすことから，様々な生態条件下で有利だった（Libby et al., 2016）．酵母を用いた最近の研究では，単細胞

生物は実験室で短期間に複雑性を進化させることができ，多細胞への移行は単純な遺伝的基盤で成し遂げられることが示されている（Ratcliff et al., 2012, 2015）．したがって，進化の歴史のなかで，個々の細胞の集合体が自律性を失うことで，多細胞化の進化が比較的速く起こった可能性がある．

初期の多細胞生物は単純な構造をしており，地球の歴史上，多細胞の動植物が進化し，現在の私たちに馴染みのある形になったのはごく最近である．約5億年前，生物の複雑さが爆発的に増加した．これはカンブリア爆発と呼ばれる．この時期，ほぼすべての主要な動物群（門と呼ばれる）が約1,000万年の間に進化した（Valentine et al., 1999）．この急速な多様化に伴い，劇的な形態的・発生的変化が起こった（Knoll & Carroll, 1999；Marshall., 2006）．例えば，軟体動物や節足動物を含む硬い殻をもつ動物種が多数出現し，この系統は地球上で最も生物多様性の高い動物の1つとなった．

また，4億年前，植物が初めて陸地に進出したときにも，急速な多様化が起こった（Bateman et al., 1998）．緑藻類の子孫であるこれらの植物は，乾燥した地上の環境で生き残るために劇的な適応を遂げた．例えば，ある系統では，乾燥を防ぐためのワックス状のクチクラとガス交換を促進するための気孔を作り，またある系統では，水や栄養分を高い位置まで移動させることができる複雑な維管束組織を進化させた．このように，生物的要因と非生物的要因の相互作用が，地球上の生命の進化を促し続けてきたのである．

ほとんどの主要な系統は数億年前に確立されているが，私たちが直感的に古いと思うグループの多くが生命の樹に加わったのはごく最近のことである．例えば，図 2.3 に示すように，最初の哺乳類が進化したのはわずか1億年前である（Kemp & Kemp, 2005）．さらに，私たちホモ・サピエンスは，地質学的な見地からは，ごく最近に誕生したことがわかる．

生物多様性の進化の仕組み

地球上の生命の多様性は，長年にわたる系統の増加と消失によって形成されてきた．ここでは，進化の2つの基本的なメカニズム（**自然選択**と**遺伝的浮動**）と，生命の樹を形作る2つの重要なプロセス（**種分化**と**絶滅**）について簡単に説明する．一般に，科学者は自然選択と遺伝的浮動を集団レベルのプロセスとして考え，種分化と絶滅は種レベルに関係すると考える．もちろん，生物多様性のパターンを形成する他の重要な進化的メカニズム（突然変異や遺伝子流動など）や多数の生態学的プロセス（栄養塩循環，種間相互作用，遷移など）も存在し，これらは後の章で扱う．本書のユニット II では，個体，個体群，種レベルで生物多様性に影響を与える主要なプロセスを検討し，ユニット III では，生物–非生物間のフィードバックを含む生物群集，生態系，生物圏レベルのプロセスに焦点を当てる．

自然選択

自然選択（natural selection）は，集団が生物的および非生物的環境に適応するプロセスである．より具体的には，自然選択とは，環境への適合性に基づいて，異なる形質をもつ生物の生存や繁殖に差が生じることである．進化論の父であるチャールズ・ダーウィンは，自然選択による進化が起こるために必要ないくつかの条件を述べている（Darwin, 1859）．第一に，生存や繁殖に影響する形質が個体間で異なっている必要がある．第二に，その形質を遺伝させるメカニズムをもち，形質が親から子へと遺伝する必要がある．第三に，個体の生存・繁殖の能力に差がある理由が必

要である．これには，交配相手を獲得するための競争，重要な非生物資源の制限，あるいは厳しい生理的条件などが考えられる．時間が経過すると，生存と繁殖における差が，やがて集団レベルでの形質変化をもたらすことがある．自然選択は，わずか数世代で急速に起こることもあれば，地質学的な長い時間スケールでゆっくりと起こることもある．第7章では，自然選択がどのように適応につながるかについて，より詳細に評価する．

遺伝的浮動

遺伝的浮動（genetic drift）とは，集団の遺伝的構成が時間とともに偶然によって変化するプロセスのことである．生存と繁殖は，個体が環境にどれだけ適しているかだけでなく，確率的な（ランダムに決まる）影響も受ける．**図 2.4** は，遺伝的浮動を自然選択と対比したものである．遺伝的浮動はすべての集団で発生するが，その影響は特に小さな集団で顕著に現れる．極端な例としては，集団サイズが大きく減少した場合（ボトルネックと呼ばれる）や，少数の個体が新しい環境に定着した場合（創始者効果と呼ばれる）などがある．こうした場合，集団では遺伝的変異が減少するだけでなく，元の集団から変異が偏ってサンプリングされることになる．遺伝的浮動が小集団に及ぼす影響については，第8章で詳しく検討する．

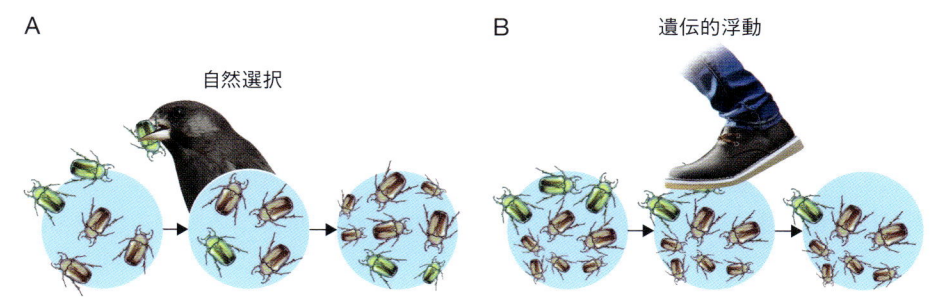

図 2.4 （A）自然選択と（B）遺伝的浮動の対比．自然選択と遺伝的浮動はどちらも，時間の経過とともに集団の遺伝的形質の変化をもたらす．この例では，両パネルとも時間の経過とともに茶色の個体が増加し，緑色の個体が減少していることがわかる（矢印は世代を表す）．しかし，自然選択は適応につながり，生物はより環境に適合するようになる（例：茶色の個体が緑色の個体よりカモフラージュに優れている場合）．逆に，遺伝的浮動は確率的なプロセスであり，必ずしも生物と環境の適合性を高めるとは限らない（ただし，世代の経過とともに集団の遺伝的構成が多少変化する）．最終的に，最後の世代に描かれた緑色の個体の頻度は同じでも，それを引き起こす過程は異なる．
考えてみよう：これらの画像は，自然選択と遺伝的浮動が集団のなかで変化をもたらしていることを示している．自然選択や遺伝的浮動が，同じ種の集団間でどのような違いをもたらすか，例を挙げられるだろうか？
出典 https://evolution.berkeley.edu/evolibrary/article/evo_16

種分化

種分化（speciation）とは，新しい系統の形成につながる多様化プロセスである．先に見たように，自然選択と遺伝的浮動は明確に集団の運命に影響を与え，その遺伝的組成は時間とともに変化する．この2つのプロセスは，集団間に差異を生じさせることもある．より長い時間スケールで，こうした集団間の差異が蓄積され，最終的に新しい種の形成につながることがある．種分化は，地理的隔離と遺伝的浮動によって生じうる．例えば，造山活動による新しい山脈の隆起によって，集団が隔離された場合がこれにあたる（Avise, 2000）．またそれとは対照的に，種分化は地理的に近い集団でも自然選択により生じることがある．例えば，集団が異なる環境に適応し，異

なる集団間の個体どうしで交配した子孫が，どちらの環境でもうまく生き残れない場合などである（Nosil et al., 2005）．種分化を促進する要因はそれぞれの系統によって異なり，有性生殖を行うかどうかなど，多くの要因に左右される．

絶滅

絶滅（extinction）とは，ある生物種が永久に失われることである．後の章でより深く考察していくが，絶滅の原因は様々である．究極的には，生物的・非生物的な環境条件は時間とともに変化し，最終的には，かつて特定の種を支えていた環境条件は存在しなくなる．これまで生きてきた種の99%以上が絶滅したと推定されている（例：Raup, 1991a）．絶滅率は時代や系統によって大きく異なるが，種の寿命は100万年から1,000万年が一般的であるようだ（例：Raup, 1991b）．しかし，数億年もの間，絶滅を免れた種（しばしば生きた化石と呼ばれる）もある．

種分化と絶滅

科学者らは，生命の多様性が形成されるプロセスを様々な方法で研究している．過去の種分化や絶滅のパターンを理解するために，これまで化石の分類と年代測定に大きく依存してきた．しかし，近年の分子遺伝学の進歩により，形態学的データに加え，遺伝学的データを用いて歴史的パターンを推測することができるようになった．さらに，コンピュータを用いたアプローチの進歩により，高度なコンピュータモデルを作成し，実際のパターンと比較することで，過去の種分化や絶滅のパターンを理解することができようになった．これらの方法の多くは，**系統樹**を用いた種間関係の再構築に依存しており，これは本章の「基本知識」で説明する．

科学者は，多様なアプローチを用いて，過去の生物多様性に関して何を発見したのだろうか．重要な発見は，種分化と絶滅の速度が時代によって異なるということだ．地球の歴史には，種分化率や絶滅率が特に高い時期がある．これらの時期は，標準的な（平常時の）種分化率や絶滅率と比較すると例外的である．多くの研究や様々な種類のデータを統合することで，科学者はある地質時代におけるある生物系統の種分化と絶滅の平均率を決定できる（Sepkoski, 1998；McPeek & Brown, 2007；Barnosky et al., 2011）．これらの平均値とその逸脱から，様々な系統，地域，地質時代において，種分化や絶滅の割合が高いことを明らかにすることができる．

 基本知識

系統樹とは？

生物多様性の歴史的パターンを研究するうえで，種間の系統関係を再構築することは，ほぼすべてのアプローチで中心的な役割を果たしている．**BOX 図 2.1** に，生命の樹において，主要な部分を構成している**系統樹**（phylogenetic tree）を示す．系統樹とは，現生生物の祖先と子孫の関係を記述したものである．樹の先端は生物を表し，樹の枝はこれらの生物の進化的関係を表している．枝をたどっていくと，枝が交わるところにノードがあり，そのノードがその生物の共通の祖先となる．共通の祖先とその子孫のすべてを「系統」と呼ぶ．系統樹のなかには，枝の長さを時間の単位や特定の分岐の大きさに換算して，経過時間を明確に表現しているものもある．また，**現存する**（extant）生物（現在生きている生物）と**絶滅した**（extinct）生物

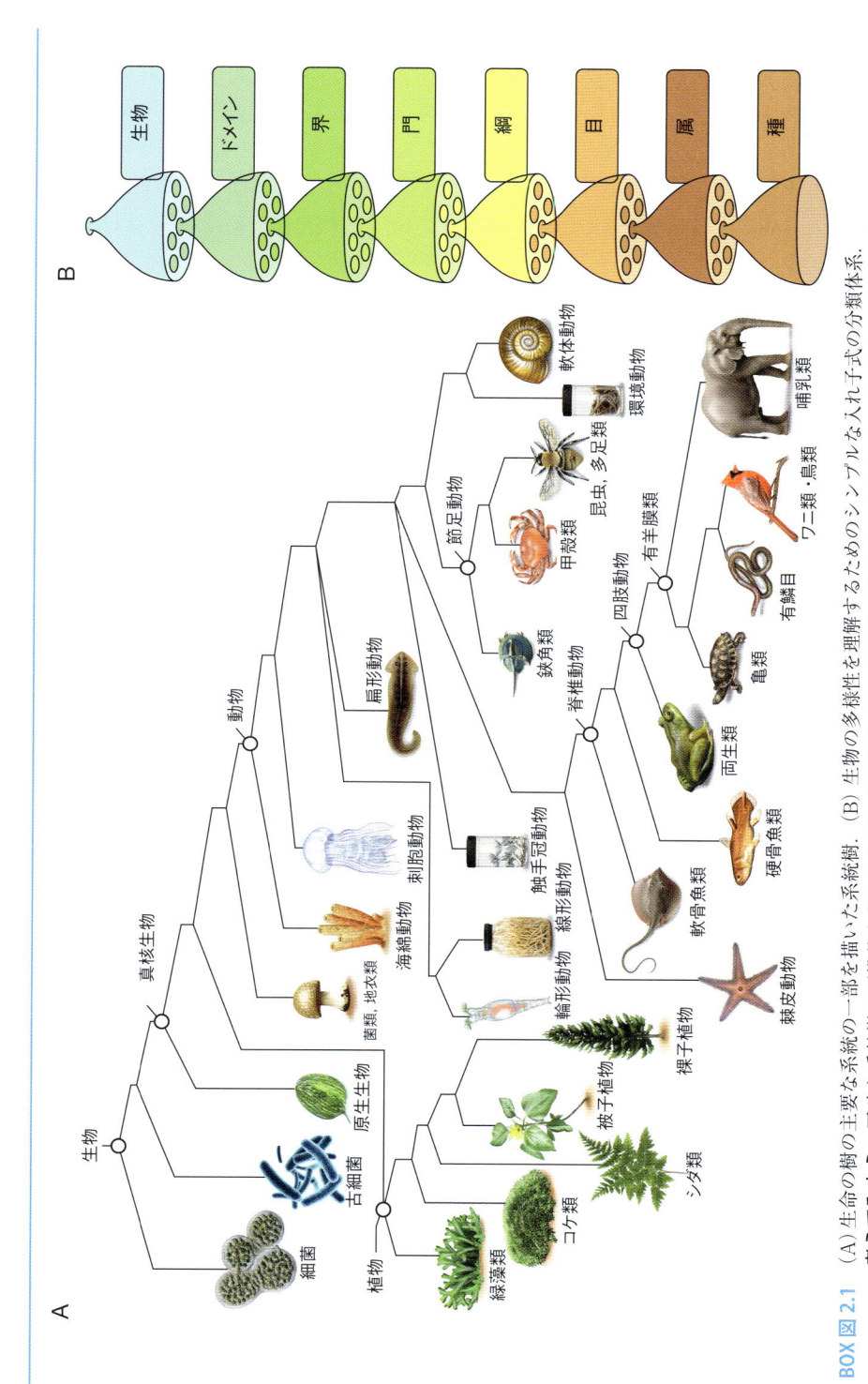

BOX 図 2.1 （A）生命の樹の主要な系統の一部を描いた系統樹．（B）生物の多様性を理解するためのシンプルな入れ子式の分類体系．
考えてみよう：正確な系統樹の再構築を難しくしている要因をいくつか考えてみよう．それらの1つを対象に，どうすれば対処できるかも考えてみよう．
出典 （A）www.biology.unm.edu/ccouncil/Biology_203/Summaries/Phylogeny.htm（原書刊行時）：（B）https://en.wikipedia.org/wiki/
Taxonomy_(biology)#/media/File:Biological_classification_L_Pengo_vflip.svg (public domain)

（消滅した生物）を区別する樹もある.

　系統樹は通常, 2つに分岐する枝として表現され, 1つの共通祖先が各ノードで2つの子孫を生んでいる. しかし, この方法では, 地球上の生命を形作ってきた多くの重要なプロセスを捉えることができないことに留意する必要がある. 例えば, 遺伝情報は垂直方向（祖先から子孫へ）だけでなく, 水平方向（ある系統から別の系統へ）にも伝達しうる. 実際, 遠い系統間でも, 遺伝情報の水平伝播が起こることがある. 本章の「データで見る」では, 地球上の生命のごく初期においても, 遺伝情報の水平伝播が重要な役割を担っていたことを紹介する.

　系統樹の再構築の重要な役割の1つは, 生命の樹の各系統の関係を正確に理解し, 分類することだ. スウェーデンの植物学者カール・リンネ（1707 ～ 1778）は, 近代分類学（生物を分類し命名する科学）の父であると考えられている. リンネは, 階層的な分類法（綱, 目, 属, 種）と二名法による命名法（属と種という2つのラテン語名からなる命名）を導入した（Linnaeus, 1735, 1753）.

　しかし, リンネは動物と植物の生物多様性にしか言及していない. したがって, 階層的な分類システムは, それ自体が過去300年の間に進歩し, 地球上の生命の系統に関する現在の理解に至った（例：Ruggiero et al., 2015）. **BOX 図2.1** は, この入れ子構造をもとにした分類体系を示している. 現在, 科学者は3つのドメイン（細菌, 古細菌, 真核生物）を認識しており, 真核生物内の多様性を考慮すると, 合計7つの界（細菌界, 古細菌界, 原生生物界, クロミスタ界, 植物界, 菌界, 動物界）になる. これらの階層（種からドメインまで）のいずれも系統と呼ぶことができる.

　生物の関係性を推定する方法がますます高度化するにつれ, 命名法や命名システムそのものに変化が生じることが予想される. 第1章で述べたように, ゲノミクスと計算手法の進歩は, グローバル変動生物学の多くの分野に革命をもたらした. 系統樹の構築と解釈に関する科学的発展も例外ではない. より多くのデータと, より細かい解像度で, 科学者は以前よりも正確に進化の時間を遡ることができるようになった. 生命の樹は種分化や絶滅によって常に変化しているだけでなく, 私たちの理解もまた変化している.

進化的放散

　種分化が特に速く, あるいは頻繁に起こることで, 多様性が特定の系統に急速に蓄積されることがある. このような多様化の爆発は, **進化的放散**（evolutionary radiation, 自然選択の役割が明確な場合は適応放散）と呼ばれる. 種分化率が高くなるのは, 生物的・非生物学的な環境条件が変化し, 生物にとって新しい生態学的な役割を与えるような好機が訪れた時期であることが多い（Yoder et al., 2010）.

　地球の生命の歴史から, 生態学的好機は様々な理由で到来することがわかっている. まず, 環境条件の変化により, 新たな生態学的好機が生じることがある. 例えば, 25億年以上前に地球の大気中に酸素が蓄積されたことで, 好気性生物が多様化する扉が開かれた（Dismukes et al., 2001）. 次に, 革新的な形質の発生によっても生態学的な好機がもたらされる. 例えば, 木質組織の進化, 生体内の栄養・水分輸送, 生殖器官の特殊化などの構造的・生理的変化により, 植物は4億年前から陸上環境に定着し, 急速に多様化した（Kenrick & Crane, 1997；Bateman et al., 1998）. そして, 生態学的好機は, 敵対する生物から逃れることによって生じることがある. 例えば, 6,500万年前から始まった陸上哺乳類の急速な多様化は, その主要な捕食者や競争相手で

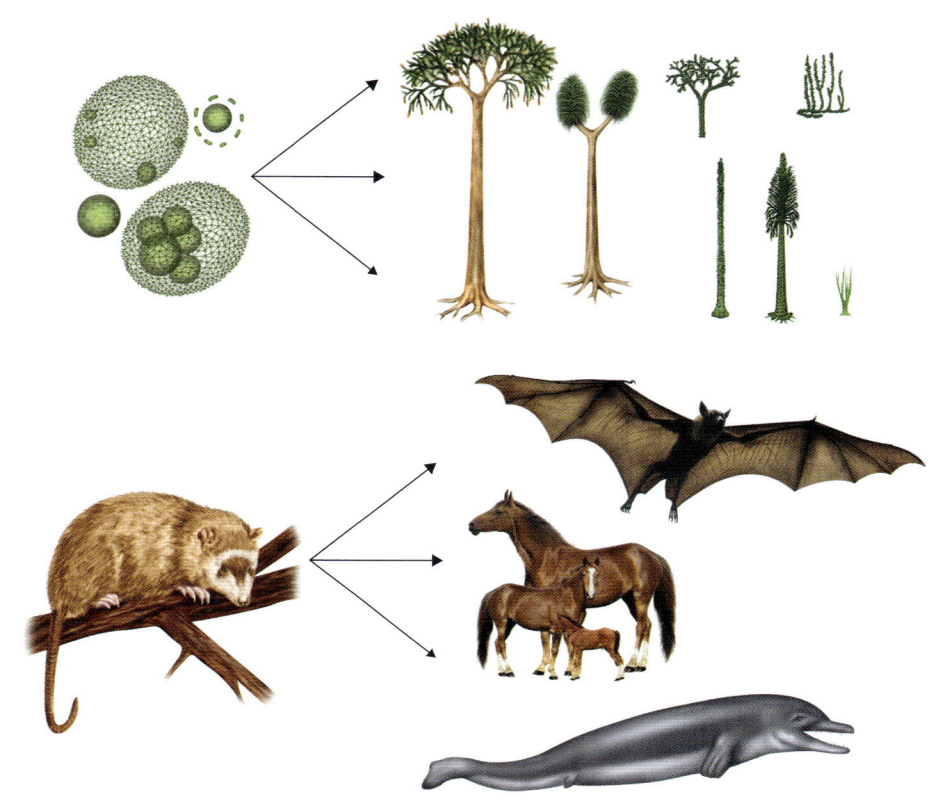

図 2.5　進化的放散の例．（上）陸上へ進出後の植物の進化的放散．（下）恐竜の絶滅に伴う哺乳類の進化的放散．
　　　　考えてみよう：どのような生物的または非生物的変化が進化的放散をもたらすか？

ある恐竜の大量絶滅によって促進されたと考えられている（Meredith et al., 2011）．**図 2.5** は，こうした進化的放散の例を示している．

大量絶滅

　科学者は，世界のあらゆる地域において，多くの系統が高い確率で絶滅する時期を，**大量絶滅**（mass extinctions）と呼んでいる．高い絶滅率を示す時期は，しばしば非生物的な環境の大きな変化に対応している．例えば，火山活動や**火球**（bolide）の衝突は，広い地域で環境条件を急速に変化させ，それまで多くの種にとって好適だった生息地を不適なものに変えてしまうことがある．このような非生物的事象によって引き起こされた環境変化は，恐竜を絶滅させた白亜紀末の絶滅を含む，大量絶滅のイベントに寄与したと考えられている（Schulte et al., 2010）．生物的な要因もまた，非生物環境に影響を与え，その結果，絶滅率に影響を与える．例えば，初期の単細胞生物の光合成は，地球の大気中の酸素濃度を変化させ，多くの嫌気性生物が死滅したと考えられる．同様に，光合成を行う陸上植物の多様化は，地球の気候を大きく変化させ，最終的に地球上で生存できる種を変化させた（Algeo et al., 2001）．**表 2.1** は，科学者が一般的に認識している 5 つの歴史的大量絶滅をまとめたものである．大量絶滅はしばしば「イベント」として表現されるが，絶滅率が上昇する期間は瞬時に起こるものではなく，断続的な変化によりもたらされることに留意してほしい．

表 2.1　歴史的な 5 つの大量絶滅.

地質年代	おおよそ何年前に生じたか	失われた種の割合(%)	解説
オルドビス紀	4 億 4,500 年前	86	オルドビス期はほとんどの生命が海洋性だった. 海洋生物が繁栄し, サンゴのような種が現れ, 最初の植物が現れ, 最初の顎のない魚が現れた. オルドビス紀の終わりに, 地殻プレートの移動, 大規模な氷河作用, 海水面の劇的な変化によって, 史上 2 番目に大きな大量絶滅が起きた.
デボン紀	3 億 6,000 年前	75	デボン紀には陸上生物が繁栄し始めた. 両生類のような陸生四肢動物が出現し, 節足動物が現れ, 種子植物が繁栄した. デボン紀の終わりには, 陸上植物の多様化によって大気中の二酸化炭素濃度が低下し, 気候や大気・水の化学的性質が変化した.
ペルム紀	2 億 5,000 年前	96	ペルム紀には最古の恐竜・爬虫類が出現した. ペルム紀の終わりには, 火山活動, そしておそらく天体衝突が, 史上最大の大量絶滅を引き起こした.
三畳紀	2 億 2,000 年前	80	三畳紀には, 四肢動物がペルム紀の大量絶滅から回復した. 爬虫類, 両生類, そしてごく初期の哺乳類が地上の景観を支配した. 三畳紀の終わりには, 火山活動が絶滅を促進したと考えられる.
白亜紀	6,500 万年前	76	白亜紀の終わりには, 火山活動, 地殻変動, 天体の衝突によって大量絶滅が起こり, 恐竜とほとんどの大型陸生哺乳類が姿を消した.

注：大量絶滅が起きたおおよその年代, 失われた種の割合, 種類とその理由を示す. 大気中酸素の増加に伴う嫌気性微生物の絶滅は, 5 つの大量絶滅には含まれていない.
考えてみよう：歴史的な 5 つの大量絶滅の原因と結果を比較対照せよ. 大量絶滅には予測可能な生物的・非生物的要因はあるのか？
出典 Barnosky AD et al. (2011)

　歴史的な絶滅のパターンの理解は, 現代の生物多様性の消失のダイナミクスを分析するうえで有用な情報をもたらすかもしれない. 現在, 私たちは, 6 回目の大量絶滅と見なされるほど劇的な絶滅の増加期に突入している (Barnosky et al., 2011). 過去の 5 回の大量絶滅と違い, 現在起きている大量絶滅の危機は, ホモ・サピエンスという単一種の活動によって引き起こされたものである. この現代の突発的な絶滅については, 第 8 章で詳しく分析する.

結論

　現在の多様な生物がいる世界が形成されるには, 何十億年もの進化の時間が必要だった. 地質学的・化学的条件の変化に伴い, 生命も進化し, 地球の歴史のなかで多様性と複雑性を増してきた. この地球上の生物進化の過程は直線的なものではなく, すべての共通祖先を起点に, 深く枝分かれした樹形によって表現するのが適当である. この樹木は, 今, ホモ・サピエンスという進化の過程における新参者によって劇的に変化している. 現在のグローバル変動生物学のストレス要因に目を向ける前に, 私たち自身の種の歴史を理解し, 私たちがいかにして, かくも多くの地球上の生物種の運命を変えるに至ったのかを理解する必要がある.

データで見る

生命の環

誰が，何を目指していたのか？

ここでは，ある影響力のある論文を紹介する．リベラ（Maria Rivera）博士とレイク（James Lake）博士による「真核生物のゲノム融合起源を証明する生命の環」というタイトルの2004年に "Nature" 誌に掲載された論文である．BOX 図 2.2 に著者を紹介する．著者らは，真核生物の進化を理解するうえで鍵となる問題に焦点を当てた．つまり，真核生物はどのように進化し，生命の古い系統間にはどのような関係があるのか？　という問題だ．

本章で学んだように，細胞生物の最も古い系統は，しばしば「原核生物」と呼ばれる単細胞生物であった．原核生物には，古細菌と細菌の2つの系統がある．これらの単細胞微生物は，細胞膜をもつが，内部に細胞区画はない．原核生物は，真核生物が進化するまでの約20億年間，地球を支配し，現在でも地球上の生物多様性の大部分を占めている．20億年前の真核生物への移行には，多くの劇的な変化があった．例えば，遺伝物質が膜で囲まれた核に凝縮され，ミトコンドリアなどの細胞小器官が追加された（Margulis, 1971；Martin et al., 2015）．これらの移行がいつ，どのように起こったかについて熱く議論されており，真核生物のゲノムの祖先に関する未解決の疑問が数多く残されている．

真核生物の起源に関する疑問は，数十億年の進化を振り返ることの難しさを考えると，厄介な問題である．しかし，ゲノムデータの入手が容易になったことで，古代の進化的変遷を研究する新たな方法が開かれた．真核生物のゲノムに含まれる各構成要素の祖先を推測するために，ゲノム配列が利用できるようになったのだ．真核生物の遺伝子に関する初期の分子生物学的研究は，一見矛盾するような結果をもたらした．ある解析では，真核生物と古細菌の遺伝子は遺伝的に類似しているとされ，他の解析では真核

BOX 図 2.2　(A) 主著者のリベラ博士（写真）と共著者のレイク博士は，真核生物の起源を理解することに着手した．(B) 現代の真核生物の例．**出典** (A) Maria Rivera：(B) Wikipedia public domain（https://en.wikipedia.org/wiki/Eukaryote#/media/File:Eukaryota_diversity_2.jpg）

生物と細菌の遺伝子はより密接な関係にあるとされた（Rivera et al., 1998）．どうすれば，この一見矛盾するような結果を説明できるだろうか？

本章の前半で述べたように，系統間の関係を再構築するために用いられる系統解析の手法は，通常，祖先が2つに分岐することで系統が生じると想定している．そして遺伝情報は，あ

る祖先からその子孫へと垂直に受け継がれると仮定される．しかし，もし水平的なプロセスが新たな系統の生成に重要な役割を果たすとしたらどうだろうか．**遺伝子の水平伝播**（horizontal gene transfer），つまり垂直（親–子，祖先–子孫）の関係ではない個体間で遺伝情報が移動する現象には様々なメカニズムがあることがわかっている．例えば，プラスミド，ウイルス，トランスポゾンによって，離れた系統間でも遺伝情報が移動することがある．また，異なる系統間の交雑によって，異なる祖先が混ざったゲノムが生まれることもある．そこで，リベラ博士とレイク博士は，異なる系統間の遺伝的な相互作用が，真核生物の起源に関与していた可能性があるかどうかを検証した．

あなたの予測は？

次に進む前に，この章で学んだ地球上の生命の歴史について，真核生物の進化の問題にどのように適用するかを，数分間考えてほしい．

まず，次のような問いを考えよう．

• 真核生物が進化する前に地球上に存在し，真核生物の進化に貢献した可能性のある系統は何か？

• 最初の真核生物は，必ず単一の祖先をもつ単純な起源から生じていたのだろうか？

• どのような過程で祖先が混在するパターンが生まれるのだろうか？

では，地球上の生命の初期系統の間にどのような関係があったと思うか，予想されることを簡潔に要約してみよう．

科学者らの予測は？

リベラ博士とレイク博士は，これまでの研究ではデータ解析手法の限界により，ゲノム融合を検出することが困難だったのではないかと予測した．そして，新しい解析方法を適用すれば，真核生物のゲノムには古細菌と細菌の両方が混在していることが明らかになるだろうと予測した．

どのようなデータを収集したのか？

著者らは，地球上の生命の主要な系統を代表する真核生物，細菌，古細菌のゲノムを解析対象とした．そして遺伝子の総数が同程度の比較的単純な種を選んだ（約 2,400 ～ 6,400 遺伝子）．真核生物 2 種（いずれも酵母種），細菌 4 種，古細菌 4 種である．

著者らはまず，種を越えて比較するのに有効な遺伝子を特定するため，コンピュータを使用した．遺伝子が配列レベルで類似性を示すのにはいくつかの理由がある．著者らは，オーソログ（祖先を共有しているために類似する，異なる系統にある遺伝子のコピー）を探し，パラログ（遺伝子の重複により類似する遺伝子のコピー）と区別した．一定値以上の類似性を示す遺伝子の集合を得た後，彼らは，単なる分岐だけではなく，ゲノムの融合も仮定した種間関係を推論する方法を用いた．リベラ博士とレイク博士は，約 2,500 個の遺伝子に基づいて数多くの祖先の復元を行い，真核生物の起源について最も可能性の高い歴史シナリオを統計的に評価した．

データをどのように解釈するか？

この先を読む前に，リベラ博士とレイク博士が作成した要約（**BOX 図 2.3**）を見てほしい．この図を見ながら，以下の質問を考えてみよう．

• 祖先の復元の図は，分岐した樹のように見えるか？

• 真核生物は単一の祖先をもっているように見えるか？

• 真核生物の最も近い親戚は何だと思われるか？

この研究の主要な発見とその意義について，1 ～ 2 文で書いてみよう．

科学者らはデータをどう解釈したか？

リベラ博士とレイク博士が解明した祖先の復元は，すべて単純な分岐する樹ではなく，環状構造を示していた．リベラ博士とレイク博士は「これらの結果から，真核生物の核ゲノムは，

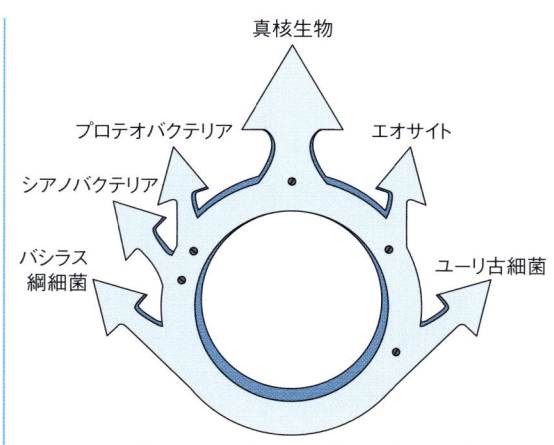

BOX 図 2.3 約 2,500 の遺伝子に基づく祖先の復元の概要.

出典 Rivera M & Lake J, The ring of life provides evidence for a genome fusion origin of eukaryotes, *Nature*, **431**(7005): 152–155 (2004), doi:10.1038/nature02848

細菌プロテオバクテリアの近縁種と古細菌エオサイトの近縁種のゲノムが融合してできたと推測される」と述べている. このように, 最初の真核生物の進化には, 古代の原核生物の両系統の融合が必要であった. さらに, 細菌と古細菌の祖先の貢献は, 現代の真核生物ゲノムのなかにも見出すことができる. 例えば, 真核生物ゲノムの異なる遺伝子群は, 異なる祖先のパターンを示している. 転写や翻訳に重要な機能をもつ発現制御遺伝子の多くは, 古細菌の祖先から受け継がれる一方, アミノ酸生合成など細胞代謝に関わる遺伝子の多くは細菌の祖先から受け継がれる (Rivera et al., 1998).

リベラ博士とレイク博士の研究は, 真核生物の核ゲノムの祖先の融合に焦点を当てたが, 真核生物の細胞小器官 (一定の機能をもつ細胞内にある小器官の総称) もまた, 異なる系統間の古代の相互作用から生まれた. ある生物が別の生物のなかに住むという相利的な関係として定義される**細胞内共生**が, 真核細胞の初期進化において重要な役割を果たした (Margulis, 1971 ; Martin et al., 2015). 例えば, ミトコンドリアや葉緑体などのオルガネラは, それまで自由に生きていた細菌を取り込むことで誕生した. 長い進化の時間スケールのなかで, これらの細菌の遺伝子の多くは真核生物の核に移った (Ku et al., 2015). このように, 真核ゲノムのキメラ的な起源を説明するうえで, 細胞内共生と遺伝子の移動は 1 つの具体的なメカニズムとなっている.

今後の研究の方向性について考えよう

リベラ博士とレイク博士は, 生命の 3 つの主要なドメインの間で広範なゲノムの相互作用があることを証明したが, あなたはこの研究プログラムに関して次にどのようなステップを想像するだろうか? もしあなたがこの研究に携わっていたとしたら, どのようにフォローアップをするか? まず, 次の問いから考えてみよう.

- この研究は, 将来の研究の動機づけとなるような, 進化に関する新しい考え方を提供するだろうか?
- 生命の環に関して, より詳細な質問はあるか?
- 対象とする分類群をどのように広げることで, この研究が一般性をもつようになるか?

次に, この研究テーマに関する今後の方向性について, 数行で書いてみよう.

⛰ 発展

生物的な階層

本章の「基本知識」では，現代の分類システムが1700年代にカール・リンネが行った研究からどのように発展してきたかを見てきた．しかし，科学者は何千年もの間，自然界を研究し，分類してきた．最も古い分類法の1つは，アリストテレス（紀元前384〜322年）によるものだ．BOX 図 2.4 に示すように，アリストテレスの自然の階梯 (Scala Naturae) は，すべての生物を，人間を頂点とする単一の直線的な階層で表していた．種は進化や変化をしない固定的な存在であるという考え方は，古代の多くの時代を通じて根強く残っていた．

しかし，1800年代になってから，科学者らは地球上でいかに多くの変化が起きているかを認識するようになった．チャールズ・ライエルなどの地質学者は，地質学的な力の変化が時間をかけて地球を形作ることを説明し，現在の地球に作用しているのと同じ力が数百万年前にも生じていたことを強調した (Lyell, 1830)．このような地質景観の変化を背景として，生物学者らは，生物もまた変化の法則に従うものであることを理解した．ダーウィンは『種の起原』のなかで，生物の進化に対して，初めて機械論的な説明を提案したことで有名である (Darwin, 1859)．同じ頃，ソローは森の木々の遷移について論じており (Thoreau, 1860)，生物が経年的に変化しているという共通のテーマが浮き彫りになっている．

この150年の間に，地球上の生命を形成するメカニズムについての理解が進み，生物が相互に深くつながっていることを発見した．進化的な意味で，種は直線的な階層にある固定した存在ではない．生命の樹は，相互作用し合う系統の枝分かれと枝の刈り込みによって形作られているのである．同様に，生態学的な意味でも，種は変化し続ける非生物的な環境のもと，複雑な生物群集のなかで相互作用している．生化学的な観点からも，私たちの体を流れるエネル

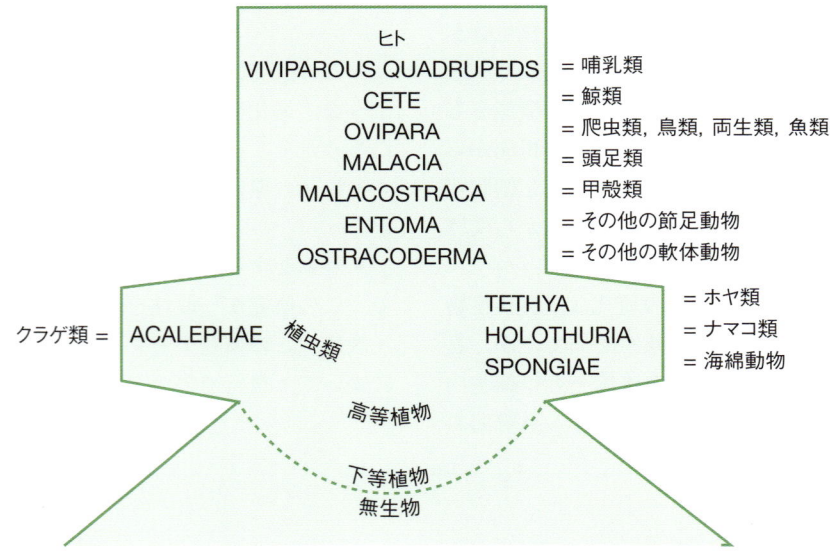

BOX 図 2.4 アリストテレスの自然の階梯 (Scala Naturae) の図解．この「生命の階段」式の分類法は，現代の生命の樹に関する理解（その構造や生物間の関係だけでなく，種を静的な存在として描いている点）と矛盾していることに留意してほしい．
考えてみよう：アリストテレスの生物分類と現代の理解との間には，具体的にどのような違いがあるだろうか．また，種が固定された不変の存在であるという考え方に疑問を投げかけるような，重要な発見は何だと思うか？
出典 Charles S, A Short History of Biology, Clarendon Press (1931) より図18を引用

ギーと物質は，何十億年もの間，他の無数の生命体を介して循環してきた．このように，様々な観点から見ても，生命は相互に関連した網の目のような存在である．

生物的な階層とは？

生物圏はこのように複雑に相互依存し合うシステムではあるが，それでも入れ子構造の階層を定義することは有用である．BOX 図 2.5 に示すように，遺伝子，個体，個体群，種，群集，生態系，生物圏まで，様々な生物学的階層でパターンとプロセスを研究することができる．基本的に，これらの階層は相互に関連している．しかし，特定の階層に注目することで，地球上の生命が環境変化に対応する多様な方法について，より精緻な理解を得ることができる．

分子と細胞

すべての生物は，分子的な構成要素によってパターン化されている．遺伝子レベルでコード化され世代を越えて受け継がれる情報は，他の階層における形質の発達に大きく関与している．分子は，地球上の生命の基本的な構造および機能単位である細胞として組織化される．多細胞生物では，細胞の集まりが組織，器官，器官システムを構成する．突然変異率や細胞呼吸など，分子や細胞レベルの多くの要因が，環境ストレスに影響したり，影響を受けたりする．

個体

生物とは，個々の生命体であり，生存と繁殖の基本単位である．通常，各生物は一個体として捉えられるが，ほとんどの多細胞生物は多数の共生体を宿し，最終的に複数の生命体の集合体となっている．例えば，人体には数万種の細菌が生息しており，ヒト細胞とほぼ同じだけの細菌細胞が含まれている (Sender et al., 2016)．世代時間，体の大きさ，摂食行動，分散能力，繁殖様式など，個体レベルの数多くの形質が，環境ストレスに影響したり，影響を受けたりする．

個体群

個体群とは，同じ地域に一緒に住んでいる同じ種の個体の集まりのことである．有性生殖生物の場合，個体群はさらに交配可能な個体の集団と定義される．私たちは個体群を独立した集団として捉えがちであるが，実際は移動や分散によって複数の個体群は互いにつながっていることがある．個体群の大きさ，性比，年齢，クラス構造など，集団レベルでの無数の要因が，環境変化に影響したり，影響を受けたりする．

種

種とは，広義には生命の樹において独立して進化する系統と定義することができる．この定義は，**系統的種概念**(lineage species concept) と呼ばれ (de Queiroz, 1999)，有性生殖か無性生殖かにかかわらず，地球上の生物に広く適用できるため，本書を通じて使用することにする．有性生殖を行う生物の場合，種はさらに，交配可能なすべての個体群の総和として理解することができる（生物学的種概念と呼ばれる）．一般的に，種は互いに生殖的に隔離されていると定義されるが，例外もありうることを忘れてはならない．例えば，**交雑**(hybridization) や遺伝子の水平伝播は種の境界を越えて起こる可能性があり，現代の研究では，遠縁の系統でも遺伝子を交換できることが何度も示されている（例：Belahbib et al., 2001；Pace et al., 2008）．種レベルの多くの要因（生息域の広さなど）は，環境変化に影響したり，影響を受けたりする．

群集

生物群集とは，特定の地域に生息する相互作用する種の集合のことである．通常，生態学的な群集は局所的な空間スケールで考えるが（サンゴ礁の魚の群集など），群集によっては他の群集に入れ子になっている小規模なものもある（人間の腸内の微生物の群集など）．競争，捕食，寄生，促進のダイナミクスなど，群集レベルの多くの要因が，環境変化に影響したり，影響を受けたりする．

BOX 図 2.5　生物的な組織の階層（下から上へ）：分子・細胞，個体，個体群，群集，生態系，生物圏.
考えてみよう：生物学的な階層を明確に区別することがいかに難しいか，その具体的な例を 2 つ挙げよ.
 Hillis DM et al., Principles of Life 3rd ed. (Sinauer Associates) より図 1.05 を引用

生態系

　生態系は，生物群集とその周辺の非生物環境から構成されている．生物的要因と非生物的要因は密接に絡み合っている．生命を維持するためには，太陽光，空気，水，土壌，栄養素が必要である．また，生物は，エネルギーの流れや栄養の循環を通じて，非生物的条件に影響を与える．光合成速度，一次生産性，分解など，生態系レベルの多くの要素が，環境変化によって変化したり，変化させられたりする．

生物圏

　生物圏とは，地球上のすべての生態系の総体である．これには，地球上の生命を包含し支えているすべての環境が含まれる．生物循環，栄養循環，エネルギー循環は，一部は局所的な影響しか及ぼさないものもあるが，その多くは，すべての生物に影響を与える地球規模の循環に寄与している．例えば，熱帯の樹木や海藻の光合成は，大気中の酸素と二酸化炭素の濃度に影響を与える．生物圏では，ツンドラ，落葉樹林，砂漠，草原，水辺の湿地，海の潮間帯など，様々なバイオームに区分できる．バイオームとは，複数の地理的地域に存在するが，似たような生物的および非生物的特徴を示す群集のことである．バイオームや生物圏の階層では，全球規模のガス，栄養塩，水，エネルギーの循環のダイナミクスなど，多くの要因が環境変化に影響を与えたり，影響を受けたりすることがある．

　これらの階層は，わかりやすさのため便宜的に分けてはいるが，異なる階層はすべて表裏一体で関連し合っている点を改めて強調しておきたい．例えば，個々の生物は，それをコード化する分子や，それを維持する生態系なしには存在しない．すべての階層は互いにつながり，生物的要因と非生物的要因の両方から影響を受けている．私たちは，グローバル変動生物学の旅を通して，様々な階層での変化を探求する．今後の章では，この基礎知識の枠組みを発展させ，各階層と階層間のつながりについて理解を深めていこう．

第 2 章のまとめ

○地球上の生命の出現
- 宇宙は約 140 億年前に誕生し，地球は約 45 億年前に形成された．生命の誕生に必要な条件が整うまでに，数億年の歳月を要した．

○生物の進化と多様化の歴史
- 最初の細胞生物が出現したのは 3.5 億年前，真核生物が出現したのは 2 億年前で，その後すぐに多細胞生物が出現した．

○生物多様性の進化の仕組み
- 自然選択（集団が環境に適応するようになること）と遺伝的浮動（集団が偶然によって時間とともに変化すること）の両方が，時間経過とともに系統が進化することにつながる．
- 種分化（新しい系統の形成）と絶滅（系統の消失）が，最終的に生命の樹を形成する．

○種分化と絶滅
- 種分化と絶滅の速度は，時代によって異なる．種分化が増加する時期（進化的放散）または絶滅が増加する時期（大量絶滅）は，生物的または非生物的な環境条件の変化によって引き起こされることがある．
- 過去 5 億年の間に，地球上の種の 75% 以上が失われた主要な大量絶滅が 5 回あった．

○基本知識：系統樹とは？
- 系統樹は，系統間の祖先と子孫の分岐関係を表現したものである．

- 現代の分類システムでは，3つのドメイン（細菌，古細菌，真核生物）に7つの界が組み込まれている．

○データで見る：生命の環
- 科学者らは，生命の3つのドメインに所属する生物のゲノムを分析し，真核生物のゲノムが古細菌と細菌の祖先の融合から生じたことを発見した．これは，進化の移行が祖先から子孫への垂直伝播だけでなく，異なる系統からのゲノムの水平伝播にも影響を受けることを示している．

○発展：生物的な階層
- 古来，種とは変化しない固定された存在であると考えられてきた．しかし，現在では，進化学，生態学の両方の観点から，地球上の生命は常に変化し，相互に結びついた網の目のようなものであることがわかっている．
- 地球上の生命が環境変化にどのように対応するかを理解するための枠組みとして，入れ子状に相互依存する生物学的階層（分子・細胞から個体，個体群，種，群集，生態系，そして最終的には生物圏まで）が定義されている．

3　人類の誕生

学習成果

この章では次のことを学ぶ.
- 初期ヒト科の進化史.
- ホモ・サピエンスの起源と拡散.
- 初期人類が環境に与えた影響.
- 知識の実データへの活用.

事前チェック

すべての生物種は，周囲の環境に影響を与えている．例えば，ビーバーのダム作りは局所環境を改変し，ミミズは地域スケールで栄養循環を促し，樹木は地球上の大気ガス濃度に影響を与える．この章を読む前に，私たちの種が地球に与える影響について少し考えてみよう．人類は，他の生物種に比べて地球環境に不釣り合いな影響を与えているだろうか？　もしそうだとしたら，人類の歴史のなかで，その活動はいつ頃から生態系を根本的に変え始めたのだろうか？　人類の歴史上，環境に対する影響を増大させた重要な時代や出来事を考えてみよう．

はじめに

人類の誕生を生物の進化史のなかに位置づけると，私たちホモ・サピエンスが地球上に存在している期間はわずか 0.005％で，進化の歴史では一瞬にすぎないことがわかる．私たちの種の登場は比較的最近であるにもかかわらず，生物圏に劇的な影響を及ぼしてきた．この章の目的は，地球での人類の歴史を概説し，ホモ・サピエンスが現在与えている影響を知るための背景を整理することにある．

初期ヒト科の進化

大型類人猿との共通祖先からの分岐

人類は**ヒト科**（Hominidae/hominids）と呼ばれる霊長類に属している．図 3.1 は，現存するヒト科の種の進化的な関係を示しており，この章の「基本知識」で，このグループの命名規則について説明している．人類以外に，ヒト科にはチンパンジー（*Pan* 属），ゴリラ（*Gorilla* 属），オランウータン（*Pongo* 属）が含まれている．これらの大型類人猿のなかで，私たちに最も近縁な現存種はチンパンジーである．人類とチンパンジーは，およそ 800 万年前〜600 万年前に共通の祖先をもっていた（Chen & Li, 2001；Langergraber et al., 2012）．人類はチンパンジーから進化

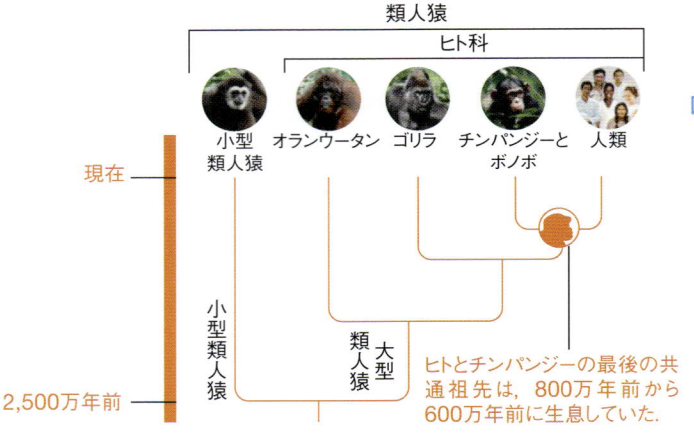

図 3.1 ヒトと現生の近縁な霊長類の系譜．この系統樹には現存する種しか含まれていないため，ヒト科の進化の複雑さを完全に把握できないことに注意せよ．

考えてみよう：この図と前章の系統樹について学んだことを使って，ヒトがチンパンジーから進化したことが事実でない理由を説明せよ．

出典 Human Origins Program, Smithsonian Institution

したわけではなく，人類とチンパンジーは共通の祖先からそれぞれ進化し，数百万年にわたって別々の進化の歴史を辿ってきたことを認識することが重要だ．

私たちは自分たちを類人猿とは全く異なる存在だと考えているが，人類と類人猿の進化的なつながりは比較的新しい．ヒトとチンパンジーは，2,500万年以上前に分岐したマウスとラットよりもはるかに近縁であることを考えてみてほしい（www.timetree.org）．また，ヒトとチンパンジーは遺伝子レベルでも驚くほど似ており，ゲノム上の異なる部位は2%未満である（CSAC, 2005）．

初期人類の系統の重複

チンパンジーとの共通祖先からの分岐後，人類の進化はしばしば現代人に向かって直線的に進んだように絵に描かれるが，実際はそうではなかった．現代のホモ・サピエンスは，今日まで生き残っている唯一の人類種だが，過去には多くの初期人類の系統が存在した．これらの初期の系統は，後の系統を生み出すか，あるいは絶滅した．科学者は，合わせて十数種の異なる初期人類種を認識している（Boyd & Silk, 2018）．不完全な化石記録のため，正確な古代種の数，それらの関係，および完全な地理的分布を明らかにすることは困難だが，古代の人類は大まかに4つの系統（アルディピテクス，アウストラロピテクス，パラントロプス，ホモ）に分類される．

図 3.2 は，これら4つの系統の時系列の関係を示したものである．最も早く分岐したグループはアルディピテクス群で，約600万年前〜400万年前に存在した（Boyd & Silk, 2018）．**アルディピテクス**（Ardipithecus）は，ヒトとチンパンジーの共通祖先に最も似ており，化石の証拠からすでに二足歩行できる能力をもっていたことが示唆されている（Lovejoy et al., 2009）．**アウストラロピテクス**（Australopithecus）群は，約400万年前〜200万年前に存在した．有名なルーシーの化石は，このグループのなかで最もよく研究されているアウストラロピテクス・アファレンシスであり，この種は100万年近く地球で暮らしていた．そして **パラントロプス**（Paranthropus）群は，約300万年前〜100万年前まで存在していた．これらの3つの初期系統は，化石の証拠からアフリカにしか存在しなかったことが示されている（Lewin & Foley, 2004；Boyd & Silk, 2018）．

ホモ属の進化

ホモ属（Homo）は，ヒトの家系図において唯一現存する系統であり，アフリカから出た唯一の

図 3.2 初期人類の進化．初期の人類の 4 つの系統関係を表現した系統樹．多くの系統が時間的に重なり合っているのがわかる．左の年表は，人類進化の主要な節目（二足歩行，道具の使用，火の使用，脳の大きさの拡大，農耕など）のおおよその時期を示している．

考えてみよう：あなたは，ヒト科の動物は適応放散したと考えるか？　その理由は何か？

出典 Human Origins Program, Smithsonian Institution

系統である（Lewin & Foley, 2004；Boyd & Silk, 2018）．ホモ属には多くの種が含まれ，そのうちのいくつかの種は人類進化において特に重要である．ホモ・ハビリスは 200 万年以上前にアフリカで誕生し，このグループには石器使用の証拠がいくつかあるため，器用な人（handy man）と呼ばれている．ホモ・エレクトスはその数十万年後に出現し，100 万年以上存続し，最も長く続いた初期人類の 1 つである．また，ホモ・エレクトスは，アフリカを出てアジアに移動したと考えられる最初の人類系統である．ハイデルベルク人は，過去 100 万年の間に地球上に存在し，20 万年前に絶滅した．この種はアフリカとヨーロッパに分布し，大型獣を狩るために槍を使い，簡単なシェルターを作っていたようだ．ネアンデルタール人は，私たちと最も近い近縁種であり，ホモ・サピエンスと同時期に誕生し 2 万 5,000 年以上前に絶滅した．ネアンデルタール人は，洗練された道具の製作や記号の使用，複雑な社会集団のなかでの生活など，現代人と関連づけられる多くの行動をしていた．また，過去 10 万年間インドネシアに限定的に分布していたフローレス原人は，今世紀に入って発見・公表された（Brown et al., 2004）．

　初期人類の進化は，あるものから別のものへの単純な移行ではなく，いくつかは，同じ時期に地球に居住していた．また，同じ場所に住んでいた系統もあり，系統間で相互作用があった可能性も考えられる．例えば，ホモ・ハビリスはホモ・エレクトスの直接の祖先と考えられていたが，

新しい化石証拠によって，この2種が数十万年前から東アフリカで共存していた可能性が示された (Spoor et al., 2007). より近年の例としては，ネアンデルタール人とホモ・サピエンスの相互作用を示す証拠がある. この2つの種の分布は地理的に重なっており，ホモ・サピエンスとネアンデルタール人の間で限定的な交雑があったことを示す根拠となっている (Green et al., 2010). 本章の「データで見る」では，このような稀な交雑により，現代人のゲノムにネアンデルタール人の DNA の痕跡がどのように残っているかを詳しく見ていく.

地球上のすべての種の進化と同様に，初期人類の進化も環境から強い影響を受けていた. 初期人類の進化は，世界の寒冷化を背景に起きた (Feakins & de Menocal, 2010). 地球の気温の低下だけでなく，気候の周期的な変動が極端な雨季と乾季を生み出していた (Maslin et al., 2014). 気候変動は気温だけでなく，水利用や植生のレジーム（湖の形成や森林と草原の間の移行）にも変化を与えた. このような変化によって，初期人類が利用できる資源や移動経路が変化した. 気候以外にも，地形などの非生物的要因や，捕食者や被食者の動態などの生物的要因が，初期人類系統の形態変化に影響した. 実際，人類進化の過程で鍵となる重要な変化（住み場所，食べ物，二足歩行，脳の大きさなどの変化など）は，局所的，地域的，地球規模の環境要因に影響されている (Levin, 2015). 第4章では，気候システムについてさらに深堀りする.

 **基本知識** ━━━━━━━━━

種名とは何か？

前章では，生命の階層を理解するための2つの異なる階層体系を紹介した. まず，分類学上の入れ子構造（種，属，科，目，綱，門，界，ドメイン）を見た. また，スケールの異なる生物学的な入れ子構造（細胞，個体，個体群，種，群集，生態系，生物圏）についても述べた.

もちろん私たちホモ・サピエンスも，これらの分類体系に当てはめることができる. **BOX 図 3.1** に示すように，私たちホモ・サピエンスは，ホモ属の唯一の生き残りである. さらに一段上の階層ではヒト科に属し，大型類人猿（オランウータン，ゴリラ，チンパンジー，ボノボ，ヒト）のすべてが含まれる. しかし，これを越えると命名法は目まぐるしく変わる. 科学者らは，ヒト科の上に「上科」を，その下に「亜科」を認めている. ヒト上科は大型類人猿とテナガ

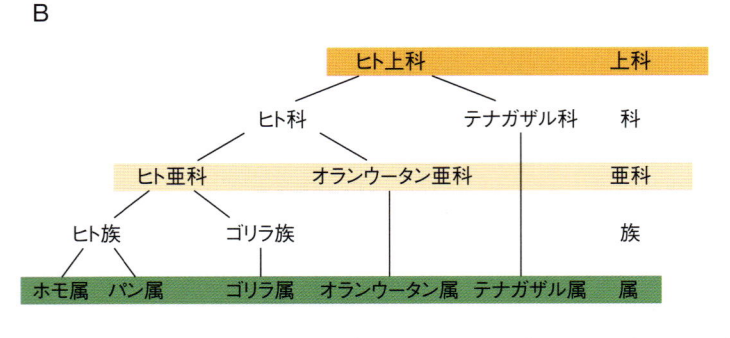

BOX 図 3.1 霊長類の進化的なグループを表すため，superfamily：上科，subfamily：亜科，tribe：族，の用語を追加して，人類の分類学的な位置を図解している.
考えてみよう：人類の進化に関する大きな疑問のうち，あなたが興味を抱いているものを2つか3つ挙げよ.
出典 Wikipedia, https://en.wikipedia.org/wiki/Ape#/media/File:Hominoid_taxonomy_7.svg, https://en.wikipedia.org/wiki/Homo_sapiens#Name_and_taxonomy より改変

ザルを含み，ヒト亜科はオランウータンを除いている．また，我々の現存する最近縁種（チンパンジー）と，共通の祖先から派生した他の絶滅種や現存種（アルディピテクス，アウストラロピテクス，ホモなど）をさらに区別するために，亜科の下に「族」や「亜族」を設けることがある（例：ヒト族 や ヒト亜族）．

これらの名前は，家系図の拡張（共通の祖先とその子孫を含む系統）を入れ子状にしたものである．しかし，この入れ子状の名称は，どれもよく似ているため，非常に紛らわしい．しか

も，これらの名称は，慣習や人類の進化に関する理解が変化するにつれ，時代とともに使われ方が変わってきている．

そこで本書では，現在の科学的慣習に従って，すべての類人猿をヒト科と呼ぶことにする．簡略化のため，ヒト上科（ヒト科とテナガザル科を含む）やヒト族（ヒトとチンパンジーを含む）という用語は使わない．我々は，ホモ属のすべての種に「ヒト」という用語を使い，そのうえで古代人類（絶滅種）と現生人類（現存種）を区別している．

現生人類の出現と拡散

　私たちホモ・サピエンスは，数十万年前にアフリカで誕生した．化石，言語，遺伝学的データにより，私たちの起源と拡散の過程を理解することができる（Chen et al, 1995；Cavalli-Sforza, 1998：Gunz et al., 2009）．他のデータ，例えば，人間と一緒に移動する寄生者（マラリアを引き起こす熱帯熱マラリア原虫など）も初期人類の移動分散パターンの復元に役立っている（Tanabe et al., 2010）．人類が地球上に拡散した経緯は，常に新しい証拠によって更新されている．人類が拡散した時期や順序については，まだ激しい論争が続いているが，主な部分はこれらのデータによって十分に解明されている．

　図 3.3 は，多くのデータによって支持されている**アフリカ単一起源説**（Out of Africa hypothesis）を表している．ホモ・サピエンスは最初アフリカで進化した．長い間，アフリカにおける現代のホモ・サピエンスの起源は約 20 万年前と推測されてきた．しかし，新たな証拠によると，我々の種はもっと前に誕生していた可能性がある．アフリカ南部の古代ゲノムと北アフリカの新しい化石証拠は，ホモ・サピエンスが 35 万年前には進化していた可能性を示唆している（Hublin et al., 2017；Richter et al., 2017；Schlebusch et al., 2017）．

　およそ 10 万年前かそれ以前に，ホモ・サピエンスは世界中へ大規模な拡散を始めた．それは，比較的小さな集団による新しい環境への移住が連続して起こったことに起因すると考えられている．現代のホモ・サピエンスは，まずアフリカで広がり，そしてアラビア半島に渡ったと思われる．そこから，南下して東南アジアへ，さらに北上してユーラシア大陸へと範囲を広げた．その後，最終氷期が終わったのちベーリング陸橋を渡ってアメリカ大陸に到達した．このような過程は，「創始者効果」の痕跡として，現代人のゲノムに見られる．人類の多様性の源泉であるアフリカから地理的に遠い集団は，遺伝的多様性が減少する傾向がある（Ramachandran et al., 2005）．

　全ゲノム配列の解読と高度なコンピュータによる解析で，初期人類の分布拡大の詳細についての理解はさらに深まりつつある．例えば，最近の研究では，アフリカからの進出はこれまで考えられていたよりも早い時期に，何度も起こった可能性が示唆されている．具体的には，図 3.3 に示すように，現代人のアフリカからの移動には 2 つの波があった可能性がある（Reyes-Centeno

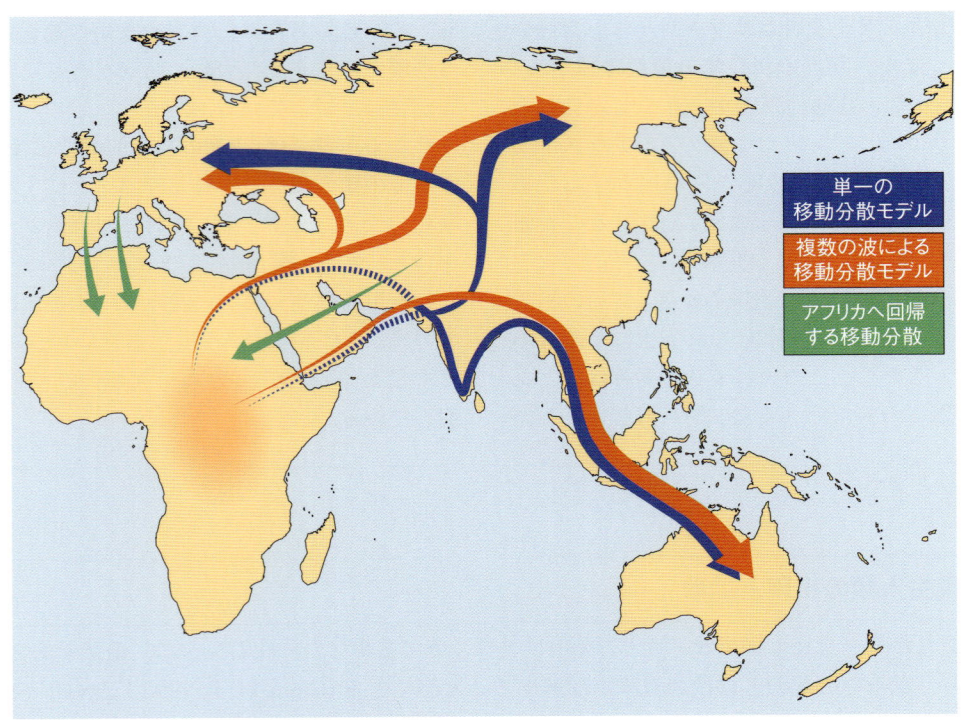

図3.3 アフリカからの人類の移動. 長い間, 科学者らは, ホモ・サピエンスのアフリカからの移動は一度だけだったと考えていた. しかし, 新しいデータによると, アフリカからの移住は少なくとも2回あり, アフリカに戻る移住も繰り返された可能性が高い. 赤で示された複数の分散モデルでは, 南方への分散イベント (〜13万年前) と北方への分散イベント (〜5万年前) が示されている. しかし, 最近の研究では, これらの分散イベントはさらに古くから生じていた可能性が示唆されている.
考えてみよう：ホモ・サピエンスがアフリカから分布拡大する過程で, 他の初期人類と遭遇する可能性はあっただろうか？ 遭遇したとすれば, それはどの系統だろうか？
出典 López S et al. (2015)

et al., 2015). まず, これまで考えられていたよりもずっと早い時期 (〜13万年前) に, アフリカから南方ルートで南アジアへの移動があったと思われる. 続いて, よく研究されているように, 約5万年前にアフリカから北方ルートでユーラシア大陸北部への移動があった. その後, アジア全域で第一波の移住者と第二波の移住者が入れ替わった (あるいは交雑した) ため, オーストラリアとメラネシアの集団だけが, 第一波の移住者の強い遺伝的なシグナルを保持している. 最近の化石の証拠もまた, ホモ・サピエンスの移動はこれまで考えられていたよりもはるかに早い時期に始まった可能性を示唆している (Harvati et al., 2019).

ここでもまた, 気候と地理が古代の人類の移動に重要な役割を果たした. 例えば, 厳しい気候条件は, 分散を促進したと思われる (Levin, 2015). さらに, 初期人類の分散ルートは, 集団で狩猟ができシェルターにもなる険しい丘陵地など, ある特徴をもつ景観をたどったと思われる (King & Bailey, 2006). 世界中の新しい地域に定住した人類集団は, 食べ物から免疫機能, 肌の色に至るまで様々な形質を変化させながら, 地域の環境に適応し続けた (例：Teaford & Ungar, 2000；Jablonski & Chaplin, 2017). 最終的に, 1万5,000年前までには, 現生人類は, ほぼすべての主要な大陸に存在するようになった. ホモ・サピエンスが広がるにつれ, 他の初期人類系統と接触するようになったが, これについては本章の「データで見る」でさらに詳しく説明する.

現代のホモ・サピエンスは，他の人類系統と競争し，時には彼らと交雑することで，最終的には地球上で唯一の人類種となった．私たちの種が進化的に成功した要因については，本章の「発展」で述べられている．

初期文明による環境への影響

　初期人類は道具を使い，火を操り，住居を建て，狩りを行っていたが，人類が地球環境に劇的な影響を与えるようになったのは，ホモ・サピエンスの進化の歴史のなかでごく最近である．ホモ・サピエンスは世界中に拡散し，分布域の拡大や人口増加によって環境に大規模な影響を及ぼし始めた．現代人の影響に目を向ける前に，ここでは，過去数万年の間に起こった人類と環境の関係における大きな変化について簡単に紹介する．

狩猟とメガファウナの絶滅

　人類は数千年にわたり狩猟を行ってきた．狩猟の最古の証拠は，ホモ・サピエンスが進化するはるか以前，人類が石器を使って動物を殺し，解体し始めた約200万年前に遡る（Prummer et al., 2009；Ferraro et al., 2013）．しかし，狩猟が野生生物の個体群に不可逆的な影響を与えるようになったのはいつからだろうか．

　その明確な例として，第四紀の終わりに起こったメガファウナ（大型動物）の劇的な絶滅が挙げられる．今から約5万年前，この地球には大型の動物が数多く生息していた．例えば，図 3.4A に示すように，ユーラシア大陸にはケナガマンモス，南アメリカ大陸にはオオナマケモノ（メガテリウム），北アメリカ大陸にはサーベルタイガー，オーストラリアでは体長約6 mのオオトカゲが生息していた．しかし，5万年前から1万年前の間に，メガファウナの劇的な滅亡が起こった．一部の大型種が生き残ったアフリカを除いて，体重1 t以上の陸生種は100％絶滅し，哺乳類だけでも約90属が絶滅した（Koch & Barnosky, 2006）．

　第四紀後期のメガファウナの絶滅（late Quaternary megafaunal extinctions）が起きた時期は，大陸によって異なっている．しかし，各大陸にホモ・サピエンスが初めて到達した時期は，これらの絶滅とほぼ一致しており，人類による強い狩猟圧がメガファウナの絶滅に一役買っていることが示唆される（Koch & Barnosky, 2006；Allentoft et al., 2014；Sandom et al., 2014）．図 3.4B は人類の到来とメガファウナ絶滅の関連性を示している．小さな島々の研究からも，ホモ・サピエンスが定着した後に生物多様性が大きく失われるという，共通のパターンが明らかにされている（例：Steadman, 1995）．

　ただし，注意すべきは，人類の移動パターンとメガファウナの絶滅の間の相関関係は，因果関係を証明するものではないことである．この時期，気候もまた急速に変化していた．多くのメガファウナの絶滅は，最終氷期極大期の前に冷え込んだ時期，あるいは後に暖かくなった時期と重なっている（Barnosky et al., 2004）．このため，第四紀後期の絶滅における狩猟と気候変動の相対的重要性に関して，学術的な論争が繰り広げられてきた．最近の研究には，南北アメリカ大陸における人類とメガファウナの年代的な重複が以前考えられていたよりも少ないことを示唆するものもあり，メガファウナは人類の到来以前にすでに減少していた可能性を示している（Lima-Ribeiro & Diniz-Filho, 2013；Boulanger & Lyman, 2014）．しかし，他の研究では，年代的に強い重複が見られることから，気候変動よりも人間の狩猟の方が絶滅のパターンをよく説明できることが示されている（Allentoft et al., 2014；Sandom et al., 2014）．

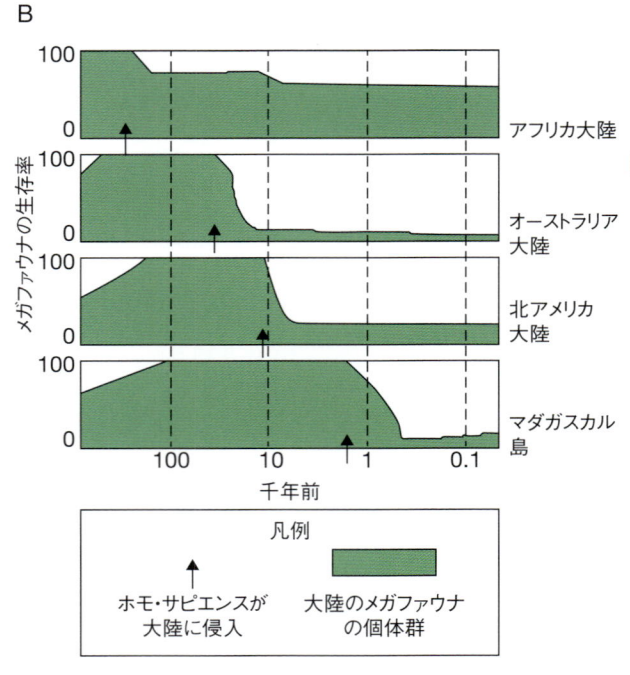

図 3.4　(A) 絶滅したメガファウナの例（ユーラシア大陸のケナガマンモス，南アメリカのオオナマケモノ，北アメリカのサーベルタイガー，オーストラリアのオオトカゲ）．(B) 主要な大陸に人類が到達した時期と，その大陸で絶滅したメガファウナの割合.

考えてみよう：メガファウナの絶滅は，ホモ・サピエンスが新大陸に到着した後に起こることが多い．乱獲が原因であることは明らかだが，他にどのような人間活動が在来のメガファウナに影響を与えただろうか？

出典（A）Reimar/Adobe Stock；Aunt Spray/Shutterstock；Daniel Eskridge/Shutterstock；提供：Science Photo Library/アフロ；(B) Martin & Klein (1989)

　全体として，人間の狩猟が第四紀後期の絶滅に重要な役割を果たしたことは明らかであり，少なくともすでに減少していた種に最後の一撃を与えたことは確かである．さらに，他の要因を考慮しても，島嶼では人類の到来と生物多様性の消失の関連性が明確に示されている（例：Duncan et al., 2002）．こうして，1万年前にはすでに人類による狩猟が，地球上の他の生物種の生存に大きな影響を及ぼしていたのである．

　メガファウナの絶滅に加え，初期人類の狩猟は，他の多くの種にも影響を及ぼした．例えば，狩猟や採集は，個体群サイズや構造，また生物の形態や行動を変化させたようであり，無脊椎動物でさえも影響を受けたらしい．例えば，カサガイ類（水生の貝類）は，採集者が大きな個体をより優先的に選択したため，過去数万年の間に殻のサイズが大幅に減少した（Sullivan et al., 2017）．このように，初期の狩猟と採集は，些細なことから劇的なことまで多様な影響を及ぼした.

農業と作物の栽培化／家畜化

農業の発達は，ホモ・サピエンスが陸上の生物圏に与える影響を増大させたもう1つの画期的な出来事である．初期人類は植物性の食物を採集し，火を使って植生を変化させていた．だが，およそ1万年前までは，植物を作物として栽培することはなかった．農業はいくつかの地域から広がったが，最も初期の農業の起源は肥沃な三日月地帯，長江・黄河流域，ニューギニア高地であった．図3.5は，農業の主要な起源とその発祥の時期を示したものである．

農耕社会が出現した原因については，多くの競合する仮説がある（Weisdorf, 2005；Rowthorn & Seabright, 2010）．農耕の誕生のきっかけが必然か偶然かはさておき，環境的要因（気候パターンの変化など）と社会的要因（遊牧生活から離れる傾向など）の両方が重要な役割を担っていたことは明らかである．いずれにせよ，農耕の出現（**新石器革命**，Neolithic Revolution とも呼ばれる）は，人間社会と地球環境との関係を変えた．

植物の作物としての栽培化と動物の家畜化は，人間の居住と貿易のパターン，財産所有，病気

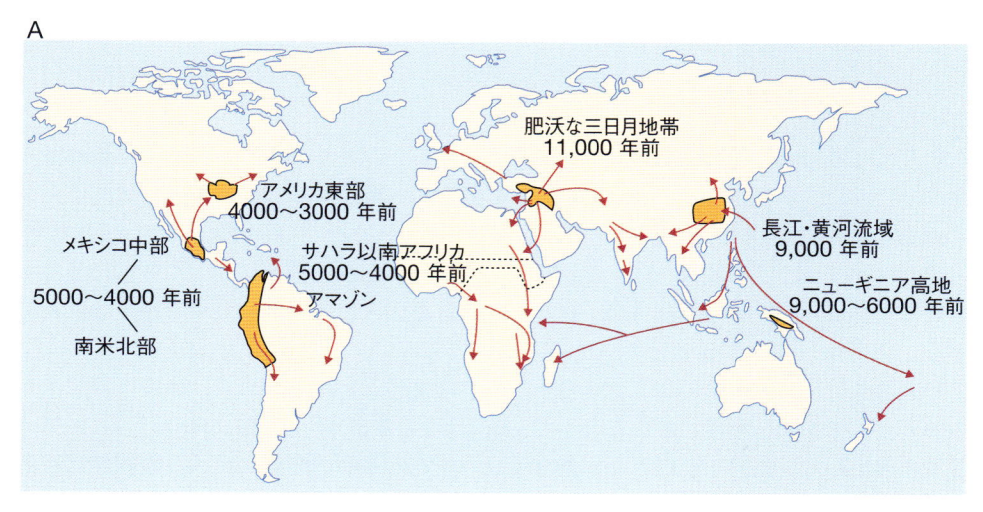

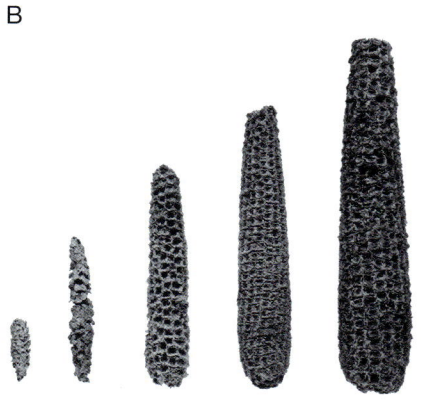

図3.5　（A）農業発祥の主な中心地とその年代．（B）異なる年代から考古学者が発見したトウモロコシの穂軸は，人為選択と栽培化がいかに種の形質を劇的に変えるかを示している．トウモロコシの野生原種（テオシント）は，8,500年以上前に栽培化された．

考えてみよう：農耕の出現は，人間社会をどのように変えたか？

出典　（A）Diamond J & Bellwood P, Farmers and their languages: the first expansions, *Science*, 597-603 (2003)；（B）© Robert S. Peabody, Institute of Archaeology, Phillips Academy, Andover, Massachusetts. All Rights Reserved

の伝播，文化的慣習，文化芸術に変化をもたらした．多くの人類社会は，遊牧生活から離れ，より永続的な居住地を利用するようになった．食物を栽培することで，人口の規模と密度が劇的に増加した．農業は景観も直接的に変えた．例えば，灌漑は何千年も前から行われており，川の流れや周囲の景観の生産性を変化させてきた．同様に，数千年前から農業のために森林を切り開くことも行われてきた．実際，現代よりずっと以前から行われていた小規模な森林伐採であっても，大気中の二酸化炭素のバランスにグローバルな影響を及ぼしていた可能性があると主張する研究者もいる（Ruddiman, 2003）．農業の発展とそれに伴う社会構造の変化は，人類史の流れを根本的に変えるものだった．

初期の農業は，土地そのものや，栽培化・家畜化された種に劇的な影響を及ぼした．過去1万年の間に，私たちは植物や動物の特定の形質を選択し，その形態や行動を変化させてきた．サイズを大きくし種子を増やすための選択は，時に野生近縁種と同じ種であると認識するのがほとんど不可能な作物も生み出した．例えば，現代のトウモロコシは，野生原種であるイネ科のテオシントに比べ，1穂当たりの穀粒の数が40倍にもなる．人類は何千年にもわたって，地球上の生物種の進化の軌跡を変えてきたのである．

都市化と人口増加

都市化と人口増加は現代的課題として認識されているが，多くの人口を抱える都市は数千年前から存在していた．新石器革命の後，約5,000年前にメソポタミア，ナイル川流域，インダス川流域に最初の都市が誕生した．2,000年前には，ローマが最初の100万人都市となった（Oates, 1934）．初期の都市は，その規模，配置，経済制度，社会的・宗教的慣習において非常に多様であったが，それぞれが「都市」の定義である「社会的に異質な個人が比較的大規模に密集し，永続的に居住する」（Wirth, 1938）に適合していた．

農業と人間の居住形態が劇的に変化すると，人口増加率が加速し始めた．ホモ・サピエンスが世界中に分散して集団を形成していくなかで，人口は数万年前から一貫して増加し続けていたが，新石器革命前後から，人口が急増した．図 3.6 は，新石器革命の時期に，人口が指数関数的に増加したことを示している．新石器時代の始まりである約1万年前，世界の人口は100万人から1,000万人であったと推定されている（U.S. Censes Bureau, 2013；UN-DESA, 2015）．これが，2,000年前までに数億人にまで増加した．つまり，ホモ・サピエンスが地球上に現れてから現在までのわずか5%未満の期間で，人口が20倍以上に増えたことになる．

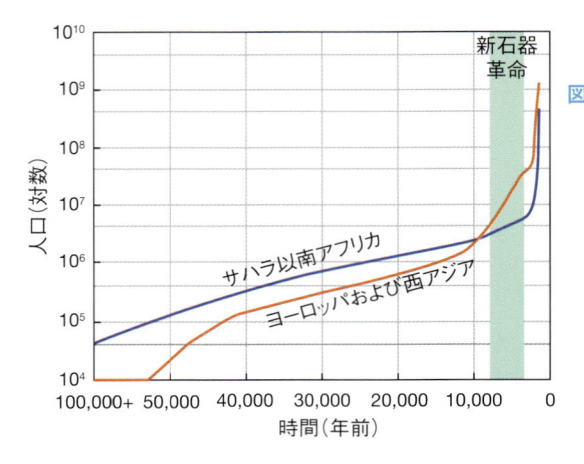

図 3.6　古代のホモ・サピエンスの人口増加．人口は対数スケールで描かれている．

考えてみよう：アフリカとヨーロッパ，西アジアにおける人口増加パターンの違いは何によるか？　過去10万年間の歴史的な人口規模はどの程度安定していたか？　グラフ上の変曲点に影響した要因は何だろうか？

出典 Hawks J et al., Recent acceleration of human adaptive evolution, *Proceedings of the National Academy of Sciences*, **104**(52):20753-20758 (2007). Copyright (2007) National Academy of Sciences, U.S.A.

農業革命が人口拡大の条件を整えたと主張する著者もいる（Gignoux et al., 2011）．また，人口増加は新石器革命以前に始まっており，農業発展を推進したと主張する人もいる（Zheng et al., 2011）．さらに，農耕社会へ移行したにもかかわらず，人口が増加したと主張する人さえいる．例えば，農耕によって食料へのアクセスは向上したが，高密度でより定住的な生活様式が，感染症や栄養欠乏のリスクを高めた可能性がある（Armelagos et al., 1991）．いずれにせよ，出産間隔が短縮し，女性1人当たりの子どもの数が増加するといった人口動態の変化が，人口増加を促進し始めたことは明らかである（Armelagos et al., 1991；Bocquet-Appel, 2011）．次章で述べるように，何千年にもわたるこの人口増加は環境への影響を劇的に強めることになった．

結論

過去20万年（地球史の0.005%未満）の間に，ホモ・サピエンスは進化史のなかでの新参者から地球の大勢力にまで成長した．アフリカから移動してきた人類は，世界のほぼ全域に広がった．ホモ・サピエンスは新しい土地に到着すると，それ以前のヒト科の系統を排除し，狩猟，農業，都市の形成を通じて景観を変化させた．新石器革命の終わりには，人類が地球全体に影響を及ぼす舞台が整った．人類の進化の歴史を根本から理解することで，現代の人類が地球に与える影響をより効果的に理解し，その背景を説明することができるようになる．続く章では，人間の環境への影響が劇的かつ広範囲に及んだ過去数百年間について，その影響を詳細に見ていく．

 データで見る

氷河期の遺伝学

誰が，何を目指していたのか？

ここでは，2016年に"Nature"誌に掲載されたフー（Qiaomei Fu）博士らの論文「ヨーロッパ氷河期の遺伝的歴史」を詳しく見ていく．BOX 図 3.2 に科学者の写真を紹介する．この研究プロジェクトには，世界中から60人以上の科学者が集まった．40人以上が考古学的資料の収集に携わり，20人以上が実験室での遺伝子実験を行い，10人以上がデータ解析に貢献した．それは，現代の人類遺伝学研究が極め

BOX 図 3.2 （A）フー博士（写真右）は，この研究をリードした科学者である．フー博士，ライク（David Reich）博士（写真左），クラウス（Johannes Krause）博士，ペーボ（Svante Pääbo）博士は，現代人のゲノムのなかにネアンデルタール人の DNA がどれだけ含まれているかを調べる国際研究チームを共同で指揮した．（B）博士らは高度な技術を駆使して，シベリアで発掘された4万5,000年前の大腿骨から古代の DNA の塩基配列を決定した．
出典 （A）Jon Chase/Harvard University；（B）Alexander Maklakov

て広範囲の共同作業であることを物語っている.

この章の前半で学んだように，地球上にはかつて，今では絶滅しているヒト科の系統が多数存在した．現代のホモ・サピエンスに最も近い絶滅した系統はネアンデルタール人である．ネアンデルタール人は，最後の氷河期である**更新世**（Pleistocene, 20 万年前〜4 万年前）にユーラシア大陸に存在した．この時期，現生人類はアフリカからユーラシア大陸に移動し，13 万年前に南アジアに，5 万年前にユーラシア大陸北部に到達したと考えられている（Green et al., 2010；Reyes-Centeno et al., 2014）.

ユーラシア大陸の現生人類集団がネアンデルタール人と時間的にも空間的にも重なっていることから，これら 2 種はおそらく相互作用していたと考えられる．実際，偶発的な種間交配を示す証拠があり，それは非常に稀であっても遺伝的な痕跡を残しうる．したがって，ネアンデルタール人は現代まで生き残らなかったが，彼らの DNA の一部が我々の**ゲノム**のなかに残っているといえる.

現代のシーケンシング技術の登場により，古代の標本であっても全ゲノム配列を決定することが可能になった．2010 年には，ネアンデルタール人の骨から採取した DNA をもとに，ネアンデルタール人ゲノムの最初の記事が公開された（Green et al., 2010）．それ以来，いくつかの研究が人類のゲノム中にネアンデルタール人由来の DNA 配列が含まれているかどうかを調査し，その証拠を発見している．アフリカ集団以外の現代人のゲノムには，通常，ネアンデルタール人の DNA が 2％程度含まれている（Green et al., 2010；Prüfer et al., 2014）．しかし，過去のホモ・サピエンスのゲノムには，どのようなパターンが見られるだろうか？　フー博士らはこの疑問に答えるため，現代人のゲノムに含まれるネアンデルタール人ゲノムの割合が，時間とともにどのように変化してきたかを明らかにしようとした.

あなたの予測は？

先に進む前に，この章で学んだ初期のヒト科動物の系統の歴史をもとに，初期ホモ・サピエンスのゲノム中にネアンデルタール人の祖先がどの程度見られるか，という問題を少し考えてほしい．まず，次のような問いを考えてみよう.

• 世界の様々な地域の現代人のゲノムに，ネアンデルタール人の DNA が同じ量だけ含まれていると予想されるか？　それはなぜか？

• 現代人のゲノム中に，ネアンデルタール人の祖先が特に多く含まれていると予測される地域はあるだろうか？　それはなぜか？

• 過去 4 万 5,000 年の間で，ゲノム中のネアンデルタール人の割合は増加，減少，一定のいずれであると予想されるだろうか？　それはなぜか？

次に，異なる大陸や異なる時代のホモ・サピエンスのゲノム中にどれくらいのネアンデルタール人の DNA が見つかるか，予想されることを簡潔に要約してみよう.

科学者らの予測は？

フー博士らは，正式な予測は述べていないが，ネアンデルタール人とホモ・サピエンスが初めて接触したと思われる直後（約 4 万 5,000 年前）からネアンデルタールの絶滅後（約 7,000 年前）までの複数時点で，ユーラシア大陸のホモ・サピエンスのサンプルを使って，ネアンデルタール人のゲノムの割合の定量化を試みた.

どのようなデータを収集したのか？

著者らは，ヨーロッパに初めて到達した時期の現生人類（〜4 万 5,000 年前）から最近のサンプル（〜7,000 年前）まで，51 人のホモ・サピエンスのゲノムを解析した．**BOX 図 3.3** は，この研究の調査デザインを示している．サンプルはユーラシア大陸の遺跡から採取した．放射性炭素年代測定により，試料は過去 4 万 5,000 年にわたるものであることが確認されている．古代の試料を扱うには，多くの課題がある．古い標本の DNA は劣化していることが多く，微

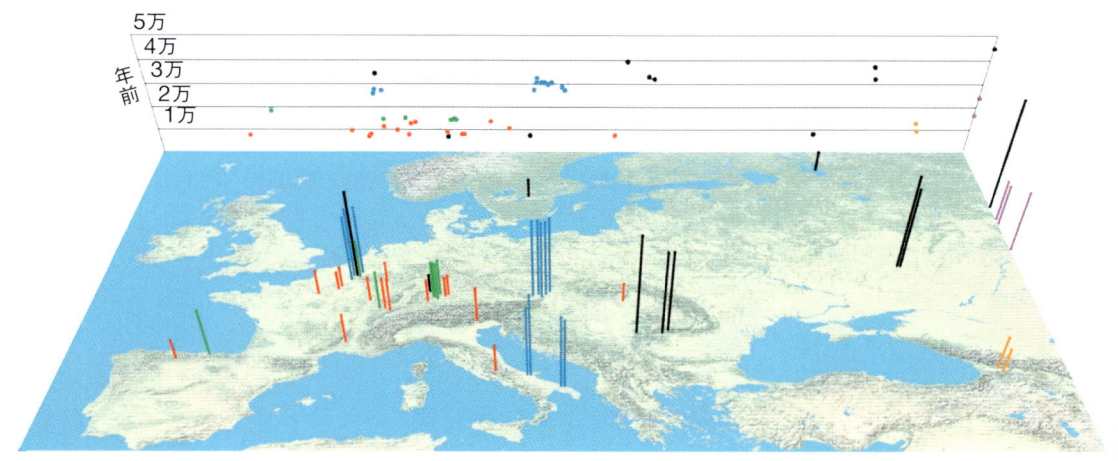

BOX 図 3.3 この研究で使用したサンプルの位置と年代. 各サンプリング位置はサンプルの年代を示す図と対応している.
出典 Fu Q et al. (2016)

生物の DNA で汚染されていたり, 時には標本を扱った現代人の DNA で汚染されていたりすることもある. そこで著者らは, 専用の「クリーンルーム」で細心の注意を払って DNA を抽出し, 濃縮プロセスによってヒトの DNA を選択した. そして小さな DNA 断片でも驚くほど大量のデータを生成するイルミナ社のシーケンサーで, サンプルの塩基配列を決定した. 配列決定後, 現代人の DNA が混入した形跡のあるサンプルを除いた.

著者らは, コンピュータを用いた解析で, **一塩基多型**(SNP) を特定した. SNP とは, 個人間で変異が見られるゲノム配列である. 多くのサンプルを対象に著者らはゲノム中の何十万もの SNP を取得した. これらの SNP を統計的に解析することで, ユーラシア大陸の人類ゲノムに占めているネアンデルタール人の割合と, こ

の割合が時代とともに変化してきたかどうかを調べた.

データをどのように解釈するか？

この先を読む前に, **BOX 図 3.4** に示した研究結果を解釈するのに数分かけてほしい. この図を見ながら, 次のような疑問に対する答えを考えてみよう.

- 図中の X 軸と Y 軸は何を表しているか？
- データ点は何を表しているか？
- 時間的なトレンドはあるか？

この研究の主要な発見とその意義について, 1〜2文で書いてみよう.

科学者らはデータをどう解釈したか？

BOX 図 3.4 は, ユーラシア大陸において, 現代人のゲノムに含まれるネアンデルタール人

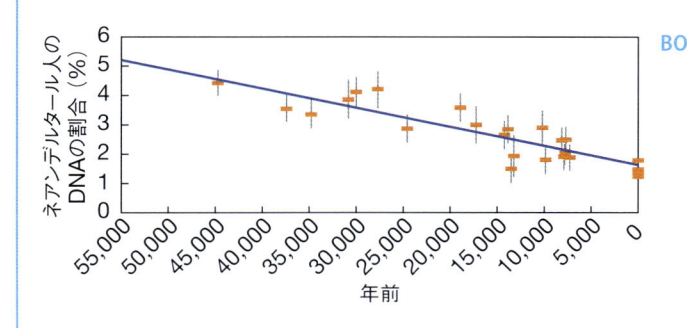

BOX 図 3.4 ネアンデルタール人由来の DNA の割合の時間変化. オレンジの棒と黒の縦線は, 少なくとも 20 万個の SNP の分析に基づいて計算された, 1 人当たりに存在するネアンデルタール人の DNA の平均割合を示している. 現在より前の年代は, 放射性炭素の年代測定法から推定されたもの. 青い線はデータに直線を当てはめたもので, 統計的に有意な負の傾きをもつ.
出典 Fu Q et al. (2016)

の DNA の割合が，時間とともに減少していることを示している．本研究で対象とした最も古いサンプル（約 4 万 5,000 年前）には，ネアンデルタール人由来の DNA が 4% 程度含まれていた．その後，ネアンデルタール人の DNA の割合は大幅に減少し，ユーラシア大陸の現代人のゲノムにはネアンデルタール人の DNA が 2% 程度含まれている．

現代人のゲノムに含まれるネアンデルタール人の DNA が時間とともに減少しているのは，なぜだろうか？　ある集団における遺伝子の時間的な変化は，**遺伝的浮動**，**自然選択**，**遺伝子流動**などに影響を受ける．この場合，著者らは，ネアンデルタール人の DNA に対して自然選択が作用した可能性があると推測している．特に，ネアンデルタール人の DNA は，ゲノムの制約の少ない（機能がない）部分には残っていたが，機能的に重要な領域からは失われていた．

最近，フー博士らの研究の結論は，その後に追加された配列データと異なる統計手法により再検証された（Petr et al., 2019）．これらの解析は，フー博士らが研究を行ったときには利用できなかった新しいネアンデルタール人のゲノム（Prüfer et al., 2017）により可能となった．その結果，ネアンデルタール人の DNA の割合はこれまで考えられていたほど劇的に変化していないこと，そして（自然選択ではなく）遺伝子流動がこの変化の原因であることが示唆され

た．しかし，重要な結論は，更新世に時折見られた種間交配により，現代人のゲノムにはネアンデルタール人 DNA の痕跡が残っていることだ．私たちのゲノムは過去の遺物を受け継いでおり，今後も私たちの DNA に記録された物語を掘り起こすことで，人類の歴史に対する理解はこれからも深まっていくことだろう．

今後の研究の方向性について考えよう

フー博士らは，ユーラシア大陸の現生人類のゲノムに含まれるネアンデルタール人の DNA の割合が減少しているという証拠を提示したが，あなたはこの研究プロジェクトの次のステップをどのように想像するだろうか？　もし，あなたがこの研究に携わっていたら，次のテーマはどうするだろうか？　次のような疑問を考えることから始めよう．

• 現世人類のゲノム中にネアンデルタール人の DNA がどのように分布しているかについて，検証可能な具体的な疑問はあるか？

• より一般性の高い問いを提示するためには，研究をどのように時間的・地理的に拡張したらよいだろうか？

• ヒトの未来に関して，検証可能な予測はあるだろうか？

次に，この研究テーマに関する今後の方向性について，数行で書いてみよう．

🏔 発展

人類の進化的成功

科学者らは，地球上の 100 万以上の種に名前をつけ，分類してきた．しかし，地球上の生物多様性の大部分は未記載のままである．過去の研究では，地球上に 800 万種以上の生物が存在すると推定されていた（Mora et al., 2011）．し

かし，新しい研究では，微生物だけで 1 兆種も存在する可能性があると示唆されている（Locey & Lennon, 2016）．霊長類だけでも，信じられないほどの多様性があり，今日でも 400 種以上の霊長類が存在している．また，これまで地球上に生息していた生物種の 95% 以上が絶滅したとも推定されている．例えば，私たちホモ属には，過去数百万年の間に絶滅した種が十数種もある．

ホモ・サピエンスの成功に貢献した特徴とは？

地球上で進化してきた何億何兆という種のなかで，なぜ私たちホモ・サピエンスという種だけが世界の支配者になったのか？　もちろん，これは多面的で答えるのが難しい問いだ．しかし，科学者らは初期人類の歴史において，驚異的な進化的成功につながった可能性のある重要な特徴を見つけてきた．これらの特徴の多くは，私たち以前のヒト科の系統で出現していた．例えば，二足歩行は400万年以上前に，石器の使用は300万年以上前に，それぞれ人類の祖先が生み出したと考えられる．しかし，多くの形態的・行動的形質の進化は，ホモ・サピエンスの系統で加速的に進んだように思われる．ここでは，その例をいくつか見ていく．

脳の進化

私たちには，他の哺乳類と異なる多くの形態形質がある．例えば，ホモ・サピエンスは直立した姿勢をとり，体毛が少なく，親指が他の指と対向する．しかし，おそらく最も劇的な形態的適応は，私たちの脳である．地球上で最も大きな脳（マッコウクジラ）をもっているわけでもなく，体重当たりで最も大きな脳（イルカ）をもっているわけでもない．しかし，人間の脳は，体の大きさに比べて驚くほど大きい．また，単位体積当たりの神経細胞の数は驚異的であり，大脳は飛躍的に大きくなっている．大脳と大脳皮質は，人間の優れた情報処理能力，問題解決能力，言語発達能力に重要な役割を担っている．

一般に霊長類は，他の多くの哺乳類に比べて脳がある程度大きくなっているが，私たち人類系統では急速に脳が大きくなっていることを示す証拠がたくさんある．**BOX 図3.5** が示すように，ホモ属の系統では脳の大きさが過去200万年の間に指数関数的に増大した．さらに，科学者らは，脳の大きさを調節する遺伝子を見つけ出し，そのいくつかは，最近になって劇的な進化を遂げたことを示している．これらの遺伝子の1つ（*ASPM* と呼ばれ，「遺伝性小頭症遺伝子」を意味する）には，6,000年前に出現した新しい遺伝子変異があり，自然選択によって現代人における頻度が増加している（Mekel-Bobrov et al., 2005）．このように，ヒトの脳は急速な進化を遂げ，現在もなお進化し続けているようだ．

火の利用

脳の進化を加速させた要因の1つに，火をコントロールできるようになったことが挙げられる．初期人類はおよそ100万年前から火を使うようになった．火の使用は，多くの決定的な利点をもたらした．火は，光や暖かさをもたらし，捕食者の襲撃を阻止することができた．また，火は人類が初めて食べ物を調理することを可能にした．調理された食べ物は咀嚼と消化が容易で，単位労働力当たりの摂取カロリーが高くなる．研究者らは，調理によって人類の食生活が肉，脂肪，タンパク質を含むものにシフトしたことで，認知プロセスに投資するための十分なエネルギーが摂取できるようになり，これが脳の進化を促進したと考えている（Wrangham, 2009）．

社会構造と文化

人類が複雑な社会構造を作り上げたのは，主に言語と記号的コミュニケーションに対する驚異的な能力による．社会的集団で生活し，洗練されたコミュニケーション手段をもっている生物種はたくさんいる．例えば，ミツバチは，様々な「ダンス」の要素を使って餌資源についてコミュニケーションをとる．また，社会性のあるプレーリードッグは，コロニーの仲間に捕食者の接近を知らせる，特徴的なディストレス・コール（危険音）をもっている．しかし，人間は全く新しい方法で言語を使用している（Henshilwood & d'Errico, 2011）．言語が発達するにつれ，人類社会は食料や子育て，学習手段の発展を共有するようになった．

なぜ，人間の社会は協調的になっていったの

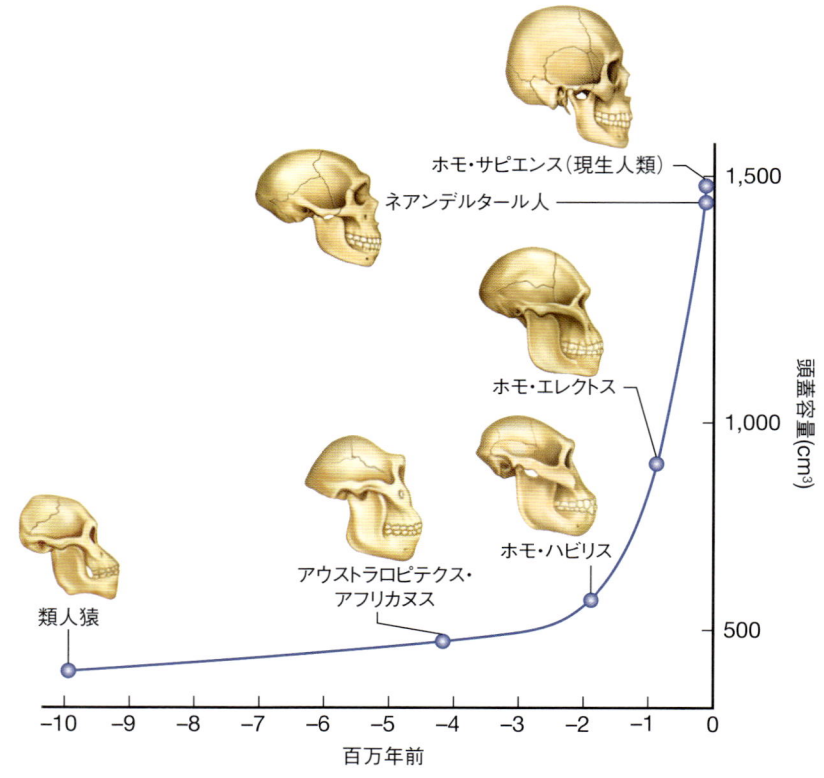

ホモ・サピエンス（現生人類）　1,500
ネアンデルタール人

ホモ・エレクトス　1,000

ホモ・ハビリス

アウストラロピテクス・
アフリカヌス　500

類人猿

−10　−9　−8　−7　−6　−5　−4　−3　−2　−1　0

百万年前

頭蓋容量(cm³)

BOX 図 3.5 ホモ属の系統における頭蓋容量の指数関数的な拡大.
考えてみよう：なぜ脳は大きい方がいいのか？　脳の大きさが拡大することで，具体的にはどのように人類の生存と世界中への拡散が促進されたのだろうか？
出典 http://www.linternaute.com/science/biologie/dossiers/06/0608-memoire/8.shtml

だろうか？　多くの研究者は，人類の進化のある時点で，自然選択が攻撃性よりも社会性を好むようになったと考えている．この「最も友好的な者が生き残る」ことが，他の様々な形態的・行動的変化を促した可能性がある．実際，ヒトは，家畜化された種に見られる形質群を多数もっていると示唆する研究者もいる (Hare, 2017, 2018). **BOX 図 3.6A** は，古代の人類から現代人への進化と，オオカミからイヌへの進化を並列に描いている．例えば，どちらの場合も幼齢の発達期間が延長し，特定のホルモン（セロトニンやオキシトシンなど）の産生が増加する．このように，ホモ・サピエンスは，複雑化する社会構造とコミュニケーション能力を発達させながら，本質的には「自己家畜化」してきたのかもしれない．

人類は今も進化しているのか？

人類は出現して以降も，適応と進化を続けてきた．人類は新しい土地を開拓し，新しい環境条件や変化に素早く適応してきた．数十万年前の共通の祖先から，数え切れないほどの分岐を経て，今なお進化を続けているのだ．今日，私たちは，様々な標高，気候，食物への驚くべき多様な適応を目にすることができる．人類は常に周囲の環境の変化に応じて進化してきたが，環境の劇的な変化を引き起こすのは私たち自身であることが多くなっている．私たちが地球上の環境条件を変化させることで，私たち自身を含む多くの生物種の進化の軌跡が変化している．私たちは長い間，**人為選択**（artificial selection, 望ましい形質を強化するために植物や動物を品種改良すること）を通じて，他の種の進化に意図的に影響を与えてきた．過去数千年の間に，

私たちはオオカミからイヌを，野生のテオシントからトウモロコシを，そして BOX 図 3.6B に示すように，野生の植物から様々な食用野菜を進化させた．しかし，今日の世界では，ホモ・サピエンスは環境の変化を通じて，意図せず多様な生物の進化を引き起こしてもいる（Palumbi, 2001）．例えば，私たちが抗生物質や化学農薬を使用することで，非常に短い間に多くの微生物や無脊椎動物の薬剤耐性を進化させている．この他にも様々な例があるが，次章では現代の人間活動の影響を評価し，それが生物圏をどのように変化させているかを述べる．

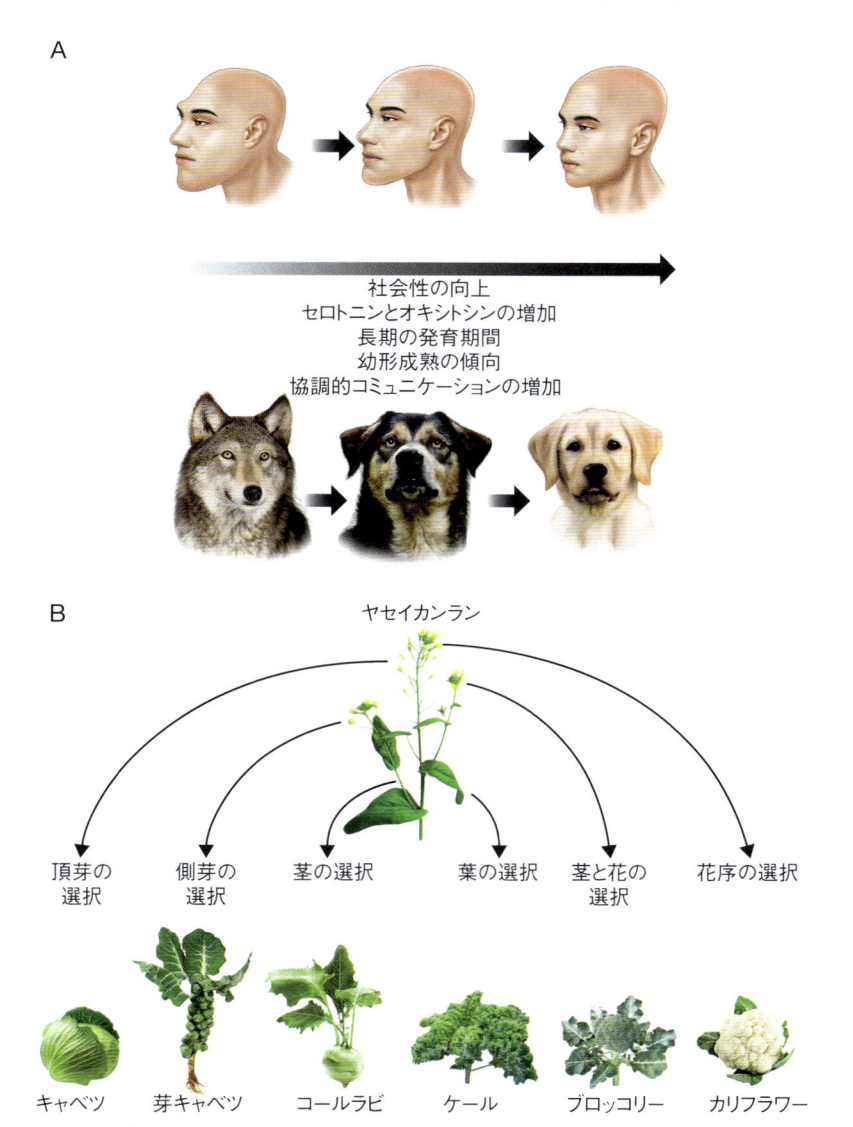

A

社会性の向上
セロトニンとオキシトシンの増加
長期の発育期間
幼形成熟の傾向
協調的コミュニケーションの増加

B

ヤセイカンラン

頂芽の選択　側芽の選択　茎の選択　葉の選択　茎と花の選択　花序の選択

キャベツ　芽キャベツ　コールラビ　ケール　ブロッコリー　カリフラワー

BOX 図 3.6　家畜化と人為選択の例．（A）古代の人類から現生の人類への進化と，オオカミからイヌへの進化の類似性．現代人は家畜化の際によく観察される形質変化を多く示している．（B）現代人は，望ましい形質を求めて他の多くの種を交配してきた．例えば，人類は単一の野生祖先種から異なる形質を選択することによって，キャベツの仲間に驚くべき多様性を生み出してきた．
考えてみよう：イヌの家畜化やキャベツの品種改良などは，人間が直接，意図的に他の生物種の進化に影響を与えた例といえる．人間の活動が意図せずに他の種の進化に影響を与えた具体的な例は何があるか？
出典（A）Hare B, Survival of the friendliest: Homo sapiens evolved via selection for prosociality, *Annual Review of Psychology*, **68**(1):155–186 (2017)

第 3 章のまとめ

○初期ヒト科の進化
- ヒトとチンパンジーの系統は，約 800 万年前〜 600 万年前に共通の祖先から分岐した．
- ヒトの仲間には 4 つの系統（アルディピテクス，アウストラロピテクス，パラントロプス，ホモ）が知られている．それぞれの系統には複数の種が存在し，一部は時間的・地理的に重なっている．

○現生人類の出現と拡散
- 我々ホモ・サピエンスは，20 万年以上前にアフリカで進化し，その後，波状的に世界中に広がったと考えられている．

○初期文明による環境への影響
- ホモ・サピエンスは，狩猟，農業，都市化，人口増加などにより，何千年にわたって環境に広く影響を及ぼしてきた．
- 過去 1 万年の間に，全人類の人口は 1,000 万人未満から 70 億人以上へと指数関数的に増加し，環境へ劇的な影響を及ぼしている．

○基本知識：種名とは何か？
- ヒトは，ヒト科に属している．

○データで見る：氷河期の遺伝学
- 世界的な科学者チームがホモ・サピエンスの数十のゲノムを解読し，現代人のゲノム中に少量の（その割合は減少しつつあるが），ネアンデルタール人の DNA を発見した．これは，更新世後期（〜 5 万年前）のユーラシア大陸でネアンデルタール人とホモ・サピエンスが交流し，時には交雑していたことを示唆している．

○発展：人類の進化的成功
- ホモ・サピエンスは，脳の大きさと複雑さの急速な進化，火の使用，記号的コミュニケーションの発達など，多くの重要なイノベーションによってめざましい成功を収めてきた．

4　人新世

学習成果

この章では次のことを学ぶ.
- 人新世と過去の時代との違い.
- 現代社会が生物多様性と環境に与える影響.
- 歴史的な気候変動と現代の気候変動の原因の比較.
- 知識の実データへの活用.

事前チェック

　この数百年の間に，地球に対する人間の影響力は飛躍的に加速した．いったい何が変わったのだろうか？　この章を読む前に，前の章で学んだ新石器革命の終わりから今日まで，人類に起きた出来事や革新を自由に考えてみよう．そして，地球規模の影響を及ぼす現代人の活動をリストアップしてみよう．その際，局所的・地域的な人間活動がどのように地球規模で影響を与えうるか，考えてみよう.

はじめに

　ヒトは常に生態系に影響を及ぼしてきた．食べたり，呼吸したり，土に栄養分を排泄したりすることで，人間は他の動物と同じように，その地域の環境を変化させてきた．しかし，時が経つにつれ，人間活動は地球環境に対して，不釣り合いに大きな影響を与えるようになった．前章で述べたように，1万年前からの広範囲にわたる狩猟，農耕，都市化，人口増加が地域的な影響を及ぼすようになった．しかし，ここ数百年の間に人間が地球に与える影響はさらに拡大し，地球規模であらゆる影響を与えるようになった．本章の目的は，ホモ・サピエンスが全球規模で影響力をもった過去200年間の，人間由来のストレス要因を評価することである．これらの要因は，人類社会だけでなく地球上のすべての生物多様性に差し迫った影響を及ぼしている.

人新世とは？

　人新世（Anthropocene）とは，人間活動が地球上の主要なプロセスを支配している時代のことである．科学者らは，人類が地球環境に大規模な影響を及ぼしていることを100年以上前から認識していた（Marsh, 1864）．ここ数十年，人新世の概念は，生物圏に対する人間の影響についての理解を深めるために用いられてきた（例：Crutzen, 2002；Zalasiewicz et al., 2011）．人新世を正式な地質学上の一時代と見なすことは，他の地質年代の変化に匹敵する規模で，人類が地球を

劇的に変化させてきたことを意味している．実際に，2016年の万国地質学会議で人新世を正式な地質学的時代として宣言する提案がなされた．

図 4.1 は，地球上の人為活動の増加と地質時代の移行を示している．地質時代の最後の移行は，約1万2,000年前の更新世から完新世への移行である．更新世は**氷河期**(ice age)であり，氷期と間氷期が繰り返された．最大規模の氷期では，地表面の30%が氷に覆われ，氷床の厚さが数kmに及ぶところもあった(Clark & Mix, 2002)．現在，科学者らは，人間の活動が他の主要な地質時代の移行に匹敵する規模で地球を変化させていると認識している．人類は地質記録に痕跡

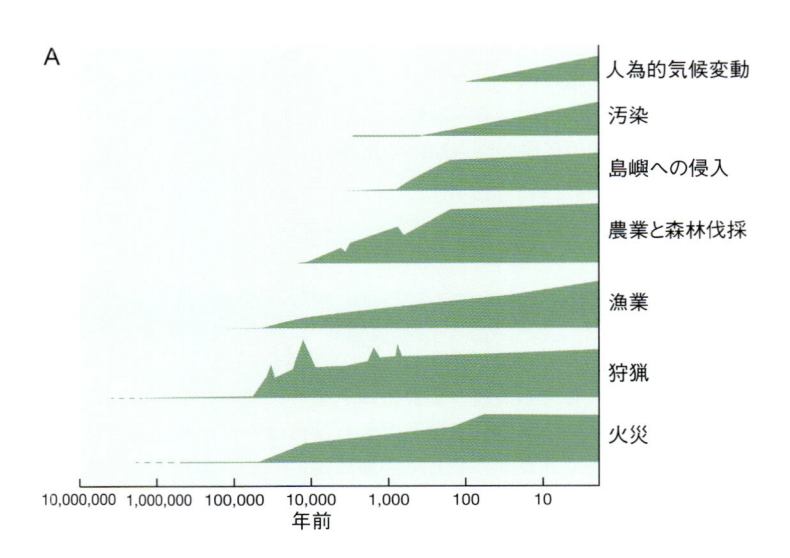

代	紀	世	始まり（年前）
新生代	第四紀	人新世	??
		完新世	1万1,700
		更新世	250万
	第三紀	鮮新世	530万
		中新世	2,300万
		漸新世	3,400万
		始新世	5,600万
		暁新世	6,550万
中生代	白亜紀		1億4,600万
	ジュラ紀		2億
	三畳紀		2億5,100万
古生代			5億4,200万
原生代			45億

図 4.1 (A) 主要な人為活動の時間的変化．(B) 人新世を含む地質学的年代．
考えてみよう：地球環境に対する人為的改変が増加していることを考えると，人新世はいつ始まったと思うか？
出典 (A) Pereira HM et al., Global biodiversity change: the bad, the good, and the unknown, *Annual Review of Environment and Resources*, **37**(1):25–50 (2012)；(B) Climate & Capitalism (https://climateandcapitalism.com)

を残しており，バーノスキー（Anthony Barnosky）博士がいうように，私たちは氷河期を終わらせる以上の地質的な影響力をもつようになった．

人新世はいつ始まったのだろうか？　人新世の年代については，科学的な議論が盛んに行われている．初期の研究では，人新世の開始時期として，産業革命（1750 年頃）に焦点が当てられていた（Steffen et al., 2011）．最近では，人間活動が生物圏や気候システムに与える地質学的なシグナルが，より近年（1950 年頃）になって非常に大きく異質なものに変化したことが示唆されており，この時期は「グレート・アクセラレーション（人類活動の大加速）」と呼ばれるようになった（Steffen et al., 2015）．人新世の具体的な開始時期にかかわらず，過去 400 年間に地球環境に対する人間の影響が，地質年代の移行基準を満たした可能性が高いことは明らかだ（Zalasiewicz et al., 2011；Barnosky, 2013；Lewis & Maslin, 2015）．「基本知識」では，この教科書を通して何度も取り上げることになる「気候」について紹介する．

 **基本知識**

気候の測定

気候は，「数ヶ月から数百万年にわたる一定期間の気温，降水量，風の平均とばらつき」（IPCC, 2014）と定義できる．この定義は，「平均的な天候」と単純化しすぎた定義よりも正確である．なぜなら，どのような物理的要素を考慮するか，どれくらいの時間軸で評価するか，各要素について何を測定するか（例：平均かばらつきか）を定義することの重要性を示しているからだ．しかし，この定義でさえも，気候システムの複雑さを捉えていない．結局のところ，**BOX 図 4.1** が示すように，気候システムは複雑で相互に作用し合い，大気，地表面，水圏，雪氷圏，そして生物によっても影響を受ける．気候の詳細な計測ができるようになったのは，ここ 150 年ほどのことである．

現在は，温度計，データロガー，気象ステーション，人工衛星などの機器により気候を正確に測定することができるが，過去の気候はどのように研究するのだろうか．過去の気候を再現するためには，直接観測でき，過去の状況を推測できる気候プロキシー（気候を推定する生物学的・地質学的な証拠）が必要である（**BOX 図 4.2**）．気候プロキシーには，以下のようなものがある．

氷河の痕跡

モレーン（岩石や土砂）などの氷河の痕跡は，過去の氷床の存在を推定するために利用されることがある．例えば，ターミナル・モレーンはよく氷河の末端で見つかり，氷河の前進と後退の時期の歴史記録となっている．

氷床コアと堆積物コア

コアと呼ばれる垂直試料は，過去の気候を復元するための層状的な記録として使用することができる．氷床コアや堆積物コアには，花粉やプランクトン，気泡，氷の結晶など，過去の環境条件を推測するための証拠となるものが含まれている．

横縞模様

気候の歴史的な記録は，いくつかの生物の物理的な構造に保存されている．例えば，温帯の木の年輪は，湿気と温度に関する情報を記録している．また，熱帯サンゴには，水温や栄養状態の影響を受けて帯状模様を示すものがいる．

化石

気候変動に敏感な生物種の分布は，花粉や化石の記録から推測することができる．例えば，北極圏に生息するウミガメやワニなどの化石から，5,000 万年前の北極圏はかなり温暖だったことがわかる．

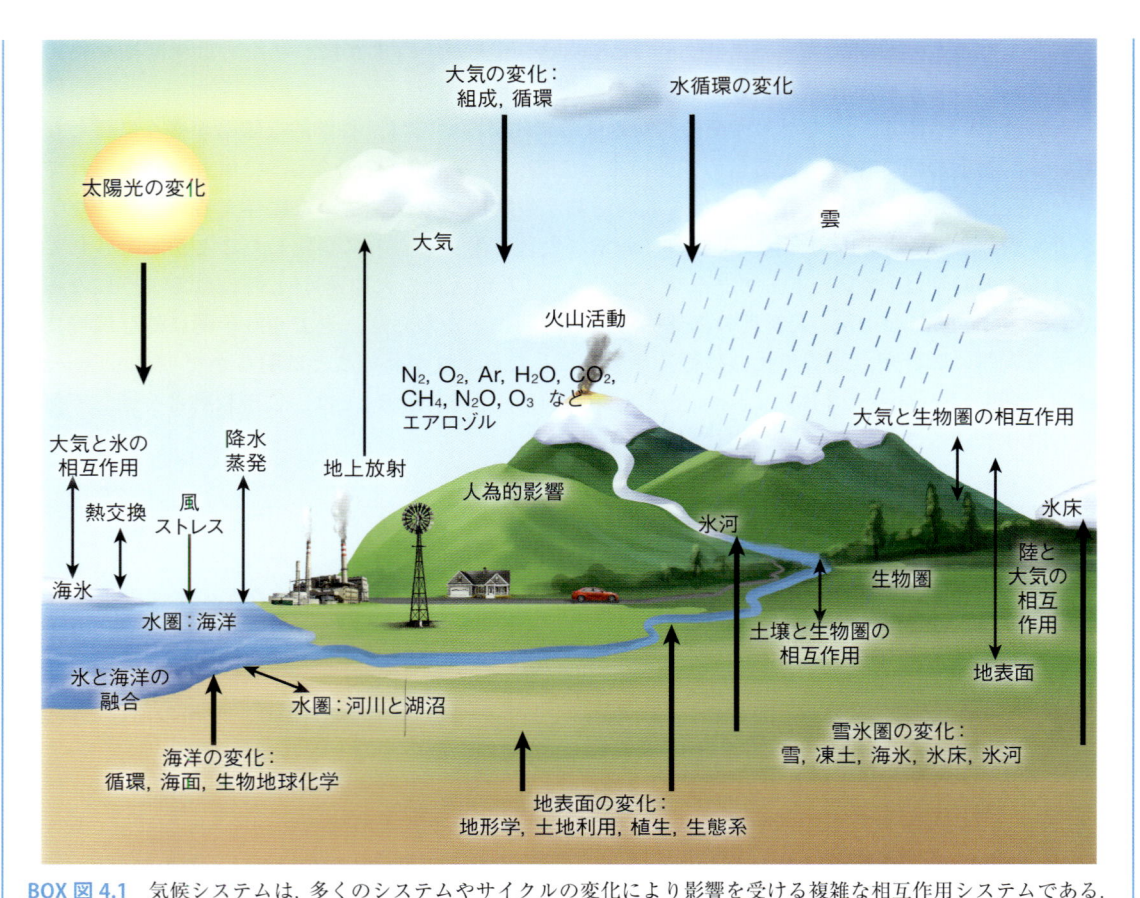

BOX 図 4.1 気候システムは，多くのシステムやサイクルの変化により影響を受ける複雑な相互作用システムである．
考えてみよう：人類が生まれる前に起こった気候システムの変化の例を 3 つ挙げよ．
出典 Le Treut H, Somerville R, Cubasch U, Ding Y, Mauritzen C, Mokssit A, Peterson T & Prather M, Historical Overview of Climate Change: The Physical Science Basis. Contribution of Working Group I to the Fourth Assessment Report of the Intergovernmental Panel on Climate Change〔Solomon, S, Qin D, Manning M, Chen, Marquis M, Averyt KB, Tignor M & Miller HL（編）〕, Cambridge University Press より図 1.2 を引用

　あらゆる時期と場所において詳細な過去の気候データを推定できる方法は存在しない．しかし，気候を再現するための手法は，数億年にわたる地球の気候の歴史を理解するのに十分な信頼性をもっており，人類が登場する以前の地球の気候パターンを調べるには十分な時間軸である．

　さらに，気候を研究するためのモデリング手法は，BOX 図 4.2 に示すように，ここ数十年でその複雑さと解像度が飛躍的に向上している．

現在，科学者は，生物的および非生物的要因（例：植生のパターン，雲量，海洋循環）の変化が，気候の指標（例：気温，降水量，雪解け）にどのような影響を与えるかを，非常に細かく理解することができる．これらの進歩により，過去の気候をより正確に再現し，将来の気候をより正確に予測することができるようになった．過去および現在進行形の気候変動のパターンについては，本章の「発展」で詳しく解説している．

B
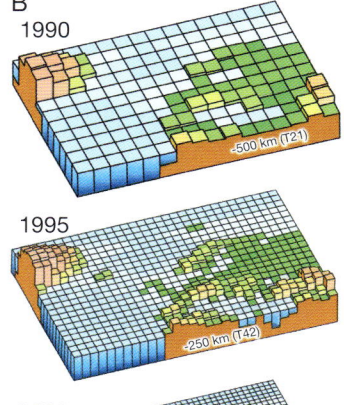
1990
-500 km (T21)

1995
-250 km (T42)

2001
-180 km (T62)

2007
-110 km (T106)

1990
雲
CO₂
雨
陸面
「水のたまり場」的な海
氷

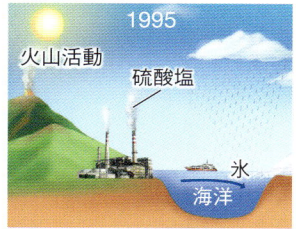
1995
火山活動
硫酸塩
氷
海洋

2001
炭素循環　エアロゾル
河川
熱塩循環

2007
大気化学
植生との相互作用

BOX 図 4.2 科学者はどのように気候システムを測定し，モデル化しているか．（A）科学者が過去の気候を復元するために用いる地質学的証拠の例として，氷河期のモレーン，樹木の年輪，堆積物や氷床コアを挙げることができる．（B）気候モデルはここ数十年で解像度と精度が向上し，気候学者は複雑でリアルな気候プロセスをモデル化できるようになった．モデルは，局所的な気候プロセスを理解するために，より細かいスケールのグリッドを使用するようになっている．また，気候システムに影響を与える様々な要因の相互作用をモデル化できるようになっている．

考えてみよう：過去の気候を復元するために，生態系の非生物的要素と生物的要素の両方から得られる証拠をどのように利用できるかを説明せよ．

出典　NPS Photo/James W. Frank：https://www.visualisingdata.com/2015/02/dendrochronology-visualisation-literacy/

現代の人口増加パターン

　前章で見たように，狩猟や農業などの活動が景観や生物多様性のパターンを変えることで，ホモ・サピエンスは何万年も前から環境に重大な影響を与え始めた．新石器革命の時代には，農業の革新によって人間が高密度に居住するようになり，最終的に人口が激増したため，人間の影響

表 4.1　産業革命以降の世界の人口増加率

世界人口のマイルストーン	おおよその年	10 億人増加するまでの時間
10 億人	1800	>10 万年
20 億人	1930	123 年
30 億人	1960	33 年
40 億人	1975	14 年
50 億人	1990	13 年
60 億人	2000	12 年
70 億人	2011	11 年

考えてみよう：人類の人口が 10 億人から 20 億人，20 億人から 40 億人と倍増するのにかかった時間を計算せよ．また，人口が再び倍増して 80 億人に達する時期について，根拠とともに予想せよ．

出典 United States Census Bureau (2013)

は急激に大きくなった．2,000 年前には，ローマなどの古代都市が繁栄し，世界の人口は数億人にまで増加した．しかし，自給自足の生活と陶器製造や大工などの手工業技術から，工業的製造や大規模生産へのシフトが本格的に始まるのは，その数千年後のことである．

　1750 年頃に始まった**産業革命**（Industrial Revolution）は，人類社会，ひいては地球を大きく変えることになった．この時代には，蒸気機関，紡績産業，効率的な採掘・資源採取方法，ガス灯，セメント，道路，最初の鉄道など，様々なイノベーションが登場した．世界の人類は 1800 年代前半に 10 億人の大台に乗った（U.S. Census Bureau, 2013；UN-DESA, 2015）．ローマ帝国の時代から産業革命の終わりまで（人類史の 1% 未満の期間），人口は 5 倍以上に増加した．

　それから 100 年後，第二次産業革命（技術革命ともいう）は，大規模な工場生産，電気，自動車，通信システムなどをもたらした．また，蒸気タービンやディーゼルエンジンは，陸と海の交通網をますますグローバル化した．20 世紀半ばには，人類の人口は再び倍増した．

　それからさらに 100 年，人類の活動は地球上のほぼすべての地域に拡大した．**表 4.1** を見ると，この 200 年間で，人口が 10 億人増える時間の間隔が縮まっていることがわかる．現在，人間の出生数は 1 日当たり 30 万人を超え，世界人口は 70 億人を大きく超えている（U.S. Census Bureau, 2013；UN-DESA, 2015）．直近で人口が 5 倍に増加したのは，ホモ・サピエンスの歴史のわずか 0.1% の期間にすぎない．

　図 4.2 に示すように，人間の人口は次の世紀も増え続けると推定されている．現在のモデルでは，2100 年には世界人口が 110 億人を超えると予測されている．しかし，大半の予測では，人口増加の速度は緩やかになるとされている．平均寿命は前世紀に急速に伸びたが，出生率は低下し，全体的な成長は鈍化している．女性 1 人当たりの子どもの数の世界平均は現在 2.5 人以下であり，50 年前の出生率の半分以下である（もちろん，死亡率や出生率は地域によって大きく異なり，将来の人口推移は多くの生物的，社会経済的，文化的要因に大きく依存する）．ほとんどの予測モデルは，2100 年までに世界人口が安定または減少に転じる確率はわずかであることを示している．したがって，少なくとも短期的には，天然資源が有限で場所に限りがある地球上で，人口は増加し続けることになる．では現代の文明は，環境にどのような影響を与えているのだろうか？

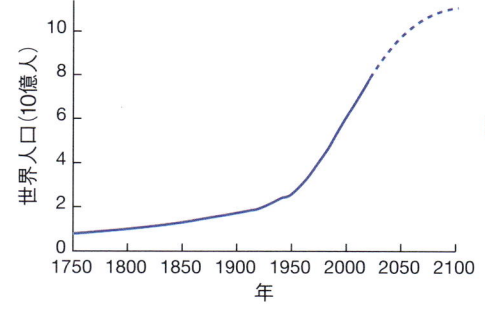

図 4.2　過去数百年の世界人口増加（実線）と将来の人口増加予測（点線）.

考えてみよう：今後 100 年間で人口が 50％近く増加した場合，具体的にどのような天然資源が最もひっ迫すると考えられるだろうか？

出典　https://ourworldindata.org/world-population-growth（原書刊行時）

現代文明による環境への影響

　人口が急激に増加したことにより，自然環境に対する圧力が高まっている．前章では，初期の人類が環境にどのような影響を与えたか，その事例を紹介した．この 5 万年の間に，地域規模で自然環境を変化させ始めたいくつかの主要な活動（狩猟，農業，都市化など）を紹介した．その分析を補完するため，ここでは現代の人類文明が地球環境をどのように変えているかについての 3 つの代表的な例を簡単に紹介する．

土地利用の変化

　前章では，数千年前の農業と都市化が地域的にどのような影響を及ぼし始めたかを見てきた．生息地の改変は今に始まったことではなく，人類は長い間，火を使ったり，農地を切り開いたり，集落を作ったりして景観を変えてきた．しかし，ここ数百年の間に，土地利用の変化の規模とペースは劇的に加速した．

　図 4.3 は，地球上のほとんどの地域で，最初に土地利用が大きく変化した時期がここ数百年の間であることを示している．実際，2000 年までに，地球上の 75％近くの陸地が人間活動によって変化し，55％以上が居住地，農地，または放牧地として多用されるようになった（Ellis, 2011）．バイオームによっては，不釣り合いに大きな影響を受けているものもある．例えば，自然草地は 10％未満しか残っておらず，そのほとんどが牧草地や農地に姿を変えている（Ellis, 2011）．

　陸域の土地利用の変化には様々な形態がある．森林伐採，鉱業，都市開発など多くの人間活動は，陸上の生息地の構造をはっきりと，しばしば不可逆的な形で変化させる．顕著な例としては，天然資源の採掘に伴う土地利用の変化が挙げられる．人口が増加するにつれて，食料生産と天然資源の産出のための工業化されたシステムも増加した．図 4.3 は，ブラジルの鉄と金の採掘地域に関連した土地利用変化の例である．この地域では，採掘のフットプリント（地球にかける環境負荷の大きさの指標）が過去 20 年間で劇的に拡大した（Sonter et al., 2014）．

　また，顕著な土地造成を伴わない活動であっても，大規模な影響を及ぼす可能性があることにも注意すべきである．例えば，農地における灌漑や排水方法の改変は，土壌侵食，土砂移動，栄養塩循環のパターンを変化させる可能性がある．さらに，生息地の改変は陸域に限定されるものではない．例えば，浚渫，水路化，貯水池や堤防の建設により，水域の生息地の構造も改変されている．図 4.3 は，ヨセミテ国立公園のヘッチ・ヘッチー・バレーを堰き止めて作られたダム貯水池の印象的な例である．この水は用水路を通して西に約 240 km 以上離れた人口の多いサンフランシスコまで運ばれた．このように，人間の様々な活動が，人新世における地球の変容に関わっている．

A

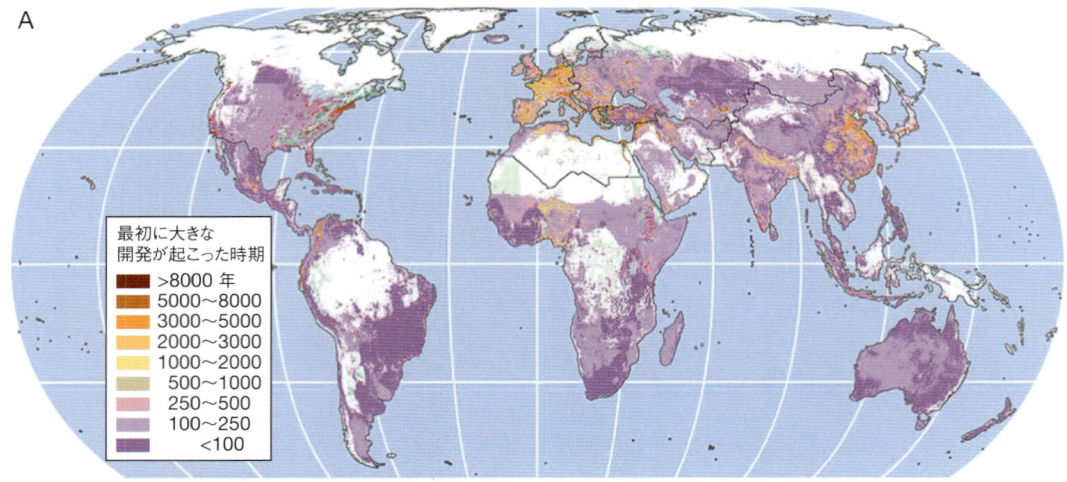

B

C

図 4.3 現代人は，陸上の景観を劇的に変化させた．（A）過去 8,000 年間における陸域景観の人為的変化．各地域で最初に大きな開発が進んだ時期を明示している．（B），（C）土地利用の変化は，ダムや貯水池の建設（ヨセミテ国立公園のヘッチ・ヘッチー・バレーなど），鉄や金の採掘（例：ブラジルの鉱山）など，様々な形態がある．

考えてみよう：上の図をもとに，世界の様々な地域における人為開発のパターンを比較対照せよ．また，土地利用が最初に大きく変化した時期の地域差を説明するものは何だろうか．あなた自身，土地利用の変化を観察したことがあるだろうか？

出典 （A）Ellis EC et al., Used planet: a global history, *Proceedings of the National Academy of Sciences*, **110**(20):7978–7985 (2013)：（B）Inklein/Wikipedia：（C）TR STOK/Shutterstock

汚染

　土地利用の変化を含む多くの人間活動は，環境に汚染物質を持ち込むというさらなる問題を引き起こしている．極端な場合，人工的に合成された物質が誤って放出され，大規模な被害を引き起こす可能性がある．湾岸戦争では，1991 年にクウェートとイラクの油田から数百万ガロンの原油が連続的に噴出し，数百の油の湖（オイルレイク）が形成された．2010 年にメキシコ湾で発生した BP 社による原油流出事故も同様である．この原油流出事故では，2 億ガロン（約 50 万 t）以上の原油が放出され，おそらく史上最大の海洋原油流出事故となった．列車の脱線事故から核廃棄物の漏出まで，同様の大規模な汚染事例は，世界中の様々な生態系に影響を与えてきた．これらの大惨事は，野生生物，人間の健康，そして地域経済に壊滅的な影響を与える可能性がある．

　化学物質による汚染は，油流出事故のようにある 1 つの地点から発生することもあるが，広範囲からの流出で生じることもある．例えば，沿岸海域は，隣接する陸域からの流入により大きな影響を受ける．水域環境からは，殺虫剤，難燃剤，ガソリン添加剤，医薬品，違法薬物など，文

字通り何千種類もの合成化学物質が見つかる（Dachs & Mejanelle, 2010）．これらの汚染物質のなかには，農薬や肥料のように，住宅地や農地景観に意図的に放出されたものもある．しかし，その他の汚染物質は，意図せずに道路から雨水管（または私たちの体を通って下水システム）に流れ込み，土壌や水（淡水，海水，地下水系を含む）に溶け出して，短期的にも長期的にも，人間や生態系の健康に影響を与える可能性がある．

汚染は，本来自然に起きている化合物やエネルギー（光，熱，騒音など）の投入などを増やすことでも生じる．最も顕著な例は，人為的に大量の二酸化炭素を大気中に放出することであろう．二酸化炭素は自然界に存在する温室効果ガスだが，大気中の二酸化炭素濃度は過去150年間で着実に増加している（IPCC, 2014）．この増加は，主に輸送業や製造業で石油，石炭，天然ガスなどの化石燃料を燃焼させたことに起因している．また，森林伐採も光合成による炭素固定を妨げ，バイオマスを燃焼させることにより貯蔵された炭素を放出することで二酸化炭素濃度の上昇に影

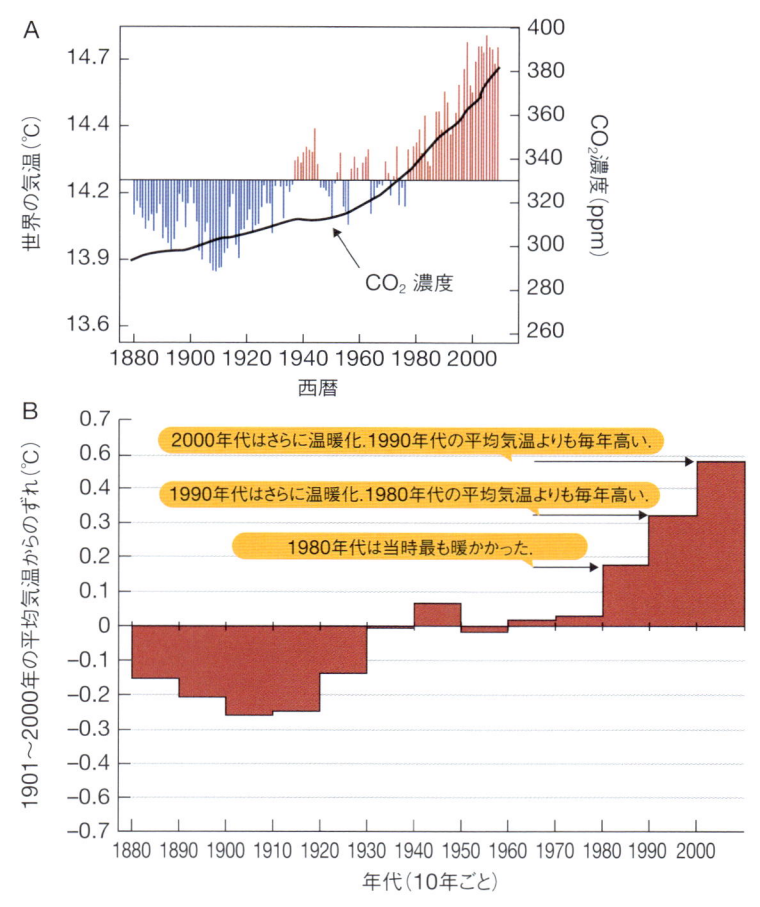

図 4.4 汚染物質は陸上，海洋，大気システムに影響を与える．（A）人為的な二酸化炭素の排出により，大気中の二酸化炭素濃度が上昇し，地球の気温が上昇した．グラフは，炭素濃度の増加（黒い線）と地球の平均気温（色のついたバー）を示している．1901 ～ 2000 年の平均気温をもとに色分けしている．（B）それぞれの 10 年間が最も温暖な 10 年間を更新し続けたことを示す．

考えてみよう：過去 100 年間で，およそどれくらいの気温の変化があったか？　今後 100 年間にどれくらいの気温変化が起こるかは，どのような要因で決まるだろうか？

出典　（A）Wu J et al. (2017), https://onlinelibrary.wiley.com/doi/full/10.1002/advs.201700194；（B）https://cellcode.us/quotes/temperature-world-average-change.html（原書刊行時）

響している.

　二酸化炭素の増加は，気候システムの明確な撹乱である地球温暖化をもたらした．図 4.4 は，二酸化炭素濃度の上昇と地球気温の関係を示している．地球の表面温度は，過去 1 世紀で約 1℃ 上昇し，1980 年代以降の各 10 年間は，すべて記録上最も暖かい 10 年間であった．気候システムに対する人為的な変化は，地球規模の差し迫った脅威である．人為的な気候変動については，本章末の「発展」で詳しく解説しているが，この問題は本書で繰り返し取り上げる.

グローバル化

　第 3 章で見たように，初期のホモ・サピエンスは地球を一周するのに何万年もの時間を要した．しかし，現在では，1 人の人間が数日で世界一周することができるようになった.

　グローバル化（globalization）とは，世界中の人々，組織，政府間の相互作用や相互依存が増している状況を指す．本質的には，人，商品，サービス，技術，知識の世界的な移動の増加によるものである．グローバル化した交通システムがもたらす経済的，文化的，政治的影響は甚大であるが（Rodrigue et al., 2016），この本に最も関連するのは，グローバル化が自然界にもたらす影響である.

　グローバル化が自然システムに与える影響には，これまでに検討したトピックに関連するものもある．グローバル化したインフラと貿易は，明らかに土地利用の変化と汚染の両方を引き起こす．しかし，グローバル化は，生物に独特のストレス要因をもたらしている．人間は植物や動物を，意図的に国境を越えて移動させる（農業やペット取引など）だけでなく，意図せずして非常に多くの生物（害虫や病原体を含む）を世界中に移動させている．土地利用の変化を含む多くの人間活動は，環境に汚染物質を持ち込むという新たな問題をもたらしている.

　このように，グローバル化は新しい地域に持ち込まれる種の数を増やすとともに，人間や野生動物，農業上重要な作物に感染する病気を数多く拡散させてきた．トキソプラズマは，世界中の哺乳類と鳥類の大部分に感染し，ヒトに致命的な影響を与える寄生性原虫である．世界中に生息するトキソプラズマには様々な系統があるが，そのうちの 1 つの系統が最近になって世界的に拡散している（Lehmann et al., 2006）．16 世紀に大西洋を横断した奴隷船には多くのネズミやネコが住み着いており，その寄生者が新天地に進出する絶好の機会を与えたと考えられる．侵略的な種と新しい病気の広がりについては，後の章で再び取り上げる.

その他のストレス要因

　自然システムにグローバルな影響を与える人為活動は，他にも数多く存在することを忘れてはならない．さらに，これまで述べてきた大まかなタイプのなかにも微妙な違いがある（例：農業のための土地利用の変化と都市化のための土地利用の変化は異なる影響を及ぼす）．本書では，この他にも多くの具体的な地球変動によるストレス要因や，それらの間の複雑な関係を取り上げる．特に，ユニット II と III では，これらのストレス要因が様々なスケールで生命システムに及ぼす影響を分析する.

人為的なストレス要因の複合的効果

　人為的なストレス要因の多くは相互に関連しており，互いに協調して作用することがある．ある生態系が，生息地の消失，狩猟，気候変動という 3 つのストレス要因を同時に経験していると

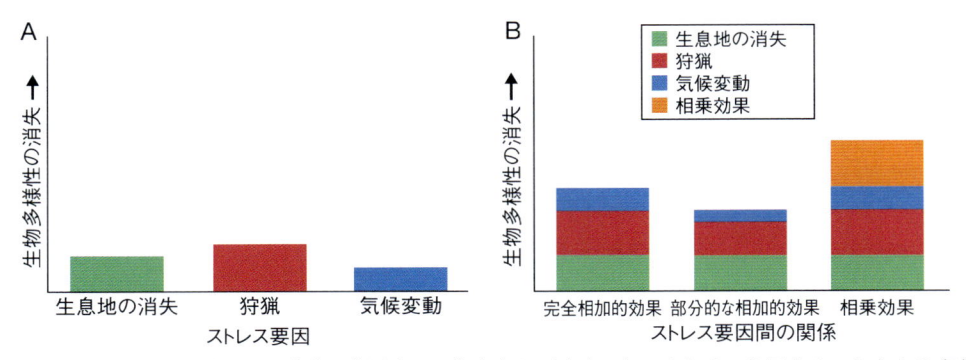

図4.5 人為的なストレス要因は，単独で作用することもあれば（A），組み合わせて作用することもある（B）．複数のストレス要因が同じシステムに影響している場合，全体としていくつか異なる効果を示すことがある（ここでは仮想データで説明する）．完全相加的効果とは，総効果が個々の効果の合計と全く同じになることである．部分的な相加的効果とは，総効果が個々の効果の合計よりも小さくなることである．相乗効果とは，個々の効果の総和よりも，複合された効果が大きくなることである．

考えてみよう：ある生物種が個々の脅威に対しては回復力があるが，それらの複合的な影響に対しては回復力がないという具体例はあるか？

出典 Brook BW et al., Synergies among extinction drivers under global change, *Trends in Ecology & Evolution*, **23**(8):453–460 (2008)

想像してみよう．図4.5は，これらストレス要因と複合的影響の間には，3種類の関係性がありうることを示している．この例では生物多様性の消失を影響の指標としているが，様々な結果を用いて測定することができる．

　ストレス要因の複合効果は，個々の効果の合計と等しいか，それより小さいか，またはそれより大きくなる．**完全相加的効果**（fully additive effect）とは，複数のストレス要因の影響が個々の影響の合計と完全に一致する場合である．**部分的な相加的効果**（partially additive effect）とは，複数のストレス要因の影響が個々の影響の合計よりも小さい場合である．部分的な相加的効果が起こるのは，1つの種が2度絶滅することはないからである（例：一度は乱獲で，もう一度は気候変動で）．**相乗効果**（synergistic effect）とは，複数のストレス要因の複合的影響により，個々の影響の合計よりも大きくなることである．ストレス要因間の相乗効果の強さは様々で，いくつもの相互作用によって引き起こされる可能性がある．例えば，生息地の消失は新しい道路建設によって起きるが，その道路はハンターや伐採者のアクセスを促進するかもしれない．あるいは，いくつかの生物種は気温の上昇によってストレスを受け，ハンターに捕獲されやすくなっているのかもしれない．概して，あるストレス要因の影響が別のストレス要因によって増幅される過程は多々ある．

環境変動に対する脆弱性

　種や生態系が特定のストレス要因に対して脆弱であるかどうか，複数のストレスの相乗効果を受けるかどうかを予測することは困難である．**脆弱性**（vulnerability）とは，ある種またはシステムが環境変化に対してどの程度影響を受けやすいかを示すものである．脆弱性は多くの関連し合う要因によって決まる．本書では，脆弱性の各構成要素を説明するために，部分的に重複するいくつかの用語が使用されている．図4.6はその1つの枠組みを示しているが，ここでは，種や生態系が環境変化に対して脆弱になるかどうかに影響する重要な要因について見ていこう．

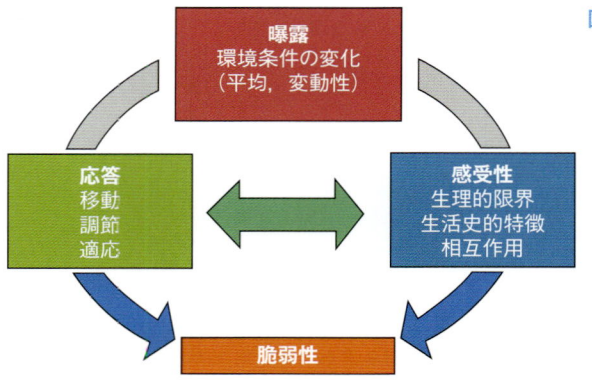

図 4.6　地球変動ストレスの要因に対する脆弱性には多くの要因が影響する．人為影響に対する脆弱性は，曝露（例：環境変化の強さ），感受性（例：生理的耐性），応答能力（例：適応能力）によって左右される．
考えてみよう：地球変動ストレスに対する脆弱性は，ある決まった形質なのだろうか？脆弱性そのものが空間や時間の経過とともに変化する可能性のある具体例は何か？
出典　Moritz C & Agudo R, The future of species under climate change: resilience or decline? *Science*, **341**(6145):504–508 (2013), https://science.sciencemag.org/content/341/6145/504

曝露

　曝露とは，特定の生物種や生態系が特定のストレス要因を経験する機会のことである．曝露は通常，人為的な変化の大きさと速さに基づいて定義される．しかし，種や生態系の特徴も曝露に影響を与える可能性がある．例えば，地球温暖化に対する曝露は，深海に比べて浅海に生息する生物でより大きくなる．

感受性

　感受性とは，ある生物種や生態系が特定のストレス要因の影響を受ける度合いである．感受性の高い種は，感受性の低い種よりも，生存率や繁殖率が大きく低下することになる．例えば，食物や生息地が限定的であるスペシャリスト種は，ジェネラリスト種よりも感受性が高いことがありうる．同様に，生理的耐性が低い種は，より広い範囲の環境条件で繁栄できる種よりも感受性が高いだろう．

応答能力

　応答能力とは，生物種やシステムがストレス要因を緩和するように対応する能力のことである．対応能力が高い生物種やシステムは，そうでないものよりストレスへの脆弱性が低い．例えば，移動性が高く，馴化しやすく，新しい環境条件への適応が容易な生物は，応答能力が高いといえる．主な生物の応答については，次のユニットで詳しく紹介する．

　脆弱性の構成要素は，生物種や生態系に固定された特徴ではない．例えば，新しい地域への移動によって，現在または将来のストレス要因への曝露や感受性が低下することがある．あるいは，初期応答が脆弱性を悪化させることもある．環境変化は，短期あるいは長期にわたって，ゆっくりと起こることもあれば急速に起こることもある．同様に，種や生態系の応答も緩やかだったり，急激だったりする．したがって，脆弱性が時空間的に動的な性質をもつことを考慮することが重要である．ユニット II では，脆弱性に寄与する主要な応答について，より詳細に検討する．

結論

　人新世では，ホモ・サピエンスという 1 種の生物が，地球を支配し，改変するようになった．人口が増加するにつれて，農業，工業，都市化，その他の人為的な営みによる自然に対する圧力も高まってきた．これらの活動の多くは，長寿化や生活水準の向上など，人間社会に素晴らしい

恩恵をもたらしてきた．その一方で，地球上の何万，何億という人間以外の生命体に複雑な影響を及ぼしている．

このユニットでは，グローバル変動生物学という分野の紹介，地球上の生命の歴史，そして過去から現在に至るまで人類が及ぼしてきた影響の概要について説明した．今後は，これらの影響がどのように生物圏に波及するかを探っていく．次のユニットでは，変化する世界に直面したとき，個体，集団，そして種はどのように応答するのか，という問いを扱う．

ユニット II の各章では，環境変化に対する応答の主なものを 1 つずつ取り上げている．簡単にいうと，環境が変化すると，生物は移動，調節，適応，または死滅する．「移動」応答は，個体・集団・種の分布におけるすべての変化を包む．「調節」応答は，個体・集団・種の特徴を変化させるあらゆるタイプの順応からなる．「適応」応答は，遺伝的な変化によるすべての形質進化を含む．「死滅」応答は，個体・集団・種の消失である．もちろん，主たる応答は相互に排他的ではなく，異なる時間的・空間的スケールで起こりうる．今後のユニットでは，さらにスケールアップして，統合された地球システムが環境変化にどのように応答し，私たちがストレス要因にどのように対処するのが最善かを探る．

 ## データで見る

送粉者と農薬

誰が，何を目指していたのか？

ユニット I の終わりにあたり，グローバル変動生物学の研究デザインや人為的な環境ストレスについて学んだことを，現実の生物システムに適用してみよう．ここでは，ランドロフ（Maj Rundlöf）博士と共同研究者が 2015 年に"Nature"誌に発表した「ネオニコチノイド農薬による種子のコーティングが野生ハナバチに悪影響を与える」という研究に注目する．この研究は，送粉者である昆虫にとっての現在の脅威を理解するために，実験的なアプローチをとっている．また，この論文では多くの異なるステークホルダー（科学者，商業種子栽培者，養蜂家，協力農家など）が共通目標のために協力している．**BOX 図 4.3** は筆頭著者であるランドロフ博士の写真である．

昆虫は驚くほど多様な分類群であり，真核生物種の半分以上を占める．昆虫は自然生態系において重要な役割を果たし，送粉などの生態系サービスを年間数千億円規模で提供している

BOX 図 4.3 現地調査を行う筆頭著者のランドロフ博士.
出典 Miranda Rundlöf/Christian Krinte

(Gallai et al., 2009). 過去50年間, 送粉昆虫の個体群が飼育下と野生下の両方において劇的に減少していることが観察されている. 特にハナバチの減少が, 送粉者の減少によって作物生産が脅かされている「受粉の危機」として注目を集めている (Holden, 2006).

人新世において, ミツバチを含むハナバチは, 生息地の消失, 寄生虫や病原体への曝露の増加, 気候変動, 移入種との競争, 農薬への曝露など, 多くの相互作用し合う要因により脅かされてきた (Goulson et al., 2015). **BOX 図 4.4** が示すように, これらのストレス因子は相互に影響を及ぼしうる. 例えば, 在来植生が減少すると, ハチは農薬への曝露が多い農地環境で採餌することを余儀なくされる. そして, 農薬への曝露は病原体への免疫反応を弱める可能性がある. 農薬への曝露はハナバチの減少を研究する際に特に注目されている. なぜならミツバチのコロニーだけで150種類以上の農薬が検出され (Mullin et al., 2010), そのうちのいくつかは, 在来ハナバチと飼育下のミツバチの両方の個体数の減少に直接関係しているためである (Goulson et al., 2015).

ここでは, ハナバチの減少に対するある農薬の影響を評価するために行われた実験研究を詳しく見ていく. ネオニコチノイド系農薬は, 昆虫の神経系をターゲットにした化学農薬である. この殺虫剤は, 農業では種子のコーティング剤としてよく使用されている. ネオニコチノイドは農作物の害虫から種子を守るのに役立つ一方で, ハナバチに壊滅的な影響を与える可能性がある. それまでの研究では, 主にミツバチの飼育集団に対してネオニコチノイドを人工的に曝露させる研究が多かった. 一方, ランドロフ博士らは, 野外で活動する在来ハナバチ集団に対するこれらの農薬の影響を解明しようとした.

あなたの予測は？

この先を読む前に, このユニットで学んだグローバル変動生物学の手法をハナバチのシステムに当てはめる時間を少しとってほしい.

まず, 次のような質問を考えてみよう.

• 野生ハナバチに対するネオニコチノイド系農薬の影響を理解するために実験的アプローチをとるとしたら, 研究計画の鍵となる要素は何だろうか.

• どのような処理を設定し, どのような従属変数を測定するのか？

• 適切な対照区, 反復, 無作為化をどのように確保するのか？

では, 野外においてネオニコチノイド系農薬が野生ハナバチに与える影響について調べるために, どのように実験するのが最善か, 簡単な実験計画を書いてみよう.

科学者らの予測は？

著者らは, 正式には予測をしていないが, 研究の指針となる重要な疑問について明記している.「重要な疑問は, 殺虫剤に対する反応がミツバチと異なる可能性のある野生ハナバチが, 実際の農業景観で採蜜する際にどのようにネオニコチノイドの影響を受けるかである.」

どのようなデータを収集したのか？

ランドロフ博士らは, 対応型の研究デザインを用いた. 彼らは, **BOX 図 4.5** に示すように,

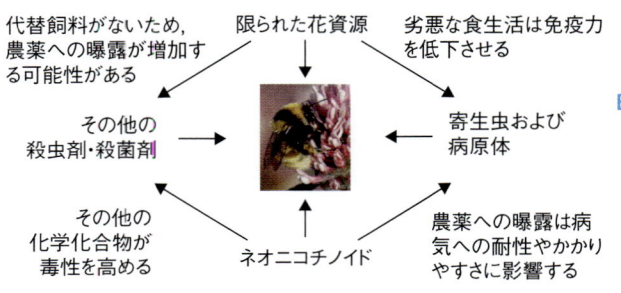

代替飼料がないため, 農薬への曝露が増加する可能性がある

限られた花資源

劣悪な食生活は免疫力を低下させる

その他の殺虫剤・殺菌剤

寄生虫および病原体

その他の化学化合物が毒性を高める

ネオニコチノイド

農薬への曝露は病気への耐性やかかりやすさに影響する

BOX 図 4.4 送粉者であるハナバチの減少の原因となる相互作用するストレス要因.

出典 Goulson D et al., Bee declines driven by combined stress from parasites, pesticides, and lack of flowers, *Science*, 347(6229):1255957 (2015)

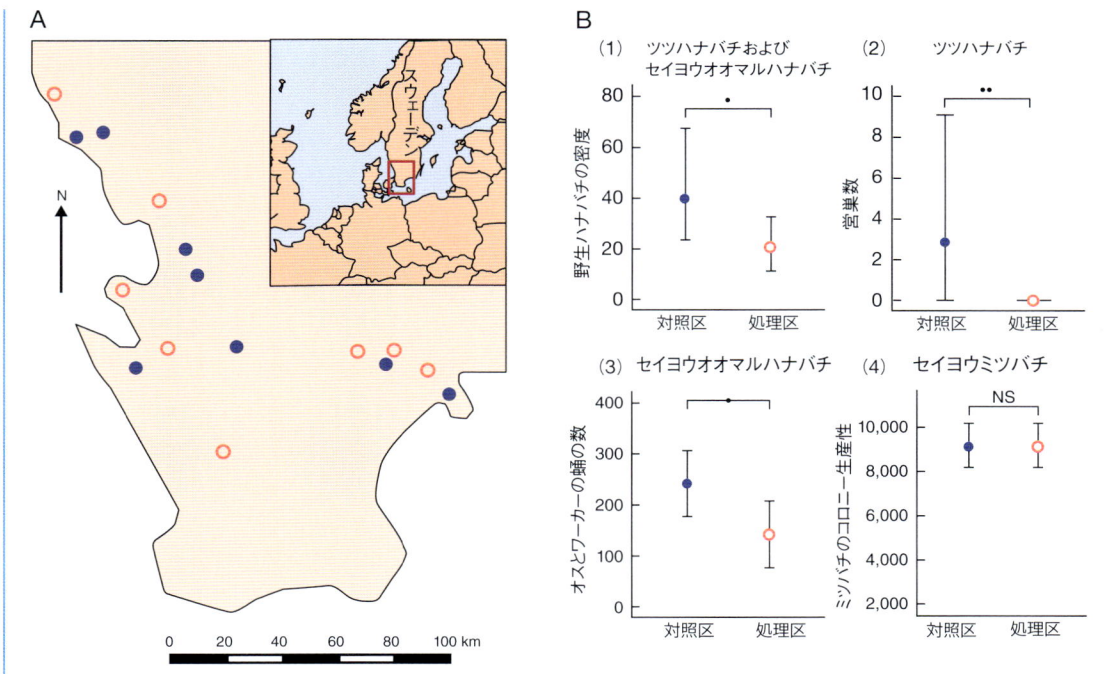

BOX 図 4.5　(A) スウェーデン南部の農地における調査地. 複数のペアで構成される研究デザインとなっている. 対照圃場は青丸, 処理圃場は赤丸で示されている. (B) 研究の結果を示す. 4つの図は, (1) 2種類の野生種 (ツツハナバチの1種とセイヨウオオマルハナバチ) の密度, (2) 単独性のツツハナバチの繁殖 (メスが巣作りに成功した巣の数), (3) コロニー形成のセイヨウオオマルハナバチの繁殖 (オスもしくは働き蜂の数), (4) セイヨウミツバチのコロニー内成虫数について, 対照圃場とネオニコチノイドを曝露した処理圃場の比較を表す. 図中の丸は平均値を表し, バーは信頼区間またはデータ範囲を表す.

出典 Rundlöf M et al., Seed coating with a neonicotinoid insecticide negatively affects wild bees, *Nature*, **521**(7550):77 (2015)

8対の農業景観の反復を選び出した. そして, 各対の1つの圃場を対照圃場, もう1つの圃場を処理圃場としてランダムに割り当て, 処理圃場の種子に標準量のネオニコチノイドを塗布した. 次に, 野生ハナバチの従属変数をいくつも測定した. 特に, 在来ハナバチ2種 (単独性のツツハナバチの一種とコロニー形成性のセイヨウオオマルハナバチ) と, 世界中の農地に導入され飼育されているセイヨウミツバチに着目した. まず, 対照区と処理区の野生ハナバチの密度を測定した. 次に, 野生ハナバチの繁殖成功率を比較した. ツツハナバチについては, メスが産卵房を作るかどうかを測定した. コロニーを形成するセイヨウオオマルハナバチについては, コロニーの成長と女王蜂と働き蜂の産出量を測定した. セイヨウミツバチについては, 対照区と処理区のミツバチの数を調べた.

データをどのように解釈するか？

　この先を読む前に, **BOX 図 4.5** に示した調査結果を解釈するのに数分かけてほしい. そしてこの図を見ながら, 次のような問いに対する答えを考えてみよう.

　● ネオニコチノイドの種子コーティングは, 野生のハナバチ全体の密度にどのような影響を与えるか？

　● ネオニコチノイド処理によって繁殖量にどのような影響があるか, またなぜ単独性の種とコロニー形成性の種とで結果が異なるのか？

　● ネオニコチノイドの効果は, 野生ハナバチと飼育されているミツバチで異なるか？

　この研究の主要な発見とその意義について, 1〜2文で書いてみよう.

科学者らはデータをどう解釈したのか？

最初の重要な結論は，ネオニコチノイド系殺虫剤が野生のハナバチに悪影響を及ぼすというものだ．ネオニコチノイドに曝露された集団では，野生ハナバチの密度が有意に減少し，繁殖量の低下も示した．単独行動種のツツハナバチでは，巣作りが減少し，産卵房を作りにくくなっていた．コロニー形成するセイヨウオオマルハナバチでは，処理群の農地では，新女王とオスの生産数が少なかった．

この研究から得られた2つ目の重要な結論は，ネオニコチノイド処理による影響が，研究対象となった2種の野生バチと飼育されているセイヨウミツバチの間で異なる点だ．ミツバチは作物の送粉者，蜂蜜生産者として重要である．また，飼育下での維持・繁殖が容易なうえ，ゲノムが解読されているため，**モデル生物**(model organism）としてよく利用されている (Weinstock et al., 2006)．しかし，世界には1万5,000種以上のハナバチが存在し (Danforth et al., 2006)，これらの種には非常に多様な生態，生理，行動，繁殖システムがある．そのため，1種のモデル種から得られた結果を他種に用いることには問題があるだろう．ランドロフ博士らは「ネオニコチノイドの環境リスク評価において，セイヨウミツバチをモデル生物として使用した研究成果は，他のハナバチへの一般化ができない可能性がある」と述べている．したがってこの研究は，自然生態系において，ストレス要因に対するモデル生物の反応が，その近縁種の反応を正確に表すと仮定することのリスクを示している．

最後に，この研究は，生物学的問題に対して適切な研究計画を立てることの重要性も強調している．著者らは，地球変動ストレス要因の短期的な影響だけでなく，長期的な影響も研究することの価値について論じている．また，自然景観で実験研究を行うことの価値も強調している．博士らは次のように結論づけている．「実験室条件下でモデル種を対象に短期的かつ致死的な影響を主に評価するリスク評価では，その一般的な基準を，現実世界における農薬の使用が個体群，群集，生態系に及ぼす結果の予測に用いることができるのか疑問である．」

今後の研究の方向性について考えよう

ランドルフ博士らの，ネオニコチノイドの野生バチへの有害な影響に関する知見を踏まえ，この研究の次のステップをどのように想定するか．もしあなたがこの研究に携わっていたなら，どのようにフォローアップするだろうか？　以下の問いについて考えることから始めよう．

- ネオニコチノイドがミツバチに影響を与えるメカニズムに関して，より詳細な質問ができるだろうか？
- 種，地域，期間，ストレス要因を追加して研究することで，調査結果の一般性を高める方法はあるか？
- 補完的なアプローチ（観察，実験，理論，統合）はありえるだろうか？

次に，この研究テーマに関する今後の方向性について，数行で書いてみよう．

🏔 発展

過去と現在の気候変動

気候変動は，生物圏に与える様々なストレス要因の1つにすぎないが，21世紀を代表する環境問題の1つであり，他のすべての変化の背景にある問題となっている．ここでの目的は，地球の過去の気候の歴史と現代の人為による気候変動の動態について，基礎的な理解を深めることである．大気科学に関する総合的な手引書を目指してはいないので，より深く理解したい人は別の資料にあたってほしい．また第10章では，人間活動が地球システムにどのような影

響を与えるかについて，より包括的な考察を行っている．

地球の気候の歴史について，どのようなことがわかっているのだろうか？

地球の気候は，季節変動から数千年周期，数億年単位の長期変動に至るまで，入れ子状の変動性がある．BOX 図 4.6A は，気候システムの変化を地質学的時間で表す重要指標である気温の変化を示している．過去 5 億年の間に，私た

ちの地球では，**寒冷期**（ice house）と**温暖期**（hot house）が交互に訪れている．この温暖期と寒冷期の間で，気温は摂氏 15℃ も変動している．

温暖期の地球が，現代の比較的涼しい世界とどれほど異なるか考えてみよう．例えば，約 5,000 万年前の第三紀初期，北極には氷がなく，夏は摂氏 20℃（華氏 70°F）にも達するほどだった．その景観は，現在のアメリカ南東部の深い森や沼地に似ており（Eberle & Greenwood, 2012），現代の北極圏の環境とはかけ離れていた．

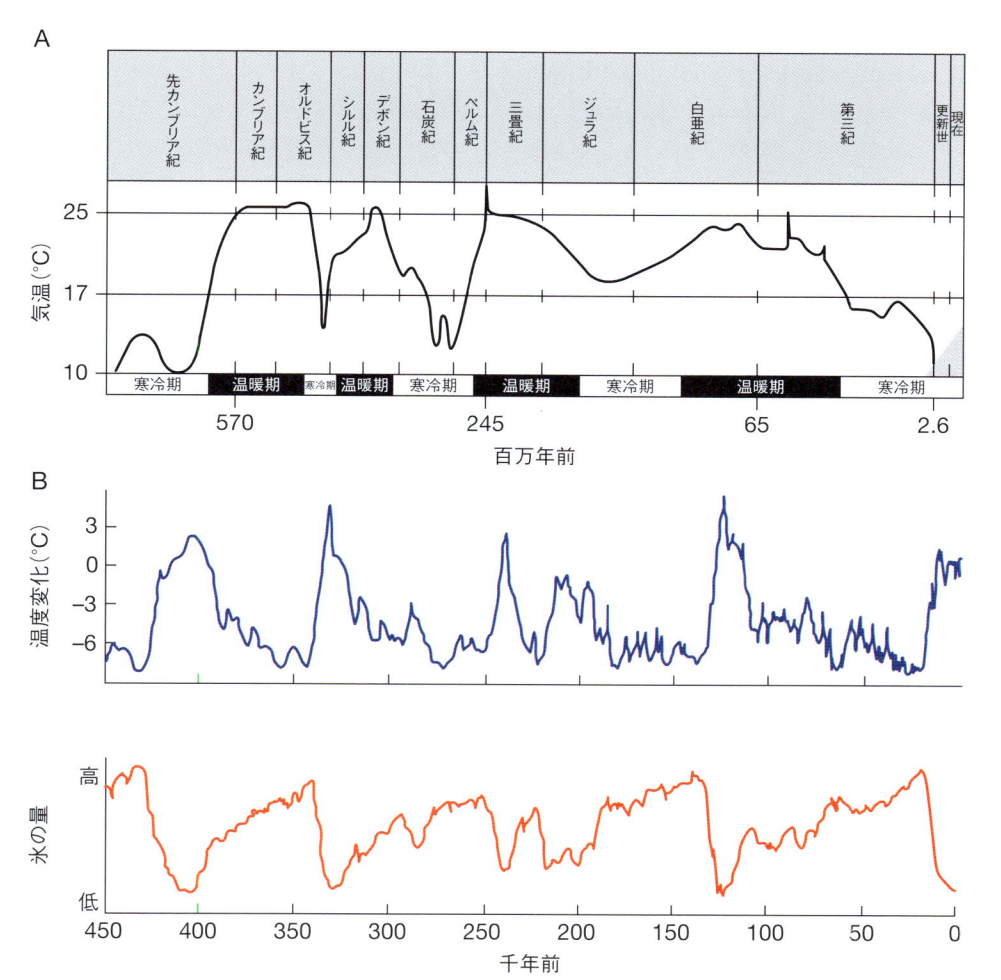

BOX 図 4.6　気温の時系列変化．（A）既知の気候史における推定気温．地質学上の主要な時代において，温暖期と寒冷期が交互に繰り返されている．（B）それぞれの時代のなかでも，気温は変動している．更新世の温暖な時期と寒冷な時期には，気温と氷の量は反比例していた．
　　　　考えてみよう：上下の図を比較せよ．過去 5 億年の間に寒冷期と温暖期の間でどの程度の温度変化があったのか？　また，寒冷な更新世ではどの程度の温度変化があったか？
　　　　出典　（A）PALEOMAP Project ；（B）https://www2.palomar.edu/anthro/homo/homo_3.htm より公開されているデータベースより，Rohde (2005a) から作成

また，1つの地質年代のなかにも気温の変動があった．例えば，最近の寒冷期は，約200万年前に始まった更新世である．BOX 図 4.6B に，更新世における約10万年周期の気温変動が示されている．これらの変動は，氷期と間氷期に対応しており，最後の氷期はおよそ2万年前に終了している．

歴史的な気候変動はなぜ起こったのか？

気候条件は，熱の入射と放出の微妙なバランスで成り立っている．一般に，**入射する太陽放射** (incoming solar radiation) は，**反射される太陽放射** (reflected solar radiation) と**放出される長波放射** (outgoing longwave radiation) とではほぼ均衡している．BOX 図 4.7 に，この放射収支の概略を示す．太陽放射は短波放射として大気圏に入る．入射した太陽放射の一部は，雲，大気ガス，地表面によって短波放射として宇宙空間に反射される．一部の太陽放射は大気や地表面で吸収され，その後，長波放射（主に熱エネルギー）として放出される．大気は，放射線のバランスを保つうえで重要な役割を担っ

ていることに注目しよう．大気は，太陽エネルギーを反射するだけでなく，地表面の近くにエネルギーを閉じ込める．この**温室効果** (greenhouse effect) によって，地球は温められ，生命の維持に役立っている．

気候システムの放射収支を変化させるものは，すべて**放射強制力** (forcing) と呼ばれる．放射収支を変化させることで，放射強制力は最終的に地球の温度に影響を与える．ここでは，歴史的な気候変動の原因となった，地球全体の放射収支を構成する3つの主要な要素に対する強制力について見ていく．

入射する太陽放射

入射する太陽放射の量は，いくつかの要因によって変化することがある．最も単純な例は，気候システムの長期的なダイナミクスが，太陽からの放射量の変化に影響されることである．恒星にはライフサイクルがあり，私たちの太陽は壮齢の星である．私たちの惑星が誕生した当時，太陽は現在の70%程度の太陽放射しかしておらず，50億年後に死ぬと予測されている．

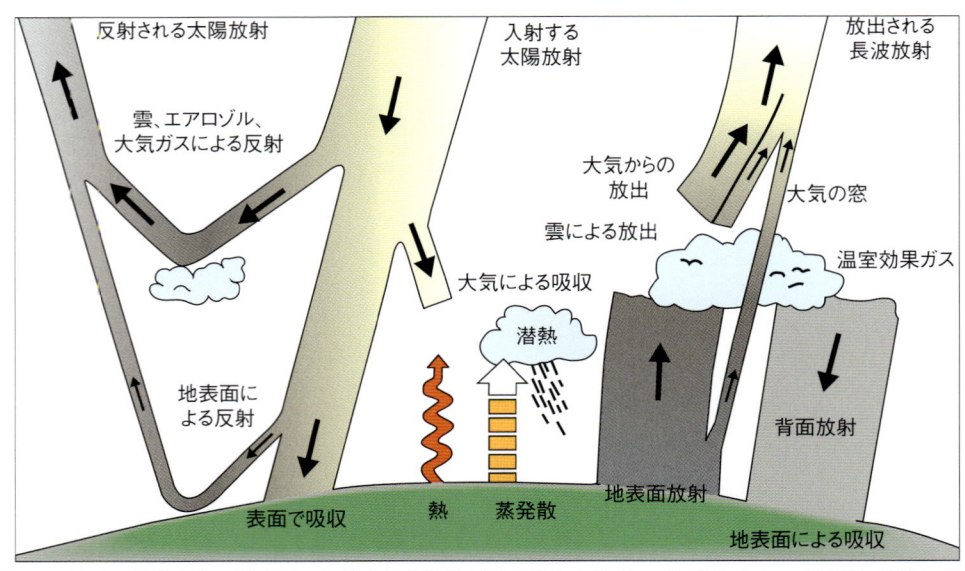

BOX 図 4.7　地球の放射収支の模式図．入射する太陽放射は，雲や大気ガスで反射したり，地表面で吸収・再放射されたりする．安定した気候を維持するためには，入射する太陽放射と反射される太陽放射，そして放出される長波放射がほぼバランスしている必要がある．
　　考えてみよう：2種類の外向き太陽放射（太陽放射の反射と放出される長波放射）の違いは何だろうか？
　　出典 Skeptical Science/IPCC

星の全体的な誕生と死亡プロセスに加えて，太陽の短期的な出力の変化は，太陽黒点の数と強度で示される（Hathaway et al., 2002）.

日射量は，周期的に変化する地球の軌道の影響も受ける．この変化はミランコビッチ・サイクルと呼ばれ，地球軌道の3つの側面が変化していることを表している．まず，地球の軌道の形が円形から楕円形に変化する（離心率）．次に，地球の自転軸の傾き（赤道傾斜角）が，わずかだが変化する．3つ目は，地球の回転軸の向きが変わること（歳差運動）だ．**BOX 図 4.8**は，ミランコビッチ・サイクルを，既知の地球の気候変動とどのように対応しているかを示している．例えば，ミランコビッチ・サイクルは季節の長さと変動性に影響を与え，それが氷河期のサイクルに影響を与える．このような軌道変動は，地球の最近の歴史における氷期や間氷期のサイクルの多くを説明するのに役立つ（Lisiecki, 2010；Huybers, 2011）．ミランコビッチ・サイクルの詳細は，ここでは重要ではないが，地球の気候パターンを駆動する重要なメカニズムの1つである.

反射される太陽放射

日射の反射量は，雲量や大気の組成の変化など，様々な要因で変化することがある．例えば，小惑星や彗星のような**火球**が地球に衝突すると，チリ雲が生じ，大気中の微粒子の量が著しく増加する．粒子状物質が増加すると，入射する太陽放射のうち反射される割合が増加する．白亜紀末に起きた隕石衝突後の地球全体の寒冷化は，恐竜の大量絶滅につながったと考えられている（Vellekoop et al., 2014）.

放出される長波放射

地球の大気から放出される長波放射の量は，様々な要因によって変化する．例えば，火山活動は大気中の粒子やガスの濃度に影響を与え，その結果，地表面近くの熱を閉じ込める可能性がある．さらに，地表面の反射率が変わると，太陽エネルギーの吸収量と反射量が変化する．地表面で反射される光と熱の割合は，**アルベド**（albedo）と呼ばれる．真っ白な雪（高アルベド）は，暗い土（低アルベド）よりも反射率が高い．氷河期が終わると，地球全体のアルベドが変化し，太陽放射の吸収量にさらに影響を与える.

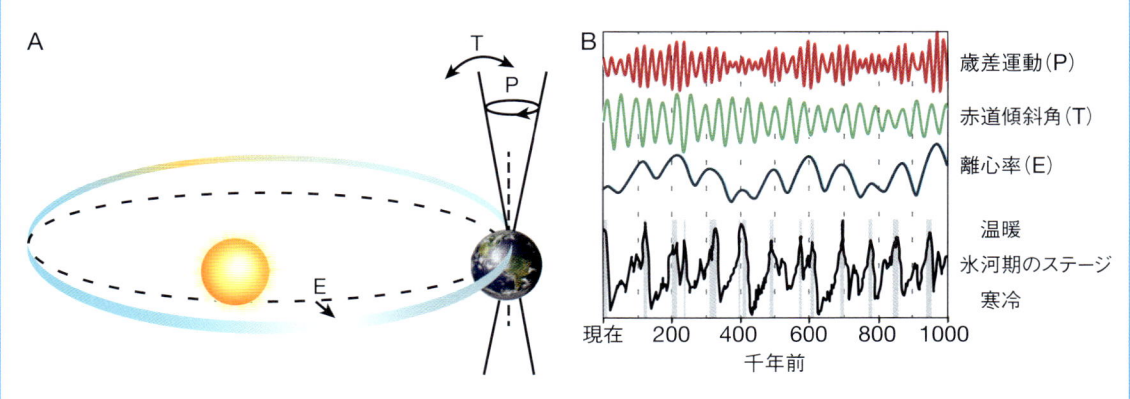

BOX 図 4.8 （A）地球の軌道が時間とともに変化することで，入射する太陽放射が変化する．（B）地球軌道の周期的な変化は「ミランコビッチ・サイクル」と呼ばれ，地球の気候史を通した気候サイクルと関連づけられる.
考えてみよう：地球軌道の要素のどれが最も速く，どれが最も遅い変化を示すか？　氷河期のサイクルと最も明確に対応している要素はどれか？
出典　（A）Rahmstorf S & Schellnhuber HJ, Der Klimawandel. Diagnose, Prognose. Therapie, pp.5 (2006) をもとに作成；（B）https://www.climate.gov/taxonomy/term/3451 より公表されている Rohde (2005) のデータから作成．Rohde の twitter（現 X）：https://twitter.com/RARohde?ref_src=twsrc%5E google%7Ctwcamp%5Eserp%7Ctwgr%5Eauthor

ここまでの例はすべて非生物的現象だが，生物も何億年も前から気候に影響を与えている．例えば，約25億年前，シアノバクテリアの進化により，地球の大気ガスの組成が変化した．酸素濃度の急激な上昇は，地球の気候に劇的な影響を与えた（Kopp et al., 2005 ; Sessions et al., 2009）．

現代の気候変動は何が違うのか？

　地球は40億年の歴史のなかで，大規模な気候変動に見舞われてきた．これまで述べたよう

に，気候システムの放射収支に影響を与える生物的・非生物的な放射強制力は数多く存在する．しかし現在の気候変動は，BOX 図 4.9 に示すように，これらの自然の強制力だけでは説明できない．現代の気候変動は，その人為的な原因，速度，予測される影響の点で過去の気候変動と異なっている．生物は常に地球の気候に影響してきたが，単一の種がこれほど急速かつ重大な気候変動を引き起こしたことはこれまでなかった．

　本章の冒頭で述べたように，現代の人間活動

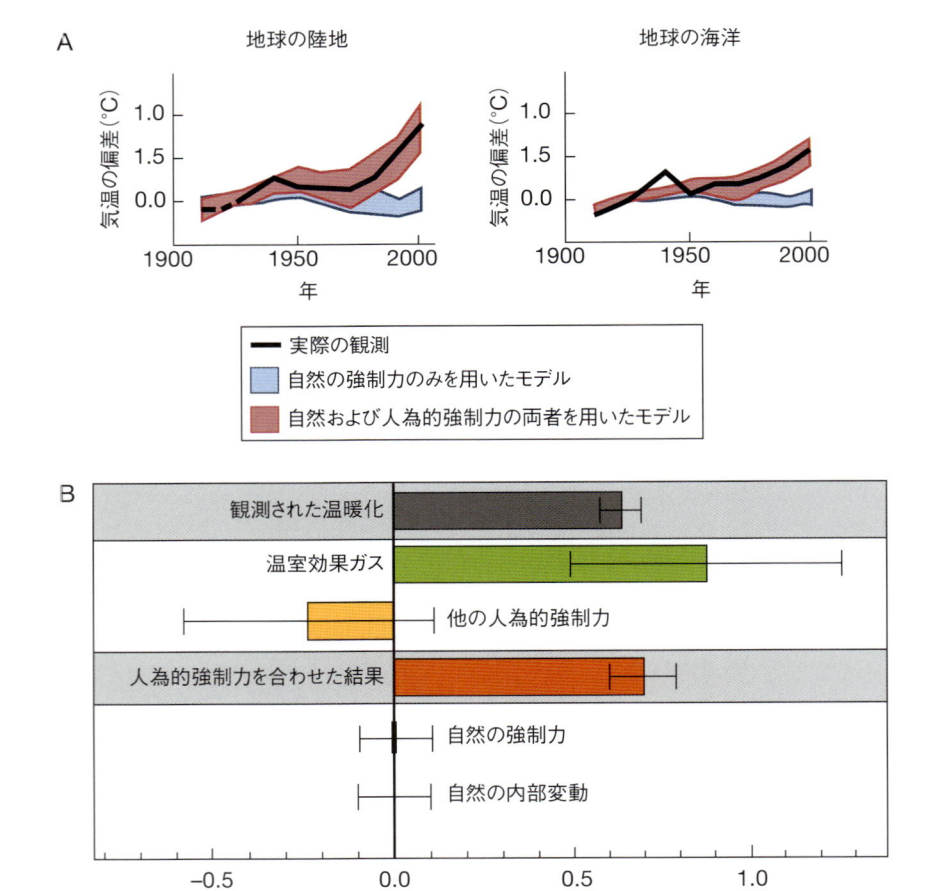

BOX 図 4.9　人為的な放射強制力により，前世紀の気温は上昇した．（A）過去100年間に観測された陸上と海上の気温上昇を説明できるのは，人為的強制力を含むモデルだけである．（B）1950年から2010年の間に観測された地表面温度変化への寄与．人為的な温室効果ガスの排出は，負の放射強制力によって相殺されるにもかかわらず，観測された地球温暖化のパターンを引き起こしている．
　　考えてみよう：図をもとに，過去1世紀における地球温暖化のパターンについて，自分の言葉で要約せよ．
　　出典（A）Skeptical Science/IPCC ；（B）Climate Change 2014: Synthesis Report. Contribution of Working Group I, II and III to the Fifth Assessment Report of the Intergovernmental panel on Climate Change [Core Writing Team, Pachauri RK & Meyer L（編）], IPCC より図 1.9 を引用

は，地球の大気組成を劇的に変化させている．人為的な排出が気候システムに与える最も顕著な影響は，地球温暖化である．地球温暖化は，多くの研究によって観測された一貫した方向性のある変化であり，人間活動によって引き起こされたことは明白である（Oreskes, 2004；IPCC, 2014）．地球温暖化の主な原因は，大気中の二酸化炭素の増加による正の放射強制力である．メタンや亜酸化窒素などの他の温室効果ガスの人為的な増加も地球温暖化の原因となる（Lashof & Ahuja, 1990）．人間活動のなかには，負の放射強制力をもたらすものもある．例えば，エアロゾルの大気中濃度が上昇すると，大気から宇宙へ反射する太陽放射の量が増加する．し

かし，BOX 図 4.9 に示すように，人間活動による正の放射強制力は，負の放射強制力よりもはるかに大きい．地球温暖化は人為的な気候変動のなかでも最も一貫した方向性を示すものだが，世界中の気温と降水量の平均と変動性にも広範な変化が観察されている．気候の厳しさや異常気象が増すにつれ，気候変動の脅威は世界中に広まっている．人為的な気候変動は，信じられないほど多くの分野（公衆衛生から食料生産，水資源，野生生物，国家安全保障まで）を脅かし，その証拠は増える一方である（Duffy et al., 2019）．第 10 章では，気候システム，特に人為的な気候変動がこの先どれくらい続くかの予測について学ぶ．

第 4 章のまとめ

○人新世とは？
- 人新世とは，人間活動が地球環境に支配的かつグローバルな影響を与えている，現在の地質年代のことである．

○現代の人口増加パターン
- 2,000 年前には，最初の都市が繁栄し，世界の人口は数億人になった．産業革命の終わりには，人類の人口規模は 10 億人に達した．
- 現在，世界人口は 70 億人を大きく超え，次の世紀も人口増加が続くと予測される．

○現代文明による環境への影響
- 現代の人類社会は，土地利用の変化，汚染，人の移動や貿易のグローバル化などにより，環境に劇的かつグローバルな影響を及ぼしている．これらの活動は，地球の陸域だけでなく，水域の生物の生息環境を変化させ，気候システムを攪乱している．

○人為的なストレス要因の複合的効果
- 相乗効果（複数のストレス要因が合わさった効果が個々の効果の合計よりも大きい場合）は人新世では一般的であり，生態系レベルで予想外に増幅された深刻な結果をもたらすことがある．

○環境変動に対する脆弱性
- 生物種や生態系が人為的なストレス要因に対して脆弱である理由は様々であり，高レベルの曝露，感受性の高さ，応答能力の低さなどが含まれる．

○ **基本知識：気候の測定**

- 気候システムは複雑で相互作用し合うシステムである．過去の気候は過去の地質学的証拠を使って再現でき，将来の気候はモデルを使って予測することができる．

○ **データで見る：送粉者と農薬**

- 科学者らは，農作物の害虫を殺すために使用される化学物質が，在来ハナバチにどのような影響を与えるかを理解するための野外実験を行った．その結果，農薬は野生のハナバチに悪影響を及ぼすことがわかり，化学物質の使用は，これらの昆虫が提供する不可欠な送粉サービスを危うくするおそれがあることが示唆された．

○ **発展：過去と現在の気候変動**

- 気候システムは，様々な時間スケールで変動する．過去5億年の間に，気温は最大で15℃も変動している．
- 歴史的な気候変動は，入射する太陽放射，反射される太陽放射，および放出される長波放射を変化させる多くの要因によって引き起こされたものである．
- 現代の気候変動は，自然の放射強制力だけでは説明できない．人為活動が気候システムを撹乱していることは明白である．地球温暖化は人為的な気候変動の主要な特徴であるが，気候システムには他の変化も生じている．

5 　主要な応答：移動

学習成果

この章では次のことを学ぶ.
- 過去から現在の種の分布を決定してきた要因.
- 現在の人間活動による種の分布変化.
- 分布の変化についての科学的な予測法.
- 生物の「移動」を引き起こす要因とその他の応答との関連.
- 知識の実データへの活用.

事前チェック

　シンリンガラガラヘビは, アメリカ北東部の落葉樹林にのみ生息する分布が限定された毒ヘビである. この種の分布は, どのような要因で形成されたのだろうか？　種の分布に関わる生物的および非生物的な要因について, ブレインストーミングを行おう. 次に, シンリンガラガラヘビが今から 100 年後にどこに生息しているかは, どのような要因によって決まるだろうか？　シンリンガラガラヘビの分布に影響を与えた要因, および影響を与えるであろう要因のリストをそれぞれ作って比較しよう. これらのリストは似ているか, それとも違うか, そしてそれはなぜか考えよう.

はじめに

　地球上の生物種の分布には, 様々な生物的および非生物的要因が影響を及ぼしているが, 人間活動が種の分布に直接影響を与える例が増えてきている. 例えば, 土地利用の変化により, 生息に適した場所が減少することがある. 逆に, グローバル化した輸送手段で, 種を新しい場所に移動させることもある. 人間活動はまた, 種の分布に間接的な影響を与える可能性がある. 例えば, 地球温暖化は, 気温に敏感な種の地理的分布域のシフトを引き起こす可能性がある. 本章の目的は, 「移動」という主要な応答を分析し, 地球変動で生じるストレス要因に対応して生物がなぜ, どのように移動するかを理解することである.

生物の移動

　地球上の生物にとって, 移動は基本的な性質である. 走る, 泳ぐ, 飛ぶなど能動的な動きをする生物もいれば, 帆を張ったり風に吹き飛ばされたりして受動的に動く生物もいる. また, ある生活史の段階では動かない**固着性** (sessile) であっても, 別の段階では移動するのが普通である.

例えば，樹木は根を張っていて移動できないが，種子，花粉，果実などは，風で運ばれたり，送粉者や草食動物に助けられたりして長距離を移動できることが多い（例：Petit & Hampe, 2006）.

　個体の移動には様々な理由があり，様々な空間的・時間的スケールで生じるが，基本的に3つのタイプの移動がある．まず，個体は餌や適した環境条件を探したり，捕食者から逃れたりするために，短い時間・空間スケールで「日常的な移動」を行う．第二に，個体は「分散」を行う．一般に分散は，繁殖前の生活史の初期段階に，自分の生まれた場所から離れることを意味するが，繁殖期（種子や配偶子が移動するとき）にも分散が起こることがある．例えば，海洋無脊椎動物の幼生の多くは海流に乗って，植物の種子は風に乗って，さらに脊椎動物は歩く，飛ぶ，泳ぐなどして活発に分散する．分散は通常，一方向への片道移動であり，それは短距離でも長距離でも起きる．第三に，個体は「渡り」と呼ばれる長距離の協調的な移動を行うことがある．これは通常往復で行われ，季節的な移動をすることが多い．渡りは，集団中のすべての個体が一緒に移動するものと，一部の個体が移動し，他の個体は移動しない部分的なものとがある．さらに，移動は1世代で完了するとは限らない．例えば，オオカバマダラは，北アメリカを往復する約9,500 kmの渡りを，10世代かけて行う（Flockhart et al., 2013；Reppert & de Roode, 2018）.

　個体の移動パターンには様々な要因が影響する（Holyoak et al., 2008）．気温，降水量，日照時間，栄養分の有無，捕食者の存在などの環境要因が，日常的な移動や，一方向的な分散，季節的な渡りを促すことがある．物理的環境は非常に動的であり（時間，季節，年など），移動パターンはしばしば環境変化に密接に関わる．さらに，生物の移動能力や航行能力は，移動距離や方向に影響を与える．図5.1で示すように，多くの生物は，匂いや高度な体内コンパスなどで環境を感知し，移動するための能力を備えている．また，生物内部の生理的な状態も重要である．例えば，空腹度，ストレス，体調，生殖状態などが，短距離や長距離の移動の引き金となる．もちろん，外的要因（捕食者の接近や季節の変わり目など）がホルモン分泌などの内的プロセスに影響を与えるため，これらの要因はすべて相互作用している.

　移動するのは個体や生殖細胞であるが，それは集団や種のレベルで大きな影響を与える．例えば，個体が移動して繁殖するとき，**遺伝子流動**（gene flow），すなわち集団間の遺伝情報の移動に寄与する．さらに，長い時間スケールで見ると，分散や移動のパターンの変化は，集団や種の地理的分布に影響を与える可能性がある.

地理的範囲とは？

　地球上の種の空間的分布を説明するために，通常2つの関連する用語が使われる．種の**地理的範囲**（geographic range）は，その種が生息している空間的な総面積を指す．この範囲は通常，種の地理的分布の総範囲を描いた地図によって示される．しかし，個体が空間的に一様に分布していることは稀である．範囲内のいくつかの地域は，個体数の密度が低いか，全く個体がいないことがある．例えば，図5.2に示すように，アメリカナキウサギは北アメリカ西部に広く分布しているが，標高の高い場所に限定されているため（Beever & Smith, 2014），地理的な生息域は広くても，実際の生息場所の詳細な分布を示すわけではない.

　したがって，その種の個体が出現するすべての地点を**地理的分布**（geographic distribution）と呼ぶことにする．種の範囲内での個体や集団の空間配置は非常に重要である．例えば，シロナガスクジラは世界のほとんどの海に生息し，総範囲は3億 km^2 以上である（NOAA, 2014）．シロナガスクジラは世界的な生息域をもつものの，その分布は極めてパッチ状である．現在の推定では，

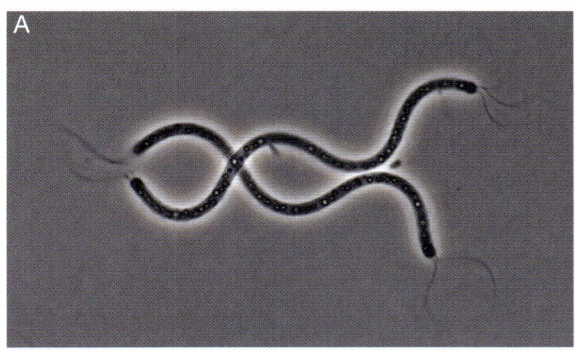

図 5.1 環境中の生物の移動．（A）鞭毛で動く細菌と同様に，単細胞生物も刺激に応答して移動する．（B）植物は固着性であるが，多くの植物は風，水，動物によって分散する生殖細胞をもつ（例：後脚に花粉カゴをもつミツバチ）．同様に，多くの固着性の海洋無脊椎動物も，配偶子や幼生が海流に乗って分散する．（C）カワラバトを含む鳥やチョウなどは長距離を移動する．これらの多くは，太陽や星，地球の磁場などを目印として移動する．（D）すべての生物が長距離を移動するわけではない．例えば，ホソサンショウウオ属は，生息域が小さく（多くの場合 10 m^2 以下），移動性の高い生活史段階がないため，地球上で最も定住性の高い脊椎動物の1つである．

考えてみよう：図中の例を1つ選び，外部の環境要因，生物の特徴，体内の生理状態がどのように相互作用して移動方向と距離を決定するかを説明してみよう．

出典 （A）Maple Ferryman/Shutterstock；（B）Ivar Leidus/Wikipedia（https://en.wikipedia.org/wiki/Bee_pollen#/media/File:Apis_mellifera_-_Melilotus_albus_-_Keila.jpg）；（C）nitramtrebla/Wikipedia（https://en.wikipedia.org/wiki/File:Brieftauben_im_Anflug.jpg）；（D）Matt Jeppson/Shutterstock

広大な海洋に分布するシロナガスクジラの個体数は2万5,000頭以下であるとされている．このように，生息域の広さは必ずしも個体群の大きさや密度を表しているとはいえない．

　先ほどは途方もなく大きな生息範囲をもつ種を考えたが，生息範囲の大きさや形状は生物により大きく異なる．なかには，狭い地域にしか生息しない固有種もいる．例えば，コイ科の1種（*Cyprinodon diabolis*）は，たった1ヶ所の湧水に限定されている（USFWS, 2013）．世界で最も希少な脊椎動物の1つであるこの魚は，10 m^2 の浅い生息地で餌をとり繁殖している．2007年には個体数が38匹まで落ち込んだものの，2018年の調査では187匹が確認された．このように，生息域が狭くても，局所的に多数の個体が存在することがある．結局のところ，地理的分布と地理的範囲の概念は密接に関連しており，地理的範囲は地理的分布の全体を包含している．したがって，人為的ストレス要因に対する脆弱性を評価するためには，種の生息範囲だけでなく，その範囲内の個体数や個体の分布も把握することが理想的である．しかし，個体や種の分布に関する詳細かつ局所的な知識を得ることは，しばしば困難である．そのため，グローバル変動生物学の研

図 5.2 種の分布範囲の大きさの違いの例.（A）アメリカナキウサギは，アメリカ西部の標高の高い場所にのみ生息する.（B）コイ科の１種（*Cyprinodon diabolis*）は，ネバダ州南西部の鍾乳洞にある小さな水たまりにのみ生息する．その個体数はモニタリングされている.（C）ザトウクジラはシロナガスクジラと同様に，世界のすべての海に生息している.

考えてみよう：地理的範囲を示した地図はどのような誤解を招く可能性があるか？

出典（A 上）Frédéric Dulude-de Broin/Wikipedia（https://upload.wikimedia.org/wikipedia/commons/f/fc/American_pika_%28ochotona_princeps%29_with_a_mouthful_of_flowers.jpg）；（A 下）Chermundy/Wikipedia（https://upload.wikimedia.org/wikipedia/commons/3/3b/American_Pika_area.png）；（B）Brett Seymour, NPS；（C 上）Craig Lambert Photography/Shutterstock；（C 下）The Emirr/Wikipedia（https://en.wikipedia.org/wiki/Blue_whale#/media/File:Cypron-Range_Balaenoptera_musculus.svg）

究の多くは，地理的分布の時間的な変化を明らかにし，可視化する重要な手段として，地理的範囲の大きさ，形状，境界に焦点を当てた研究を行っている.

地理的範囲を決める要因

　種の分布を変える人為的な要因を評価する前に，まず，人間活動がない場合の種の分布を決める要因を理解する必要がある．ここでは，種が地球上のどこに生息しているかに影響を与える，相互に関連する３つの大きなカテゴリーについて見ていこう．個体や集団の分布に影響する要因は，種の分布範囲や形状に影響を与えうる.

進化の歴史

　すべての種には進化の発祥地となった地理的な場所がある．種の地理的分布は，何百万年もの間，発祥の地のままで変化していない可能性がある．例えば，毒ガエルとして有名なマンテラ属（図 5.3）はマダガスカルにのみ生息しており，これは進化の起源を反映したものである．だが，すべての種が長期間にわたって狭い地理的範囲を維持しているわけではなく，なかには世界中に分布を広げた種もいる．種の範囲が原産地を越えて大きく広がるかどうかは，時間と地理的要因に依存する．比較的最近に進化した種は，範囲を拡大する時間が十分ではない．重要な地理的障壁（例：峠や海洋）に囲まれた生息地で生まれた種は，比較的小さな範囲で孤立したままになる可能性が高い.

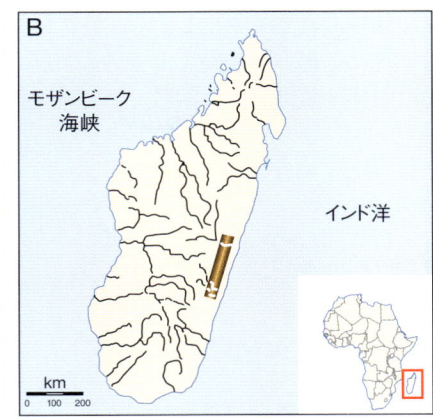

図 5.3 マダガスカル島の中東部を原生息域とする固有種の毒ガエル，マンテラ属の *Mantella baroni*.
考えてみよう：現在の分布が進化上の起源地域に限定されない，毒ガエルとは逆のパターンをもつ種を挙げよ.
出典 Dudarev Mikhail/Shutterstock

種の特性

　地理的分布に影響する種の特性は数多くある．特に重要な特性は**分散能力**（dispersal capability）である．分散能力は種の分布に影響を与える．なぜなら，強い分散能力をもつ生物は，弱い分散能力をもつ生物よりも大きな地理的範囲をもつ傾向があるからである．すでに述べたように，比較的定住性の高い生物であっても，風で拡散する種子や水で拡散する幼虫・幼生のように，長距離拡散を行う生活史の段階をもつことがある．もちろん，他の形質も重要な役割を果たす．例えば，繁殖能力や世代交代の頻度は個体群の成長率に影響し，生理的な耐性や餌の種類は，ある環境条件への特殊化に影響する．

生態学的要件

　すべての種は，生存と繁殖に必要な一連の環境条件（例：温度，湿度，栄養分）と生物学的条件（例：捕食者，競争相手，共生者の在・不在）を備えている．これらの生態学的要件は，しばしば種の**ニッチ**として表現される．生存に必要な生態学的要件は，種によって大きく異なる．例えば，温度や pH に対する生理的な耐性は種によって異なり，ある種は他の種にとって有害な環境でも繁栄する（例：高温で酸性の温泉に生息する微生物）．また，耐性の幅も種によって異なる．ある種は特殊で限られた条件下でのみ生存できるが（例：オオカバマダラは幼虫の発育にトウダイグサ科の植物を必要とする），他の種はジェネラリストとして，非常に幅広い条件下で生存できる（例：アライグマなどの雑食動物は，様々な食物資源を日和見的に利用する）．このように，ある種の生態学的要件は，地域的・局所的なスケールで，どのような地理的範囲が適しているかを決定するうえで大きな役割を果たす．本章の「基本知識」の欄では，生態学的ニッチの概念についてより詳しく説明している．

まとめ

　種の地理的範囲の大きさと形状は，その種がどこで生まれたか，強力な分散者であるかどうか，分散のためにどのような地理的障壁に直面するか，その種が新しい地域で出会う条件に耐えることができるかどうかで決まる．もちろん，これらの要因は相互に関連している．例えば，進化の

歴史が種の形質を生み出し，種の形質が生態学的要件を決定し，それはその後の進化に影響する．このように，地理的範囲の大きさや形状を決定する要因は複雑であり，それ自体が時間の経過とともに変化する可能性がある．

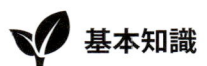 **基本知識** ———

ニッチとは何か？

ニッチ（niche）という用語には長い歴史があり，生物学者，数学者，哲学者からも注目されてきた．過去100年以上にわたって，様々なニッチの概念が提唱されてきた（例：Grinnell, 1917；Elton, 1927；Hutchinson, 1957）．ここでは，これらの定義を統合したより新しい枠組みを用いて，ニッチを種とその環境との関係として広く表現する（Leibold, 1995；Chase & Leibold, 2003）．すべての種には必要な環境条件（要件）があり，それがひいては環境に影響を与える．したがって，種のニッチは2つの基本的な要素で構成されている．（1）ある環境で生き残るための要件と，（2）その環境条件に対する影響である．このニッチの2つの側面について見てみよう．

要件

すべての種には，存続のために必要な条件と資源がある．これらの条件には，その種の生物的および非生物的な要件がすべて含まれる．例えば巨木となるセコイアデンドロンは，生存のために特定の温度，水分，栄養条件を必要とするが，種子の散布と発芽のために定期的な山火事も必要である．また，球果から種子が散布されるには甲虫やリスの手助けが必要である．

影響

すべての種は，生息している環境条件や資源に影響を与える．養分を吸収したり，他の種を食べたりすることで，種は生物的環境と非生物的環境の両方に影響を及ぼしている．例えば，

ホッキョクギツネは，捕食者として，また腐肉の供給者として，地域群集で重要な役割を果たしている．その役割は，他種の個体群密度に影響を与えるだけでなく，栄養循環にも寄与している．

数理モデルは一貫して，同一のニッチをもつ2つの種は共存できないことを示している．これは，生物群集を構成する要因として**競争**が重要であることを強調している．個体は，限られた資源をめぐって，種内でも種間でも競争する（**種内競争**（intraspecific competition）と**種間競争**（interspecific competition））．種間競争は，生息に適していると思われる場所から種が排除される理由を説明できる．例えば，ある地域には，ある種の生存に必要な条件や資源がすべて揃っているかもしれないが，そこには，養分，物理的空間，日光などの重要な資源を支配する競合種が存在する可能性がある．

そのため，生態学者は**基本ニッチ**（fundamental niche, 理想的な条件のもとで個体群が利用できる条件と資源）と**実現ニッチ**（realized niche, 捕食者や競争相手による制約を与えられた個体群が実際に利用する条件と資源）を区別している．**BOX 図5.1**は，ある種が他の種によって資源の利用を妨げられ実現ニッチが縮小する，潮間帯での有名な例を示している．

最後に，進化の時間スケールにおける生態学的なニッチ概念について考えてみよう．生命の樹の多様性は，長い時間スケールで劇的なニッチの変化が起きたことを示す明白な例である．しかし，ニッチの進化が比較的遅いという報告もある．近縁な種間では，系統樹から予想されるよりも，生態学的な役割や要求がより類似していることが多い（Wiens et al., 2010）．このように，種が祖先と同じようなニッチを占める傾

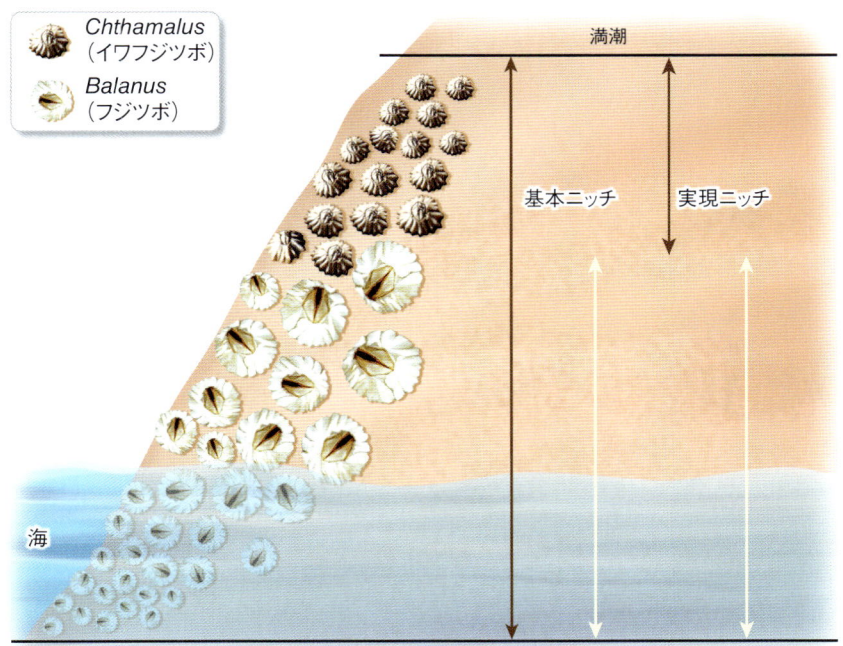

BOX 図 5.1 基本ニッチと実現ニッチ．ジョセフ・コネルの有名な潮間帯でのフジツボの実験（Connell, 1961）を模式的に表したもの．イワフジツボ（*Chthamalus*）の分布は満潮線以上の場所では乾燥によって制限され，潮間帯の中程では別のフジツボ（*Balanus*）との競争によって制限される．したがって，イワフジツボの実現ニッチは，種間相互作用により基本ニッチよりも小さくなっている．
考えてみよう：この図をもとに，競争排除という用語をどのように定義するか．
出典 Campbell NA et al., Biology: Concepts and Connections 6th ed., Pearson Education (2009)

向は，**ニッチの保守性**（niche conservatism）と呼ばれる．ニッチの進化が起こるかどうか，急激な環境変化の際に特に重要になる．ニッチの保守性がある場合には，種は新しい環境に容易に適応できず，適切な生息地を求めて移動しなければならないが，ニッチ適応が可能な場合では，条件が変化しても種は地理的分布を一定に保つことができる．

人為によらない地理的範囲の変化

地理的範囲の変化とは，ある種が生息している地理的な場所の変化である．地理的範囲の変化は，人為的な影響がなくとも，地球の歴史を通じて生じてきた．例えば，温暖期と寒冷期が交互に訪れるなかで存続してきた種では，氷期には地理的範囲が縮小し，間氷期には拡大するという共通のパターンが見られる．**図 5.4A** は，オーストラリアの湿潤熱帯地域における変化パターンを示している．氷河期の最盛期には，熱帯雨林は小さな孤立したパッチ（避難所／**レフュジア**，refugia）に分割された．気候が温暖化し，氷河が後退すると，熱帯雨林が拡大し，種の生息地がつながるようになった（Hilbert et al., 2007）．

また，氷河によって，分布範囲が縮小ではなく拡大するという逆のパターンも起こりうる．**図 5.4B** は，最終氷期の最盛期にベーリング陸橋が，北アメリカとアジアをつないだ様子を示している．氷河期の拡大により海面が現在より 50 m 以上下がり，陸橋ができ，いくつかの種は地理

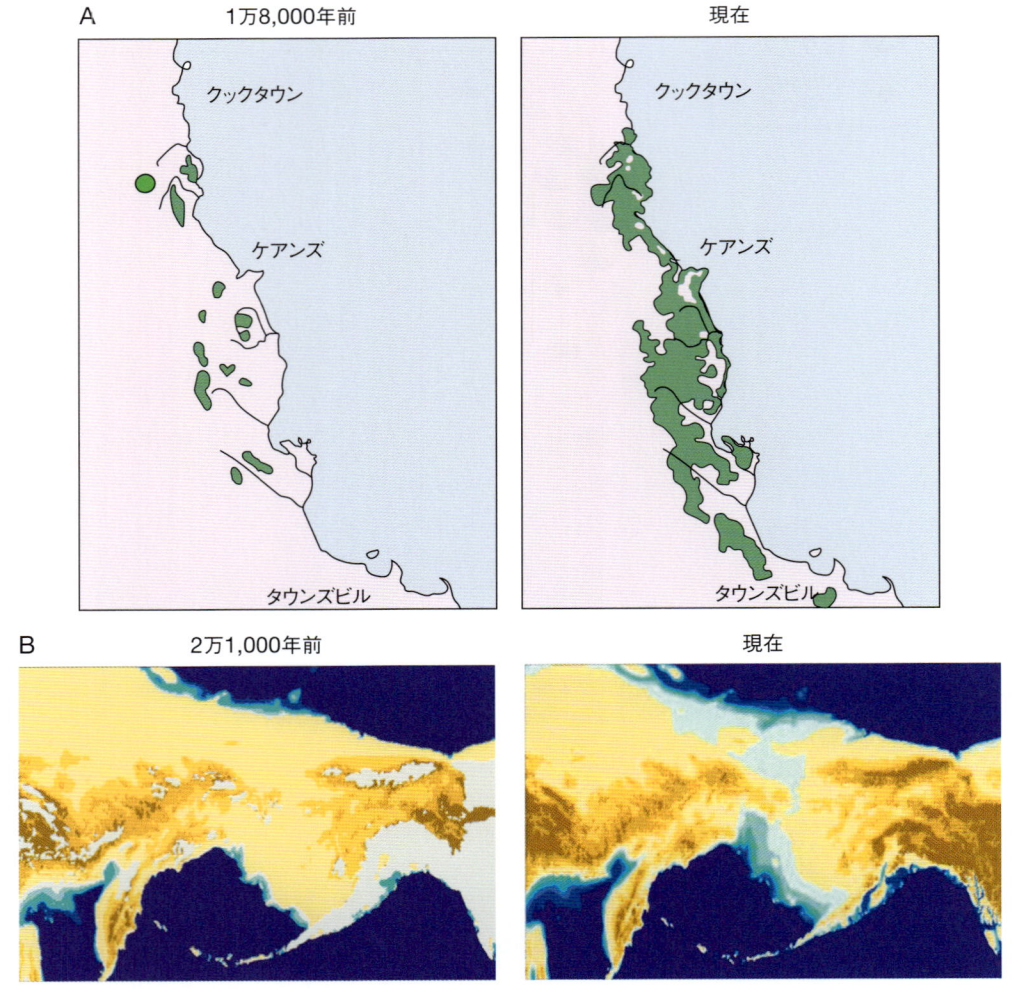

図 5.4 地質学的・気候学的イベントが地理的範囲の変化を引き起こすことがある．（A）オーストラリア北東部の湿潤熱帯生態系の過去1万8,000年間における生息範囲の縮小（左）とその後の拡大（右）．多くの熱帯雨林の地理的分布は，気温の変化により変動する．（B）2万1,000年前のベーリング陸橋（左）と現在のアジアと北アメリカの海岸線（右）．氷河の変化や大陸の地殻変動は，種の分散経路や地理的分布を変えることがある．

出典（A）Craig Moritz Research Group；（B）NOAA/Wikipedia

的範囲を大幅に広げることができた（Hopkins, 1959；Elias et al., 1997）．このように，地質学的な時間スケールでの変化も，長距離拡散のための新たな経路を作り出すことがある．

　先ほどは，氷河による古代の地理的範囲の変化の例を見たが，地理的範囲の変化はそれ以外の様々な理由でも起こりうる．生物学的・生態学的要件は，時間的・空間的スケールで劇的に変化する．例えば，山が隆起または崩落したり，川の流れが変わったり，火山が噴火したり，地域の気候が変わったり，重要な養分や餌が移動したり，新しい天敵が現れたりすることもある．こうした環境変化のいずれもが，生物にとっての生息適地を不適にする（あるいはその逆）ことで，生存に影響するかもしれない．また環境変化は，分散経路を開いたり閉じたりすることで移動パターンを変えることもある．生存や分散のパターンが変化すると，やがて地理的範囲の大規模な変化につながる可能性がある．

地理的範囲は進化を通して変化することもある．例えば，種が新しいニッチを開拓する能力を進化させた場合などである（「基本知識」参照）．地理的範囲の変化は，多くの場合，いくつかの要因の相互作用によって生じることを認識すべきである．例えば，分散の大きさや方向の変化は，分散時の生存率の上昇や低下により起こり，最終的に種の地理的分布に影響を与える．

人為による地理的範囲の変化

種の地理的範囲は地球上の生物の歴史を通じて変化してきたが，人為的な影響により，分布と範囲の変化速度が加速している．これまで見てきたように，人間活動は地球，地域，局所の環境条件を驚くほどの速さで変化させている．また人間活動は，多くの種の移動パターンを直接的に変化させている．例えば，人間が造った交通網は文字通り移動のための手段であり，多くの種の移動範囲を劇的に広げている．一方，土地利用の変化は，好適な生息パッチの総面積とその間の連結性を減少させ，最終的に生息域の広さと分散の可能性を減少させている．

地理的範囲の変化についてのタイプ分けは数多く提案されている（Maggini et al., 2011：Lenoir & Svenning, 2015 など）．図 5.5 は，基本的な 3 つのパターンを表している．まず，**分布縮小**（range contraction）とは，種の地理的分布が縮小し，過去の範囲の一部に限定されることである．第二に，**分布拡大**（range expansion）とは，種の分布や範囲が拡大し，以前よりも大きな地理的範囲を占めることである．第三に，**分布移動**（range march）とは，ある種がその分布や範囲の一部で縮小し，別の部分で拡大することである．それぞれのパターンの例を見てみよう．

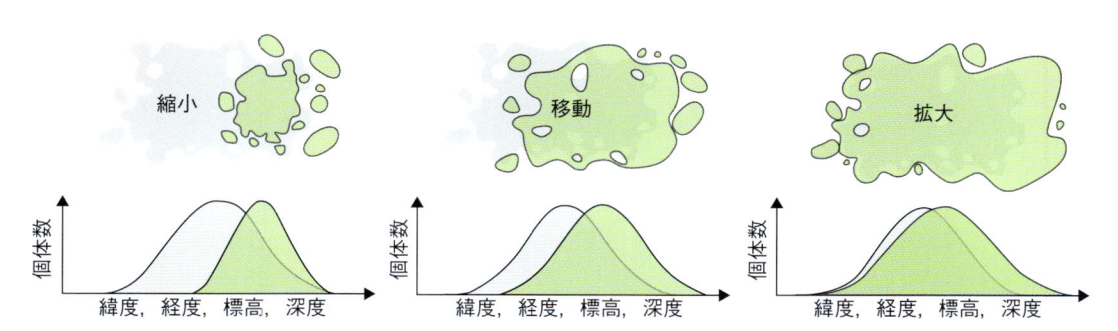

図 5.5　種の分布範囲の変化に関する 3 つの基本形．分布範囲は地理的勾配に沿った個体数の多さで表している．灰色は過去の分布範囲，緑色は変化した後の分布範囲を示す．生息範囲の縮小は，分布の後退や断片化が原因で起きる．分布範囲の縮小と拡大が分布域の両端で同時に起こる場合は分布範囲の移動となる．分布範囲の拡大は，新しい場所への分布の拡大で起きる．この枠組みは，陸域や海域の様々な地理的勾配（例：緯度，経度，標高，深度）に適用できる．
出典 Lenoir J & Svenning J, Climate-related range shifts: a global multidimensional synthesis and new research directions, *Ecography*, 38:15–28 (2015)

分布縮小

地理的分布や範囲の縮小は，生息地の改変や乱獲など人間活動の直接的な結果であることが多い．例えば，アフリカ産アブラヤシの他の大陸への拡大により，多くの森林が集約型の大規模農園に置き換わり，様々な固有の植物種や動物種の生息範囲が縮小している（Koh & Wilcove, 2008）．また，アメリカバイソンはかつて北アメリカの広範な草原を歩き回っていたが，現在では乱獲により歴史的な生息範囲の約 1% まで縮小した（Sanderson et al., 2008：USFWS, 2014）．

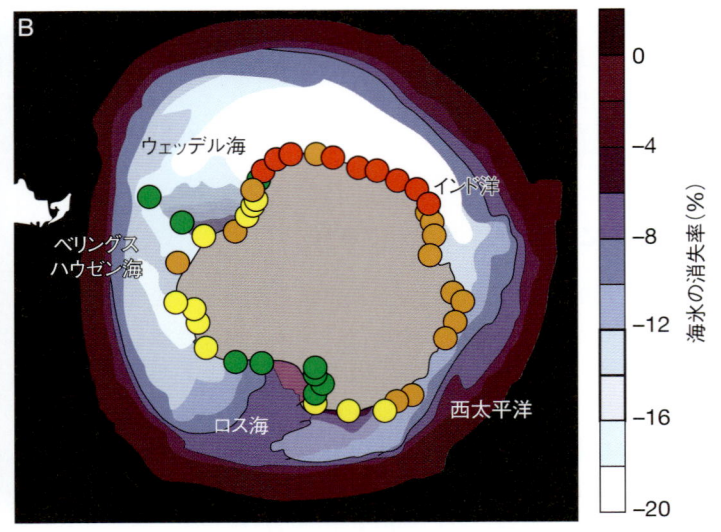

図 5.6 （A）コウテイペンギン．（B）コウテイペンギンの将来の分布範囲の予測と現在の分布範囲．紫色のスケールバーは過去 100 年間の海氷の平均的な減少率を示している．丸印はペンギンのコロニーを表し，保全状況によって色分けされている（赤色のコロニーは 2100 年までに失われる可能性が高い，オレンジと黄色のコロニーは非常に脆弱，緑色のコロニーは脅威がないと考えられる）．

出典　（A）Ian Duffy/Wikipedia（https://upload.wikimedia.org/wikipedia/commons/a/a3/Aptenodytes_forsteri_-Snow_Hill_Island%2C_Antarctica_-adults_and_juvenile-8.jpg）；（B）Jenouvrier S et al., Projected continent-wide declines of the emperor penguin under climate change, *Nature Climate Change*, 4:715–718 (2014)

乱獲による分布や範囲の縮小は，海域でも同様のパターンが見られる（例：Worm & Tittensor, 2011）．

　地理的範囲の縮小は，人間活動によって間接的に引き起こされることもある．例えば，**図 5.6**では，人為的に引き起こされた気候変化による極域の海氷の減少が，コウテイペンギンの分布や範囲を劇的に縮小させると予測している（Jenouvrier et al., 2014）．地理的範囲の縮小は，種の存続に非常に深刻な影響を及ぼしかねない．極端な話，範囲の縮小は絶滅につながる可能性があり，その結果については第 8 章で説明する．

分布拡大

　交通や貿易のグローバル化に伴い，人為的な分布範囲の拡大の事例が増えている．陸路，水路，空路の移動手段は，意図的または非意図的に生物を新しい地域へと移動させる．移動させられた種の一部は，その地域にうまく定着できる．例えば，南アフリカ原産のバクヤギクの一種（*Carpobrotus edulis*）は，土壌を安定させ，侵食を軽減するためにカリフォルニア州の沿岸部に導入された（Conser & Connor, 2009）．その後生息範囲を拡大し，現在ではカリフォルニア州沿岸部，オーストラリア，ニュージーランド，南ヨーロッパなど，地中海に似た多くの生態系に生息している（Weber, 2017）．

　海域では，インド太平洋の熱帯海域が原産のミノカサゴ属が，大西洋とカリブ海に大量に侵入してきた．これにより生息範囲が劇的に拡大しただけでなく，新しい生息地で数が激増している（Ballew et al., 2016）．バクヤギクやミノカサゴのように，新しい地域に定着するだけでなく，そこで経済的・生態学的な悪影響を及ぼす種は，**侵略的外来種**（invasive species）と呼ばれている．侵略的外来種の影響については，章末の「発展」でさらに詳しく解説する．

分布移動

地理的範囲の縮小と拡大は，必ずしも相互に排他的ではない．例えば，ある範囲では縮小が起こり，別の範囲では拡大が起こる可能性がある．このように，地理的範囲の面積や形状は比較的安定しているが，地理的な領域自体が移動することがある．このような地理的範囲の移動は，地球温暖化に対応してよく観察される．地球が温暖化すると，耐熱性の低い種は，現在の生息範囲の一部では生き残れなくなる可能性がある．同時に，新たな地域が生存に適した場所になる可能性もある．地球温暖化によって観測された最も一貫したパターンは，極地，高地，水深の深い場所への分布の移動である．

地球温暖化による生息範囲の変化に一貫した特徴があるという観察は，2003 年に発表されたメタ解析により有名になった (Parmesan & Yohe, 2003；Root et al., 2003)．パーメサンとヨーヘは，1,000 種以上（陸上および海洋生態系の植物，無脊椎動物，脊椎動物を含む）のデータを分析した結果，80% 以上の種が上方（高標高）または極域方向に変化し，10 年当たり平均 6.1 km 移動したことを見出した (Parmesan & Yohe, 2003)．

最近のメタ解析によると，地理的範囲の移動は以前報告されたよりもさらに速く起こっており，それは生物が好適な気温を求めて移動したためであるという証拠が出てきている．**図 5.7** は，多様な種で観測された分布範囲の緯度変化が，気温データに基づいて予想される緯度変化とよく一致することを示している (Chen et al., 2011)．だが移動パターンはバイオーム間で同じになるとは限らない．例えば，Sorte ら (2010) は，120 種以上の海洋生物の生息範囲の移動のパターンを調査した．その結果，海洋生物は気候変動によって予測される方向に移動しており，平均して年間 19 km も生息範囲を移動させていることがわかった．

この移動速度は，陸上で観察されるものよりも桁違いに速く，おそらく海洋では分散がより容易に起こるためと考えられる．海洋では気候変動による分布範囲の移動は極めて普遍的で，動物プランクトンから無脊椎動物，脊椎動物に至るまで，ほぼすべての生物群で見られる (Poloczanska et al., 2016)．

メタ解析による証拠に加え，地球温暖化に伴う個々の種の範囲移動の例も数多くある．その典型的な例が，アメリカ西部の大部分に分布し，メタ個体群を形成しているヒョウモンモドキの 1 種（*Euphydryas editha*）である．**メタ個体群** (metapopulation) とは，地理的に離れていながら，個体の移動（日常的なものも稀なものも含む）を通じて相互につながり（連結性）をもつ個体群の

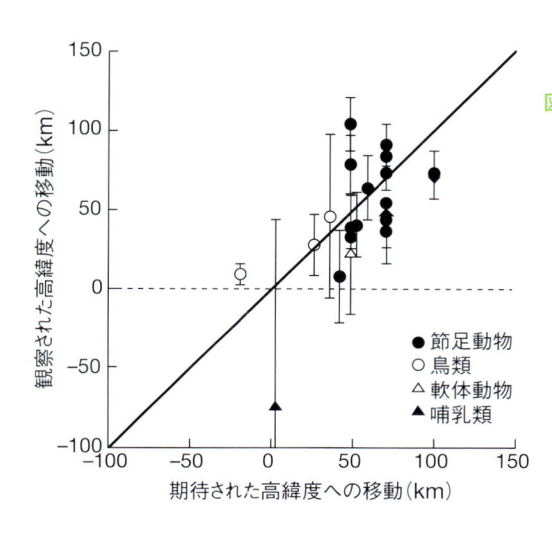

図 5.7 地球温暖化に伴って観測された緯度変化と予想される緯度変化．点は，ある地域のある分類群（例：ヨーロッパの鳥類）の平均的な応答を表す．正の値は極域方向への移動を表す．対角線は，観測された結果と予想される結果が完全に一致していることを表す．軟体動物（白三角形）を除いて，推定されたほとんどのグループが気候変動に伴って極域方向に移動するという予想と一致している．

考えてみよう：軟体動物のような生物群が，気温に追従するような範囲の移動を示さないことに対する仮説としては何が考えられるか？

出典 Chen IC et al., Rapid range shifts of species associated with high levels of climate warming. *Science*, **333**(6045):1024–1026 (2011)

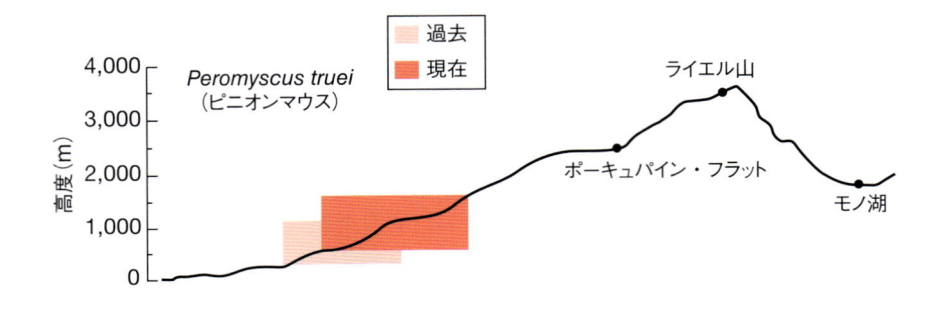

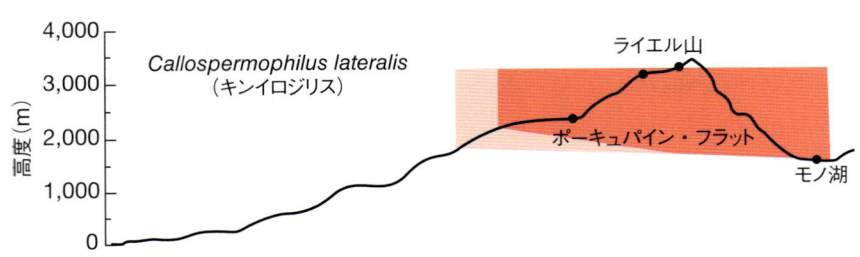

図 5.8 陸上生物の標高変化と海洋生物の生息深度の変化は，地球温暖化に対して一般的に見られる応答である．例えば，カリフォルニア州のシエラネバダ山脈では，ピニオンマウスのような多くの中標高の種が過去100 年の間に高標高に移動している．しかし，ジリスのような高い標高にいる種の多くはこれ以上高い場所に行けないため，分布範囲が縮小している．
考えてみよう：この 2 種の哺乳類の標高分布は，あと 100 年でどうなると予想するか？ またこうした標高分布の変化は，種の分布範囲全体をどう変化させると考えられるか？
出典 James L Patton, UC Berkeley

ことである．メタ個体群では，地域絶滅と再加入が頻繁に起こる．個々の個体群は毎年生き残るとは限らないが，再加入により種全体としては安定した範囲を保っている．過去 100 年間，このヒョウモンモドキの個体群は南の分布域で生存率が低下し，北の分布域で生存率が上昇している (Parmesan, 1996)．その結果，平均的な生息範囲は 100 km ほど北に移動した (Parmesan, 1996)．この例は，分布の片方の端で起こる地域絶滅によって生息範囲の変化が起こることを示している．

緯度と経度の変化以外にも，高度（陸域）や深度（海洋）の変化が気候変動により引き起こされることがある．章末の「データで見る」で詳しく紹介するが，カリフォルニアのシエラネバダ山脈での一例を図 5.8 に示す．過去 100 年の間に，シロアシネズミのような中標高に生息する種の多くは，温暖化した環境のなかでより涼しい気温を求めて，高標高へ移動した (Moritz et al., 2008)．しかし，ナキウサギのような高標高種は，文字通り行き場がないので，生息地ではあたかも標高が低くなるような環境変化を経験する．こうした高山地帯に生息する生物は，個体数が減り，孤立し，生息範囲の限界まで追い込まれるため，特に脆弱である．

まとめ

人為による種の分布範囲の変化は，様々な影響をもたらす可能性があることに注意すべきである．ある種の増加や絶滅は，他の種や生態系のプロセスに影響を与えるからだ．他への影響は，ユニット III で再び取り上げる．種の分布範囲の変化は，さらに人間社会に悪影響を与える可能性がある．例えば，侵略的外来種は毎年何十億ドルもの損害を与えている．これについては本章

の「発展」で検討する．もう一つの明確な例は漁業である．多くの国や地域の経済は，海洋資源に依存している．海洋生物の多くが高緯度や深海に移動すると，食料と経済の安全保障の両方が危うくなる可能性がある（Allison et al., 2009；Cheung et al., 2013）．このように，生物多様性の保全と人類の福利の相互依存を考えることが不可欠であり，この課題についてはユニット IV でさらに掘り下げていく．

生息範囲の変化の予測

　地球変動によるストレス要因に対する種の分布変化はどう予測すればよいのだろうか．生物の移動パターンを研究するために，多くの実験的，数学的，計算的アプローチが用いられている（例：Schick et al., 2008；Yalcin & Leroux, 2017）．観測アプローチや統合アプローチは，すでに起きた分布範囲の変化を研究するのに特に有効であり，モデリングアプローチは将来の分布範囲の変化を予測するのに役立つ．

　ここでは多くの方法のうちから，将来の生息範囲の変化を予測するために広く使われている**種分布モデル**（species distribution model, SDM）に注目する．SDM は，ある種が現在どこに生息しているかという情報と，その種の環境特性に関する情報を関連づける統計モデルであり（Elith & Leathwick, 2009），将来の環境条件下での種の存在を予測することができる．図 5.9 はその概要を示している．対象種は現在どこに生息しているのか？　その地域にはどのような環境特性があるか？　SDM を使うために，科学者は通常，これらの問いをもとに入力データを作成する．

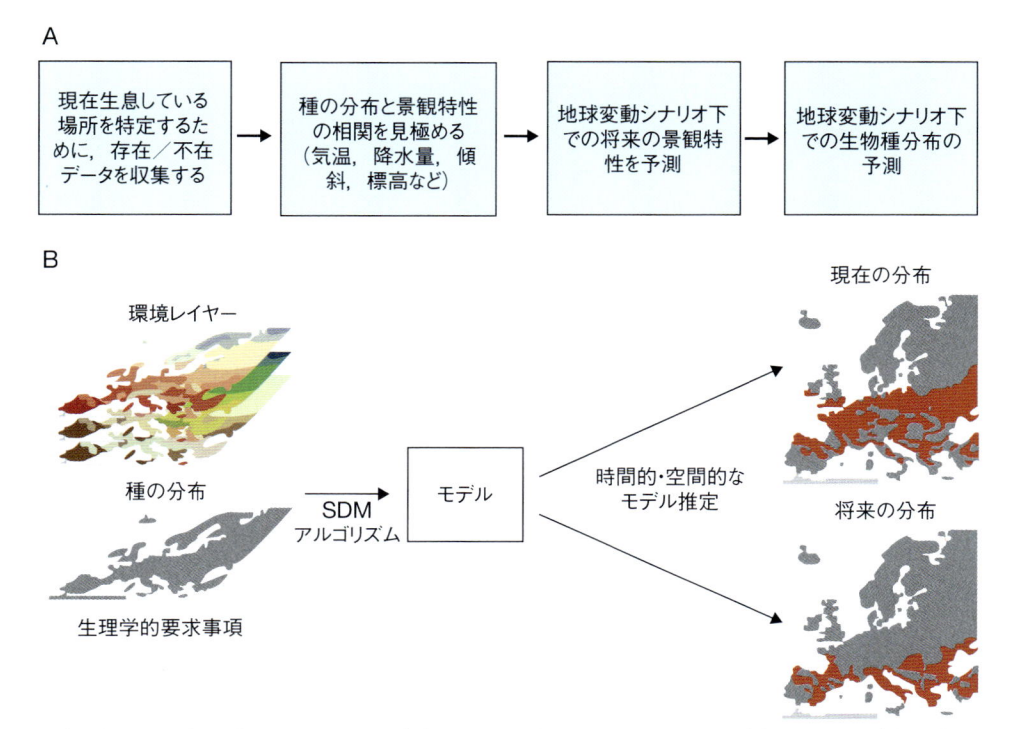

図 5.9　種分布モデル（SDM）の理論と実践．（A）SDM の概念的フローチャート．（B）SDM の入力と出力の例．
体裁（A）原著者の厚意により；（B）Svenning J-C et al., Applications of species distribution modeling to paleobiology, *Quaternary Science Reviews*, **30**(21–22):2930–2947 (2021)

C

図 5.9 種分布モデル（SDM）の理論と実践（前ページの続き）．（C）外来種のアメリカフクロウがニシアメリカフクロウの生息域に広がることを予測した 2003年の研究例．このとき以来，アメリカフクロウは元々いたニシアメリカフクロウの生息地の大部分に侵入し，競争的排除によりニシアメリカフクロウの個体数を減少させた（Gutierrez et al., 2007）．2 種のフクロウの種間関係については多くの議論があるが，一部の保全組織は，ニシアメリカフクロウの生息地の一部からアメリカフクロウを駆除することを検討している．
考えてみよう：モデリングを行う各ステップについて，必要なデータの収集や将来予測に関連する課題を少なくとも 1 つ挙げ，アイデアを出して話し合ってみよう．
出典 （C）Peterson AT & Robins CR, Using ecological-niche modeling to predict barred owl invasions with implications for spotted owl conservation, *Conservation Biology*, **17**(4):1161–1165 (2003)

ほとんどの SDM は，様々な空間と時間スケールで適用可能な**生息適地地図**（habitat suitability map）を出力する．現在の生息地の選好性を用いることで，対象種が環境変化に伴い，将来どこに生息可能かについて答えることができる．SDM は，気候変動など環境変化が種の分布に及ぼす影響を予測するために広く使われている．具体的には，現在と将来の好適な生息パッチの位置を比較することで，分布変化を予測することができる．例えば，北アメリカ西部のマツの大害虫であるアメリカマツノコキクイムシの地理的範囲の北限は，生存率を低下させる低温によって制限されてきたと考えられる（DeMars & Roettgering, 1982）．SDM によると，地球温暖化によりこの種の生息域は北上すると予想されており，森林の健全性に重要な影響を及ぼすと考えられている（Evangelista et al., 2011）．SDM は非常に柔軟で，様々な時間スケールや環境シナリオのもとで種の分布を予測するために使用できる．また，SDM を群集メンバー全体に適用することで，地域内の複数の種間で分布を比較することができる．したがって，侵略的外来種の将来の広がりを予測したり（図 5.9），保護区における将来の種構成を予測したりするために，保全計画でもよく使用される．

これまで述べてきたSDMは，一般に相関型SDMに分類され，種の分布と環境パラメータを関連づけるモデルである．しかし，相関型SDMには限界がある（訳注：生息適地モデルの多くは，生物の分布と環境要因の関係が定常状態にあることを前提にしている．そのため，モデルを将来予測や別の地域に適用する際には注意を要する．例えば分布拡大中の生物にモデルを適用し，予測を行う場合，生物の分散制限を考慮しないと分布域の過大推定につながる）．例えば，SDMは一般に広域の環境データを用いるため，多くの生物の分布に関連するスケールでの環境変動を反映できていない．そのため，好適な微生息場所（マイクロハビタット）を容易に推定することはできない．さらに，相関型SDMは，伝統的に生息範囲の適性を決定する際に気候変数に着目してきた．しかし，気候以外にも，土地利用の変化，化学物質による汚染，外来種といった他の要因があるため，たとえ生息地として適切であっても生息できない可能性がある．近年では，このような追加的な要因をSDMに取り入れることが多くなってきている（Sohl, 2014）．さらに，相関型SDMは，種の分布と環境パラメータとの間の間接的な関連性に着目しており，ふつう生物と環境の機能的なつながりに関する詳細な情報は含まれていない．

　そのため，最近は環境パラメータと生物の挙動を明示的に関連づけるメカニズム型SDMへの関心が高まっている（例：Kearney & Porter, 2009；Buckley et al., 2010）．メカニズム型SDMは，様々な環境条件下での生物の形態，生理，行動を詳細に理解する必要があるため，より多くのデータを必要とする．例えば，絶滅危惧種であるニシンダマシを対象としたメカニズム型SDMモデルは，分散能力だけでなく，複雑な生活史の段階における成長，繁殖，移動，生存のパターンを組み込んでいる（Rougier et al., 2015）．魚の生理学と水温の変化に関するデータを含めることで，この種が特定の河川流域から姿を消した理由を推定できた．このように，メカニズム型SDMモデルは，より現実的な生物現象を捉えることができる．

　相関型SDMかメカニズム型SDMかにかかわらず，最先端の分布推定モデリングでは，生態学的過程や進化学的過程についての追加情報を取り入れている．先に述べたように，種の生存や繁殖に影響するプロセスなどの機能的なデータを含めることが可能である．さらに，SDMは生物間の相互作用の効果を組み込むことができる．捕食者，競合者，相利共生者は，種の分布を決める重要な要因となりうる．例えば，ある地域から重要な送粉者がいなくなった場合にどうなるかを推定できる．最後に，SDMは進化的なプロセスを扱うこともできる．SDMでは，種のニッチは時間の経過とともに変化しないと仮定することが多いが，生物は新しい条件に適応したり，調節したりすることができる．図5.10に示すように，移動に影響を与える生物的，非生物的，進化的な要因を組み込むことによって，より高度な予測モデル作成が可能になるだろう（Huntley et al., 2010）．

結論

　移動による応答は，種が急速に変化する世界で生き残るために重要である．人為的な影響により，地球上の多くの種の地理的分布はすでに変化している．予測モデルによると，現在の種の分布域と将来のその種に適した地域との地理的重複はほとんどない可能性すらある（Thomas et al., 2004）．したがって，生得的な分散能力は，今後も多くの種の運命に重要な役割を果たすと考えられる．一方，人為活動も生物の移動に直接影響を及ぼしている．生息地の消失と分断は多くの種の生息域間の連結性を減少させ，グローバル化した交通網は他の種の分散を増加させている．

　最終的に，種が人為的なストレスに対して，うまく移動できるかどうかは数多くの要因の相互

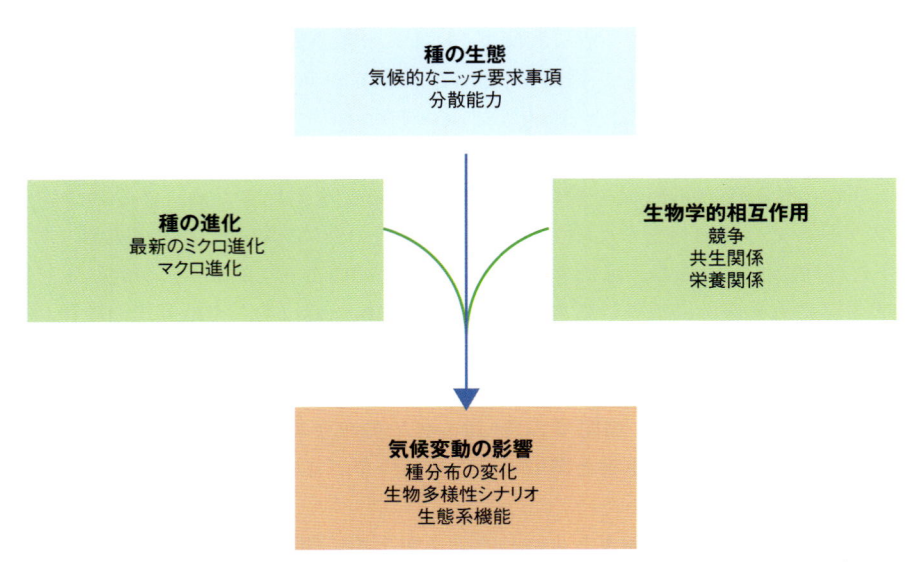

図 5.10 種の分布に影響を与える要因と，それらと気候変動への応答との関連．青い矢印は，種分布モデル（SDM）において重要視されている種の生態的特徴を示し，緑の線は予測モデリングにおいて考慮することが不可欠な他の要因を示す．
考えてみよう：SDM の予測精度はどのように評価できるか？
出典 Lavergne S et al. (2010), https://www.annualreviews.org/doi/full/10.1146/annurev-ecolsys-102209-144628

作用によって決まる．分散能力のような生物学的特性（移動可能な生活史段階の有無など）は，種が環境変化に対応するために十分な距離と速度をもって移動できるかどうかに影響する．他にも，繁殖様式や競争力のような生物学的特性は，種が新しい環境に定着し繁殖できるかどうかに影響を与える（Estrada et al., 2015）．移動経路があるかどうかなどの景観の特徴は新たな生息地への移動可能性に影響し，環境変化の速さや強さは種が新しい生息域にうまく移動できるかどうかに影響を与える．

　もちろん，「移動」という応答は，他の主要な応答と相互に排他的ではない．生物が移動するとき，新しい気候や見知らぬ競争相手など，新たな生物的・非生物的条件に遭遇することが多い．新たに形成された個体群は，これらの条件に適応し，順応していくことになる．次章では，集団が新しい地域で生存・繁栄できるかどうかに影響する「順応」について考えていく．

データで見る

ヨセミテの100年の変化

誰が，何を目指していたのか？

ここでは，100年の時を隔てて結ばれた2人の科学者の物語を紹介する．グリンネル（Joseph Grinnell）は，1908年にカリフォルニア大学バークレー校の脊椎動物博物館（MVZ）の初代館長に就任した．グリンネルの科学的貢献の1つに，カリフォルニア州全域における詳細な動物相の調査がある．この調査によって，人為的な影響が強まる1世紀前の脊椎動物の，地理的分布に関する重要な基本データがもたらされた．

グリンネルの先見の明は，1910年に書かれた記事の1つに表れている．「この時点で，私は，最終的に私たちの博物館の最大の価値となるはずのものを強調したいと思う．だが，この価値はサンプルが安全に保管されたとしても，何年も，場合によっては1世紀くらい経なければ明るみに出ないだろう．これは，未来の学生が，今私たちが働いている場所で，カリフォルニアや西部の動物相の記録にアクセスできるようにするためのものである．」

それから約100年後，その「未来の学生」がやってきた．2000年から2012年まで，MVZのディレクターを務めたモリッツ（Craig Moritz）博士である．グリンネルの最も継続的な取り組みの1つが，ヨセミテ国立公園の標高に沿ったトランセクトでのデータ収集だった．標高約3,000mの地点で，4,000以上の種を採集し，3,000ページ以上の野帳を作成し，500枚以上の写真を撮影した．グリンネルの努力の成果は，1924年に出版された Animal Life in the Yosemite（Grinnell & Storer, 1924）という本に掲載された．それから約100年後，モリッツは「グリンネル再調査プロジェクト」を立ち上げ，ヨセミテのグリンネルの調査トランセクトを再訪し，100年間の地球温暖化によって種の分布標高がどのように変化したかを評価することにした（**BOX 図 5.2**）．各地の気象観測所から得られたデータによると，この地域の月平均最低気温は3.7℃上昇した．ヨセミテ国立公園は1800年代後半から保護されているため，モリッツと彼の研究チームは，大規模な生息地の改変による影響を受けることなく，気候変動の影響のみに焦点を当てることができたのである．

あなたの予測は？

この先を読む前に，この章で学んだ種の分布と地球温暖化の影響について，ヨセミテの事例にどのように適用するか，数分考えてほしい．まず，次の問いに答えよう．

- ヨセミテでは，過去100年間に種の分布が

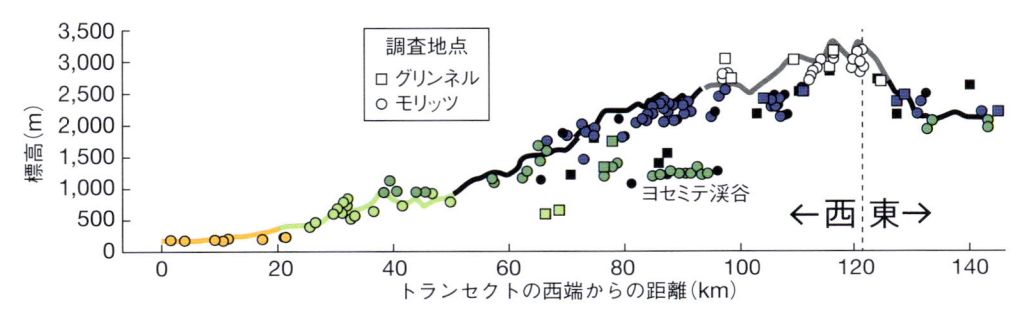

BOX 図 5.2 ヨセミテ国立公園内の標本採取地点の標高断面図．過去の調査地□は1900年代初頭にグリンネルらが訪れた場所であり，現在の調査地○は2000年代初頭にモリッツらが訪れた場所である．

出典 Moritz C et al., Impact of a century of climate change on small-mammal communities in Yosemite National Park, USA, *Science*, **322**(5899):261–264 (2008)

変化していると予測されるか？

• その場合，どのような方向への移動が予想されるか？

• すべての種で同じような応答があると予想されるか？　例えば，低標高種と高標高種で同じような応答を示すと予想するか？

では，過去100年間にヨセミテで種の分布が変化したかどうか，もし変化していたとしたらどのように変化したか，予想されることを簡潔に要約してみよう．

科学者らの予測は？

科学者らの予測は次のようなものである．「過去1世紀にわたる顕著な地域の温暖化を考慮すると，種の範囲は上方に移動しているはずである．このことは，中〜高標高に棲む種では生息域の下限が上方に移動することで縮小し，低〜中標高の種では生息域全体が上方に移動するか，上限が上方に拡大する．その結果，それぞれの標高帯における群集が変化していることを確認できるだろう．」

どのようなデータを収集したのか？

この研究データは一見単純なものに見える．しかし，データ収集，データ処理，データ解析には常に多くの重要な決定事項がある．例えば，モリッツらは，捕獲が比較的容易なことや，以前のグリンネルのデータセットで記録が圧倒的に多かったことを考慮し，小型哺乳類（マウス，ラット，トガリネズミ，シマリス，リスなど）を調査対象として選んだ．次に，データ集計の単位を決定した（2 km以内，標高100 m以内のサンプリング地点での記録はプールする）．また，過去と現在のデータを最大限に比較できるよう，研究者は調査地や調査期間を通じて同じ手法で調査を行うように努めた．調査努力は種の発見率に影響する．ある種がサンプリング期間中にその場所で発見されなかった場合，その種はそこに生息していないか，あるいは発見されなかった可能性がある．言い換えれば，ある種がデータセットから欠落している場合，そ

れは必ずしもサンプリング地域に生息していないことを意味しない．モリッツらのチームは，高度な統計分析を用いて，サンプリング期間の検出率の差を推定し，補正した．これらの統計解析により，時間経過に伴う分布範囲の移動が統計的に有意であるかどうかを判断することができた．

データをどのように解釈するか？

この先を読む前に，**BOX 図 5.3** に示された研究データを数分かけて解釈し，次の問いを考えてみよう．

• 軸と色分けされた棒グラフは何を表しているのか？

• 観察されるパターンは種間でどの程度一貫しているのか？

• どの種が予測された方向に移動し，どの種がそうでないのか？

この研究の主要な発見とその意義について，1〜2文で書いてみよう．

科学者らはデータをどう解釈したか？

BOX 図 5.3 は，28の対象種の標高範囲の変化を示している．同じデータを種をプールして示したのが **BOX 図 5.4** である．モリッツらのチームは，対象種の半数以上で分布が移動していることを発見し，一般的な傾向として高標高への分布範囲の移動が見られた．影響を受けた種は，100年間で平均500 mの標高の上昇を示した．この重要な発見は，当初の予測や世界中の種で観察された傾向と一致している．しかし，すべての種が同じように上方へ移動したわけではない．一般に，低標高種は，分布範囲を拡大する傾向がある（より高標高への拡大）．また，高標高種は生息域の縮小（標高分布の下部を失う）を示す傾向があった．これらの結果は，高標高種が行き場を失っているという当初の予測を裏づけるものである．この研究の意義は，1世紀にわたる気候の温暖化に対応して，比較的手つかずの自然に生息する生物群集全体の分布範囲が，標高に沿って変化したことを示したことにある．

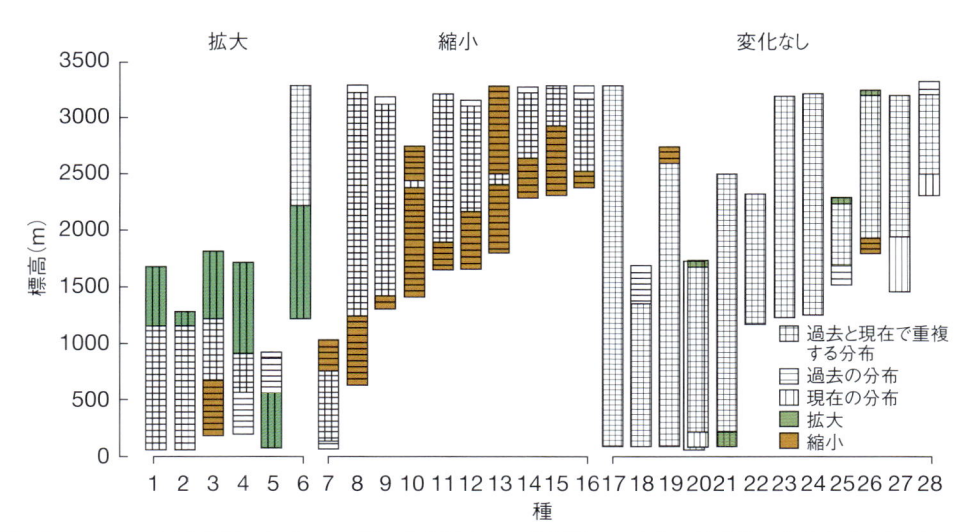

BOX 図 5.3 ヨセミテ国立公園における 28 種の分布標高の 1 世紀間での変化. 統計的に有意な分布範囲の変化は色分けされている. 緑色は拡大, 茶色は縮小で, 「変化なし」の種は, 統計的に有意な分布範囲の変化を示さなかったか, 生物学的に微小な範囲 (以前の分布範囲の 10% 未満) の変化しか示さなかった.

出典 Moritz C et al., Impact of a century of climate change on small-mammal communities in Yosemite National Park, USA, *Science*, **322**(5899):261–264 (2008)

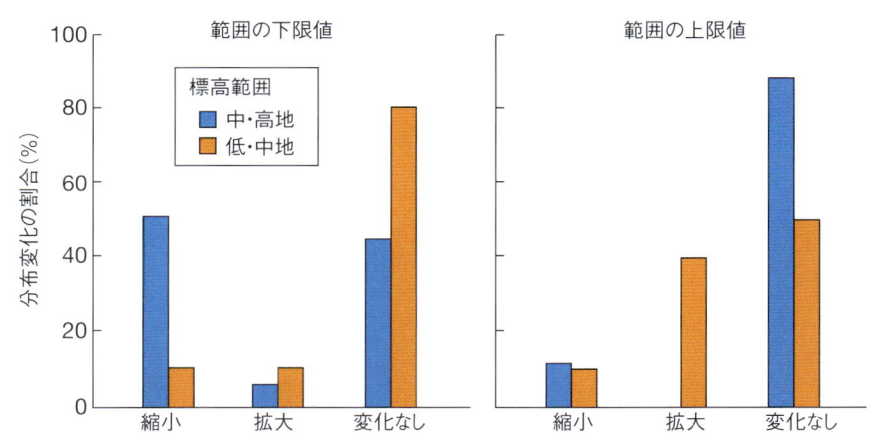

BOX 図 5.4 過去に中・高地に生息していた 18 種 (青色) と過去に低・中地に生息していた 10 種 (オレンジ色) の標高範囲の変化.

出典 Moritz C et al., Impact of a century of climate change on small-mammal communities in Yosemite National Park, USA, *Science*, **322**(5899):261–264 (2008)

今後の研究の方向性について考えよう

グリンネルの調査プロジェクトの結果を踏まえ, 次の研究ステップをどのように考案するか? もし, あなたがモリッツらの研究に携わっていたとしたら, 今後この研究をどのように強化し継続するだろうか? 以下の問いを考えることから始めよう.

- この研究は, 将来の研究に利用できるベースラインデータを提供しているか?

- より一般性を高めるためには, 調査対象を分類学的および地理学的にどう広げたらよいか?

- 将来について予測し, 後で検証することは可能か?

次に, この研究テーマに関する今後の方向性について, 数行で書いてみよう.

グローバル化と外来種を考える

輸送や貿易のグローバル化により，地球上の多くの種の分布が変化している．種の**原生息域**（native range）とは，人間が直接的または間接的に影響を与える前の地理的分布範囲のことである．多くの種は原生息域外でも生存できるが，グローバル化する前には分散は制限されてきた．グローバル化に伴う人間活動によって多くの種が原生息域外に生息地を拡大した．**BOX 図 5.5** は，過去数百年の間にヨーロッパで増加した外来種を示している．多くの外来種の侵入の根本原因は，人による種の原生息域外への移動であるため，侵略的外来種の問題は移動の応答と関連している．しかし，侵略的外来種の動態は，他の主要な応答にも関連する．例えば，適応・調節する能力は侵略を促進したり，侵略的外来種が在来種を脅かしたりする可能性がある．

侵略的外来種とは？

アメリカ合衆国農務省は，侵略的外来種を「(1) 対象となる生態系にとって外来種であり，さらに，(2) 経済的，環境的な損害または人の健康被害を引き起こす，ないし引き起こす可能性があるもの」と定義している．

侵略的外来種による影響とは？

侵略的外来種は，様々な形で害を及ぼす．生態学的な観点から見ると，外来種は捕食者，競争相手，あるいは病気の媒介者として生態系に入り込み，損害を及ぼす．実際，多くの分析が，生息地の消失と気候変動に次いで，侵略的外来種が生物多様性の脅威であることを示唆している．絶滅危惧種のほぼ半分は，侵略的外来種が原因で減少したという推定もある（例：Wilcove et al., 1998）．

経済的な観点から見ると，侵略的外来種は年間 1,200 億米ドル以上の損害を与えている（Pimentel et al., 2005）．例えば，侵略的外来種である雑草は，農作物の損失や除草剤処理を必要とし，農業分野に年間数十億ドルの損害を与えている．カワホトトギスガイは，上下水道のパイプなどを詰まらせるため，年間数百万ドルの処理費用がかかる．侵略的外来種である病原微生物は多くの生物種に影響を与える．例えば，ニレ属の木に感染するたった 1 種の病原真菌の

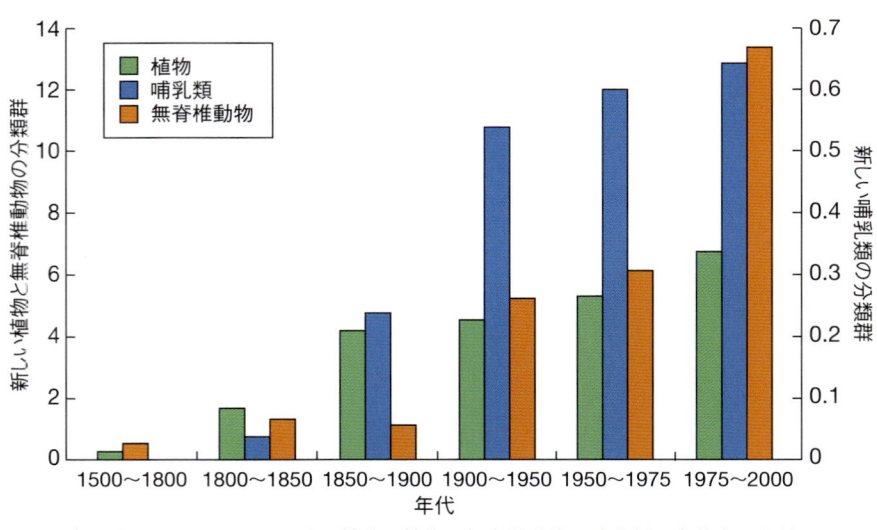

BOX 図 5.5 1500 年以降のヨーロッパにおける外来の植物，無脊椎動物，哺乳類の定着率の上昇．
出典 Hulme PE, Trade, transport and trouble: managing invasive species pathways in an era of globalization, *Journal of Applied Ecology*, **46**(1):10–18 (2009)

ために年間数百万ドルが費やされている．このように，たった1種の侵略的外来種に対処するにも，数百万ドルから数十億ドルの費用がかかる．

　侵略的外来種が生態系に与える影響については，顕著な例がたくさんあるが，ここでは1つの例を詳しく見ていく．アルゼンチンアリは南アメリカを原生息域とする．この100年間に，アルゼンチンアリは南極大陸を除くすべての大陸に，食料品の輸送とともに持ち込まれたと考えられている．原生息域では優占種ではなく，他の多くのアリと共存している．しかし，カリフォルニア州などの新たに侵略した地域では，アルゼンチンアリが在来のアリを急速に駆逐している．アルゼンチンアリが持ち込まれた地域で繁栄した理由の1つは，アリのコロニー構造の変化にある（Tsutsui et al., 2000）．侵略した多くの地域では，アルゼンチンアリどうしは遺伝的に類似しており，「スーパーコロニー」として機能している．そのため，他のアルゼンチンアリとの種内競争は減少し，アルゼンチンアリ以外の在来種と種間競争をするようになった．つまり，アルゼンチンアリは他の在来種に対して非常に攻撃的である一方，近隣の同種の個体群を抑制しない．アルゼンチンアリの侵略

は，在来種のアリに影響を与えるだけでなく，脊椎動物を含む他の種にも連鎖的に影響を及ぼしている．例えば，ツノトカゲ属（*Phrynosoma*）のトカゲはアリの捕食に特化しているが，アルゼンチンアリを食べると急速に体重が減少する（Suarez & Case, 2002）．このように単一の種の侵略が地域全体に大きな影響を与える可能性がある．

外来種はいかにして侵略的になるのか？

　原生息域外に移動した種がすべて侵略的外来種になるわけではない．このことを明確にするためには，外来種の導入の段階を考慮することが大切である（**BOX 図 5.6A**；Lockwood et al., 2013）．

　グローバル化した貿易システムでは，バラスト水が意図せず生物を移動させることがある．例えば，世界の海を航行する何千という商船は，それぞれ何千 m^3 ものバラスト水を積んでいる．このバラスト水は，ある港で積み込まれた後，別の港で排出され，膨大な量の海水とそれに付随する生物を移動させている．例えば，あるバラスト水のサンプルでは，350 以上の種が見つかった（Cariton & Geller, 1993）．もちろん，輸送されたすべての種が定着に成功するわけで

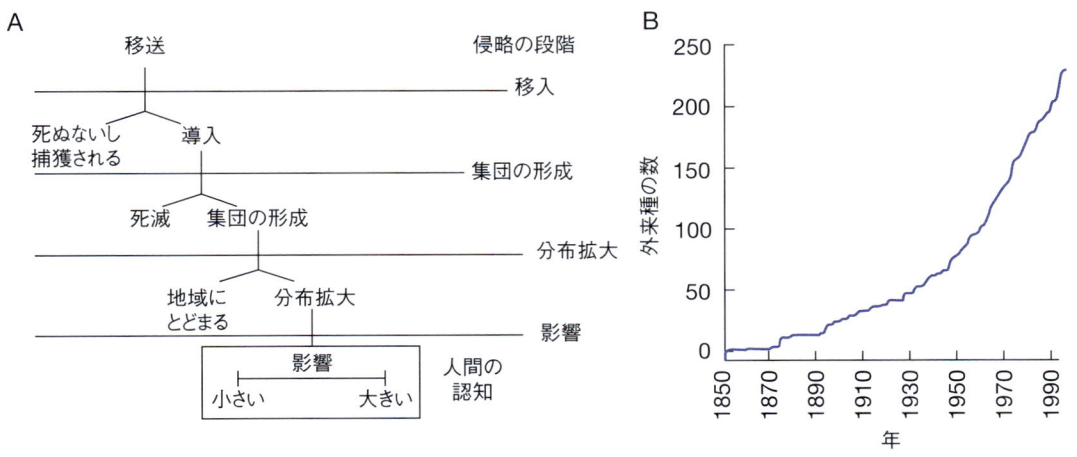

BOX 図 5.6　（A）侵略の段階（失敗も含む）．（B）サンフランシスコ湾で記録された外来種の経年的な増加．
　考えてみよう：外来種と侵略的外来種の違いは何か？　外来種が侵略的ではなく帰化することに，どのような意味があるか．
　出典 Cohen AN & Carlton JT, Accelerating invasion rate in a highly invaded estuary, *Science*, 279: 555–558 (1998)

はないが，輸送された種のうちごく一部が定着したとしても，大きな影響を与える可能性がある．**BOX 図 5.6B** で，過去 150 年間にサンフランシスコ湾で外来種が指数関数的に増加した事例を見てみよう．

輸送された種の多くは定着しない．また，定着した種の多くは拡散せず，害を及ぼすこともない．しかし，ごく一部の外来種は，新しい生息地で大いに繁栄する．その原因は何だろうか．基本的には外来種は自分たちが進化してきた環境から離れたのだから，新しい環境にはあまり適さないと考えるのが自然だろう．しかし，生態系や進化的な背景が変わることで，種が天敵から逃れられる場合もある．**BOX 図 5.7** が示すように，一般に外来種は，在来種よりも寄生

虫の数も種類も少ない（Torchin & Mitchell, 2004）．つまり，侵略的外来種は，新たに持ち込まれた場所において，原生息域で個体数を抑制していた捕食者，競争相手，病原体などから解放されたため，新しい環境で繁栄に成功した可能性がある．

侵略的外来種と侵略されやすい生態系の特徴

何が侵略的外来種の繁栄をもたらすのかを一般化することは困難である．それは，種によって，侵入が促進された原因は様々だからである（Kolar & Lodge, 2001）．しかし，侵略的外来種となりえるかを予測するうえで重要な点がいくつかある．第一に，分散能力は，種が新しい

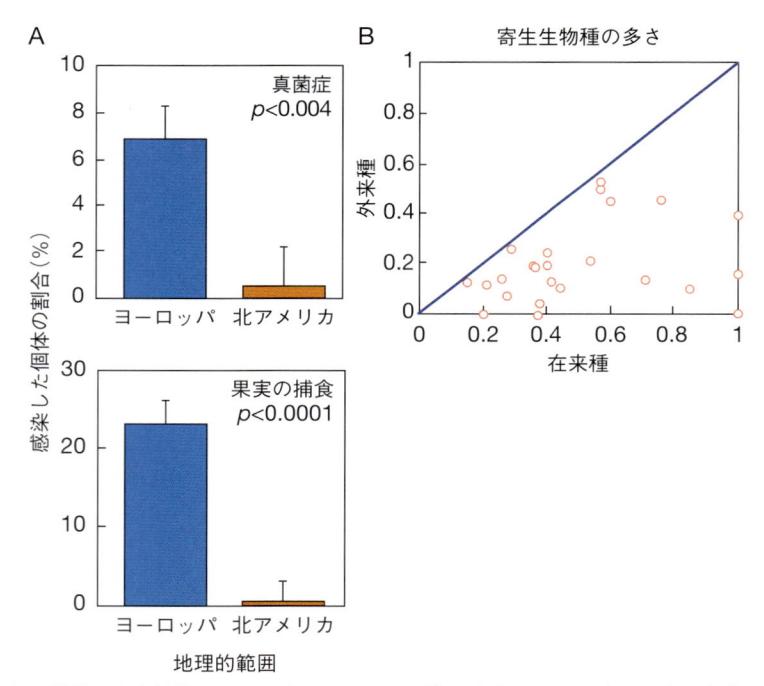

BOX 図 5.7　敵からの逃避．（A）植物のマツヨイセンノウは，導入域（北アメリカ）よりも原生息域（ヨーロッパ）で，より多くの捕食，寄生，疾病にさらされている．（B）メタ解析（軟体動物，甲殻類，魚類，両生類，爬虫類，鳥類，哺乳類など多様な分類群を対象）により，外来種と比較して在来種で寄生率が高いことが示されている．寄生生物種の多さとは，ある宿主種に見られる寄生生物種の数である．寄生生物の寄生率（感染した割合）も同じパターンを示す．

考えてみよう：導入された種が在来種よりも寄生虫をもちにくい理由について，どのような生態学的または進化学的仮説を立てることができるか？

出典　（A）Wolfe LM, Why alien invaders succeed: support for the escape-from-eremy hypothesis, *The American Naturalist*, **160**(6):705–711 (2002), https://www.journals.uchicago.edu/doi/abs/10.1086/343872；（B）Torchin ME et al., Introduced species and their missing parasites, *Nature*, **421**(6923):628–630 (2003), https://www.nature.com/articles/nature01346

場所に運ばれたり，導入後に拡散したりする目安となる．分散能力には，種自身のもつ内在的な分散能力と，人為的な分散の両方が関係している．第二に，多様な条件下で生存する能力（例：生理的耐性）と多様な資源を利用する能力（例：食性の幅）は，定着の可能性を高める．多様な環境で生き残る能力は，表現型可塑性や適応とも関連するので，これについては後の章で取り上げる．第三に，繁殖に関連する特徴がある．例えば，繁殖能力の高さや世代交代時間の短さ，急速な成長速度などがこれに該当する．最後に，より多くの個体が持ち込まれると，その個体数が増加して侵略・定着できる可能性が高まる（Kolar & Lodge, 2001）．**侵入個体数**（propagule size）が多ければ，創始者集団が存続する可能性が高まるため，個体数は重要である．

生態系の特徴も侵略される可能性に関与する．例えば，**BOX 図 5.8** に示すように，生態系が貧弱なほど（生物多様性が低いほど），侵略される可能性が高くなる．侵略的外来種が在来種に影響を与え，生物多様性が低下すると，生態系は将来的に侵略の影響をさらに受けやすくなる．

なぜ侵略的外来種は生物相の均質化をもたらすのか？

侵略的外来種によるさらなる影響については，侵略性への人為的適応誘導仮説（anthropogenically induced adaptation to invade（AIAI）hypothesis）が提唱されている（Hufbauer et al., 2012）．原生息域において人工的な環境に適応した個体群は，原生息域以外の同様な環境に移動した場合に，生存する可能性が高くなる．このことは，ヒトに片利共生している生物（ショウジョウバエやハツカネズミなど）が，人口密度の高い場所から別の人口密度の高い場所に移動した場合に，そこに適応するのが比較的容易なことを考えれば，直観的に理解できる．

侵略的外来種によるこうした影響は，生物相の均質化，すなわち地域間で生物の遺伝的，分類学的，機能的類似性をもたらす（McKinney & Lockwood, 1999）．**生物相の均質化**（biotic homogenization）は，陸上と水中の両方の生態系で報告されており（例：Rahel, 2002；Olden, 2006），多くの場合，侵略的外来種と家畜化された種の移動によって引き起こされる．侵略的外来種の影響を緩和することは，多くの地域で保全目標となっている．

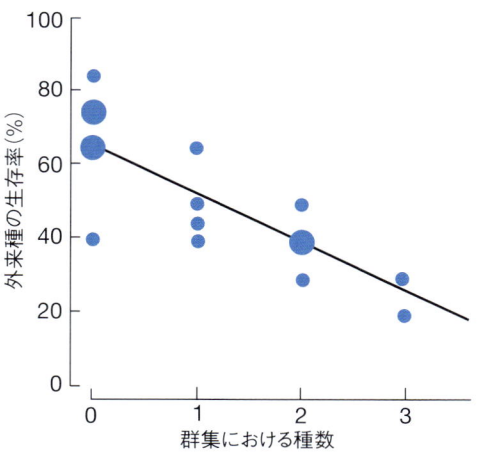

BOX 図 5.8 群集における種数（生態系における種の数）と外来種の生存率との関係．より貧弱な群集はより侵略されやすい傾向にある．

考えてみよう：なぜ，種が豊富な生態系ほど侵略されにくいのか？

出典 Stachowicz JJ et al., Species diversity and invasion resistance in a marine ecosystem, *Science*, **286**(5444):1577–1579 (1999)

第 5 章のまとめ

○生物の移動
- 個体群や種の移動・分布のパターンは，地球変動のストレスに対応して変化している．

○生物はなぜ，どのように動くのか？
- 個体は様々な要因により様々な空間的・時間的スケールで移動し，こうした個体の移動は個体群や種の分布に影響を与える．

○地理的範囲とは？
- 地理的範囲とは，ある種の分布の空間的な広がりのことである．

○地理的範囲を決める要因
- 進化の歴史，種の特徴，生態学的要求など，多くの要因が絡み合って，生息範囲の大きさや形状が決定される．

○人為によらない地理的範囲の変化
- 地理的な生息範囲には変動があり，人間の影響が出る以前から生息範囲の変化は起きている．

○人為的による地理的範囲の変化
- 人為活動により，生息範囲が急速に変化している．分布縮小は生息地の消失や乱獲によって，分布拡大はグローバル化した交通手段によって，分布移動は地球温暖化によってしばしば引き起こされる．

○生息範囲の変化の予測
- 種分布モデル（SDM）により，種の情報（生息分布など）と環境データ（生息地の気温や降水量など）を統合し，生息域の変化を予測することができる．

○基本知識：ニッチとは何か？
- ニッチとは，ある種とその環境との関係を表すもので，その種が必要とする生物的・非生物的環境とその生物が存在することによる影響から構成される．

○データで見る：ヨセミテの 100 年の変化
- 博物館の記録とヨセミテ国立公園の再調査により，1 世紀にわたる気候変動が小型哺乳類に及ぼした影響を明らかにした．その結果，ほとんどの種がより標高の高い場所に分布するようになり，地球温暖化によって予測されるパターンと一致することがわかった．

○発展：グローバル化と外来種を考える
- 侵略的外来種とは，その導入により経済的または生態学的な損害を引き起こす非在来種のことである．
- 侵略的外来種は毎年何十億ドルもの損害をもたらし，その影響は，交通システムのグローバル化により外来種が世界中に拡散しやすくなったことで加速している．
- 侵略的外来種は，地球上の生物相の均質化をもたらしている．

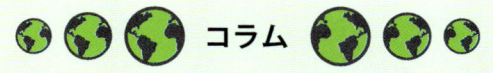 **コラム**

気候変動による沿岸生態系の変化—造礁サンゴの北上

　気候変動により気温が上昇するとともに海面水温も上昇している．こうした気候変動の影響を最も受けやすい生態系の1つがサンゴ礁生態系である．造礁サンゴは，共生褐虫藻との共生関係により生存に必要なエネルギーなどを得ているが，高水温によってこの共生関係が崩壊して白化現象が起きる．白化してもしばらくは生きているが，長期間褐虫藻が戻らないほどのストレスにさらされるとサンゴは大量死に至る．実際，世界中の熱帯・亜熱帯の海域では白化現象が頻繁に確認され，サンゴの減少の大きな要因の1つとなっている．特に日本は造礁サンゴ類が生息する最北限域に位置しているとともに，他の海域よりも水温上昇が顕著である（世界平均が0.5℃/100年の上昇に対して，日本の黒潮流域では1.25℃/100年）．こうした海面水温の上昇により，一部の温帯域の沿岸では大型藻類が消滅し，造礁サンゴの被度が増加している．例えば四国の南に位置する横浪では，1990年代以前は大型藻類が一面に繁茂していたが，温暖化とともに熱帯の草食性魚類が北上し，大型藻類への捕食圧が急激に高まった．それにより2000年には海底から大型藻類が完全に消え，砂漠化した．その後，岩盤にはサンゴ幼生が着底し，2013年には多様な造礁サンゴ類からなるサンゴ群集に置き換わった．類似するレジームシフト（生態系がある状態から別の状態へと急激かつ不可逆的に変化すること）は他の温帯域でも起きている（Vergés et al., 2014）．個々のサンゴ種の分布拡大も顕著で，クシハダミドリイシやエンタクミドリイシ，シコロサンゴといったサンゴ類が過去80年の間で分布を北へ拡大していることがわかった．この速度は14 km/年であり，これまで幼生が分散して流れ着いても生き残れなかった寒冷な海域でサンゴ幼生が生存できるようになり，分布拡大したものと考えられる（Yamano et al., 2011）．

　海藻からサンゴ群集という劇的な沿岸生態系の変化のなかで，利用できる水産物にも当然大きな変化が起こる．従来の主要な資源があまり取れなくなり，逆に新たな資源として利用可能な生物が増えるというケースも起きている．このような沿岸生態系の大きな変化を受けて，陸域からの汚染や栄養塩負荷を軽減するなどの沿岸生態系の保全と持続可能な利用が必要となる．さらには，陸域に住む私たちが沿岸域で起きている大きな変化を認識し，人間社会が急激に変化する沿岸生態系の恵みに合わせた暮らしや生き方を模索していくことが，沿岸生態系との共生にとって重要であろう．　　　　　［安田仁奈］

6　主要な応答：調節

学習成果

この章では次のことを学ぶ．
- 生物の表現型に影響を与える要因．
- 人間活動が生物の調節応答に及ぼす影響．
- 生物の「調節」の科学的測定と予測．
- 調節に影響を与える要因と他の応答との関連性．
- 知識の実データへの活用．

事前チェック

　もし，あなたが違う時代，違う場所，違う文化で育ったら，今の自分とどのように違っていただろうか？　生きている時代や環境に関係なく，変わらない自分の特徴をリストアップしてみよう．次に，環境からの影響を強く受けると思われる事柄をリストアップしてみよう．育った環境は，性格や心理だけでなく，自分の容姿や体質にどのような影響を与えただろうか？　もし全く異なる環境であっても，それに合わせて調節できただろうか？

はじめに

　すべての生物は環境の影響を受けている．本章と次章では，地球変動がもたらすストレス要因によって生物が示す，2種類の本質的に異なる応答を区別して説明する．本章では，そのうちの1つ「調節」という応答を分析する．調節は，個体が生きている間に起こる変化であり，通常は子孫に受け継がれることはない．これとは対照的なものとして，次章では世代を越えて個体群内の遺伝的な変化として起きる「適応」による応答を取り上げる．「調節」は，馴化，順応，可塑性などとも呼ばれる．個体の形質の変化は，様々な形質において多様なメカニズムで起こりえるため，多岐のカテゴリーに分けられる．調節応答は，何世代もかけて自然選択が働いて遺伝的変化が起きるより前に，短い時間スケールで起きる点で重要である．つまり，調節応答は急激な環境変化のなかで生き残るためにしばしば必須である．

表現型可塑性とは？

　地球温暖化のストレス要因に対する生物の「調節」を分析する前に，表現型可塑性についての基礎的な理解を深めよう．私たちは，遺伝子と環境の両方から影響を受けている．本章の「基本知識」では，遺伝的な機構についてのより詳細な説明と，本章で使用する用語の解説を行う．簡

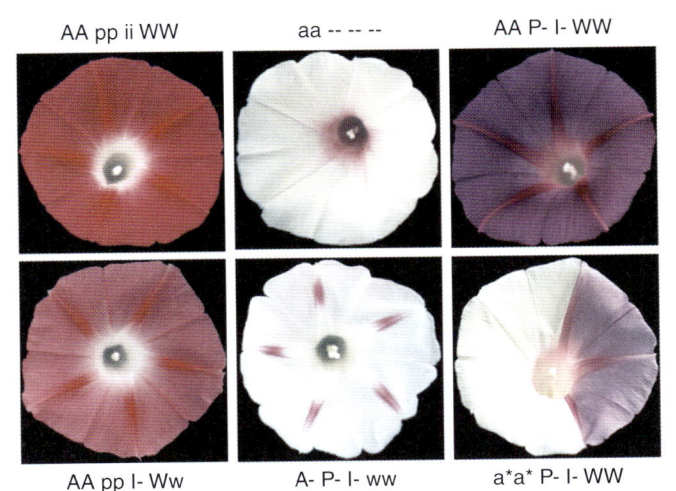

AA pp ii WW　　　　aa -- -- --　　　　AA P- I- WW

AA pp I- Ww　　　　A- P- I- ww　　　　a*a* P- I- WW

図 6.1　アサガオの花の色は，表現型可塑性を示さず，4つの遺伝子の相互作用が色を決める．
考えてみよう：アサガオの花の色は遺伝的に決まっているが，カニ，魚，トカゲ，鳥など，多くの動物では色彩の表現型可塑性が見られる．温度や食性などの環境要因は，色彩の短期的・長期的な変化にどのように影響するのだろうか？

出典 Clegg MT & Durbin ML, Flower color variation: a model for the experimental study of evolution, *Proceedings of the National Academy of Sciences of the United States of America*, **97**(13):7016–7023 (2000)

単にいえば，**遺伝子**（gene）と呼ばれる DNA の断片は，親から子へと遺伝し，表現型と呼ばれる特定の形質をコードしている．**表現型**（phenotype）とは，測定可能なあらゆる形態学的，生理学的，発生学的，行動学的な形質のことを指し，観察可能な生物学的形質として広く定義されている．**遺伝子型**（genotype）とは，形質に影響を与える遺伝情報を指す．

　形質によっては，表現型が遺伝子型によって完全に決定されるものもある．例えば，ヒトの目の色や花の花弁の色は，ほとんど遺伝子によって決まる．暖かい環境で育ったか，寒い環境で育ったかは関係なく，目の色は数個の対立**遺伝子座**（locus）によって決定する（Sturm et al., 2008；Lui et al., 2010）．表現型が遺伝子型のみによって決定される場合，相互作用する複数の遺伝子が関与することがある．**図6.1**にアサガオの例を示すが，花色は4つの遺伝子座の**対立遺伝子**（allele）の相互作用によって決定される（Epperson & Clegg, 1988；Zufall & Rausher, 2003）．

　一方，多くの形質は環境の影響を強く受ける．環境条件の違いによって起きる個体レベルの変化を**表現型可塑性**（phenotypic plasticity）と呼ぶ．より正確には，1つの遺伝子型が異なる環境下で異なる表現型を示すことを指す．

　図6.2に，表現型可塑性に関するわかりやすい2つの例を示す．まず，水生無脊椎動物のミジンコは，捕食者の多い環境で育つと，頭にヘルメットのような兜が発達する（Green, 1967；Dodson, 1989）．この環境刺激は化学的なものであり，捕食者の魚がいない状態でも化学的フェロモンがあれば，ミジンコは角を発達させる（Laforsch et al., 2006）．

　第二に，シャクガ科の1種 *Nemoria arizonaria* の幼虫は，季節によって表現型が大きく異なる．春に孵化した幼虫はナラの花序を食べ，夏に発生した幼虫はナラの葉を食べるが，幼虫はそれぞれの環境でうまく擬態している（Greene, 1989）．餌に含まれるタンニンなどの環境因子が，幼虫の形態の季節的差異を引き起こすと考えられている（Greene, 1989）．自然界には，発生，生理，形態，行動など，様々な表現型可塑性が存在する．

表現型可塑性を説明するために，いくつかの専門用語が使用されている．（Fusco & Minelli, 2010；Forsman, 2015）．例えば，個体が環境の変化に合わせて調節する過程は，**馴化**（acclimation）と呼ばれる．さらに，馴化と**順応**（acclimatization）を区別することもある．その場合，馴化は，制御された実験室環境で引き起こされる変化を指し，順応は，自然界で観察される変化を指す．この章では，表現型可塑性をこれら2つをまとめた包括的な用語として使用する．

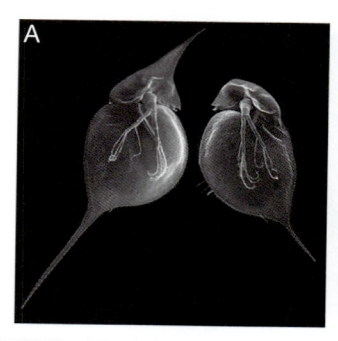

図 6.2 表現型可塑性の例．（A）水生無脊椎動物のミジンコは，捕食者である魚が発する化学的な刺激によって，角のような兜を発達させる．（B）シャクガ科の1種 *Nemoria arizonaria* の幼虫は，孵化する季節によって擬態する形態が異なる．夏はナラの葉を食べ，小枝のような形態になる．春はナラの尾状花序（使い終わった花粉で満たされた花）を食べ，尾状花序に似た形態となる．
考えてみよう：表現型可塑性が生じる過程について，どのような仮説があるか？　同じ遺伝子をもつ生物が，どのようにして大きく異なる表現型を示すのか？
出典　（A）Agrawal AA, Phenotypic plasticity in the interactions and evolution of species, *Science*, **294**(5541):321–326 (2001)；（B）Greene JC et al., Toward a conceptual framework for mixed-method evaluation designs, *Educational Evaluation and Policy Analysis*, **11**(3):255–274 (1989)

 **基本知識** ──────────

遺伝のメカニズムとは？

　古代より，科学者や哲学者は，親から子へ形質がどのように受け継がれるかについて推測してきた（Cobb, 2006 の総説）．19世紀後半には，より現代的な遺伝の概念が生まれ，20世紀半ばには，ようやく遺伝物質が明らかになった．ここでは，親から子へ情報を伝達するための分子的な構成要素について簡単に説明する．この基礎知識は，調節と適応の応答を理解するために不可欠である．

　BOX 図 6.1 に示す**デオキシリボ核酸**（DNA）は，地球上のほとんどの生命体の主要な遺伝物質である．**遺伝子**は，タンパク質をコードする DNA の領域で，遺伝する単位を指す．遺伝子座は染色体上の遺伝子の位置で，**対立遺伝子**は特定の遺伝子座における DNA の変異である．遺伝子は通常，**染色体**（chromosome）上に秩序だって存在している．原核生物は1本の環状の染色体を，真核生物は細胞核のなかに複数の線状の染色体をもつ．

　真核生物では，細胞の核に存在する遺伝物質を**核ゲノム**（nuclear genome）と呼ぶ．しかし，多くの生物は，核の外側の細胞質内にも染色体以外の遺伝因子をもっている．例えば，多くの原核生物は染色体外の遺伝因子として自律的に複製を行うプラスミドをもっている．真核生物は環状のミトコンドリアゲノムをもち，これは一般に母性遺伝する．陸上植物（および一部の藻類と原生生物）は，葉緑体ゲノムをもつ．こ

れらの染色体外の分子は，しばしば特殊な機能を果たし，核ゲノムとは大きく異なる遺伝パターンをもつ.

ゲノム（genome）は非常に単純な場合もある．例えば，phi-X174 というウイルスのゲノムは，長さがわずか 5,000 塩基対（5 kb）で，10 個の遺伝子しか含んでいない（Sanger et al., 1978）．だがゲノムはとてつもなく複雑になることもある．例えば，ヒトゲノムは約 30 億塩基対の長さで，2 万以上の遺伝子が含まれている（IHGSC, 2004）．また，ゲノムは遺伝子だけで構成されているわけではない．実際，タンパク質をコードする遺伝子は，ヒトゲノムのわずか 1% 程度にすぎない．ゲノムの主要部分は，かつて「ジャンク DNA」と考えられていた非コード領域で，これらの配列は特に遺伝子の制御において生化学的に重要な役割を担っていることがわかってきている（Dunham et al., 2012）.

一方，DNA の核酸塩基の変化以外で，遺伝情報や形質の継承に影響を与える新しい分子的な因子も見つかってきている．例えば細胞レベルでは，ヒストン修飾（メチル化，アセチル化など；Jablonka & Raz, 2009 の総説），RNA 活性（RNA を介した遺伝子サイレンシングなど）を含む非 DNA 的な要因が，**エピジェネティック遺伝**（epigenetic inheritance）と呼ばれる機構に寄与していると，今まさに最先端の研究で明らかになりつつある.

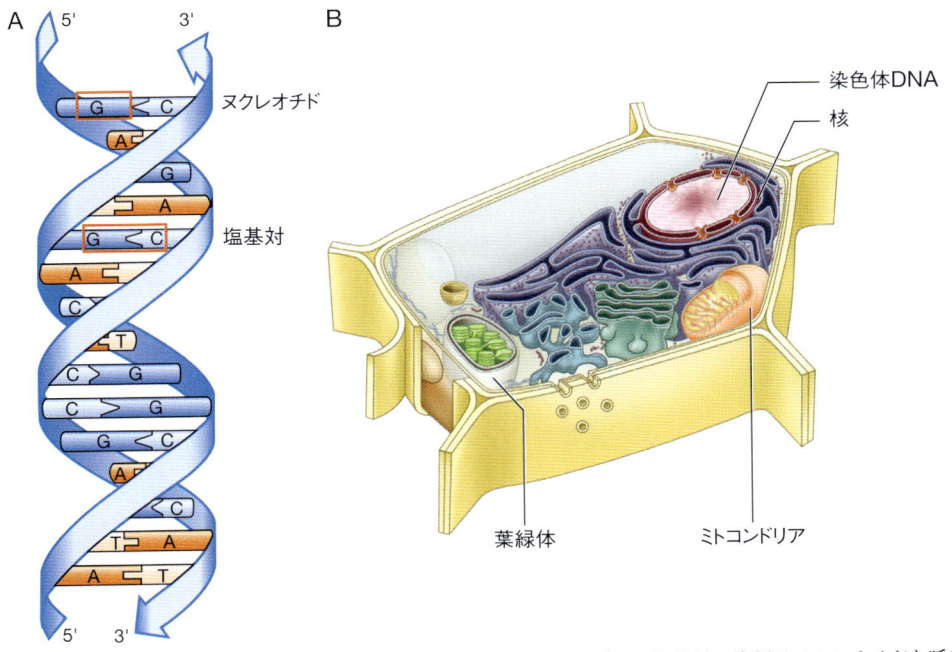

BOX 図 6.1 （A）DNA は，塩基対と呼ばれる単位からなる二本鎖の分子である．塩基対の片側はヌクレオチドと呼ばれる．（B）植物細胞の模式図．核に含まれる染色体 DNA と，染色体外にミトコンドリア DNA および葉緑体 DNA をもつ.
考えてみよう：これまでの章で学んだ初期の細胞の進化を踏まえると，染色体外の要素はどのように獲得したと考えられるか？
出典 （A）Life 12th ed., Oxford University Press より図 4.5 を引用：（B）Life 12th ed., Oxford University Press より図 5.9 を引用

表現型可塑性による調節能力

　遺伝によって決定される形質と，環境条件によって決定される形質の間には連続性がある．実際のところ，ほとんどの形質は遺伝と環境の両方から影響を受けている．また，同じ個体でも，形質によって表現型可塑性の程度が異なることも重要である．例えば，目の色は環境に影響されないが，身長は環境に影響される．したがって，表現型可塑性は形質ごとに定義される．同様に，同じ形質でもある環境からは影響を受けるが，別の環境からは影響を受けない場合がある．例えば，体重は降水量の変化よりも食事の変化に直接影響される．

　さらに，遺伝子型が異なれば可塑性のレベルも異なる可能性がある．第1章の銅の採掘の例に戻ろう．重金属で汚染された土壌で，どのような種類の植物が育つかを予測する仕事を任されたとする．まず，植物の成長速度のばらつきに表現型可塑性が寄与しているかどうかを評価するため，ある形質（草丈など）について，2つの遺伝子型に対して2つの異なる環境（低汚染と高汚染など）で測定することにした．図 6.3 は，観察しうる3つのパターンを示している．第一に，遺伝子型の効果だけが見られる（表現型可塑性が見られない）場合がある．ここでは，環境に関係なく，一方の遺伝子型からは常に背の低い植物が，他方の遺伝子型からは常に背の高い植物が得られる．第二に，環境の影響だけが見られる場合がある．強度の汚染にさらされると，どちらの遺伝子型も同じように背の低い植物を作る可能性がある．第三に，遺伝子型が2つの環境に対して異なる応答を示す可能性があり，これを**遺伝子型-環境相互作用**（genotype by environment interaction）と呼ぶ．環境は2つの遺伝子型に異なる形で影響を与えるので，植物の高さを予測するには，遺伝子型と環境の両方を知る必要がある．

　繰り返しになるが，2つの異なる条件下（例：低照度と高照度）で植物の高さを測定した実験からは，他の条件（例：低湿度と高湿度）で植物の高さが可塑的かどうかを推測したり，あるいは他の形質（例：葉の分岐構造）がそれらの環境条件で可塑的かどうかを推測することはできないことを覚えておこう．表現型可塑性は，特定の遺伝子型，特定の形質，そして特定の環境に関して定義する必要がある．

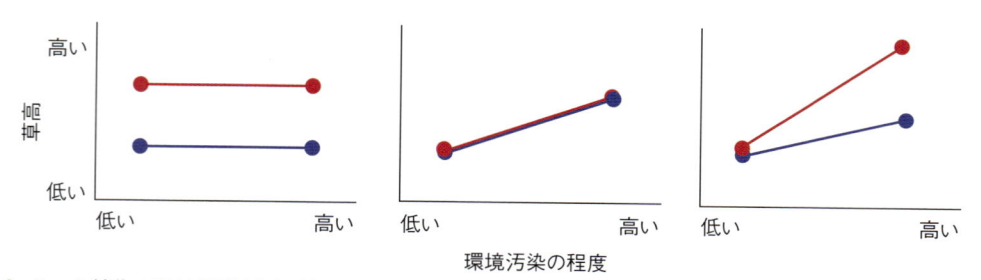

図 6.3　2つの植物の遺伝子型（赤と青）が2つの環境（低汚染と高汚染）にさらされる仮想的な例．左の図は，遺伝子型の影響はあるが，環境の影響はない．中央の図は，環境の影響があるが，遺伝子型の影響はない．右の図は，遺伝子型と環境の両方が影響している．このように，遺伝子型-環境相互作用は，異なる遺伝子型が異なる程度の表現型可塑性を示すときに起こる．

　考えてみよう：表現型可塑性の概念を説明するグラフに◯をつけてみよう．また，遺伝子型-環境相互作用について，自分の言葉で説明してみよう．

出典 Nicotra AB et al., Plant phenotypic plasticity in a changing climate, *Trends in Plant Science,* **15** (12):684–692 (2010)

地球変動ストレスと表現型可塑性

　多くの生物は，急激な環境変化に直面すると何らかの表現型可塑性を示し，また可塑性自体も多様である．可塑的な反応はほぼ瞬時に起こることもあるが，時間をかけてゆっくり起こることもある．さらに，可逆的な可塑性もあれば永久的なものもある．ここで，生物の表現型可塑性についての具体例を見てみよう．

発育の変化

　人為的な環境変化は，生物の成長や発育の仕方に大きな変化をもたらすことがある．発育速度の変化は，様々な生物において広く観察されており，特に昆虫で多くの例がある．昆虫は変温動物であり，その生活史は温度と密接な関係がある．地球温暖化が昆虫に及ぼす重要な影響の1つに，発育の加速化がある．発育速度が速くなると，成熟速度も速くなる．例えばイギリスの20年間にわたる調査では，チョウの70％以上の種で成虫の初見日が早まっており，気温が1℃上昇すると初見日が2〜10日早まることが推測されている（Roy & Sparks, 2000）．

　また，気温の上昇により成熟が速くなったことで，多くの種で世代交代の時期が早まり，1年当たりの世代数が増えている．例えば，アメリカのロッキー山脈では，数十年にわたる温暖化の結果，アメリカマツノキクイムシの飛翔時期が1ヶ月以上早まった．さらに，図 6.4 に示すように，一部の個体群では，年に1世代から2世代になった（Mitton & Ferrenberg, 2012）．このため，アメリカマツノキクイムシとそれが媒介する菌類がマツ林に与える影響は大きくなり，北アメリカ全域の 10 万 km² ものマツ林が失われた．地球温暖化が生活史イベントの時期（春における昆虫の出現や植物の開花など）に与える影響は非常に重要なテーマであるため，本章の「データで見る」で詳しく取り上げる．

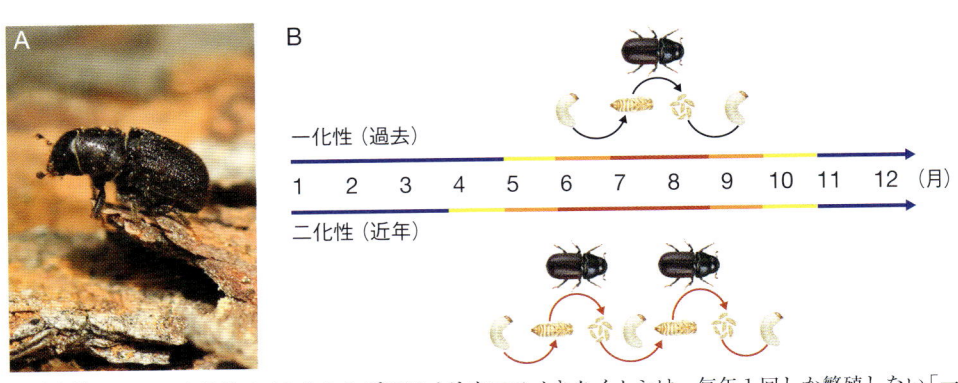

図 6.4　歴史的に，コロラド州フロントレンジのアメリカマツノキクイムシは，毎年1回しか繁殖しない「一化性」であった．しかし，現在では1年に2世代を繰り返す「二化性」の個体も現れ始めた．アメリカマツノキクイムシのこうした増殖と蔓延によってマツ林の荒廃が進んでいる．

考えてみよう：世代時間の短い病原体や害虫が宿主により大きな影響を与える理由は何だろうか？

出典 Mitton JB & Ferrenberg SM, Mountain pine beetle develops an unprecedented summer generation in response to climate warming, *Am. Nat.*, **179**(5):E163-E171 (2012)

生理的な変化

　代謝，呼吸，浸透圧調節などの物理化学的プロセスを調べる生理学的な研究では，地球変動のストレス要因に応答した生物の生理学的変化がよく調べられている．例えば，乾燥ストレス下で

水を節約するために光合成の様式を切り替える植物がいる．C3 光合成植物は，取り込んだ水の95% 以上を蒸散で失うが，ベンケイソウ型有機酸代謝(crassulacean acid metabolism, CAM) 型の光合成植物は，日中は葉の気孔を閉じ，夜間に二酸化炭素を回収して日中の光合成に使用している．ある陸上植物では，乾燥ストレス下で光合成の様式を C3 型から CAM 型へ変更することができる (Winter & Holtum, 2014)．この可塑的な応答は，地球温暖化や干ばつ頻度の増加などの気候ストレスを緩和し，植物個体群の存続にとって役立っている．

　また，海洋生態系では，海洋の温暖化だけでなく，酸性化 (溶存二酸化炭素の増加) や低酸素地帯の拡大 (溶存酸素の減少) が進行している．水温と水質の変化は，心肺機能，代謝率，運動性能，浸透圧など，海洋生物の様々な生理的プロセスに影響を与える (Heuer & Grosell, 2014；Esbaugh, 2018)．これらの影響の多くは有害であるが，飼育下では，種が環境変化に対して可塑的な応答をすることも示されている．例えば，南極の有用魚種であるショウワギスは，飼育下で高温にさらされると，はじめは心拍数や換気量，代謝率の上昇を示すが，数週間するとこれらの指標は減少する (Davis et al., 2018)．これは，この種がある程度まで海洋温暖化に順応できることを示している．しかし，飼育下で温度上昇と CO_2 増加のストレスに同時にさらされると，順応能力は大きく低下した．このように，生物が複数のストレス要因に同時に順応することは困難な場合がある．

行動の変化

　動物の行動は環境条件に大きく影響される．実際，地球温暖化のストレス要因に対する行動の変化は，多様な生物で観察されている．気候変動がホッキョクグマの採餌行動へ及ぼす影響はその象徴的な例である．気候変動は極域に大きな影響を与えている．その 1 つは氷の崩壊の早期化であり，過去 30 年間で結氷期はほぼ 2 ヶ月短くなった (Sahanatien & Derocher, 2012)．結氷期が短くなると，ホッキョクグマのように極域の氷に依存してアザラシなどの餌を捕る動物に影響が出る．図 6.5A に示すように，現在と過去のホッキョクグマの食性を比較した研究によると，近年ホッキョクグマは鳥の卵などの新しい食料へと食性を変化させたことがわかった (Gormezano & Rockwell, 2013；Iverson et al., 2014)．食餌の変化は採食行動における表現型可塑性の結果であり，これは北極圏の鳥類個体群に重要な影響を与える可能性がある．

　もう一つの重要な例は，人為的に改変された感覚環境 (sensory environment) の問題である．人間活動は，水域・陸域環境の光や音の「景観」を大きく変化させてきた (Swaddle et al., 2015)．騒音の大きさは，主に交通機関 (都市部での交通，船舶，鉄道など) の発達により，世界中で増加している．聴覚によるコミュニケーションに依存する多くの種は，こうした環境にさらされたときに行動を変化させる．例えば，コオロギ，カエル，鳥，クジラは，すべて人為的な騒音があると鳴く速度，長さ，および音の高さを変えることが示されている (例：Slabbekoorn & Peet, 2003；Morley et al., 2014；Orci et al., 2016)．さらに，ある感覚器官への刺激は，別の感覚器官の可塑性を誘発することもある．図 6.5B は，コウイカが人為的な騒音にさらされると，数分で体色と行動を変化させることを示している (Kunc et al., 2014)．このように個体は新しい刺激に対してほぼ瞬時に行動を調節することができる．

形態の変化

　環境変化は，生物の物理的な構造 (形態) にも表現型の可塑的な変化をもたらす．ストレス要因によって変化する形態形質として，動物で最もよく調べられているのは体サイズである (例：

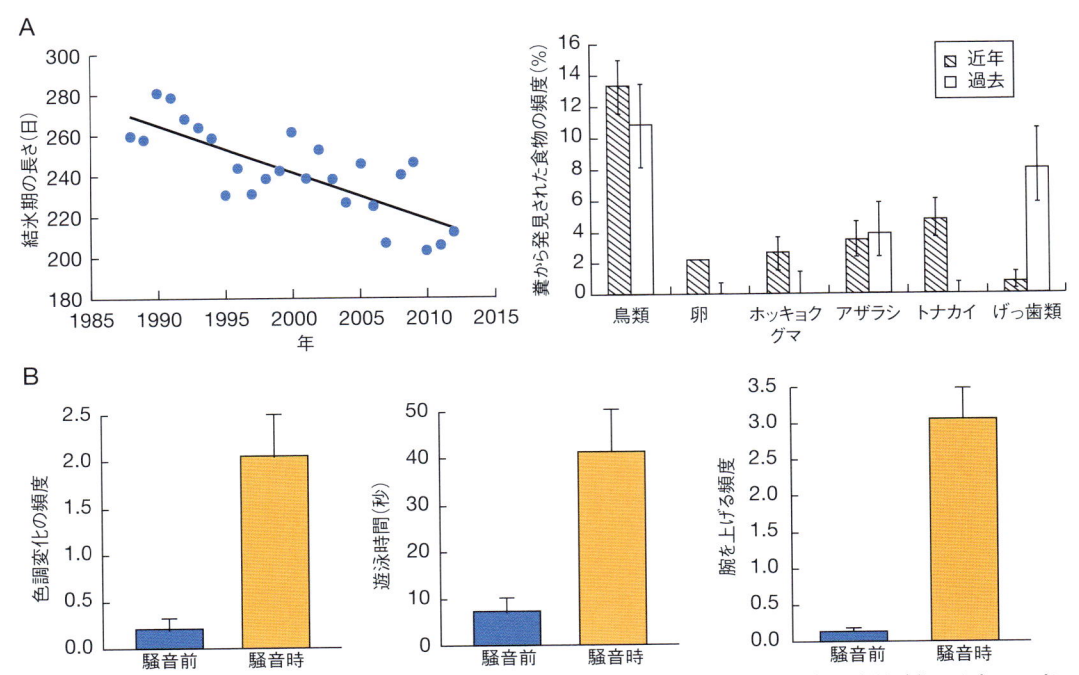

図 6.5　人為的なストレス要因に対処するための表現型可塑的による行動の変化．（A）地球温暖化により，ハドソン湾北部（カナダ）の結氷期の長さが減少している．海氷の消失に伴い，ホッキョクグマはより多くの陸上の食料を必要としている．ハドソン湾のホッキョクグマの食性に関する過去のデータ（1968 ～ 1969 年）と最近のデータ（2006 ～ 2008 年）を見ると，鳥の卵やトナカイなどで栄養を補う傾向が強まっている．（B）商業船舶の航行により，海洋環境では騒音が増加している．室内実験では，水中の船のエンジン音を録音して聞かせると，イカは体色を変え，泳ぐ時間が長くなり，腕を上げる回数が増える．

考えてみよう：ハドソン湾の結氷期は，30 年前と比較して，年間およそ何日短くなったか？　もし，海氷が減少し続けたら，30 年後のホッキョクグマの食生活や生存率にどのような変化が起こると予想されるか？

出典　（A）Iverson SA et al., Longer ice-free seasons increase the risk of nest depredation by polar bears for colonial breeding birds in the Canadian Arctic, *Proceedings of the Royal Society B*, **281**(1779): 20133128 (2014)：（B）McMullen H et al., Anthropogenic noise affects vocal interactions, *Behavioural Processes*, **103**(1):125–128 (2014)

Gardner et al., 2011）．気候変動，生息地の消失，分断化，汚染といった地球規模でのストレス要因の多くは，動物の餌の量や質に影響を及ぼす．一般に，生息地の質の悪化は体サイズの減少につながる．ミドリツバメの研究では，7 年間で体が大幅に（メスでは最大 8%）小さくなったことがわかった（Paquette et al., 2014）．しかし，ストレス要因によって小型化する傾向は，普遍的なものではない．例えば，オーストラリアの 24 種のスズメ目の鳥類の分析（40 年以上にわたる博物館標本からのサンプリング）では，38% の種で小型化し，21% で大型化する傾向を示した（Gardner et al., 2014）．したがって，地球規模の変化が動物の体サイズに及ぼす影響について，一般論を展開するにはさらなる検証が必要である．

　一方，環境に対する人為影響のなかには，形態に直接かつ顕著な影響を与えるものがある．例えば，汚染物質が性的な形質に与える影響について考えてみよう．ほとんどの動物は遺伝子型による性決定を行うが，種によっては温度，光周期，栄養の有無といった環境要因が，性的形質に影響を与えている（Janzen & Phillips, 2006）．さらに，通常，遺伝子型により性決定される種であっても，農薬や合成ホルモンのような人為的な汚染物質が性的形質を変化させることがある．実際

に，農業で使用される化学物質や下水処理場から排出される化学物質が，魚やカエルの「性転換」に寄与することが多くの研究で証明されている（例：Hayes et al., 2010；Lambert et al., 2015；Iwanowicz et al., 2016）．これらの汚染物質は性ホルモンと類似の作用をもち，内分泌撹乱物質として機能する．汚染物質にさらされたオスの遺伝子をもつ個体は，精巣で卵母細胞を発達させることができるだけでなく，いくつかの種では実際に生存可能な卵を産む．このように，一般的に固定的と考えられている形質でさえ，地球変動ストレスにより変化することがある．

まとめ

ここで重要なのは，前述の各項目は，互いに密接に関係し合っていることである．例えば，形態的な変化は発生過程の変化から生じることも多く，生理学的な変化は行動の変化につながることが多い．カエルの性転換の例では，環境汚染物質が内分泌系に影響を与え，その結果，ホルモンの変化が生物の発生，生理，形態，行動を変化させる．生物の体は統合的なシステムであるため，地球変動のストレスに対する表現型の可塑的な応答は，複数の形質で同時に生じることがある．

表現型可塑性のメカニズム

表現型可塑性の根底にあるメカニズムは，単純なもののように見える．例えば，ある植物が日光や水分，栄養分を奪われると，遺伝的に同じ植物が最適な条件で生育した場合と比べて生育が悪くなる．それでは，地球温暖化のストレス要因によって，実際にどのような仕組みで，時として複雑な表現型可塑性がもたらされるのだろうか．いくつかの例を考えてみよう．

瞬間的な応答

環境変化に対する応答のなかには，瞬間的なものがある．例えば，多くの生物では気温が変化すると，瞬時に行動や生理が変化する（例：植物は水分の損失を防ぐために気孔を開けたり閉じたりし，動物は体温調節のために震えたり日陰を探したりする）．地球変動のストレスに対する瞬間的な応答の例として，人為的な騒音が鳥のさえずりに与える影響が挙げられる．自然の生息地でオオジュリンを調査したところ，騒がしい場所にいるオスは静かな場所にいるオスよりも高い周波数の歌を歌うことがわかった（**図 6.6A**）．都市における低周波の背景音よりも歌を聞こえやすくするためと考えられる（Gross et al., 2010）．さらに，オオジュリンは騒音の激しい日や交通騒音にさらされた数分後にも鳴き声を調節していた．このように，個体は状況の変化に対してほぼ瞬時に応答することができる．

遺伝子制御による応答

環境刺激は一般的に，発育，生理，ホルモン，免疫，神経化学経路の変化を介して，生物の表現型に影響を与える．これらの影響の多くは，最終的に遺伝子制御の変化によってもたらされる（Kelly et al., 2012）．**遺伝子制御**（gene regulation）とは，細胞が特定の遺伝子からの RNA やタンパク質の産生を増減させる過程のことである．DNA 配列は変化させられないが，遺伝子の RNA への転写，およびそれに続くタンパク質への翻訳は変化させることができる．したがって，特定の遺伝子発現は，組織や発生のタイミング，環境刺激の違いに応じて，個別に変化させることができる．

図 6.6B には，環境条件と遺伝子発現，そして表現型の間の関連を示す古典的な例を示している．セイヨウミツバチでは，遺伝的に同一の幼虫から明らかに異なる表現型が現れる．生殖を行う女王蜂と不妊の働き蜂とでは，形態，生理，繁殖能力，行動が異なるが，どちらも遺伝的に同一の幼虫から発生する．このような大きな表現型可塑性を生み出す環境的な引き金となるのは食性である．女王蜂になる幼虫は「ローヤルゼリー」（育児蜂が分泌する物質）を食べ，それ以外の幼虫は花粉や花蜜を食べている．ローヤルゼリーや花粉，花蜜に含まれる化学物質による制御により，多数の遺伝子の発現が制御されて変化し，最終的に女王蜂が誕生する（Kucharski et al., 2008；Mao et al., 2015）．

地球変動に特化した例として，干ばつに対する植物の応答がある．最近のある研究では，温室実験でイネ科の 1 種（*Andropogon gerardii*）の水不足に対する応答を調べた（Avolio et al., 2018）．その結果，乾燥ストレスへの応答に関与する遺伝子の発現量が変化することがわかった．この遺伝子発現の変化は，葉の生理的変化（例：脱水を防ぐために気孔を閉じる），そして最終的には

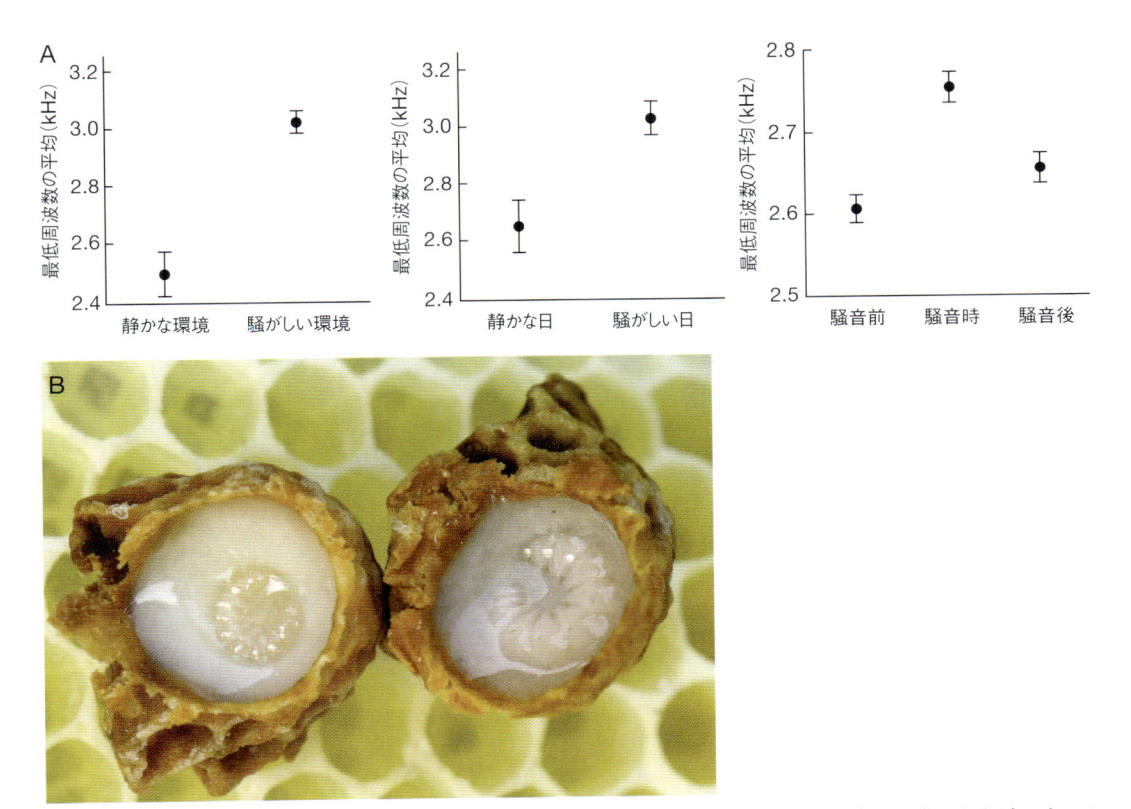

図 6.6 瞬時で応答する可塑性と発生の過程で生じる可塑性．（A）騒音環境と静かな環境におけるオオジュリンのオスの歌の急激な変化．騒がしい場所や騒がしい日に鳴き声の周波数が上がる．（B）セイヨウミツバチの幼虫は，ローヤルゼリーの入った部屋で飼育すると繁殖力の強い女王蜂に成長する．女王蜂と働き蜂の生殖形態（例：卵巣の大きさ）の違いは，成長過程にローヤルゼリーを食べることで遺伝子発現が変化して生じる．
考えてみよう：図中の各例における，表現型可塑性のある形質について，次のことを説明してみよう：応答時間（即座か遅延か），応答する発生段階（応答は発生のどの段階でも起こりうるか），応答の永続性（表現型はその後元に戻るか）．
出典 （A）Gross K et al., Behavioral plasticity allows short-term adjustment to a novel environment, *The American Naturalist*, **176**(4):456–464 (2010)；（B）https://en.wikipedia.org/wiki/Royal_jelly#/media/File:Weiselzellen_68 a.jpg, Kurcharski et al. (2008), https://science.sciencemag.org/content/319/5871/1827

植物全体の成長の変化（例：根と茎のバイオマス配分）につながった。このように，遺伝子発現の変化は，環境変化に対する部分および全身的な応答と関連づけることができる。

エピジェネティックな応答

遺伝子制御による変化は通常遺伝しないが，環境によって誘発された変化が将来の世代に影響を与えるメカニズムがいくつかある（Bossdorf et al., 2008；Verhoeven et al., 2016）。エピジェネティクスは，DNA 配列レベルでの変化を伴わない遺伝子発現変化のことである。遺伝子が発現するかどうかは，DNA が転写可能かどうかを含め，多くのプロセスによって左右される。具体的な例としては，DNA メチル化が挙げられる。これは，DNA 配列自体は変化せず，転写を阻害するものである。このような物理的な転写阻害は，その個体が生きている間の表現型に影響を与え，一部は次世代に受け継がれることがある。

例えば，げっ歯類が殺菌剤にさらされて DNA メチル化のパターンを変化させた場合，この毒素の影響がひ孫のストレス応答に現れることが確認されている（Crews et al., 2012）。同様に，タンポポが環境ストレス（低栄養や塩ストレスなど）にさらされると，かなりの割合のメチル化部位が変化し，その多くが子孫に受け継がれることがわかった（Verhoeven et al., 2010）。このようなメチル化による変化は，地球温暖化のストレス要因に対応するうえで重要な役割を果たす可能性がある。例えば，サンゴ礁の魚は，将来の海洋温暖化を想定した温度にさらされると，次世代に受け継がれる劇的なメチル化反応を示し，変化した条件下での生存を助ける可能性がある（Ryu et al., 2018）。このように，エピジェネティックな世代間継承は，その個体（世代）限りの表現型可塑性と，将来の世代に影響を与えうる環境的影響との区別を曖昧にしている。

誘導と可逆性

環境条件に対する可塑的な応答は，様々な方法で起こりうる点が重要である。第一に，応答に要する時間は種や形質，環境によって異なる。例えば，ある環境からの刺激は即座に影響を引き起こすが，他の刺激は時間が経ってから応答を引き起こす。第二に，応答の発生ステージが異なることがある。例えば，ある形質は特定の発生時期にのみ現れるが，他の形質は生涯を通じて可塑性を保持する。第三に，応答の大きさが異なる。生物の表現型は，ストレス要因によってわずかに変化することもあれば，大きく変化することもあり，また徐々に変化することもあれば，ある閾値から急激に別の状態に変わることもある。第四に，応答の永続性が異なる。表現型可塑性には可逆的なものと不可逆的なものがある。

先に紹介した女王蜂の表現型は，幼虫時期にしか誘導できず，数週間かけて発達すると，急激な状態変化を示し，しかも不可逆的な状態となる。一度女王蜂になると，もはや働き蜂に戻ることはできない。しかし，他種の別の形質では，もっと早く発達し，何度も誘発と復元を繰り返すことができる。例えば，多くの生物は，高温（またはその他のストレス要因）に対して，分子シャペロン（タンパク質の折り畳みなどを助けるタンパク質）として細胞内で多様な役割を果たす熱ショックタンパク質を誘導することで順応できる。熱ショック応答は，生物の生活史の間で何度も引き起こされる可能性がある（Richter et al., 2010）。加えて，可塑性の起きる速度，大きさ，可逆性の程度は，様々である。例えば，この章の冒頭で紹介したミジンコの捕食防御の例では，ヘルメットのような表現型は，完成するまでに数回の脱皮が必要である。このヘルメットは通常，捕食者の刺激がなくなると縮小はするが，なくなることはない（Tollrian & Dodson, 1999）。地球変動のストレス要因に対する生物の可塑的な応答は，種，形質，発生段階，環境刺激によって異

なるのである (Stamps, 2016；Gabriel et al., 2017).

表現型可塑性の評価と予測

　自然界では，特定の表現型は特定の環境条件としか結びつかないことが多い．では，観察された表現型が遺伝子の違いによるものか，環境の違いによるものかを科学的にどのようにして判断するのだろうか．また，地球温暖化というストレス要因に対して，その種が調節できるかどうかをどのように予測することができるのだろうか.

実験的アプローチ

　実験的アプローチは，おそらく表現型可塑性を調べるために最も直接的で，最初に行うべきものである．実験では表現型のパターンに対して，遺伝子型と環境が相対的にどの程度寄与しているかを評価し，ある遺伝子型が将来の環境条件下でどのように応答するかを予測することができる．実験室や野外の様々な環境下にさらした後に，形態的，生理的，発生的，または行動的形質を測定するのである.

　表現型可塑性を評価するためによく使われる実験計画には，図 6.7A に示すようなコモンガーデン実験と相互移植実験の2つがある．**コモンガーデン実験** (common garden experiment) では，異なる形質をもつ生物を同じ環境下で飼育する．この実験では，1つまたは複数の環境条件を操作することができ，生物の「ホーム」（元々の生息地）環境を作ったり，それをなくしたりすることが可能である．形質の違いが持続する場合，そこには遺伝的な違いがあると判断される．逆に，形質の違いが小さくなったり消えたりする場合は，形質は少なくとも部分的に環境の影響を受けていることになる.

　相互移植実験 (reciprocal transplant experiment) もこれと類似しているが，異なる環境の生物を「ホーム」と「アウェイ」の両方の条件下で相互移植する．この場合も，形質的な違いが持続するかどうかを測定する．一般的なコモンガーデン実験は実験室などの生態系を模した環境で行われることが多いが，相互移植実験は自然の生息地で行われることが多い．一般的にコモンガーデン実験と相互移植実験の設計と解釈は非常によく似ている.

　Geng ら (2007) は，温室でのコモンガーデン実験を用いて，侵略的な水草であるナガエツルノゲイトウの繁栄に対する表現型可塑性の役割を評価した．前章で述べたように，侵略的外来種はグローバル変動生物学における重要な問題であり，年間数十億ドルの損害を与えている．図 6.7B に示すように，水生と陸生の生息地間の表現型の違いは，遺伝子の違いよりも表現型可塑性でほぼ完全に説明できた.

　コモンガーデン実験と相互移植実験は，個体群が人為による環境変化に対して表現型可塑性で応答できるかを予測するために用いることができる．例えば，実験室でのコモンガーデン実験では，将来予想される条件をシミュレートすることができる．多くの研究は，この手法を利用し，海洋生物が海水温度の変化, pH の変動, そして栄養条件の変化に対応できるかを調べている（例：Habary et al., 2017；Ezzat et al., 2019).　ここで重要なことは，複数のストレス要因が同時に作用すると，海洋生物の生存率や成長などが特に低くなることである.

　野外での移植実験により，将来の環境条件に似せた生息地に個体を移動させることができる．例えば，IshizukaとGoto (2012) は，トドマツの種子を生息地の勾配に沿って植えた（気候変動を模して低標高へ移植）．その結果，200 m 以上の低標高に移動させた個体群では成長が低下した.

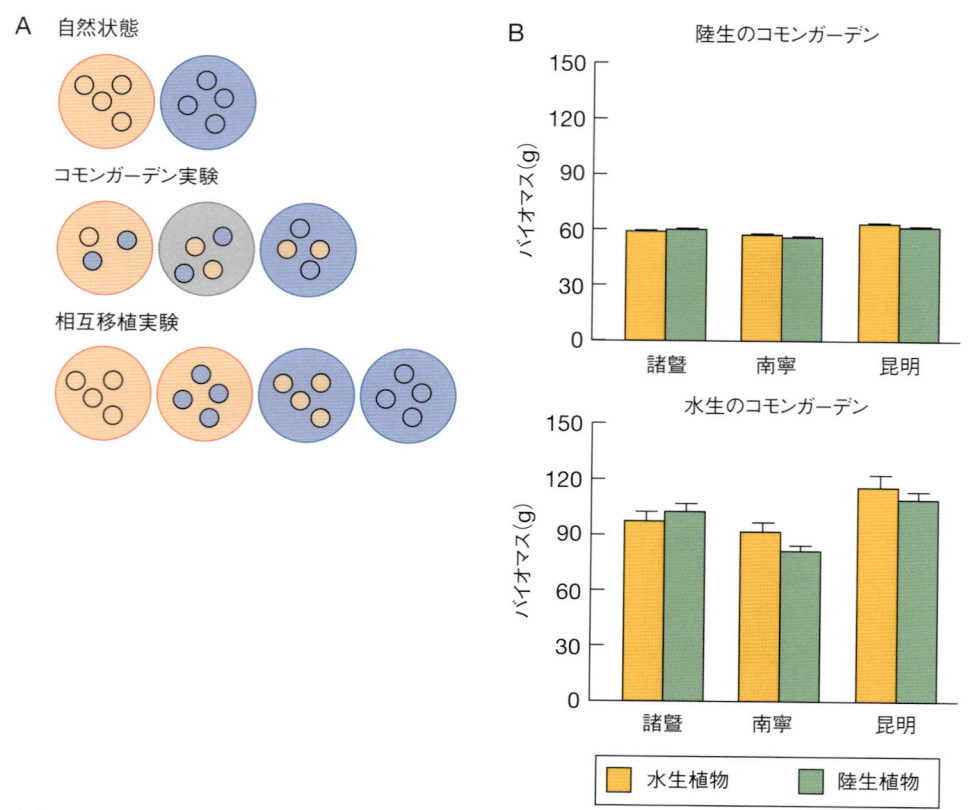

図6.7 （A）コモンガーデン実験と相互移植実験のデザインの概念図．一般に，表現型（色のついた丸）は特定の環境条件と関連することがわかっており，その違いが本当に表現型可塑性から生じるかどうかを調べる実験が必要である．コモンガーデン実験では，異なる環境に由来する個体が共通した環境で一緒に飼育される．相互移植実験では，個体は本来の生育環境とそうではない環境の両方で飼育される．（B）ナガエツルノゲイトウを用いたコモンガーデン実験の結果．水生と陸生の生息地から採取した植物3個体ずつについてのバイオマスを示す．いずれの場所の植物も，陸上環境で栽培した場合，水中環境で栽培した場合よりもバイオマスが少なくなる．

考えてみよう：ナガエツルノゲイトウの図において，環境条件ではなく遺伝子型が植物のバイオマスを決定するとしたら，データはどのようになるだろうか？　もし，遺伝子型と環境の相互作用があるとしたら，データはどのように見えるだろうか？　図と同じような形式で，各シナリオの例を描いてみよう．

出典　（A）原著者の厚意により；（B）Geng YP et al., *Biological Invasions*, **9**(3):245 (2007)

このことは，地球温暖化がこの樹種に有害である可能性が高いことを示唆している（Ishizuka & Goto, 2012）．このように，地球変動のストレス要因による影響を可塑的な応答で対処できるかどうかを予測するうえで，実験室や野外での実験的アプローチは有効である．

分子的アプローチ

　表現型可塑性のパターンに対して，様々な分子的アプローチを用いることで，その根底にあるメカニズムを理解することができる（de Villemereuil et al., 2016）．具体的には，可塑的な応答を説明できる遺伝子発現やメチル化を探すことである．例えば，カダヤシの1種マミチョグでは，温度，塩分，汚染のストレス要因に対して可塑的な応答で対処することに優れ，浸透圧が大きく異なる環境（淡水から海水まで）や，極端な汚染環境（汚染された産業廃棄物処理場など）でも繁栄している．Whiteheadら（2011）は，沿岸の個体群を実験室の制御された淡水環境へ移して浸

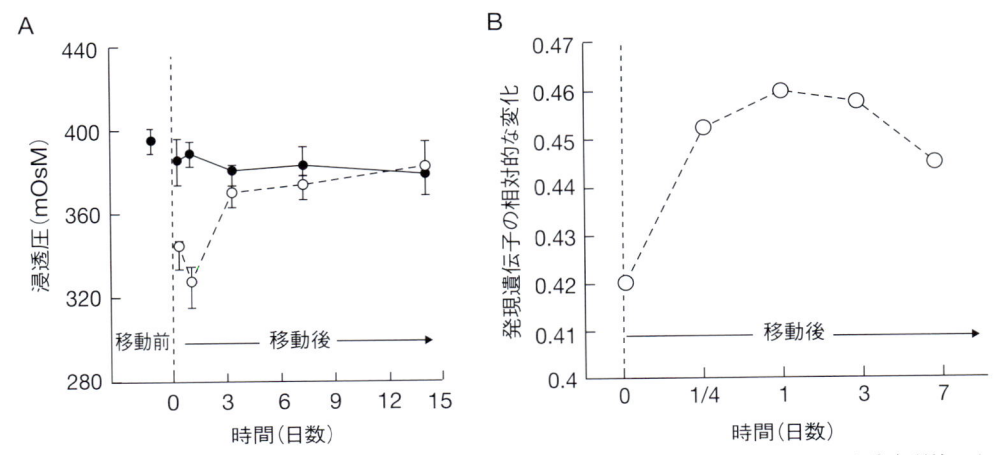

図 6.8 マミチョグの生理的可塑性は遺伝子発現の変化で起きる．（A）沿岸に棲むマミチョグを淡水環境にさらしたときの血中浸透圧の変化．白丸は淡水環境に移した魚，黒丸は海洋環境で飼育した対照区の魚の血中浸透圧を示す．（B）浸透圧ショック処理で有意な変動を示した約 500 の遺伝子発現パターン．Y 軸は特定の遺伝子発現量ではなく，統計解析から得られた値を示す．
考えてみよう：魚を淡水環境に移した後，ほぼ正常な血液浸透圧に戻るまで，どれくらいの時間がかかったか？　その間，どのような遺伝子発現が起きていただろうか？　これは瞬時の応答と考えるべきか，それとも遅延応答と考えるべきか？
出典 Whitehead A et al., Functional genomics of physiological plasticity and local adaptation in killifish, *Journal of Heredity*, **102**(5):499–511 (2011)

透圧ストレスにさらし，血液の化学組成と遺伝子発現を測定した．**図 6.8** はマミチョグの劇的な生理的可塑性を示しており，6 〜 7 日以内に浸透圧の恒常性を回復できることを明らかにした．さらに著者らは，早期のストレス応答と長期にわたる体組織の応答に関与する分子機構を発見した．このように，分子的アプローチは実験的アプローチと組み合わせることで，可塑的な応答がどのように行われるかについて重要な視点を提供できる．次の章では，遺伝子型と表現型とを結びつけるための分子的手法をさらに詳細に見ていく．

表現型可塑性と長期的な存続可能性

　表現型可塑性は，環境変動に対して生物が柔軟に応答し，生き残るための鍵となる．最近の研究では，可塑性が初期の生存率を高め，生物が環境変化に長期的に適応進化するまでの時間稼ぎに貢献していることが指摘されている (Schlichting & Wund, 2014)．つまり可塑性は，個体群が適応進化をする前の，ストレス要因に対する初期応答として働いている．

　表現型可塑性は，遺伝的な適応的変化に先行するだけでなく，それを促進する可能性があり，これは**可塑性第一仮説** (plasticity-first hypothesis) と呼ばれている (Schwander & Leimar, 2011)．この仮説では，環境撹乱により，その条件下で生存に有利な表現型可塑性をもつ変異が誘発されることを想定する．その後，**遺伝的同化** (genetic assimilation) と呼ばれる過程を経て可塑性は小さくなり，遺伝的に固定されるという仮説である．

　遺伝的同化のメカニズムは複雑で，多くの研究がなされている（例：Diamond & Martin, 2016；Ehrenreich & Pfennig, 2016）．地球変動のストレス要因に対する可塑的な応答が長期的な進化につながることは，経験的に多くのシステムで示されている．チョウのストレスに応じた翅の模様の変化 (Hiyama et al., 2012)，魚の塩分勾配に応じた体長の変化 (Robinson, 2013)，藻類

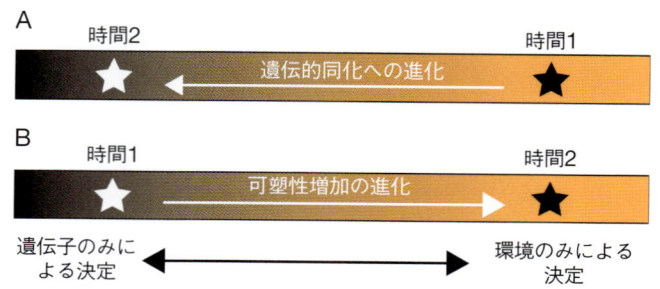

図 6.9　表現形質は，遺伝子と環境の間で連続的に決まる．形質は時間とともに遺伝的に固定しやすくなる（A）か，可塑性が増す（B）．
考えてみよう：どのような条件下で，可塑性の増大と減少がそれぞれ進化すると予想されるか？
出典　Pfennig DW et al., Phenotypic plasticity's impacts on diversification and speciation, *Trends in Ecology & Evolution*, **25**(8):459–467 (2010)

の塩濃度に対する耐性の変化（Lachapelle et al., 2015）はすべて，遺伝的同化がストレス要因への応答において重要なプロセスである可能性を示している．

　また，表現型可塑性そのものが適応的である場合もある．例えば，ミジンコの捕食者からの防御としてヘルメット型の角が形成される例では，角への余分な投資は捕食者がいるときだけ発生する．したがって，調節はそれ自体が自然選択の結果であり，生物は時間経過とともに可塑性の増減を進化させる可能性がある（図 6.9）．

　人為的な影響に対して可塑性が増大する例は数多くある．例えば，この章の前半では，都市の騒音に対して鳴き声を変化させる鳥がいることを紹介した．最近のある研究では，都市の騒音にさらされたとき，都市部のミヤマシトドのオスはすぐに歌を修正したが，地方の鳥は修正しなかった（Gentry et al., 2017）．同様に，ムネボソアリでは，都市部の方が農村部の集団よりも耐熱性に関して高い可塑性を示した（Diamond et. al., 2018）．これらの例は，異なる環境の集団間で可塑性の程度が異なることから，可塑性自体がストレス要因に対応して進化することを実証している．

　以上，可塑性は進化的スケールで増加することも，減少することも，また変わらないこともある．また可塑性によって集団が新しい環境条件に適応進化するまでの時間を稼ぐ場合もある．逆に，可塑性が将来の適応応答を制限する場合もあるだろう（Fox et al., 2019）．もちろん，可塑性は適応への橋渡しとしてだけでなく，それ自体も重要な応答である．

結論

　表現型可塑性は，多くの生物にとって地球変動のストレス要因に対する重要な応答である．本章で見てきたように，可塑性は新しいストレス要因に瞬時に対処することもあれば，発生の時間スケールでゆっくりと生じることもある．可塑性は，環境条件に対する感受性が高く，移動性が低く，適応能力が低い生物の生存にとって特に重要である．調節応答はふつう迅速であり，遺伝的変化を必要とせず，個体の一生において多種多様な形質に生じる．種が地球変動のストレス要因に対して順応できるかどうかは，関連する形質における表現型可塑性の程度と環境変化の大きさ（例：形質が新しい環境条件に合わせて変化できるかどうか）によって決まる．

　もちろん，調節応答は他の主要な応答と相反するものではない．生物は移動するとき，しばしば遭遇する新しい環境条件に対し調節する必要がある．調節応答は新しい地域や環境への移動を促進するものであり，移入種の多くは高度な表現型可塑性を示している（Davidson et al., 2011）．

これまで述べてきたように，調節は適応とも関連している．調節自体も適応的であり，可塑性によって生物が長期的な環境変動に適応していくための時間を稼ぐことができるからである．調節は多くの種の生存に欠かせないが，可塑性には限界がある．すべての形質が変化する環境に対して調節によって対応できるわけではなく，また可塑性が常に新しいストレス要因から個体群を守ってくれるとは限らない（例：Binks et al., 2016）．したがって，調節応答は，他の主要な応答と同様に，統合的かつ種特異的な観点から評価すべきである．

📊 データで見る

フェノロジーと地球温暖化

誰が，何を目指していたのか？

ここでは，グローバル変動生物学に関連する2つの古典的な論文を詳しく見てみよう．これら2つのメタ解析は，2003年1月に"Nature"誌の同じ号に掲載された．最初の論文は，パーメサン（Camille Permesan）博士による「気候変動は自然生態系に広範かつ一貫した負荷（フットプリント）を与えている」，2番目の論文はルート（Terry Root）博士を筆頭著者とする「野生動植物に対する地球規模でのフットプリント」である（**BOX 図 6.2**）．同じテーマの論文が同じ号に2つ掲載されるのは雑誌としては異例のことだが，それゆえ研究結果に大きな注目が集まった．2つの論文を合わせて7,500回以上も引用されるとともに，"New York Times"紙の一面で報じられた．これは，科学的発見としては稀に見る栄誉である．

著者らは，気候変動が生物に及ぼす影響を3つの項目（表現型の変化，生息範囲の変化，種数の変化）に着目した．ここでは，調節応答の明確な例であるフェノロジーに焦点を当てることにする．フェノロジー（phenology）とは，周期的あるいは季節的な自然現象のことであり，フェノロジーの変化とは，そのタイミングの変化を意味する．日長，気温，湿度などの非生物的要因は，開花，繁殖，移動などの季節性のある生物的イベントのタイミングに影響を与える．したがって，多くの表現形質は強い表現型可塑性を示す．フェノロジーを理解するには，周期的な生活史イベントの引き金となる環境要因を記録することが必要である．人類はこうしたフェノロジーとその引き金となる環境条件を何百年も前から記録してきた．最も古い例としては，フランスのブルゴーニュ地方のブドウの収穫や日本の桜の開花の記録がある（例：Chuine et al., 2004）．また，農家や自然愛好家たちは，クロッカスの開花，春の初蝶，カエルの鳴き始め，渡り鳥の初飛来など，季節の移り変わりに伴う生物現象を長い間記録してきた．

地球規模の気候変動はフェノロジーのタイミ

BOX 図 6.2 　筆頭著者のルート博士（A）とパーメサン博士（B）．（C）地球温暖化によってチョウの生息域がどのように変化しているかを調べるための野外調査を行っているパーメサン博士の姿．
　出典　（A）写真：Stephan H. Schneider；（B），（C）Michael Singer

ングに大きな影響を与えると考えられる．2003年にルートらは，「多くの研究が気候変動に関連した生物学的変化を調べているが，一般にそれらは特定の地域や分類群に偏っている」と述べている．地球規模での視点で見るため，2人の研究者はメタ解析を用い，地球温暖化が生物システムに与える影響を定量化することに着手した．

あなたの予測は？

この先を読む前に，表現型可塑性と温暖化のフェノロジーへの影響について学んできたことを適用し，次の問いについて考えてみよう．
- 過去100年間の地球温暖化によりフェノロジーは変化していると予想されるか？
- もしそうなら，どのようなフェノロジーの変化が起きたと考えられるか？
- すべての種で同じような傾向があるのだろうか？　例えば，植物と動物で同じような応答があると予想されるだろうか？

フェノロジーが，過去100年の間に地球温暖化によってどのように変化した可能性が高いか，予想を書いてみよう．

科学者らの予測は？

パーメサンとヨーへは次のように予想した．「温暖化傾向にある地域で想定されるフェノロジーの変化は，春のイベント（渡り鳥の到着時間，飛行のピーク日，芽吹き，巣作り，産卵，開花など）が早まり，秋のイベント（落葉，渡り鳥の出発時期，冬眠など）が遅くなることである．」

どのようなデータを収集したのか？

両グループの研究者は，多くの動植物を含む多様な種に関する研究データを収集した．そして，分析に含めるべきデータセットの基準を設けた．両者とも，一定期間にわたるフェノロジーの変化を定量的に記録した研究に焦点を当てた（Root et al., 2003 では10年以上，Parmesan & Yohe, 2003 では20年以上）．

次に，メタ解析によって，地球温暖化に対するフェノロジー応答の全体的な傾向を評価した．著者らは，フェノロジーの変化を示す種は一貫して春のイベントが早まるかを調べた．実際，フェノロジーの変化を示した種のなかで，予測された方向へどの程度の変化が見られただろうか．地球温暖化はフェノロジーの方向性に有意な影響を与えないという帰無仮説と結果を比較した（フェノロジーの変化がどちらの方向にも等しい確率で起こるという**帰無仮説**（null hypothesis））．これら2つの研究では，有意性を評価するために異なる統計手法を用いた（二項検定，票数カウント法，回帰分析など）．

あなたのデータの解釈は？

この先を読む前に，**BOX 図6.3** のデータを解釈するための，以下の問いを考えてみよう．
- 全体的な傾向はどうだったのか？
- これらの傾向は，グループ間でどの程度一貫して見られるのか？
- 分類群間の共通点や相違点からどのようなことが考えられるか？

この研究の主要な発見とその意義について，1〜2文で書いてみよう．

科学者らはデータをどう解釈したか？

気候変動がフェノロジーに及ぼす主要な効果は，生物現象の早まりである．地球の気温が上昇すると，多くの温度依存的なプロセスが1年の早い時期に生じる．メタ解析により，フェノロジーが10年間で何日早まったかが明らかとなった．Root ら（2003）は10年当たり平均5.1日，Parmesan と Yohe（2003）は10年当たり平均2.3日の有意な早期化を見出した．これらの結果は，脊椎動物，無脊椎動物，植物など，異なる分類群間で驚くほど一致していた．もちろん，変化の大きさは，各グループのフェノロジーがどの程度可塑的で，どの程度気温に依存するかによって異なるが，結果として，87%の種が想定通り早まる方向へシフトしていた（Parmesan & Yohe, 2003）．

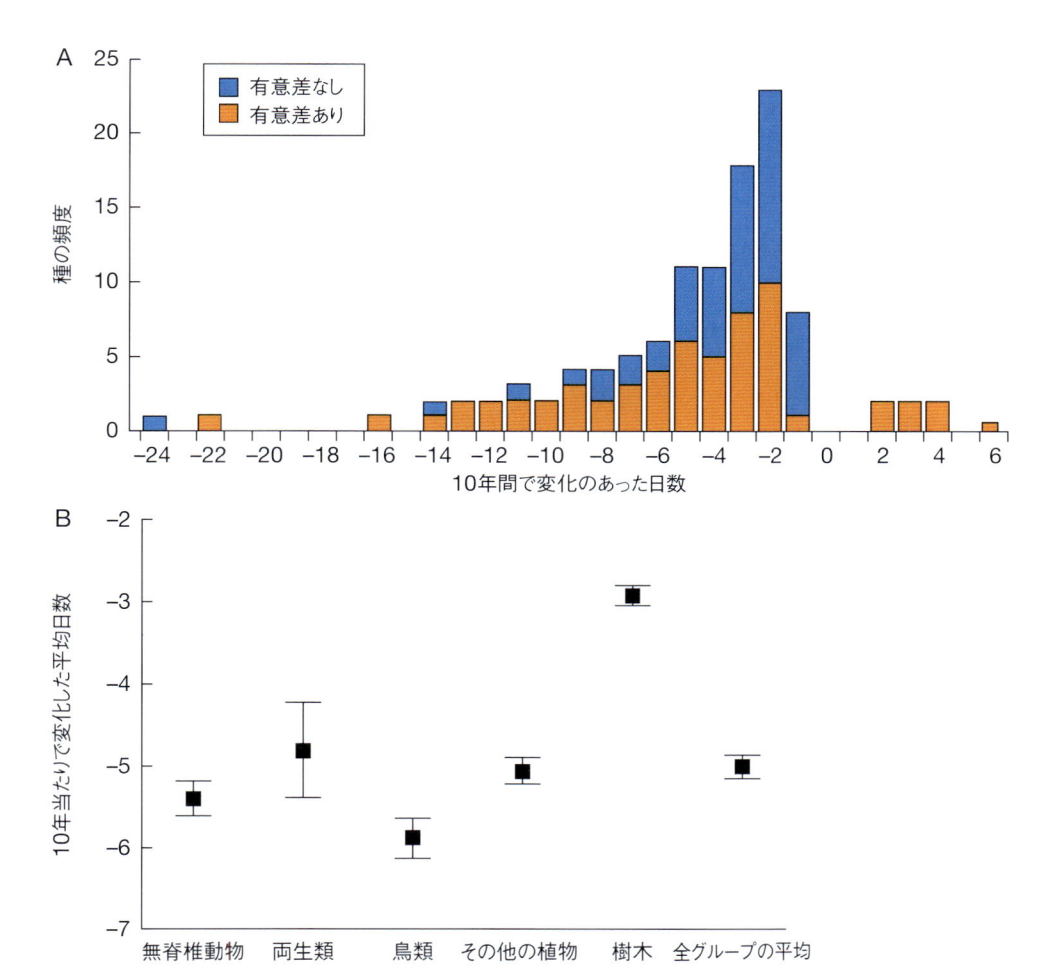

BOX 図 6.3 （A）フェノロジーの変化（日数別）．負の数は，フェノロジーのイベントが早まったことを示す．なお，10 年間の変化がゼロであった種については，データの解析を行っていない．（B）異なるグループの種について，フェノロジーが（春の早い時期に）早まった日数の平均値．箱は平均値，ひげは平均値の標準誤差を示す．

出典 Root TL et al., Fingerprints of global warming on wild animals and plants, *Nature*, **421**(6918): 57–60 (2003)

　この結果は，気候変動が地球規模で生物多様性に明らかな影響を与えることを実証したとともに，フェノロジーの変化がもたらす影響について大きな警鐘を鳴らした．例えば，フェノロジーの変化は生態学的な相互作用を寸断する可能性がある．**フェノロジーの不一致**（phenological mismatch）とは，ある生物のフェノロジーが主な食物や生息地の資源と一致しなくなることであり，多くの個体群の存続を脅かす．フェノロジーの不一致と，地球規模の変化によるストレス要因が種の相互作用を寸断させる可能性については，第 9 章で再び取り上げる．

　これらの論文で明らかになった世界的な傾向は，ここ数十年の研究で繰り返し確認されている．最近の多くの研究は，人為的な気候変動がフェノロジーに与える影響が，当初報告されたよりもさらに大きいことを示唆している（例：Cook et al., 2012）．フェノロジー変化の原因と結果については，依然として多くの研究が行われている．

今後の研究の方向性について考えよう

　メタ解析がこの研究分野において有用であったことを踏まえ，この研究プログラムの次のス

テップとしてどのようなものが考えられるだろうか？　もし，あなたがこれらの研究に携わっていたとしたら，どのようにフォローアップをするか？　次のような問いを考えることから始めよう．

- 今，特定の種や生態系で取り組めそうな課題はあるか？

- 未来について予測し，後で検証することは可能か？

- 人為的ストレスによって引き起こされる他のグローバルな影響を，同様の方法で評価することは可能か？

次に，この研究テーマに関する今後の方向性について，数行で書いてみよう．

🏔 発展

都市化

調節応答は，様々な環境と生物種で起きている．ここでは，地球上で最も人為的に改変された生息地である都市において，生物がどのように調節しているかを詳しく見ていく．都市とは，大規模かつ高密度に人間が長期間居住する場所のことである（Wirth, 1938）．第3章で見たように，最古の都市は約5,000年前にメソポタミア，ナイル川流域，インダス川流域に建設された．ローマは約2,000年前に最初の100万人都市となった（Oates, 1934）．

現代では，都市が占める土地面積と人口が指数関数的に増加している（**BOX 図 6.4**）．20世紀における人口の変化は特に顕著であった．

1900年には人類のわずか10%のみが都市に住んでいたが，現在では世界人口の50%以上，アメリカ合衆国人口の80%以上が都市に住んでいる（UN, 2014）．世界的に見ると，人口増加の95%は都市で起きており，1,000万人以上が居住する巨大都市が数十ヶ所存在する（UN, 2014）．

都市化は非生物的な環境にどのような影響を与えているか？

都市は，地域から地球規模までの環境に影響を及ぼしている．以下は，都市が非生物的環境に与える影響のほんの一例である（Grimm et al., 2008 および Kowarik, 2011 の総説）．もちろん，これらの影響は都市全体で一様ではないが，都市に生息する多くの生物にこれまでになく広範囲に影響を与えている．

土地利用

都市開発の最も大きな影響は，生息地の物理

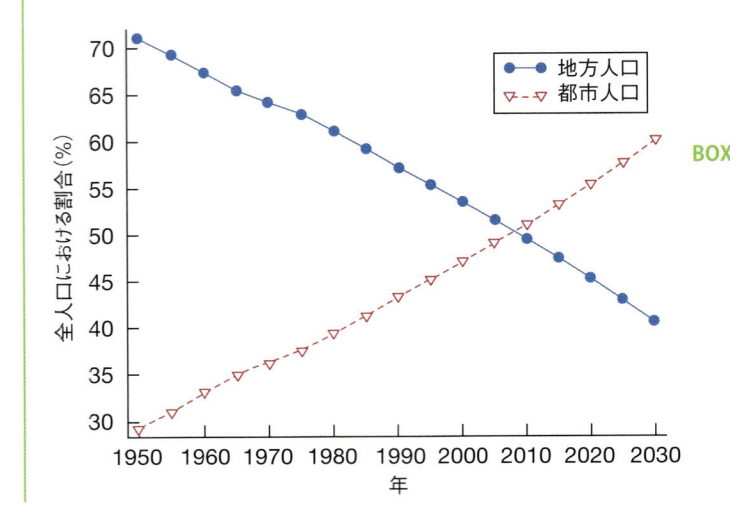

BOX 図 6.4　20世紀における都市人口の増加を示す国連データの概要（現在以降の点は将来予測であることに注意）．

考えてみよう：COVID-19 の大流行により，都市の未来は変わる可能性があるだろうか？　パンデミックの間，将来どこに住むかについてのあなたの個人的な考え方は変わっただろうか？

出典 Nancy BG et al., Global change and the ecology of cities. *Science*, **319**(5864):756–760 (2008)

的な改変である．建物や道路が森林や草原に取って代わると，物理的な変化により直接的・間接的に生物に影響を及ぼす．もちろん，土地利用の変化は，物やサービスの流れ（商材の流入や廃棄物の移出など）を考えると，都市の境界を越えて広がることが多い．

生物地球化学的循環

都市開発は，水と栄養塩の循環に大きな影響を与える．ダムや水路が水域の自然な流れを制限するように，都市化は水循環のシステムに影響を与える．**BOX 図 6.5A** に示すように，大きな変化の 1 つは都市における**不浸透面**（impervious surface cover）の増加であり，これが土壌への水の浸透を減少させ，水の流出を増加させている．流出水の増加は，都市が一般に窒素とリンの流出源であることを考えると，栄養塩の循環にも影響を与える可能性がある．

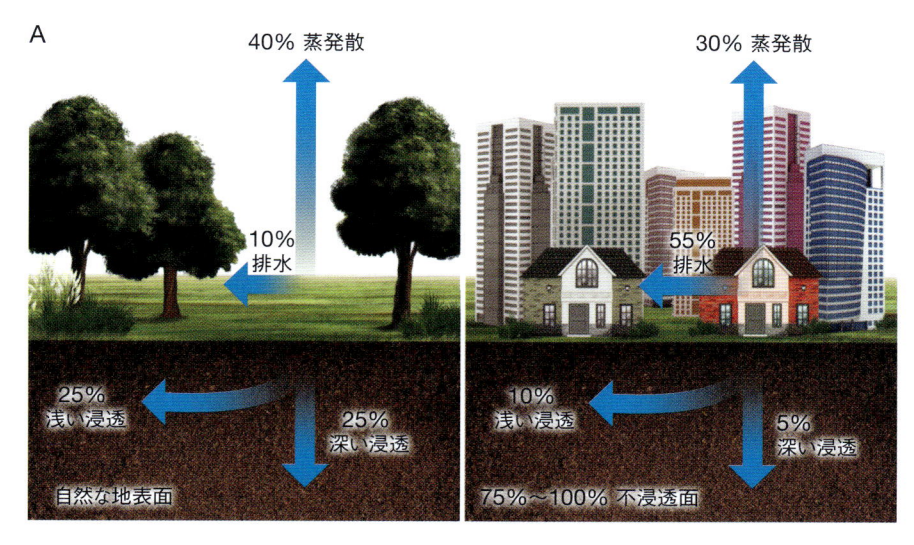

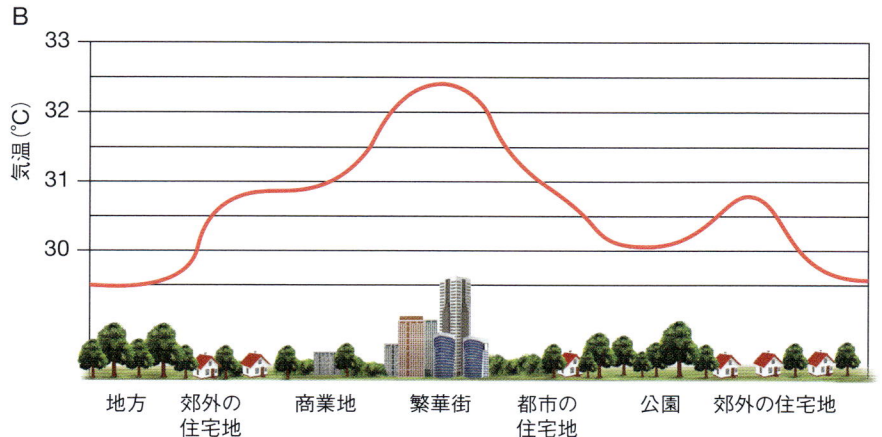

BOX 図 6.5　(A) 都市環境における不浸透面は，表面流出を増加させ，土壌浸透と蒸発を妨げることによって，水循環に影響を与える．(B) 都市のヒートアイランド効果．都市環境における年間平均気温は，近隣の農村環境と比較して高くなることがある．
考えてみよう：都市のヒートアイランド効果や不浸透面の影響を減らすには，具体的にどのような方法があるだろうか．
出典　(A) US Environmental Protection Agency；(B) TheNewPhobia/Wikipedia

気候

都市環境はまた，気候に対しても大きな影響を及ぼす．都市は地球の地表面積のわずか5%未満であるにもかかわらず，世界の炭素排出量の75%以上を占めている．第4章では，排出量の増加が地球の気候に及ぼす影響について議論した．一方，都市化は地域の気候にも直接的な影響をもたらす．最も顕著な例は，**BOX 図6.5B** で示す**都市のヒートアイランド効果**（urban heat island effect）である．都市の気温は，周辺の地域よりも最大で10℃も高くなることがある．ヒートアイランド効果は，灰色のコンクリートによる太陽エネルギーの吸収，少ない植生による蒸発冷却効果の減少，高い建築物による熱の取り込みなど，多くの要因によって引き起こされる．

都市化は生物多様性にどのような影響を与えるか？

都市開発は生物多様性に大きな影響を与える．都市環境で生き残るためには，種は自身が進化してきた環境とは異なる条件に対して調節・適応する必要がある．以下の例の多くは表現型可塑性を明示しているが，次章で扱う遺伝子の変化も都市環境への適応に寄与している．

生息地の利用

コンクリートや高層ビルの多い環境は，草地や樹木地とは大きく異なる．環境条件が根本的に合わないため，都市では生息しにくい種もいる．例えば，地上に生息する鳥類は，営巣地の不足，植物の被覆率の低下に直面するうえ，捕食者にさらされることから，都市環境ではうまくいかない（Marzluff et al., 2001）．しかし，**BOX 図6.6A** に示すように，都市環境は，自然の生息地で絶滅の危機に瀕している種に対して，類似の生息地を提供することもある．例えば，ハヤブサのような崖に巣を作る鳥は高層ビルに巣を作り，ドバトのように幅広い餌を利用するものは都市で繁栄することがある（DeCandido & Allen, 2006）．同様に，スズメのような巣穴が必要な鳥は，生活史の重要な局面で都市の構造物を利用することができる．

コミュニケーション

動物たちは，交配相手の発見，縄張りの防衛，食料の発見，危険の伝達など，様々な場面でコミュニケーションを行う．コミュニケーションの信号はその背景環境から目立って伝わる必要があり，森林や草原で進化したコミュニケーションは，人工照明や騒音のある都市環境ではうまく機能しないことがある．そのため，都市に生息する種は，都市部でコミュニケーション信号の検出力を高めるように変化していることが多い．本章で述べたように，多くの鳥類は都市環境において鳴き声を調節しているが（例：Slabbekoorn & Peet, 2003；Gentry et al., 2017），おそらく都市の背景にある雑音よりも自分の歌が聞こえるようにするためである．

環境耐性

地球規模の気候変動に伴う気温の上昇は，都市のヒートアイランド効果を招き，都市環境をさらに劣悪にしている．そのため，気温に敏感な種は，都市においてさらなる熱ストレスにさらされている．一部の種は，高温に対する調節が可能である．例えば，**BOX 図6.6B**（Angilletta et al., 2007）に示すように，南アメリカ最大の都市であるブラジル・サンパウロに生息するハキリアリは，郊外のアリと比較して耐熱性が向上している．都市部に住む生物の耐熱性の向上には可塑性が確実に寄与しているが，最近の研究では遺伝的要素による適応も証明されており（Martin et al., 2019；Campbell-Staton et al., 2020 など），第7章でさらに深く学んでいく．

都市環境で成功する種の特徴とは？

都市への移住を成功させたり，都市にとどまることを可能にする形質は多様である．しかし，都市で繁栄する動物（ネズミ，ハト，カラス，リス，アライグマなど）には共通する特徴がある．例えば，生息地や餌が広範に利用可能であ

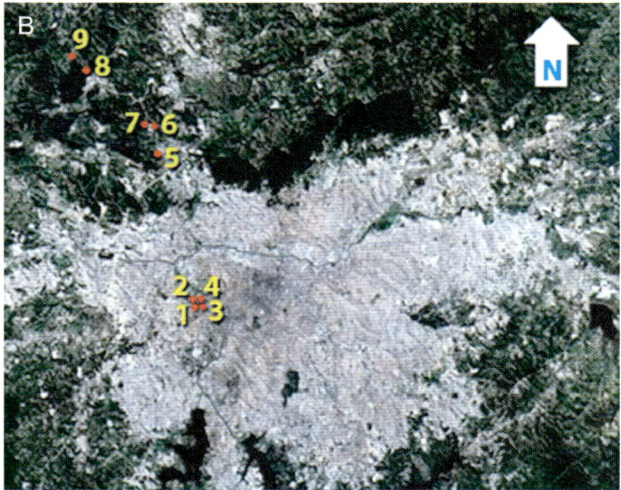

10 km

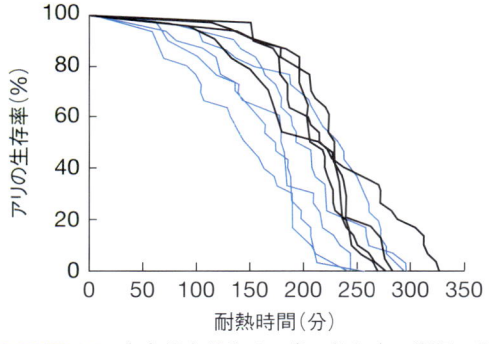

BOX 図 6.6 （A）都市環境は，崖に住む鳥や樹洞に巣を作る鳥など，一部の種に適したマイクロハビタットを提供する．（B）都市に生息するアリの耐熱性．都市部のアリ（地図上の個体群 1 〜 4 とグラフ上の黒線）は，周辺の森林地帯のアリ（地図上の個体群 5 〜 9 とグラフ上の青線）よりも高温下で長く生存できる．

考えてみよう：同じタイプの生息地で採集されたアリでさえも，アリの集団間で生存率にばらつきがあるのはなぜか．いくつかの仮説を立ててみよう．

出典 （A）Paul Campbell/Shutterstock：（B）Angilletta MJ Jr et al., Urban physiology: city ants possess high heat tolerance, *PLoS ONE*, **2**(2):e258 (2007)

り，攻撃性が強い競争者である傾向がある．また，社会性やコロニー性があり，同種の個体が数多く共存できる傾向もある（Marzluff et al., 2001）．系統樹全体で一般化するのは難しいが，乾腐菌，タンポポ，イエバエなど，多くの種が都市生活に適応している．

都市で繁栄する種は，一般にこの本で紹介している主要な応答の少なくとも1つを示している．前章で述べたように，都市で成功する生物の多くは外来種である．ある都市で繁栄した種は，意図的かどうかにかかわらず他の都市へ移動し，そこで繁栄する可能性が高い．都市での

繁栄には，一般に形態的，行動的，生理的な変化（生息地の利用，耐熱性，餌の変化など）が必要である．これらの表現型の変化の多くは，行動や発育の可塑性から生じる．だが，都市生態系における遺伝的な適応の証拠も増えてきている（Donihue & Lambert, 2015）．次章では，こうした適応応答についてさらに詳述する．

都市環境をより多くの生物種に適した生息地に改変する方法もある．例えば，多くの都市では在来植物の生息地，屋上庭園，渡り鳥の中継地を作り，生物多様性を維持するために都市生態系の質的向上を目指している（Lundholm &

Richardson, 2010). このような保全の取り組みについては，第11章で詳しく紹介する.

都市における人間の社会システムと生物多様性の保全はどのように関わっているのだろうか？

人間の社会システムと都市の生物多様性がどのように結びついているかを理解することは重要である．第1章で触れたように，多くの社会的・経済的要素が，都市の生物的・非生物的条件と互いに影響を及ぼし合っている．例えば，根強い偏見や人種差別，階級主義が，資源の分配や汚染物質，緑地，さらには疫病の媒介にまで大きな影響を与えている（Schell et al., 2020）．非生物的要素は，生息地の分断化などにより，生物的プロセスに対して複雑なフィードバックをもたらしている．

人間のごみ処理，交通インフラの整備，農薬の使用といった日常的な活動が，都市における生物多様性の分布や豊かさに大きな影響を与えている．その一例が**ラグジュアリー効果**（luxury effect）で，より裕福な地域はそうでない地域よりも生物多様性が高いことが多い（Hope et al., 2003；Leong et al., 2018 など）．都市における富は，緑地の増加や大気汚染の減少と相関し，すべての種の生息地の質に影響を与えている．そして，都市の緑地，汚染，種の豊かさに対する富の効果は，人間の健康や生活の質に明らかにフィードバックする（Diaz et al., 2018；O'Neill et al., 2003）.

以上のように，都市に住むすべての生物に影響を与える生態学的・進化学的プロセスから，人間の社会的側面を切り離すことはできない（Des Roches et al., 2020）．したがって，都市のヒートアイランド効果や労働者の居住区における汚染への曝露といった問題は，環境正義の問題や生物多様性保全の議論と同時に扱う必要がある（例：Drescher, 2019）．結局のところ，社会が直面している深刻な社会的・経済的不平等を是正しなければ，人間の居住環境に生息する生物のために持続可能な解決策を生み出すことは難しいのである.

第6章のまとめ

○調節応答とは？
- 生物はしばしば，遺伝子レベルでの変化なしに，環境の変化に応じて調節をすることができる.

○表現型可塑性とは？
- 表現型可塑性とは，ある1つの遺伝子型が異なる環境下で異なる表現型を示す能力のことである.

○表現型可塑性による調節能力
- 表現型可塑性は，形質や環境，遺伝子型により異なる可能性がある．環境が特定の遺伝子型に影響を与え，それが異なる表現型をもたらす場合，これは遺伝子型-環境相互作用として認識される.

○地球変動ストレスと表現型可塑性
- 表現型可塑性は，様々な形質や生物群が，様々な人為ストレスに対して応答するもので，成長，生理機能，行動，形態の変化を含む.

◯ 表現型可塑性のメカニズム

- 表現型可塑性のありかたは，応答速度（即座か遅延か），応答の段階（発生ステージのどの時点で誘導可能か），応答の大きさ（小さいか大きいか，連続的か不連続的か），応答の永続性（可逆性）などによって変わってくる．
- 表現型可塑性は，主に遺伝子発現の変化によってもたらされ，通常，その個体の一生の間にのみ生じる変化であるが，エピジェネティックな遺伝によって世代を越えて伝達されることもある．

◯ 表現型可塑性の評価と予測

- コモンガーデン実験や相互移植実験などの実験的アプローチは，表現型に対する遺伝子と環境の相対的な影響を明らかにできる．分子的なアプローチは，可塑性のメカニズムを解明することもできる．

◯ 表現型可塑性と長期的な存続可能性

- 表現型可塑性は，遺伝的同化と呼ばれるプロセスを通じて，遺伝的な適応を促進することがある．
- 表現型可塑性そのものが適応的であり，時間とともに変わる形質と考えることもできる．

◯ 基本知識：遺伝のメカニズムとは？

- DNA は，地球上のほとんどの生命体の主要な遺伝物質である．ゲノムは，核 DNA，ミトコンドリア DNA，葉緑体 DNA，コード領域と非コード領域などを合わせた総称である．

◯ データで見る：フェノロジーと地球温暖化

- 科学者たちはメタ分析を用いて，地球温暖化が生物的イベントの周期的なタイミングであるフェノロジーにどのような影響を及ぼすかを明らかにした．その結果，何百もの生物種において，フェノロジーのイベントが一貫して早まっていること（例：春の訪れの早まり，開花や繁殖の早期化）がわかった．これは，地球温暖化が生物学的プロセスに与える一貫した傾向である．

◯ 発展：都市化

- 過去 100 年間に都市化は進み，生物の生息環境，生物多様性（どのような種が都市環境で生き残るか）や種の形質（それらの種が都市環境でどのように調節するか）に大きな影響を及ぼしている．

7　主要な応答：適応

学習成果

この章では次のことを学ぶ．
- 自然選択による適応に必要な条件．
- 現代の地球変動ストレスに対する生物の適応．
- 適応に影響を与える要因と他の応答との関係．
- 知識の実データへの活用．

事前チェック

　人間活動は，他の生物の環境にどのような影響を与えるだろうか．例えば，手を洗うのにどのせっけんを使うかという，単純な行動を考えてみよう．人類がせっけんを使うようになったのは，何千年も前のことである（Wilcox, 2000）．初期のせっけんは，動物性や植物性の油をアルカリ性の溶液で処理したものだった．最近では，抗菌剤など様々な添加物を含むせっけんも増えており，何百種類もの抗菌性せっけんが販売されている．抗菌せっけんの使用は，人間や他の生物にとって，どのような影響を及ぼすだろうか？　私たちが抗菌剤を至るところで使用することにより，時間とともに生物がどのように変化するかを予測することは可能だろうか？　合成された抗菌剤で満たされた環境で生き残る確率を高める生物の形質とは，どのようなものだろうか？

はじめに

　地球環境が大きく変化するなかで生物が生き残るためには，適応が不可欠である．**適応**（adaptation）とは，世代を越えて集団が遺伝的に変化することで，集団が経験する環境条件によりよく適合するプロセスである．個体レベルで起こる順応とは対照的に，適応は世代を越えて起こる集団レベルのプロセスである．適応は，数世代で急速に起こることもあれば，地質学的な時間スケールでゆっくりと起こることもある．適応は，生命の樹全体にわたる広範な多様性のパターンを形成するうえで，極めて重要だった．また，種内の形質変異という小規模な多様性のパターンも形成してきた．人為改変された生息地で生物が長期間存続するためには，適応が必要であろう．本章の目的は，「適応」の応答を分析し，地球変動ストレスに直面した集団の適応を促進あるいは制限する要因が何かを理解することである．

適応に必要な条件

　現代の地球変動への適応の事例を述べる前に，基本事項を確認しよう．**自然選択**（natural

selection) は，適応が起こる進化プロセスである．環境が変化すると，新しい条件により適した生物が優先的に生き残り，繁殖する．そのため，一部の個体が次世代に遺伝子を伝える可能性が高くなる．個体レベルでの生存と繁殖の差は，集団レベルでの変化につながる．時間の経過とともに，新しい環境で生存と繁殖を高める形質が集団中で頻度を増していく．

　自然選択は，より正確には，環境への適合性に基づく生物の生存または繁殖の差と定義できる．局所的な条件に適した生物が優先的に生き残り，繁殖することで，集団の形質が時間とともに変化していくのである．生物学者は，自然選択による進化を促進するいくつかの鍵となる条件を認識しており，図 7.1 にその概要をまとめた．これらの考えの根源は，150 年以上前に書かれたダーウィンの代表作『種の起原』（1859）に遡る．

A

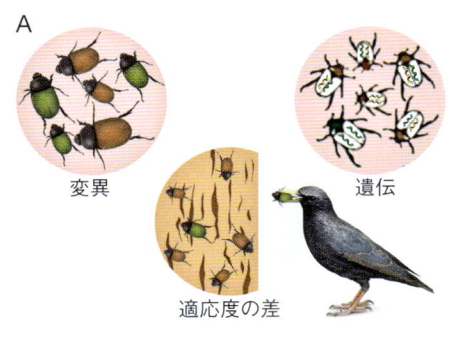

変異　　適応度の差　　遺伝

B

図 7.1　(A) 自然選択による進化が起きるための 3 つの基本条件．(B) 自然選択による適応は，集団レベルで，世代を経ながら起こる．
考えてみよう：ある形質が遺伝するかどうかは，どのようにして判断するのか？
出典 https://evolution.berkeley.edu/evolibrary/article/0_0_0/evo_14；https://evolution.berkeley.edu/evolibrary/search/imagedetail.php?id=281&topic_id%3D%26 keywords%3D

遺伝

　適応が起こるためには，形質に遺伝的な基盤がある必要がある．前章で述べたように，ほとんどの形質は遺伝と環境の影響を同時に受けている．形質の何らかの要素に**遺伝性をもつ**（heritable）場合，自然選択が働きうる．環境条件のみによって決まる形質は，自然選択によって進化することはない．

　前章の「基本知識」で学んだように，遺伝の主なメカニズムを担うのは，高分子である DNA と RNA にコードされた，保存と複製が可能な情報である．遺伝システムは種によって複雑さが異なるが，自然選択に必要な基本条件は，親と子の表現型に類似性をもたらす分子メカニズムであれば何でもよい．

変異

　自然選択による適応のためのもう一つの前提条件は，変異である．一般に，集団内の個体には表現型レベルで変異がある．例えば，身長がわずかに高いか低いか，色がわずかに濃いか薄いか，環境由来の化合物を分解する速度がわずかに速いか遅いかなど，個体間でばらつきがある．これらの形質が遺伝するものであれば，観察される表現型の変異の少なくとも一部は，基盤となる遺伝的変異から生じている．

本章の「基本知識」で述べるように，表現型の遺伝的変異は，最終的には**突然変異**（mutation）によって生じる．分子レベルでの変異が生まれるプロセスには，DNA のヌクレオチド 1 個の変化からゲノム全体の複製まで様々ある．分子レベルの変化はすべて個体内で起こるので，突然変異は最終的に個体間の違いを生み出し，自然選択が作用するための素材となる．

生存や繁殖における差

集団中のすべての個体が同じようにうまくいくわけではない．ある個体がある環境で生き残り，繁殖する能力を**適応度**（fitness）と呼ぶ．生存と繁殖は，温度，栄養条件，営巣地へのアクセスなどの非生物的要因と，捕食圧，餌の種類や量，交配相手へのアクセスなどの生物的要因によって影響を受ける．ある環境で有利な形質をもつ個体は，高い生存率や繁殖成功率を示す．環境変化のもとでは，新しい環境条件に最も適した個体は，優先的に遺伝子を次世代に伝達できる．世代が経過すれば，やがて集団全体が新しい環境に適応することができる．

ダーウィンは，すべての個体が平等に生存・繁殖するわけではないという事実を，「生存競争（struggle for existence）」と呼んだ．この競争は，生理的な限界によって起こりうる．例えば，気温が上昇すると，耐暑性の低い個体は排除される．また，生存競争は，資源をめぐる競争によって生じる場合もある．自然界では，有限の資源が種内または種間の個体間の競争を引き起こすことがよくある．動物の世界では，ゾウアザラシが交配相手をめぐって争うなど，あからさまな行動的な競争の例を思い浮かべがちだが，すべての生物は空間や栄養分などの資源をめぐって競争している．競争はダーウィンがいう配偶子や子孫の「過剰生産」によって激しくなる（例えば，人間が卵子と受精しない膨大な数の精子を生産していることを考えてみよう）．結局，生存競争によって，最終的に次の世代に遺伝子を提供するのは一部の個体だけとなる．

自然選択による形質の変化を予測する最も単純な数式は $R = s \times h^2$ であり，選択に対する応答 (R) は，選択の強さ (s) に，対象となる形質の遺伝率 (h^2) を掛けたものに等しい．もちろん，環境変化に対する個体群の応答を予測するには，他にも考慮すべきことは多いが，この式は，適応的応答が環境要因と遺伝要因の両方によって決定されることを示している．

 **基本知識**

遺伝的変異の由来

自然選択は遺伝的変異に作用するが，変異は究極的には分子レベルでの**突然変異**と**組換え**（recombination）によって生み出される．分子レベルでの変異は，DNA の 1 塩基だけに影響を与える小さな変化（点突然変異と呼ばれる）から，染色体内や染色体間でシャッフルする変化（染色体再配列など），ゲノム全体に影響を与える変化（全ゲノム重複など）まで，多くの方法がある．一般的にこれらの変化は，DNA の複製や修復におけるエラー，あるいは組換え時のエラーから生じる．すべての変化は 1 個体内で起こるため，突然変異は最終的に個体間の差異を生み出す．

突然変異の発生率は，分類群によって大きく異なる（Lynch, 2010）．例えば，インフルエンザウイルスの突然変異率は，ヒトの 100 万倍以上である．突然変異率が高いほど，新たに**有益な突然変異**（beneficial mutation）が起こる可能性が高まる（同時に，新たに**有害な突然変異**（deleterious mutation）が起こる可能性も高まる）．また，世代交代が速く，個体数が多い生物は，一般的に単位時間当たりの突然変異の発

生数が多くなる.

ある集団が環境条件の変化を経験したとき, BOX 図 7.1 に示すように, 新しい環境に適した遺伝的変異がすでに集団に低頻度で存在していることがある. この場合, 集団中にある複数の対立遺伝子, つまり**既存の遺伝的変異**(standing genetic variation) をもとに適応が起こる. 既存の遺伝的変異からの適応は, 適応のための材料がすでに存在するため, より急速に起こる (Barrett & Schluter, 2008). 逆に, 環境変化の後に起こる遺伝的変化である**新規突然変異**(new mutation) によって適応が起こることもある. 突然変異はランダムに起こるため, 新しい突然変異が起こるまでの待ち時間は非常に長くなる. 自然界には, 新規突然変異と既存の遺伝的変異の両方が, 様々な分類群の適応に寄与してきた. しかし, 地球変動ストレスに対する応答では, 自然選択が働くペースがより速いことを考えると, 個体数が少なく, 世代時間が長い生物種にとって, 既存の遺伝的変異からの適応が特に重要になると考えられる.

適応的な対立遺伝子のもう一つの潜在的な供給源は, **遺伝子流動**(gene flow) である. これは, 集団間 (場合によっては種間;Hedrick, 2013) の遺伝的変異の移動である. 第 5 章で述べたように, 生物は広い空間・時間スケールで移動する. ある個体がある集団から別の集団に移動し, 新しい場所で繁殖すると, 新しい遺伝的変異が受け入れ側の集団に導入される. こうした**移住**(immigration) は適応的な対立遺伝子の供給源となり, 1 個体の移住であっても, その個体が新しい遺伝的変異を導入すれば, 集団の進化を変えることができる (Grant & Grant, 2014).

また, 遺伝情報は時として種の境界を越えることがあり, これを**遺伝子浸透**(introgression) と呼ぶ. 適応的な遺伝子浸透は, 近縁種間の**交雑**(hybridization) によって起こることがある. 例えば, 1950 年代に殺鼠剤ワルファリンが導入された後, ヨーロッパハツカネズミはアルジェリアハツカネズミから, 遺伝子浸透によって適応的な対立遺伝子を得ることで耐性を獲得した. 適応的な遺伝子浸透は, **遺伝子の水平伝播**によっても起こりうる. 特に微生物では, 可動遺伝因子が種を越えて遺伝情報を伝播し, 汚染物質などの様々な地球変動ストレスに対する適応をもたらすことができる (Springerael & Top, 2004). このように, 突然変異と組換えは, 新しい遺伝子型を生み出す働きがあり, 遺伝子浸透や交雑, 遺伝子の水平伝播は, これらの変異を集団間で移動させる役割がある.

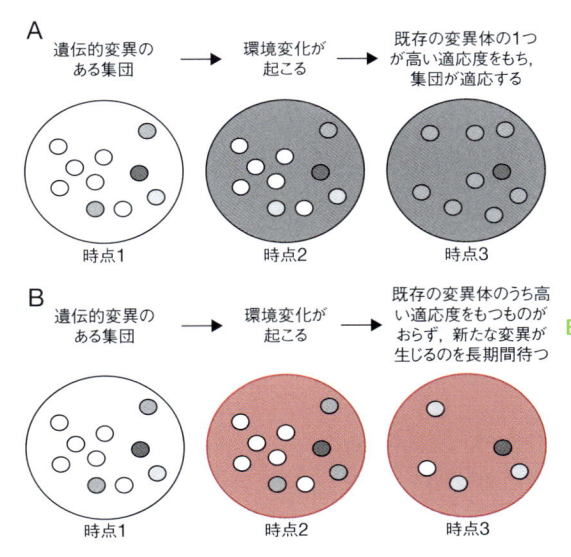

BOX 図 7.1 すでに存在する遺伝的変異 (A) からの適応は, 新しい変異を待つ場合 (B) よりも一般的に速く起こる.
考えてみよう:非常に大きな集団の場合, すでに存在する遺伝的変異の大きさや新しい突然変異が生じるまでの時間について, 予想がどのように変わるだろうか?
出典 原著者の厚意により

自然選択による進化

　ここでは，適応に必要な条件を説明するためのわかりやすい例を見てみよう．この事例は以前に聞いたことがあるかもしれないが，人為的なストレス要因への適応の典型例であるという新たな視点をもって考えてみてほしい．自然選択による進化の最も象徴的な例の1つは，19世紀のイギリスにおけるオオシモフリエダシャクの翅の暗色型の頻度の増加である（図7.2）．イギリスでは産業革命により，人口と工業生産が飛躍的に増大し，その多くが石炭火力発電を動力源としていた．その結果，石炭汚染によって空が暗くなり，建物や木が黒くなることで，やがてオオシモフリエダシャクの暗色型（黒化型）の頻度が増加した（Cook, 2003；Cook & Saccheri, 2013）．

　オオシモフリエダシャクの色彩については，自然選択による適応の条件が明らかに満たされている．まず，暗色型の表現型には遺伝性があり，遺伝的基盤がわかっている．暗色は単一の遺伝子座における顕性対立遺伝子によるものであり（Cook & Muggleton, 2003；van't Hof et al., 2011），単純な遺伝的メカニズムで親から子へと色が受け継がれる．

　第二に，集団内の個体間で色彩変異がある．実は，この色彩変異は工業化以前からあった．工業化以前に採集された標本の大半は「典型的な」明るい色の翅だったが，低い頻度で暗色の個体も見つかっている（Cook, 2003）．このため，本章の「基本知識」で説明するように，既存の遺伝的変異に自然選択が作用することになる．

　第三に，色彩形態による適応度の差は，捕食回避の成功率の差に起因している．ガは視覚を頼りに狩りをする鳥類捕食者の餌であるため，鳥類が自然選択の原因として作用することが多くの研究で示されている（Cook, 2003）．カモフラージュに優れた個体は，鳥類による捕食のリスクを減らすことができる（Cook, 2003；Cook et al., 2012）．視覚を頼りに狩りをする鳥類捕食者は，背景から目立つ色彩形態を優先的に攻撃するため，煙や煤煙の汚染は，明るい色彩の相対的な生存確率に影響を与えた．

　最終的には，自然選択は暗色型の頻度を大きく変化させた．イギリスのある地域では，20世紀半ばに暗色型の頻度が90％まで増加した．興味深いことに，石炭汚染が減少した20世紀には，暗色型の頻度が再び減少している（Cook, 2003；図7.2）．

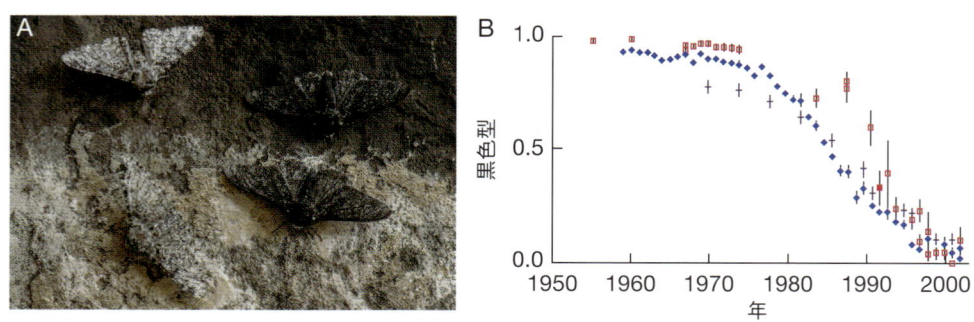

図7.2　（A）オオシモフリエダシャクの異なる環境条件下でのカモフラージュ．通常の環境では，典型的な色彩（白色）が捕食者である鳥類から見えにくいが，工業化したイギリスでは石炭による大気汚染で木の幹が黒くなり，暗色（黒色型）が見えにくくなった．（B）20世紀後半に大気汚染が減少すると，イギリスのオオシモフリエダシャクの個体群では，黒色型の頻度が再び減少した．図中の異なる小図形（マーカー）はイギリスの異なる地域の個体群における黒色型頻度の平均値を表し，縦線は標準誤差を表す．

考えてみよう：オオシモフリエダシャクで見られたような強い自然選択が起きたことで，遺伝的変異の大きさが変化するかどうか，またどう変化するかについて，予想できるだろうか？

出典　（A）IanRedding/Shutterstock；（B）Cook LM, The rise and fall of the Carbonaria form of the peppered moth, *The Quarterly Review of Biology*, **78**(4):399–417 (2003)

地球環境変動に対する適応

　石炭汚染に対するガの色彩変化という典型的な適応の例を紹介したが，多様な地球変動ストレスに対する適応の例は，様々な分類群で数多く存在する．第6章では，調節の例を形質タイプ（発育，生理，行動，形態）ごとに整理した．本章では，視点を少し変えて，地球変動のストレス要因ごとに例を紹介する．もちろん，それらの要因は独立ではなく補完的なものである．つまり，主要な応答をきちんと理解するには，環境変化と形質変化の関係性を分析する必要がある．ここでは，陸上生態系で現在進行中の，環境変化への急速な適応の事例を紹介する．章末の「発展」では，海洋生態系の例を紹介する．

環境汚染物質への適応

　環境中に放出された化学物質は，その物質への耐性や抵抗力に関わる形質に対して強い自然選択をもたらす．我々はすでに，重金属，農薬，医薬品，二酸化炭素の放出など，生態系の化学組成を変化させる数々の人間活動を見てきた．これらのストレス要因が存在するだけでは，必ずしも生物がそれらに適応していくとは限らない．しかし，鉱山に由来する土壌の重金属汚染に適応した植物（Jain & Bradshaw, 1966など）から，抗生物質などの医薬品に耐性をもつ細菌（French, 2010など）まで，急速な適応がしばしば観察されている．

　ここでは，農業の現場で殺虫剤を使用することで生じた昆虫の殺虫剤耐性の進化を挙げよう．バチルス・チューリンゲンシス（Bt）菌の毒素は殺虫物質として使用されている．この毒素は主要な農業害虫を殺すため，トウモロコシ，綿花，大豆などの作物は，現在，Btタンパク質を生産するように遺伝子組換えされている．図7.3の通り，過去20年間にBt作物の作付けは加速度的に増加し，今では世界中で1億ha近い農地を覆っている．

　しかし，アフリカからアジア，南北アメリカまで，多くの農業害虫がBtに対する耐性を急速に進化させてきた（Tabashnik & Carrière, 2017）．実際，Bt作物を最初に利用してから，害虫に抵抗性が出現するまでの年数はどんどん短くなっており，適応が非常に速く起こるようになっている（Tabashnik & Carrière, 2017）．抵抗性の具体的な遺伝的メカニズムは，いくつかの種で特定されている．例えば，プエルトリコのツマジロクサヨトウでは，毒性のあるBt結晶タンパク質に耐性を与えるATP結合遺伝子に変異がある（Banerjee et al., 2017）．このように自然選択が強い場合，適応をもたらす遺伝的変化は，集団中に急速に広がりうる．

外来種への適応

　生物群集において生態学的に強い影響を及ぼす種は，適応進化を引き起こすことがある．外来種は，生態系において人為的に引き起こされる最も普遍的な生物的変化の1つである．第5章で述べたように，グローバル化した貿易は，前例のない速度で元の生息域からの生物の移動を促進している．外来種が定着すると，在来種への自然選択を劇的に変化させる可能性がある．

　その典型的な例が，移入された植物を利用するために適応した昆虫である．1800年代に北アメリカ東部でリンゴの木が導入され栽培されるようになると，リンゴミバエが急速に適応し，宿主植物を野生のサンザシからリンゴに転換した．交尾，産卵，幼虫の成長はすべて宿主の果実上で行われるため，リンゴミバエの生活史は宿主植物と密接な関係がある．リンゴとサンザシは，匂いや結実の時期など，様々な点で異なっている．リンゴに適応したミバエは，嗅覚と生活史のタイミングにおいて多くの遺伝的な違いがある（例：MacPheron et al., 1988；Filchak et al.,

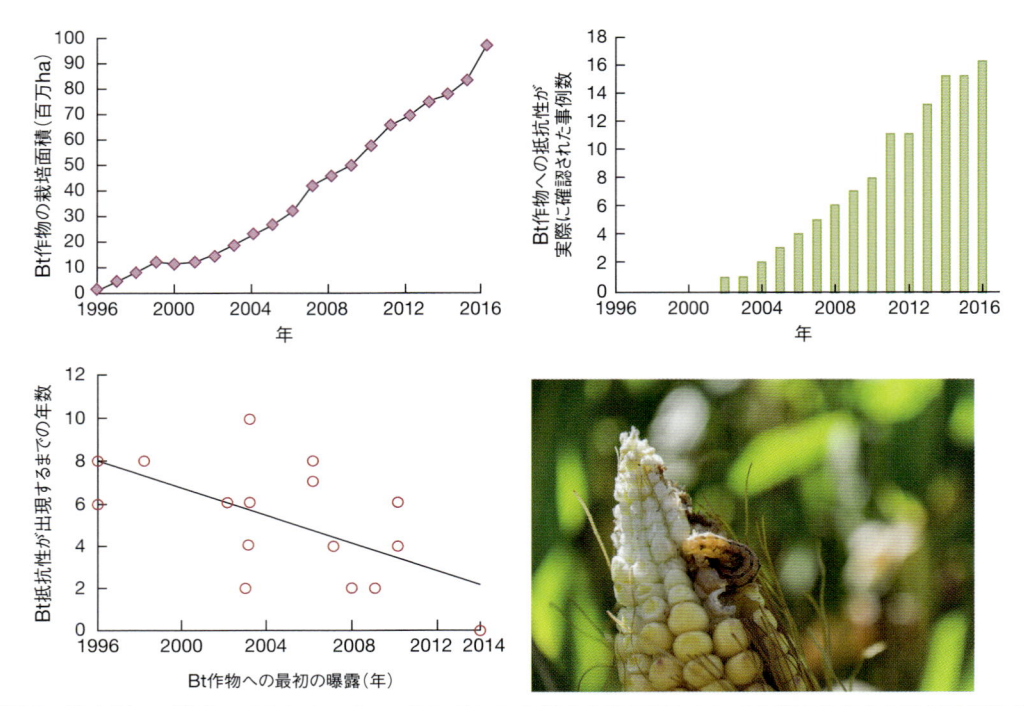

図 7.3 殺虫剤への適応. バチルス・チューリンゲンシス (Bt) 由来の殺虫タンパク質を生産する遺伝子組換えトウモロコシや綿花の作付けは, ここ数十年で劇的に増加した. それに伴い, 多くの農業害虫が Bt に対する抵抗性を進化させてきた (例：幼虫がトウモロコシを食害するツマジロクサヨトウ). 実際, Bt に初めて曝露されてから抵抗性が進化するまでの年数は, 年々短くなっている.

考えてみよう：20 年前から昆虫が Bt 耐性を迅速に進化させるようになった理由として, どのようなことが考えられるか. 適応的な対立遺伝子が集団間を移動する可能性について考えてみよう.

出典 (A) Tabashnik BE & Carrière Y, *Nature Biotechnology*, **35**(10):926–935 (2017)；(B) fabp/Shutterstock

2000). 単一の遺伝子の変化が適応的なシフトを起こしたツマジロクサヨトウの例とは異なり, ゲノムの多くの領域が適応に関与しているようである (Egan et al., 2015).

　外来種は新たな資源にもなりうるが, 新たな脅威にもなりうる. 侵入した捕食者や競争者が在来種の進化に影響を与えることがある. 例えば, カリブ海の島々に地上性の捕食者であるキタゼンマイトカゲが導入されると, 在来のブラウンアノールの生息地の利用や形態に変化が生じた. 図 7.4 の通り, 外来捕食者のいる島のブラウンアノールは, 捕食者への露出を減らし, 生存率を高める行動 (地面から高い枝にとどまるなど) や形態 (大きな体格など) に大きくシフトした (Losos et al., 2004；Lapiedra et al., 2018). その遺伝的メカニズムはまだ特定されていないが, 反復実験により, 遺伝的変異に対する自然選択が集団レベルの形質変化を急速に促進することが実証されている. このように, 生物間相互作用は選択圧の重要な構成要素であり, 外来種はしばしば侵入先の生態系に強い選択圧を発生させる.

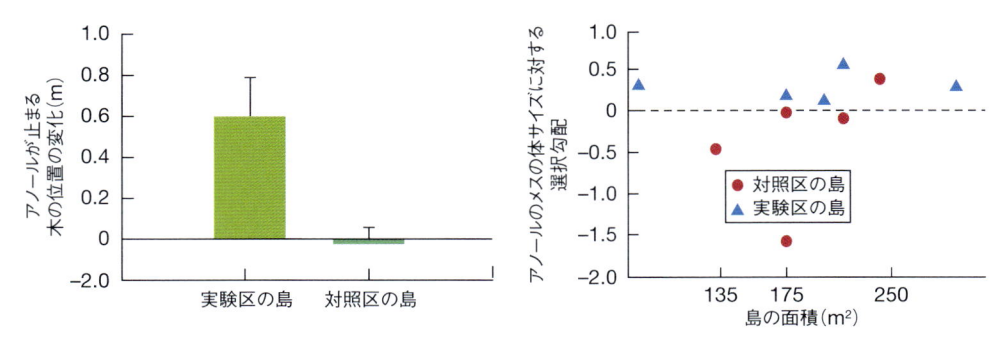

図7.4 捕食性のキタゼンマイトカゲの存在下で，在来のブラウンアノールに生じた急速な形質進化．ゼンマイトカゲが導入された島では，木の高い位置にとどまり，より大きな体格のアノールが生き残りやすかった．**考えてみよう**：研究者は，高い位置にとどまるようになった変化が，行動の可塑性によるものか，遺伝的適応によるものかを，具体的にどのように判断したのだろうか．

出典 Losos J et al., Predator-induced behaviour shifts and natural selection in field-experimental lizard populations, *Nature*, **432**(7016):505–508 (2004)

気候変動への適応

気候変動の影響は，新規で広範に影響する自然選択圧を生み出す．生物は高温で生き残る自然選択を受けるだけでなく，その地域の雲量，降雨量，湿度，異常気象の頻度や強度の変化からも影響を受ける．こうした非生物的な変化は，フェノロジーの変化によって引き起こされる生物間相互作用の変化をもたらす可能性がある．このように，気候変動への適応には，耐熱性から浸透圧バランス，光周期反応まで，様々な形質の遺伝的変化が含まれうる．

気候変動への迅速な適応の典型例として，ショウジョウバエの1種（*Drosophila pseudoobscura*）がある．ショウジョウバエは飛翔に必要な生理的要件を満たすため，温度に対して非常に敏感である．高緯度の寒冷地に生息するこの種は，涼しい気候に対して形態的・行動的適応を示す（Gilchrist et al., 2004）．この適応には，大規模な DNA の再配列（**染色体逆位**, chromosomal inversion）という遺伝的メカニズムが重要な役割を果たしているようである．染色体逆位の頻度は，原産地（ヨーロッパ）と侵入地（南北アメリカ）の両方で，緯度に沿った変化を示している．**図7.5** のように，染色体逆位は北部の寒冷な気候でより多く見られ，それは大陸を越えて平行的に生じている．興味深いのは，逆位の頻度がここ数十年で減少していることで，こ

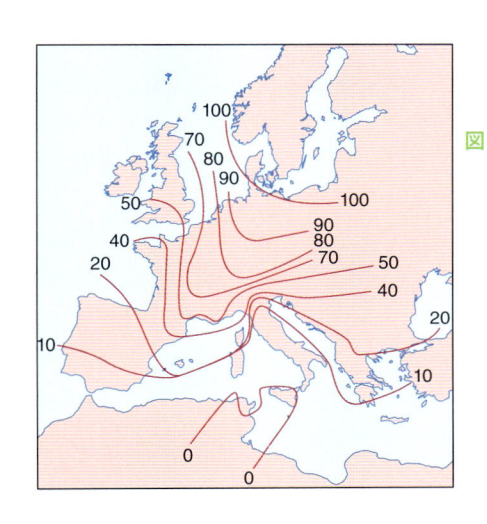

図7.5 気候変化への適応．寒冷地への適応をもたらすと考えられているショウジョウバエの1種における，染色体逆位の頻度．線は頻度の区切りを示す．歴史的に見ると，この染色体逆位は温暖な南ヨーロッパでは存在せず，寒冷な北ヨーロッパで固定されていた．しかし，ここ20年ほどの間に，気候変動に伴って緯度方向のパターンが変化してきている．**考えてみよう**：これまで取り上げた種（ガ，トカゲ，ハエなど）に共通する，急速な進化的変化を促進する特徴は何だと思うか？

出典 Rezende EL et al., Climate change and chromosomal inversions in Drosophila subobscura, *Climate Research*, **43**(1–2):103–114 (2010)

れは地球温暖化に関連している（Balanyá et al., 2006；Rezende et al., 2010）．このように，現代の気候変動への適応は，過去の気候条件に適応した個体群にあらかじめ存在する遺伝的変異を利用する場合がある．

　人為的な気候変動に対して，**フェノロジー**の遺伝的な変化を示す種もある．例えば，アメリカアカリスでは春の繁殖時期が早まった．この変化によって，子リスが春の早い時期から餌を得ることができるようになった（Réale et al., 2003）．また，食虫植物の壺状の葉のなかに生息するカの1種は，光周性を変化させ（Bradshaw & Holzapfel, 2001），秋の活動を延長し，成長期を長くすることができるようになった．気候に応じて生物が変化する例は数多くあるが，ここで挙げた例は，表現型可塑性だけでなく，特に遺伝的適応に起因するものである．

まとめ

　生物は同時に複数のストレス要因にさらされることがあり，また多くの形質で適応的な反応を示すこともある．逆に，強い自然選択を受けながらも適応できない種もあり，関連する形質の遺伝的変異がない場合は適応が起きない．人為的なストレス要因への適応は必ず起こるわけではないが，これまでの例で挙げたように，環境圧力が強い自然選択をもたらす場合，適応が急速に起こる可能性があることがわかっている．

適応の検出と予測

　自然集団における適応を特定するには，遺伝的変異に対する自然選択の効果を実証し，形質の時間変化に影響しうる他の可能性を排除する必要がある．先に述べたように，**遺伝的浮動**は遺伝形質の変化を引き起こすが，それは単に生存と繁殖に対する偶然の効果によるものである．また，**表現型可塑性**が形質変化をもたらすこともあるが，可塑的な変化は一般に遺伝せず，集団レベルでの遺伝的適応にはつながらない．したがって，適応を浮動や可塑性と区別するためには，焦点となる形質が**遺伝性をもち**，**適応度**（fitness, 特定の環境において生物が生存・繁殖する能力）を直接向上させることを証明しなければならない．

　自然集団における遺伝率，適応度，自然選択を評価する方法はたくさんある．前章では，実験的アプローチ（相互移植実験など）や分子的アプローチ（遺伝子発現解析など）を用いて，形質の違いが遺伝的であるかどうかを判断する方法について説明した．さらに，自然選択を検出するには他にも多くの観察，実験，およびモデリングアプローチがある（Merilä & Hendry, 2014）．ここでは，科学者が環境の変化に対する適応を特定し，適応の根底にあるメカニズムを明らかにした例をいくつか見ていこう．

野外研究

　野外において，形質の遺伝率や適応度を測定する方法は数多くある．交配実験は形質の遺伝率を推定する最も直接的な方法だが，実験室では，体サイズ，世代時間，または環境条件に制約があるため，交配させることができないこともある．そこで，野外調査によって親と子の形質値の類似性を追跡し，遺伝率を推定する方法が用いられている（Wray & Visscher, 2008）．適応度を測定するための野外実験も困難な場合がある．なぜなら，空間や時間，あるいは性別や生活史ステージ間で自然選択の働きが異なるためである（Hardwick et al., 2015）．しかし，ある形質が特定の環境においてどのように適応度に影響するかは，野外での個体の成長・繁殖の測定，標識再

捕法, 個体群成長などから推定することができる. 野外における観察研究と実験研究の両方によって, 適応を特定することができるのである.

ガラパゴス諸島に生息するダーウィンフィンチは, 長期的な観察研究の典型的な例である. ローズマリー・グラント (Rosemary Grant) 博士とピーター・グラント (Peter Grant) 博士 (図 7.6A) は, 40 年以上にわたって, ガラパゴスフィンチ類の形質変化を研究した. この間, 長期の干ばつや激しい嵐を含むいくつかの異常気象が, フィンチの局所集団に適応的な応答を引き起こした. 例えば, 1982 年のエルニーニョ現象による強い雨は, 過去数世紀で最も激しい気象をもたらした. 大量の雨は島の植生を変化させ, ガラパゴスフィンチ類が食べることができる種子の種類を変えた. その結果, 図 7.6B に示すように, より小さく尖ったくちばしをもつガラパゴスフィンチの適応度が増加し, くちばしの幅は時間とともに劇的に減少した (Grant & Grant, 2014). 彼らはすでにくちばしの大きさや形に影響を与える遺伝子を特定していたため, 形質変化の原因となる遺伝的メカニズムをうまく追跡することができた (Lamichhaney et al., 2016；Arnold & Kunte, 2017). 気候変動により極端な天候の頻度と深刻さが増すにつれ, 多くの種にとって, 異常気象への適応はますます重要になってきている.

野外研究では, 適応を評価するために生物的・非生物的環境を直接操作する実験手法を用いることもある. その一例が, バハマの小島で行ったトカゲの実験的移入である (例：Schoener & Schoener, 1983). 前節で取り上げた, 捕食性のキタゼンマイトカゲがブラウンアノールに及ぼす影響も, このような方法で明らかにされた. 最近の研究では, 250 匹以上のブラウンアノールに個体識別のためのタグをつけて事前に 1 週間慣れさせたのち, 8 つの小島に移動させ, そのうち半数の島にゼンマイトカゲを導入する実験を行った (Lapiedra et al., 2018). 標識再捕法と反復のある実験デザインを用いることで, 対照区の島と処理区の島で自然選択の結果を比較することができた. 生物操作には細心の注意が必要だが, こうした研究により, 侵入後の適応について明らかにすることができる.

A

B
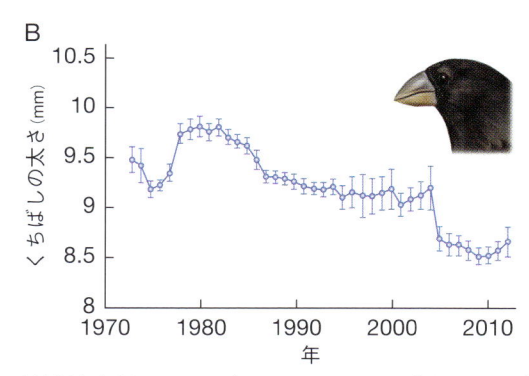

図 7.6 （A）45 年以上にわたってガラパゴスフィンチの野外調査を行っているピーター・グラント博士とローズマリー・グラント博士. （B）ガラパゴスフィンチのくちばしの太さの時系列変化は, 種子の利用可能性およびくちばしサイズに関連した適応度に影響を及ぼす異常気象と関連している.
考えてみよう：具体的に, くちばしのサイズと形は, 生存と繁殖の様々な側面にどのように影響するのだろうか？
出典 （A）Princeton University, Denise Applewhite；（B）Arnold ML & Kunte K, Adaptive genetic exchange: a tangled history of admixture and evolutionary innovation, *Trends in Ecology & Evolution*, **32**(8):601–611 (2017)

室内実験

　環境が制御された室内での実験的アプローチも用いられている．適応に関する実験的アプローチには様々なものがあるが，**実験進化**（experimental evolution）は世代が比較的短い生物にとって特に強力である．図 7.7 に示すように，実験進化では，制御された自然選択を複数の実験集団に適用し，何世代にもわたってリアルタイムで適応を追跡する（Elena & Lenski, 2003）．祖先集団も含めた多くの世代のサンプリングが可能なため，進化的応答の根底にあるメカニズムを解明できる．例えば，異なる反復（実験集団）で同じ遺伝的メカニズムによる適応が起こるかどうかを確認できる．また，適応が新しい突然変異から起こるのか，それとも祖先集団にすでに存在する遺伝的変異から起こるのかを区別することもできる（この章の「基本知識」で取り上げたテーマ）．

　実験進化の最も象徴的な例は，大腸菌を使った長期的な実験であろう．レンスキー（Richard Lenski）博士らは，30 年以上，6 万世代にわたって大腸菌を進化させてきた．この長期研究では，

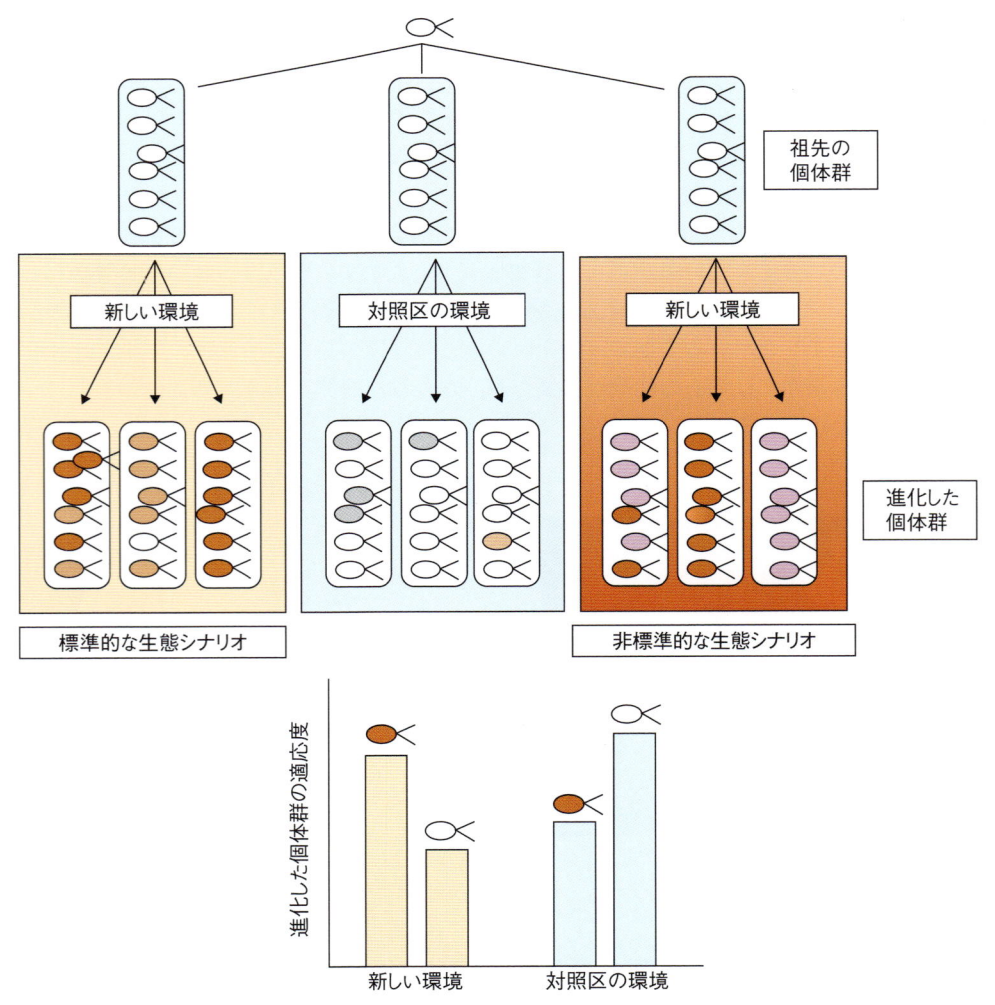

図 7.7　実験進化アプローチ．「標準的な生態シナリオ」は，単一の急激な環境変化を表し，「非標準的な生態シナリオ」は，より複雑なシナリオ（変動する環境や何世代にもわたり徐々に変化する環境）を表している．
　考えてみよう：実験進化アプローチについて，自分の言葉で説明せよ．実験はどのように開始されるのか？　実験中に何が起こるのか？　実験終了時に何が比較されるのか？　適応はどのように評価されるのか？
　出典　Collins S, *Evolutionary Biology*, **38**:3–14 (2011)

同じ祖先株に由来する 12 の実験集団を追跡しており，それらは実験開始以来，独立に進化している．このアプローチは，進化のどのような側面が予測可能で，どのような側面が特異的であるかを長期間にわたって評価する際に，大きな力を発揮する (Lenski, 2017)．また，一定環境下で得られた進化に関する基礎情報は，ストレス環境での適応のダイナミクスと対比することができる．例えば，異なる温度環境下で大腸菌を実験的に進化させた最近の研究では，各系統は似た表現型に収斂することで高温に適応したが，適応の遺伝的メカニズムは異なっていた (Sandberg et al., 2014；Deatherage et al., 2017)．このように，室内実験は，同じような適応的反応が，異なる集団で独立して起こりうることを明確に示すことができる．

　地球変動ストレスに関連するもう一つの例は，海洋酸性化に対する海洋無脊椎動物の適応である．章末の「発展」で見るように，海洋酸性化は石灰化生物に大きな影響を与えるため，海洋食物網を撹乱するおそれがある．Lohbeck ら (2012) は，細胞内で石灰化を行う植物プランクトンの 1 種を対象に，二酸化炭素上昇下で 500 世代にわたって進化させた後，海洋酸性化条件でそのパフォーマンス (成長や増殖など) を検証した．その結果，酸性化によって石灰化率は低下したが，二酸化炭素の上昇にあらかじめ適応した個体群では，1 年後でも高いパフォーマンスを示した．このように，微生物のなかには，短期間で新しい環境に適応できるものがある．

　もちろん，強い選択圧のもとでも実験集団が適応に失敗する例もある．Collins と Bell (2004) は，緑藻の実験集団が，1,000 世代にわたる選択にもかかわらず二酸化炭素の上昇に対して適応を示さないことを明らかにした．このように，室内実験は，生物が将来の環境条件に適応する能力をもつかどうかを判断するのに役立つ．

分子的アプローチ

　分子的アプローチは，フィールドや実験室での研究を補完する重要な手法であり，適応の根底にあるメカニズムを明らかにすることができる．15 年前でも，分子的アプローチはモデル生物 (酵母，ミバエ，マウスなど，研究室で大量に飼育して詳細な研究ができる種) でよく用いられていた．しかし，図 7.8 に示すように，ここ数十年の間に，ゲノム配列を決定するコストは指数関数的に低下した．コストが低下し機器が利用しやすくなったことで，野外における自然選択の研究にお

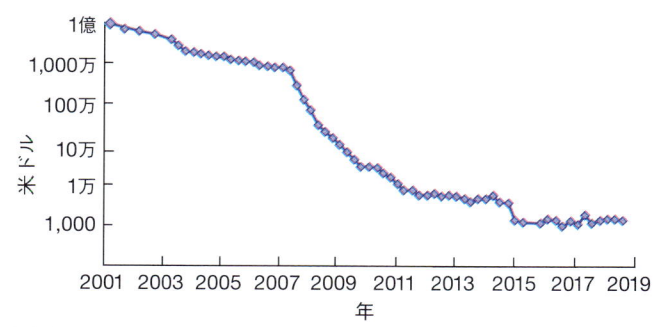

図 7.8　ゲノム配列を決定するコストは，過去数十年で劇的に低下した．ここでは，ヒトゲノム 1 個当たりのコストを時系列で示している．最初のヒトゲノムの配列決定には 10 年以上かかり，投資額は 20 億米ドル以上だった．しかし現在では，約 1,000 ドルかければ，1 日でヒトゲノムの配列を決定することができるようになった．コストの低下は，モデル生物，非モデル生物を問わず，ゲノム配列の決定を迅速かつ安価に行えるようになったことを意味する．
　考えてみよう：DNA 配列決定が安価になったことには，どのような意味があるだろうか．どのような機会をもたらすか？　どのような科学的・倫理的問題が起きる可能性があるか？
　出典 National Human Genome Research Institute

いても，遺伝子やゲノムの高度な解析が当たり前になりつつある．DNA 配列の変異だけでなく，遺伝子発現の変異も明らかにできる．そのため，様々な時間・空間スケールで，野外集団の適応の根底にある分子メカニズムを直接探ることができるようになった．

　適応的な形質変化の原因となる遺伝子やゲノム領域を特定する方法は数多くある（例：Nielsen, 2005；Stinchcombe & Hoekstra, 2008；Ellegren, 2014 の総説）．一般的なアプローチの1つは，ゲノム規模で配列を決定し，自然選択の証拠を示す遺伝子領域を探すことである．このアプローチを応用して，イトトンボの1種（*Coenagrion scitulum*）において北極方向への分布拡大時に生じたゲノムの特徴を明らかにした例がある．第5章で見たように，極域への分布シフトは地球温暖化で一貫して起こる生物的影響であり，特に生息域の端で，分散能力や耐熱性の向上など分布拡大の速度を高める形質に対して自然選択が強く働く可能性がある．Swaegers ら（2015）は，イトトンボのゲノムを北端と分布中心とで比較した．すると，北端の集団で飛翔能力の向上に関連する塩基に変異があった．これと同じ変異は，5つの独立した分布拡大イベントのうち4つで見つかったことから，このイトトンボの分布境界付近における分散能力の向上は，同じ遺伝的メカニズムに起因している可能性が示唆された．

　最近，Campbell-Staton ら（2020）は RNA シーケンスを用いて，プエルトリコ産のアノールトカゲにおける都市環境への熱適応のメカニズムを調べた．RNA シーケンスは，遺伝子発現（転写の変化）と遺伝子進化（塩基配列自体の変化）の両方について，ゲノム規模のデータを得られるという利点がある．彼らは，国内の4つの地域において，都市部のトカゲと近隣にある森林のトカゲを比較した．都市の集団は近隣の森林の個体群から定着したため，独立した反復と見なせる．都市部は森林よりも暑いため，都市のトカゲは森林部のトカゲよりも気温の高い場所を生息地とし，体温も高かった．さらに，都市のトカゲは高温に対する耐性が高いことも確認された．研究グループは，ゲノムスキャンにより，タンパク質合成遺伝子（RARS）の1つの変異が，すべての地域で高温耐性に関連していることを発見した．この遺伝子は，他の生物種で非生物的なストレス耐性に関与していることが知られている（Anderson et al., 2009）．同じ遺伝子が並行して選択されていることから，独立した集団や種が，気候変動のような地球規模での共通のストレス要因に対して，同様の適応的な解決策を見出していることが示唆された．分子的アプローチの発展により，急速な環境変動下での進化が遺伝子レベルで予測可能かどうかという大きな課題に答えることができるようになっている．

まとめ

　野外研究や室内実験，分子的アプローチを組み合わせることで，地球変動への適応のダイナミクスをよりよく理解することができる．また，適応を見出し予測するためには，コンピュータや統合的アプローチが有効である．モデリングアプローチは，生態学的および進化的予測を行い，観測されたパターンをモデルの予測と比較するために使用できる（Merilä & Hendry, 2014；Marshall et al., 2016）．メタ解析は，野外における自然選択の普遍的なパターンを理解するのに役立つ（例：Hoekstra et al., 2001；Kingsolver et al., 2012）．自然選択の研究は歴史的に個々の形質に焦点を当ててきたが，自然選択は生物の複数の形質に作用する．したがって，複雑で多次元的な表現型とその適応度への影響を理解することがますます重要になっている（Laughlin & Messier, 2015）．さらに，**適応ポテンシャル**（adaptive potential）と呼ばれる，種が変動環境に対して適応的な反応を示す可能性を評価することも重要である．適応ポテンシャルは想定される将来の環境条件をもとにして，野外での操作実験や室内実験，数値シミュレーションなどにより推

定することができる．急速に変化する世界において，生物が新しい条件に適応できるかどうかを予測するためには，統合的なアプローチが不可欠である．

適応による絶滅の回避

適応は環境変化に対する重要な応答であるため，時には集団を絶滅から「救済する」こともある（Gonzalez et al., 2013；Carlson et al., 2014；Bell, 2017 の総説）．**進化的救済**（evolutionary rescue）とは，遺伝的適応によって，それがなければ絶滅するような環境変化から集団が回復することである．環境の変化には，温度上昇など非生物的なものと，新しい病原体の侵入など生物的なものがある．図 7.9A に示すように，進化的救済を受けた集団は，適応的な遺伝的変化によっ

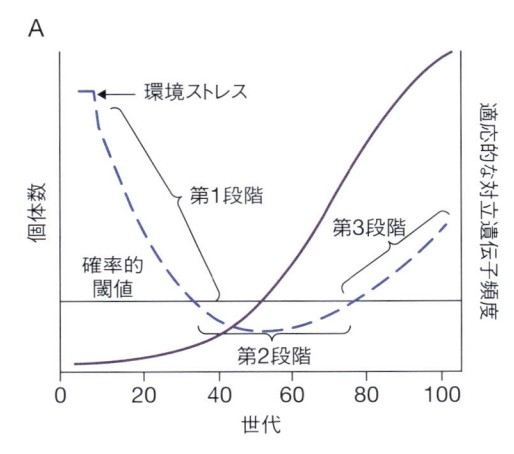

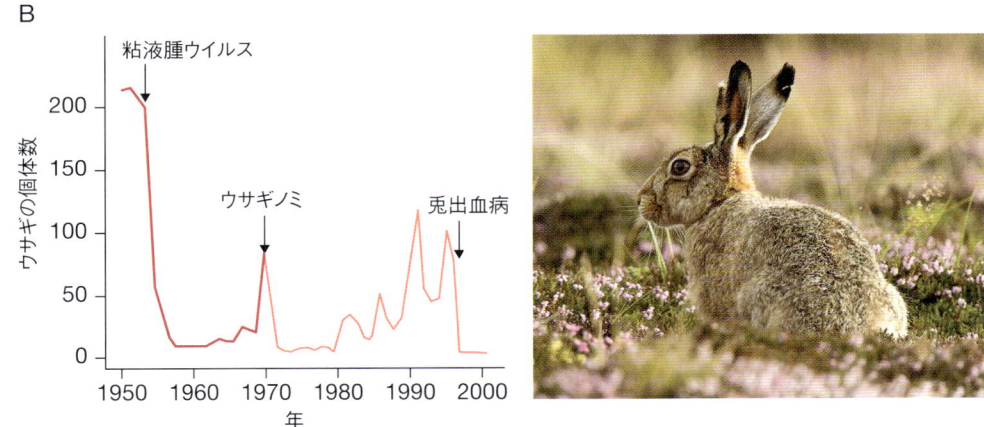

図 7.9　自然界における進化的救済．（A）進化的救済は，U 字型の個体数の回復によって特徴づけられる．まず，新しい環境条件への不適応により，個体数が急速に減少する．次に，確率的な変動により，個体数が絶滅の可能性がある閾値を下回る．第三に，適応的な対立遺伝子の広がりにより，個体数が増加する．（B）オーストラリアへ導入されたウサギの個体数の時系列変化．矢印は，ウサギを根絶するために導入された生物的防除の種類を示している．1970 年代前半にウサギの個体数が回復したのは，粘液腫ウイルスに対する抵抗性が進化したためである．

考えてみよう：集団のなかで適応的な対立遺伝子が出現し，広がっていく様子を説明せよ．

出典　（A）Carlson SM et al., Evolutionary rescue in a changing world, *Trends in Ecology & Evolution*, **29**(9):521–530 (2014)；（B）Vander Wal E et al., Evolutionary rescue in vertebrates: evidence, applications and uncertainty, *Philosophical transactions of the Royal Society of London. Series B, Biological sciences*, **368**(1610):20120090 (2013)；写真：Mark Medcalf/Shutterstock

て，その個体数を減少から増加へ転じることができる (Carlson et al., 2014)．

　18 世紀にペットや狩猟動物としてオーストラリアに持ち込まれたヨーロッパウサギは，進化的救済の典型例である (Fenner, 2010)．導入されたウサギは増殖し，19 世紀半ばには深刻な害獣となった．1950 年代には，粘液腫ウイルスが意図的に導入され，ウサギの個体数が減少した．図 7.9B に示すように，当初，ウサギは粘液腫ウイルスに対する感受性が高く，感染したウサギの死亡率は最大で 99％だった．しかし，強いウイルス耐性が選択され，またウイルス自身の病原性の低下もあって，最終的には個体数の回復につながった (Fenner, 2010)．最近では，ウサギの個体数を減らすために，他のウイルス性出血病が生物的防除として用いられているが，ウサギはこれらにも耐性を獲得しつつあるようだ (Saunders et al., 2010)．

　遺伝学的な変化によってある集団が絶滅の危機から救われたことを証明するのは難しいため，進化的救済の例は比較的稀である．しかし，実証的研究と実験的研究の両方が，進化的救済を実証している (Carlson et al., 2014)．実験進化は，特定の適応的な突然変異の動態を容易に追跡できるため，特に説得力がある．例えば，Bell と Gonzalez (2009) は，実験的に酵母集団を致死的な塩濃度にさらしたところ，集団サイズが大きい場合に 2 つの遺伝子で変異が起き，比較的早く進化的救済が起こることを発見した．

　進化的救済の生起には，様々な人口統計学的，遺伝的，環境的要因が関与している (Bell & Gonzalez, 2011；Schiffers et al., 2013；Carlson et al., 2014)．非常に重要なのは，初期集団サイズ，遺伝的変異の量，環境変化の速度である．すでに個体数が少なく，遺伝的変異が減少している絶滅危惧種では，進化的救済は起こらないかもしれない (Vander Wal et al., 2013)．

　進化的救済にはリスクもある．強力な自然選択が起こると，集団が将来別のストレス要因に対してより脆弱になる可能性がある．例えば，環境中の化学汚染物質によって強い自然選択を受けた集団が，地球温暖化に直面したときに生き延びやすくなるとは限らない．強い自然選択は一般に遺伝的変異を減少させ（図 7.10），将来の環境変化に対する適応可能性を失わせる．このように，進化的救済はすべての種にとっての万能薬にはならない．だが，進化的救済は地球変動ストレスがもたらす新たな環境への適応を可能にし，多くの種の生存を保証するものとしての期待は大きい．

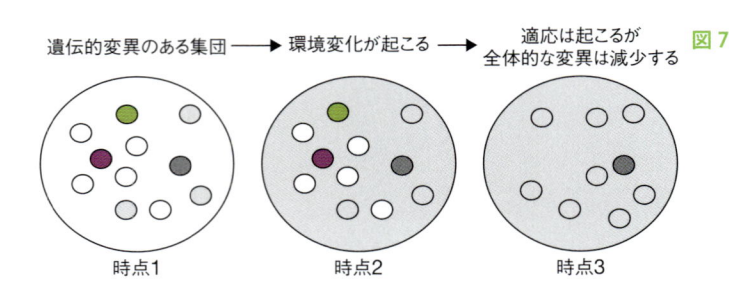

遺伝的変異のある集団 ⟶ 環境変化が起こる ⟶ 適応は起こるが全体的な変異は減少する

時点1　　　　時点2　　　　時点3

図 7.10　強い自然選択により，集団は現在の状況に適応しやすくなるが，遺伝的変異が失われ，将来の環境変化に対する脆弱性が生じる可能性がある．
考えてみよう：進化的救済の起こりやすさに影響を与える要因は何か？
出典　原著者の厚意により

結論

　自然選択による適応は，長年にわたり，地球上の生物の進化の道筋を創るうえで重要な役割を担ってきた．グローバルにもローカルにも環境変化がますます加速するなか，適応は集団や種の存続を可能にする重要な応答である．環境変化に直面したときに，集団が適応できるかどうかの予測に利用できる唯一の形質はなく，多くの要因が集団の適応可能性に影響を与える．一般に，

突然変異率が高く，世代交代が速く，個体数が多い生物は，より多くの変異を生み出すうえ，遺伝的浮動の影響を受けにくいため，より早く適応できる．また，自然選択が強く，形質に遺伝的変異に基づいた生存率の差があれば，どんな種でも適応しうる．

　環境変化に対応する適応の可能性に影響を与える要因は，他にもたくさんある．例えば，集団間の遺伝的な連結性の程度は，遺伝的変異の集団間での移動を通して適応進化の可能性に影響を与える．また，環境変化の大きさや速度も重要である．それらが大きすぎると，集団が急速に適応できないこともある．他の主要な応答と同様に，適応進化は1つの要因だけに依存するのではなく，様々な生物の形質，集団の特性，環境要因の組み合わせに依存する．

　適応的な応答は，もちろん他の主要な応答と相互に排他的ではない．第5章では，適応が移動応答とどのような関係にあるかを議論した．人為環境に適応した個体群は，人為的に改変された他の環境に移動する可能性が高い．いったん新しい地域に移動した種は，再び新しい条件に適応する可能性がある．さらに，適応によって移動が促進されることもある．第6章では，適応と順応がどのように相互作用するかを見てきた．例えば，可塑的な反応は，**遺伝的同化**によってキャナライゼーションされ，可塑性そのものが適応となることもある．

　もちろん，適応は保証されているわけではない．多くの予測研究では，環境変化の速度が集団の適応能力を上回ることを示唆している（例：Etterson & Shaw, 2001；Both et al., 2006；Sinervo et al., 2010）．集団が急激な環境変化に見舞われた場合，適応は生じにくくなり，適応に失敗する．それは次章で述べる「死滅」の応答へつながる．

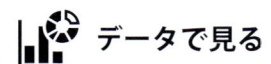 **データで見る**

ミジンコのタイムマシーン

誰が，何を目指していたのか？

　ここでは，急速な適応進化の可能性を理解するために，新しいアプローチを用いた研究を見てみよう．「ミジンコにみられる温度耐性の急速な進化」は，ギーツ（Aurora Geerts）博士らによって2015年に "Nature Climate Change" 誌に掲載された．

　現代の集団における適応を調査する際，研究者はしばしば，比較のために過去に遡って調査したいと思うことがある．第5章の「データで見る」では，博物館の標本を過去の状態を記録した参照点として使用し，生物の時系列変化を調査する可能性を検討した．博物館標本は表現型を測定するためには非常によい試料となるが，多くの形質は死後に測定することができない．

　もし研究者が，過去の生きた動物を，何らかの方法で当時の状態のまま入手することができるとしたらどうだろうか．休眠状態の生活ステージをもつ生物であれば，それが可能な場合がある．ある条件下では，種子，卵，嚢子，胞子などが，堆積物や土壌，氷のなかに安定的に保存され，数年，数十年，あるいは数百年後に甦ることがある．これらは**散布体バンク**（propagule bank）と呼ばれ，正確な年代を測定し，現代のものと比較することができる（Orsini et al., 2013）．この手法は**復活生態学**（resurrection ecology）と呼ばれることもあり，保存したサンプルを孵化させたり発芽させたりすることで，「進化のタイムマシーン」となり，適応の時間経過を直接評価できる貴重な機会となる（Orsini et al., 2013）．

　ミジンコのような淡水の無脊椎動物は，復活生態学の最も優れた例といえる．ミジンコは休眠状態の卵を産むが，その卵は堆積後500年経っても復活する（Frisch et al., 2014）．さらに，これらの水生無脊椎動物は室内実験が容易

であり，本章で前述した**実験進化**のアプローチに適している．さらに，いくつかの種のミジンコのゲノムはよく研究されている（Colbourne et al., 2011；Orsini et al., 2016）．ミジンコを扱うことの利点を生かし，ギーツ博士らはこれらをモデル系として，過去50年間の気候変動に対する遺伝的適応を研究することにした（Geerts et al., 2015）．

あなたの予測は？

この先を読み進める前に，この章で適応について学んだことをミジンコの系にどのように適用できるか，数分間考えてみよう．まず，次の問いに答えることから始めよう．
- 過去50年間に，熱ストレスに対するミジンコの応答に適応的な変化が起きただろうか？もしそうなら，具体的にどのような形質が適応的な応答を示すだろうか？
- 現代のミジンコの集団は，将来の高温に対応するためにさらなる進化を遂げる可能性があるだろうか？
- もしそうなら，進化の可能性を検証するための実験をどのように設定するか？

では，ミジンコの個体群が気候変動に適応しているかどうか，またどのように適応しているかについて，要約してみよう．

科学者らの予測はどうだったのか？

著者らは正式な予測はしていないが，明確な目的をもっていた．ギーツ博士らは，人為的な気候変動による水温の上昇にミジンコの集団が適応しているかどうかを検証し，現在の集団にさらなる適応の可能性があるかどうかを予測することを目的とした（Geerts et al., 2015）．

どのようなデータを収集したのか？

ギーツ博士らは，ミジンコの個体群における過去の適応の歴史と将来の適応の可能性を理解するために，2つの異なるアプローチを用いた．

まず，実験進化アプローチにより，現代の個体群がより高い水温に遺伝的に適応する可能性をもっているかどうかを調べた．彼らは，現代のミジンコの個体群を屋外に設置した水槽（小さな池を模したもの）に収容し，常温または常温＋4℃の2つの処理から1つを選んで曝露した．2年間の自然選択の後，**臨界最高温度**（critical thermal maximum, CT_{Max}）と呼ばれる簡単な指標を用いて耐熱性を検証した．CT_{Max}は，動物が主要な運動機能を失う温度であり，熱ストレス下での生物の生存の上限であるため，気候変動を考える際の生物学的に重要な指標である．

次に，復活生態学的なアプローチで，時間経過に伴う実際の形質変化を測定した．彼らは，50年間の時系列に沿って，過去の堆積層と現代の堆積層からミジンコを孵化させた．そして，実験処理間でCT_{Max}を比較するのではなく，過去と現代の個体間でCT_{Max}を比較した．

データをどのように解釈するか？

この先を読む前に，データの図（**BOX 図 7.2**）を解釈するために数分時間をとってみよう．図を見ながら，以下の問いを考えてみよう．
- この2つの図には，研究のどのような違いが示されているか？
- 各図において，処理間で見られる全体的な傾向の違いはどのようなものか？
- なぜ，処理内でばらつきがあるのか？

この研究の主要な発見とその意義について，1〜2文で書いてみよう．

科学者らはデータをどう解釈したか？

著者らは，現代のミジンコの集団が，長期間の高温での選択下で遺伝的な適応を行う能力をもっていることを証明した．加温処理したミジンコ集団は，常温のミジンコ集団に比べてCT_{Max}が有意に高かった．実際，CT_{Max}の変化の大きさは3.6℃であり，処理間の環境差4℃とほぼ同じであった．

さらに，ミジンコの耐熱性の進化は2年間の実験で起こったため，現在起きている地球温暖化の時間スケールで急速に進化する可能性があ

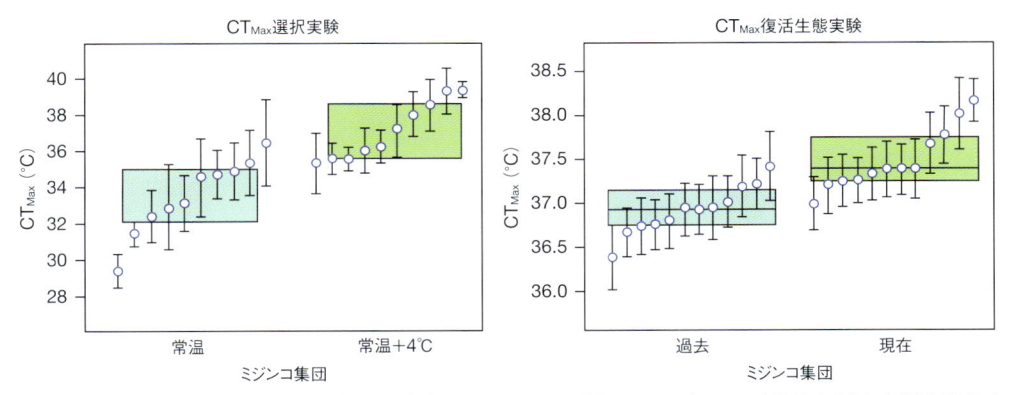

BOX 図 7.2 実験進化研究（A）と復活生態研究（B）のミジンコの平均 CT_{Max}. 個々の平均値（青丸）と標準誤差（バー）は，異なる反復を表す．色つきの四角は，集団ごとの中央値，第1四分位と第3四分位を示す．
出典 Geerts AN et al., Rapid evolution of thermal tolerance in the water flea Daphnia, *Nature Climate Change*, **5**(10):665–668 (2015)

ることが示された．さらに，著者らは，ミジンコの系ではすでに地球温暖化への適応が起こっていることを実証している．この40年間で，対象となる湖の平均気温は1℃以上上昇し，気温の極端な変化（熱波）は3倍に増加していた．ミジンコの個体群ではこの変化に追従し，CT_{Max} が上昇していた．

耐熱性を高めるような進化は，自然の個体群に広く見られる可能性がある．しかし，当時は直接的な実験的証拠はほとんどなかった．ギーツ博士らは「これまでのところ，最近の気温上昇に対して自然集団の耐熱性が進化的に変化したことを記録した研究はない」と述べている．したがって，自然集団において地球温暖化への適応を実験的に証明したことは，非常に意義深いことである．

この論文（Geerts et al., 2015）は気候変動への適応に焦点を当てたが，この研究グループとその共同研究者は，他の環境ストレス要因への適応の可能性を評価するために同様の方法を用いている．例えば，Orsini ら（2012）は，捕食，寄生，農業の集約化に対するミジンコの進化的な応答を理解するために，復活生態学の枠組みを使った．これらのアプローチは，観察された適応的応答の原因となる遺伝的変化を特定するため，ゲノムアプローチを用いた．例えば，Orsini ら（2012）は，処理区のストレス応答に関連する遺伝子変異を同定した．同様に，Jansen ら（2017）の研究（Geerts et al.（2015）と同じミジンコ集団を使用）では，CT_{Max} が異なる処理区間で発現パターンが変化する候補遺伝子群を特定した．人為的なストレス要因に応答して急速に進化している集団について，遺伝子型，表現型，適応度を結びつける研究は，グローバル変動生物学の最前線にある．

今後の研究の方向性について考えよう

これらの研究成果を踏まえ，この研究プロジェクトに関してどのような次のステップが考えられるだろうか？　もしあなたがミジンコの研究に携わっていたとしたら，どのように次の研究を展開するだろうか？　次の問いを考えることから始めよう．

• 本研究と同様のアプローチは，さらなる地球変動ストレスへの適応を理解するために，どう利用できるか？

• 同様のアプローチに適した他のシステムにはどんなものがあるか，有益な比較対象となりえるか？

• より広範に補完的なデータを提供する他のアプローチはどのようなものがあるか？

次に，この研究テーマに関する今後の方向性について，数行で書いてみよう．

サンゴ礁

　海洋は地球表面の70％以上を占め，気候の調節，酸素の生産，人類の生存に重要な役割を担っている．そのなかでもサンゴ礁の生態系は，生物学的に最も多様であり，人為的な脅威にさらされている領域である．サンゴ礁生態系の構造，機能，長期的な動態を理解するうえで重要なのは，サンゴと藻類との古くからの共生関係である．第2章で見たように，細胞内共生生物は地球上の生命の進化に重要な役割を果たしてきた．ここでは，サンゴとその共生を脅かす人為的なストレス要因，そしてサンゴ礁生態系の将来における適応の可能性について詳しく解説する．

サンゴ礁とは何か，なぜ価値があるのか？
　サンゴ礁は，透明度が高く暖かい海域に形成される．浅い海底地形はサンゴ礁の形成に最適な条件であり，サンゴ礁が最も集中しているのはインド太平洋とカリブ海である（**BOX 図 7.3**）．サンゴ礁にはいくつかの種類があり，海岸への近さ，隔離の度合い，近隣の生態系とのつながりなどによって，構造的・機能的な違いがある．しかし，ここでは，すべてのサンゴ礁に影響する問題に焦点を当てる．

　サンゴ礁は，海底の1％未満を占めるにすぎないが（Spalding & Grenfell, 1997），驚くほど多くの生物多様性を支えている．例えば，全海洋魚の25％以上がサンゴ礁に生息している（McAllister, 1991）．サンゴ礁は，生物多様性のホットスポットとしての生態学的価値に加え，ユニットIIIで紹介するように，豊かな**生態系サービス**を提供している．魚や海藻などの食料資源，砂やセメントの原料などの建築資材，石油やガスなどのエネルギー資源など，人類はサンゴ礁から多くの資源を利用している（Moberg & Folke, 1999の総説）．また，サンゴ礁の物理的な構造は，嵐や侵食から沿岸を保護する重要な役割を果たしている．さらに，サンゴ装飾品の取引やサンゴ礁の観光で，多くの沿岸地域社会の生計を支えている．

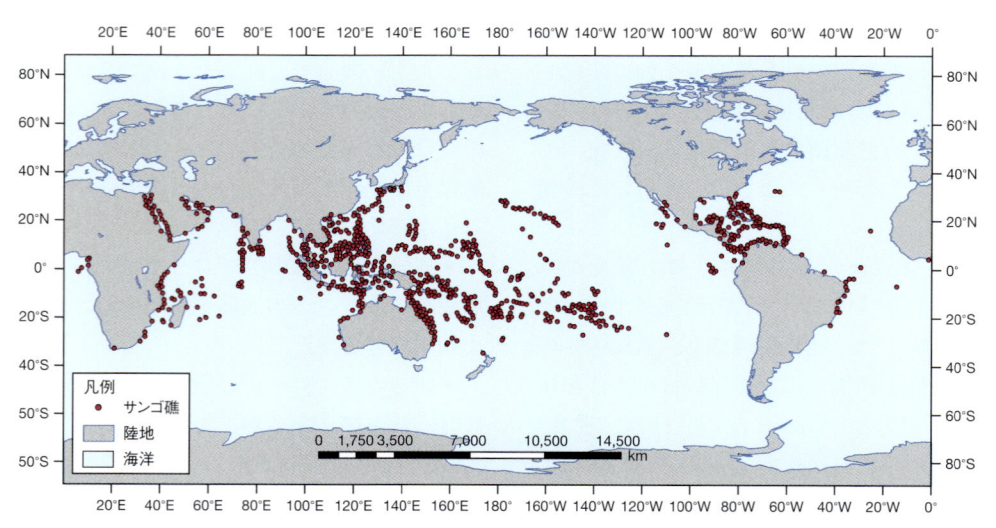

BOX 図 7.3　（A）世界の温暖で浅い海洋に分布するサンゴ礁．（B）多様な造礁サンゴは，石灰化した骨格を分泌することで礁構造を形成している．（C）共生する光合成藻類（褐虫藻）は，サンゴの健全性に不可欠である．
考えてみよう：サンゴ礁の地理的分布，物理的構造，重要な種間相互作用を考慮すると，サンゴの生態系に最も直接的な脅威をもたらす地球変動ストレスは何だと予想するか？
出典 National Oceanic and Atmospheric Administration (NOAA)

サンゴ礁の生態系サービスの価値は，年間数十億ドルと推定されている．例えば，第1章の「データで見る」で取り上げた de Groot ら（2012）のメタ解析によれば，10種類のバイオームのなかで単位面積当たりの生態系サービスの金銭的価値が最も高いのはサンゴ礁だった．サンゴ礁の平均 ha 当たりの価値は外洋の700倍以上と推定されている．

サンゴとその共生生物とは？

サンゴは刺胞動物門に属する海洋無脊椎動物である．造礁サンゴは数百種あり，造礁サンゴ以外のサンゴも数多く存在する．造礁サンゴは，炭酸カルシウムの硬い骨格を分泌している．分泌された骨格が個体どうしを固定し，死んだサンゴの骨格が生きているサンゴの礁構造となる．

また，造礁サンゴの多くは，*Symbiodinium* 属の光合成藻類（**褐虫藻**（zooxanthellae）と呼ばれる）と共生している．これらの共生藻は，サンゴに色をもたらし光合成産物を与えており，多くのサンゴは共生藻なしでは長期的に生存できない（Huston, 1985）．共生藻は，親から子へ垂直に伝えられる場合と，環境から獲得する場合がある（Goulet & Coffroth, 2003）．宿主と共生藻の関係には，高度な特異性（特定のサンゴ種と特定の共生藻の間に特化した関係）を示すものもあれば，より柔軟なものもある（Baker, 2003）．共生藻群集は非常に多様であり，地域の条件に適応しているようである（Thornhill et al., 2017）．

サンゴ礁の主な脅威は何か？

第4章で見たように，海洋生態系に影響を与え，相互に影響し合うストレス因子はたくさんある．さらに，海域の大部分は，複数の要因から同時に強い影響を受けている（Halpern et al., 2008）．ここでは，人為的なストレス要因がサンゴ生態系に具体的にどのような影響を与えているか，いくつかの事例をもとに考えてみる（Cesar & Chong, 2004；Harborne et al., 2017；Putnam et al., 2017 の総説）．

海洋温暖化

地球温暖化は，海洋に様々な影響を及ぼす．サンゴ礁における最も劇的な影響は，おそらく**サンゴの白化**であろう．サンゴと褐虫藻の共生系は，温度に対して非常に敏感である．わずか数日間に 1℃ の温度異常があるだけで，サンゴは共生藻を失う可能性がある．**BOX 図 7.4A** に示すように，共生藻とその色素が失われると，白化し，サンゴの死亡率が高まる．サンゴの白化によって，サンゴに依存する生物種が影響を受け，また大型藻類が優占し始めるため，サンゴ礁群集において大きな生態学的影響を引き起こしうる（Hoegh-Guldberg et al., 2007）．過去数十年間，白化現象は様々な空間スケールで観測されている（Berkelmans et al., 2004）．例えば日本では，1998年のたった1回の白化現象によって，サンゴの種数が 60% 以上，被覆率が 80% 以上も減少した（Loya et al., 2001）．局所的な白化現象から数年で回復するサンゴ礁もあれば，何年も経っても影響が残るサンゴ礁もある（Graham et al., 2007；Diaz-Pulido et al., 2009）．

海水温の上昇に加え，地球温暖化はサンゴ礁の生態系に新たなストレス要因をもたらす．熱膨張と極地の氷の融解は，海面上昇につながる．海面上昇により水深が変化し，生息地の環境条件が不適になることで，サンゴに直接影響を与える．さらに，人為的な気候変動は，近海の海流を変化させる．これは，将来のサンゴ礁の存続にとって非常に重要である，幼生の分散と栄養塩の利用可能性を乱すことになる．

海洋酸性化

人為的に排出された炭素の約 25% が海洋に流入し，海洋酸性化を引き起こす．酸性化は，海洋生物の代謝・生理・ストレス経路を変化させ，様々な影響を与える可能性がある．**BOX 図 7.4B** に示すように，酸性の水は多くの海洋無脊椎動物の殻を，文字通り溶かすこともある．さらに，二酸化炭素と水の化学的相互作用により，石灰質を作る生物が利用できる炭酸塩が減少する

B
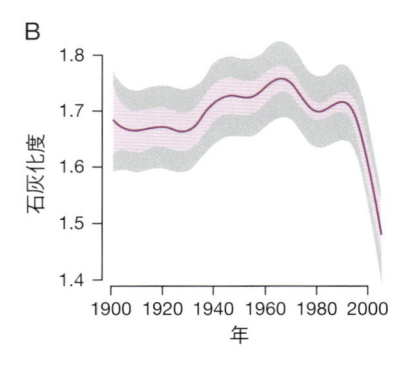

石灰化度 (縦軸): 1.4, 1.5, 1.6, 1.7, 1.8
年 (横軸): 1900 1920 1940 1960 1980 2000

BOX 図 7.4 サンゴへの脅威.（A）地球温暖化によるサンゴ礁の白化. サンゴと共生藻の関係は温度依存性が高く，熱ストレスで破壊される. 温度の上昇でサンゴが死滅し，主要な植食者がいなくなると，大型藻類が優占することで生態系が根本的に変化する.（B）海洋酸性化は，水生生物に短期的，長期的な影響を与える可能性がある. 実験条件下では，酸性環境は多くの水生無脊椎動物の殻をわずか数週間で溶かしてしまうことがある. また野外環境では，酸性化によって数十年かけて石灰化度が大幅に低下するサンゴが見られる.

考えてみよう：サンゴと褐虫藻の関係以外に，地球温暖化と海洋酸性化によってストレスを受けると思われる，サンゴ礁の生態学的な相互作用は何だろうか？

出典（A）The Ocean Agency/XL Catlin Seaview Survey；（B）Hoegh-Guldberg O et al., Coral reefs under rapid climate change and ocean acidification, *Science*, **318** (5857):1737–1742 (2007)

（Orr et al., 2005）．サンゴの石灰化が減少すると，礁構造の分布範囲や密度が減少するため，多くの連鎖的影響を及ぼす（Hoegh-Guldberg et al., 2007）．人為による気候変動の特徴である嵐の頻度や強度の増加は，海洋酸性化と相乗的に作用する可能性がある. サンゴの骨格がもろいと暴風雨による被害が大きくなるため，両方のリスクが高まると，サンゴ礁生態系への物理的なダメージも甚大になる.

乱獲と汚染

　サンゴ礁に対する人為的な影響として最も直接的なものはサンゴ漁だろう. サンゴは装飾品を目的に採集されるが，建築用の原料や石灰の生産にも使われる. また，漁業も自給自足か，レクリエーションか，商業的かを問わず，サンゴ礁の生態系に大きな影響を与える. サンゴ礁における生物の漁獲方法によっては，サンゴ礁の構造的な損傷や化学的な汚染につながることもある. 例えば, ある地域では, 青酸カリを使っ

た毒漁や自家製爆弾を使ったダイナマイト漁が行われている（McManus et al., 1997）．第4章で紹介したように，農業や工業からの汚染物質も，富栄養化による水質低下などで，最終的にサンゴ礁の生態系にダメージを与える可能性がある.

サンゴはこうした脅威に適応できるか？

　人為的なストレスが原因で，過去 20 年間にサンゴの多くが絶滅危惧種となり，全サンゴ種の 30% 以上が絶滅危惧種に指定されている（Carpenter et al., 2008）．最近の推定では，今後数十年でサンゴ礁が 70 〜 90% 減少する可能性が示唆されている（Hoegh-Guldberg et al. 2018）．しかし，サンゴが変化する状況に適応できれば，将来のサンゴ礁の健全性の予測はそれほど悲観的ではない（Logan et al., 2014）．サンゴの生態系は温度異常に対して非常に敏感であるため，サンゴの適応可能性に関する多くの研究は，地球温暖化に注目している.

例えば，Palumbiら（2014）は，ナンヨウミドリイシを冷たいプールと熱いプールに相互に移植する実験を行い，移植したコロニーの耐熱性を2年間にわたって調べた．その結果，2つの処理グループ間で耐熱性に違いがあり，その違いは特定の遺伝子発現と関連していることがわかった．Barshisら（2013）は，熱に敏感なサンゴと熱に強いサンゴの遺伝子発現パターンを比較し，熱に強いサンゴでは特定の遺伝子（熱ショックタンパク質など）の発現量が増加していることを明らかにした．

遺伝子発現の変化に加えて，サンゴが高温に適応した共生褐虫藻を宿すことで，熱ストレスに適応できるという証拠もある（Rowan, 2004；Howells et al., 2012）．実際，最近の研究では，夏の気温が極端に高い地域では，宿主と共生者の両方が遺伝的に高温適応していることが示唆されている（Howells et al., 2016）．このように，多くのサンゴは，その種特有の形質や共生者との関係性を変化させることで，高温に順応・適応できる可能性がある．

だが高温への順応や適応は，サンゴ礁の長期的な健全性を保証するものではない．先に述べたように，温度以外にも多くのストレス要因があり，サンゴのコロニーが海洋酸性化などのストレス要因に順応も適応もできていない例も数多くある（例：Crook et al., 2013）．さらに，適応によって短期的にサンゴの死亡率が低下しても，炭素排出量を大幅に削減し，他の地球変動ストレスを緩和しなければ，死亡を先送りさせているにすぎない（Logan et al., 2014）．したがって，サンゴ礁の重要な生物的機能を将来にわたって維持するには，生物学的研究，保全管理，国際的なガバナンスの連携に関して，一体的に取り組む必要がある（Hughes et al., 2017）．それについてはユニットIVで再び取り上げることにする．

第7章のまとめ

○適応とは？
- 適応とは，生物が時間経過に伴う遺伝的な変化を通じて，環境条件によりよく適合するようになるプロセスのことである．

○適応に必要な条件
- 遺伝性，変異，そして生存や繁殖の差が，自然選択による適応進化の条件である．

○自然選択による進化
- 19世紀のイギリスにおけるオオシモフリエダシャクの事例は，自然選択の働きを示している．

○地球環境変動に対する適応
- 適応は，多くの異なる形質や分類群において観察され，気候変動などの非生物的要因や移入種のような生物的要因を含む選択圧に応答して生じる．

○適応の検出と予測
- 現在起きている適応を特定し，将来の適応応答を予測するために，科学者は長期的な野外観察，実験室での実験進化，分子的アプローチなど，様々な手法を用いている．

○適応による絶滅の回避

- 進化的救済とは，遺伝的適応によって集団が消滅するのを防ぐことだが，自然選択の強い働きによって，遺伝的変異が失われるなど，別のリスクが生じることもある.

○基本知識：遺伝的変異の由来

- 遺伝的変異は，分子レベルでの突然変異と組換えによって生み出される．また，適応的な対立遺伝子は，遺伝子流動によって集団にもたらされることもある.

○データで見る：ミジンコのタイムマシーン

- 科学者らは，ミジンコの地球温暖化に対する適応ポテンシャルを理解するために復活生態学と実験進化のアプローチを用いた．その結果，ミジンコは過去数十年の間に高い耐熱性をもつようになり，将来的にはさらに高い気温に適応する可能性があることがわかった.

○発展：サンゴ礁

- サンゴ礁は，生態学的・経済的に重要な生態系であるが，海洋温暖化，海洋酸性化，化学汚染，乱獲などにより脅かされている．気温の上昇は，サンゴ礁を形成するサンゴと光合成を行う褐虫藻との共生関係を阻害する．最近の研究では，一部のサンゴとその共生生物は，表現型可塑性と遺伝的適応の両方によって，変動環境に対応できる可能性が示唆されている.

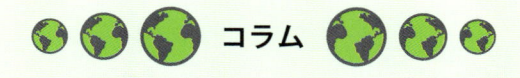 コラム

都市における生物の進化

　人間が定住し，農耕と牧畜によって人口が増えるうちに，やがて都市が形成された．時代を経るにつれ都市は拡大し，現在では地球上の陸地の3%を占め，全人口の半数以上が都市に住むようになった．自然生態系や農地生態系が都市に変化することで，大きな物理的・生物的な環境変化が生じる．物理的な環境変化としては，アスファルトやコンクリートなどの不浸透面の増加，大気の汚染，騒音や光の増加，気温，特に地表面温度の上昇が挙げられる．生物学的な環境変化には，生息地の消失と分断化，生物多様性の低下，外来種の増加などが挙げられる．これらの急激な環境変化は，都市に住む生物たちに強い自然選択として働き，都市の生物の性質を大きく進化させることがある．

　物理的な環境変化に対する適応進化は，いくつかの生物で知られている．アスファルトやコンクリートなどの不浸透面は，熱を吸収し放出する性質が高く，それによって都市部では地表面温度が高くなる．このようなヒートアイランド効果は，人間を含む様々な都市に住む生物の生理や行動に影響を与える．一部の生物では，ヒートアイランドによる適応進化が報告されている．例えば，都市由来のトカゲは森林由来のトカゲに比べて，より高い高温耐性を示す（Campbell-Staton et al., 2020）．また，カタバミでは世界中の都市で赤い葉をもつ個体が増加しており，これは葉のアントシアニンが高温ストレスに強いためだと考えられている（Fukano et al., 2023）．自然生態系や農地の暗い夜に対して，夜間の明るい光も現代の都市の大きな特徴である．この夜間の光は，夜行性の昆虫類を光源に引き寄せ致命的な影響をもたらすため，光源に誘引されない進化が起きるかもしれない．実際，ガの1種で，都市由来の系統では光源への誘因性が遺伝的に低下していることが知られている（Altermatt & Ebert, 2016）．

　都市化による不浸透面の増加は，大規模な生息地の消失と分断化を引き起こすこともある．都市化による生息地の分断化は，個体群サイズを小さくし個体群を孤立させることで遺伝的浮動の影響を強め，個体群間の遺伝子流動を弱める．その結果，様々な生物集団で遺伝的多様性が減少し，個体群間の分化が進むなどの適応ではない進化が起きている．例えば，ニューヨークのシロアシネズミは都市化が進むほどゲノム全体の多様性が減少し，異なる都市公園の集団間で急速に遺伝的分化が進んでいる（Munshi-South & Kharchenko, 2010）．一方，都市化による生息地の分断化が，生物の適応進化を促進する例もある．フランス・モンペリエのフタマタタンポポは，都市の不浸透面に囲まれた街路樹の下のわずかなパッチ状の緑地に生息する．このような断片化した生息地では，種子を遠くまで分散させない性質が急速に進化する（Cheptou et al., 2008）．

　都市における生物進化は，人間が生物に与える進化的影響の代表例として進化生物学の基礎的理解に貢献するだけでなく，都市に住む生物の長期的な管理や保全においても重要である．例えば，ゴキブリやカなどの衛生害虫は都市環境に適応しており，これらの長期的な防除や管理のためには進化的観点を含めた総合的な対策が必要である．同様に，都市に残存する緑地には希少な動植物が残されていることがあり，それらを長期的に存続させるためには，集団間の遺伝的交流や局所適応など進化の視点が重要である．

[深野祐也]

8　主要な応答：死滅

この章では次のことを学ぶ.
- 現代の人間活動による個体，個体群，種の消失.
- 絶滅リスクを予測するための科学的な方法.
- 第6の大量絶滅に対する科学的な評価.
- 死滅を引き起こす要因と他の応答との関係.
- 知識の実データへの活用.

事前チェック

　ある生物種の絶滅を考えてみよう. 1種の絶滅はその後どのような影響を及ぼすだろうか？　1つの種の絶滅がもたらす影響に大小の差はあるか？　次に，より大規模な種の絶滅のパターンを考えてみよう. 第2章では，地球の歴史上起きた5回の大量絶滅である「五大絶滅」について学んだ. 人間活動は，このような大規模な絶滅の引き金になる可能性はあるのだろうか？　引き金となる場合，生態学的，進化学的にどのような影響があるのだろうか？

はじめに

　死滅という応答は，応答というよりは，むしろ応答することに失敗した結果である. 地球変動のストレス要因に弱い種が，移動できず，調節もできず，適応もできない場合，その種は永遠に失われる. もちろん，地球上の生命にとって死は避けられないものである. 個体の死亡，個体群や種の絶滅は何十億年も前から起こっている. しかし，現代では絶滅率が急上昇し，生命の樹は刈り取られ，科学者は地球上で6度目の大量絶滅に突入したと警告している（Barnosky et al., 2011）. 著名な生物学者である E. O. ウィルソン（1999）は，「人類はわずか1世代のうちに，生物種の大部分を永久に消滅させる勢いで第6の大量絶滅を開始させつつある」と述べている. 本章の目的は，人類の活動が地球上の大部分の種を危機にさらしているという現実を直視し，種の絶滅リスクをどのように評価するかについて説明する. ユニットⅣでは，この危機に対処するために今後行うべき生物多様性の保全と回復の手段を探っていく.

個体，個体群，種の存続の関連性

　地球温暖化のストレス要因は，生物学的な様々なレベルの存続に影響を与えている. 種の絶滅は，個体群の絶滅から生じ，個体群の絶滅は個体の死亡から生じる. したがって，死滅がどのよ

うに複数の生物学的な階層にまたがるかを理解することが重要である.

個体の死

すべての生物はいずれ死ぬが,人為的なストレス要因によって,個体群の絶滅率が上昇している.人間活動は,しばしば死亡率に直接的な影響を与える.例えば,アフリカのマルミミゾウは,狩猟によりわずか 10 年で個体数を 60% 以上も減少させた (Maisels et al., 2013).また,人間活動は間接的な影響も及ぼしている.糸状菌の1種 *Phytophthora ramorum* がカリフォルニアに導入されたことで,多くのカシが枯れ,「カシの突然死」と呼ばれる現象が発生した (Rizzo et al., 2002;McPherson et al., 2005).死亡率の上昇は個体数の減少につながり,個体数の減少は,さらなるストレス要因に対する脆弱性を増大させる.図 8.1 に示すように,個体数の減少はさらなる個体数の減少を招き,**絶滅の渦** (extinction vortex) と呼ばれる正のフィードバックループを形成する (Gilpin & Soulé, 1986;Fagan & Holmes, 2006).絶滅の渦には,相互に作用する多くの原因が考えられる.

第一に,個体数や密度が低下すると,生存率や繁殖率などが減少する.これは**アリー効果** (Allee effect) と呼ばれる現象である.例えば,低密度で個体数が少ないと,交配相手を見つけたり,協同で狩りを行ったり(例:肉食動物の群れでの狩り),協同で敵から逃れたり(例:魚の群れ)することが困難になる (Kramer et al., 2009).

第二に,個体数が減少すると,偶発的に個体数が減少するリスクが高まる.環境条件の時空間的に予測不可能な変化は**環境的確率性** (environmental stochasticity) を生み出し,小規模な個体

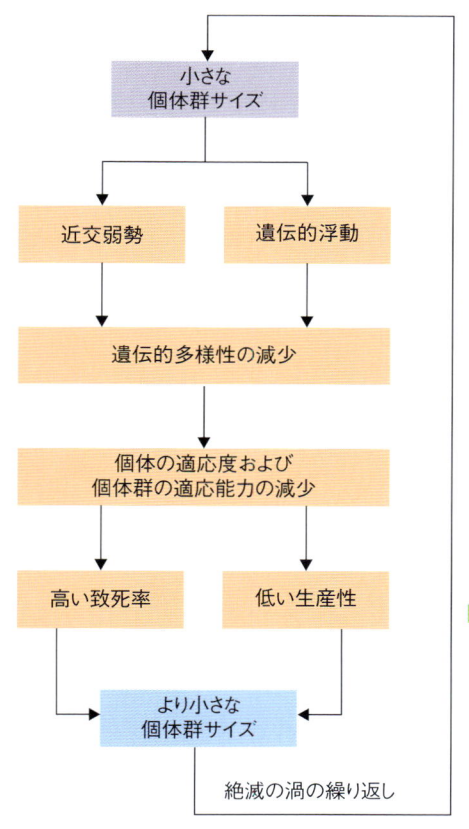

図 8.1 絶滅の渦とは,個体群の縮小が,遺伝的確率性や環境的確率性による脆弱性を高めるなどして,さらなる個体群の縮小と脆弱性の増大を引き起こす,正のフィードバックループのことである.
考えてみよう:自然選択と遺伝的浮動のプロセスは,絶滅の渦とどのように関係しているか?
出典 Life 12th ed., Oxford University Press より図 57.2 を引用

群にとって不利な影響を及ぼしえる（訳注：数が少ない個体群では環境変動が全くなくても，個体数の偶然の揺らぎで絶滅リスクが高まる．これは人口学的確率性（揺らぎ）と呼ばれ，環境的確率性とは区別される．例えば，個体の生存確率が0.5の場合，100個体の個体群が10年後に偶然により絶滅するリスクはほぼないが，10個体の場合は，偶然性が増幅され個体群の絶滅リスクは高まる．著者が述べている環境的確率性のなかには，本来は分けて論じるべき人口学的確率性が暗に含まれていることに注意してほしい）．例えば，小さな個体群は大きな個体群に比べて異常気象に対する生存率が低いことがある（Sutton & Morgan, 2009）．これは，単に個体数が多いほど，一部の個体が生き残る確率が高くなるためである．

第三に，個体数の減少は遺伝的多様性の減少につながる．小さな個体群では，複数の原因で遺伝的多様性が減少する．特に，個体群の規模が小さくなると，遺伝的浮動の影響が大きくなる（**遺伝的確率性**（genetic stochasticity）と呼ばれる）．このため，小さな個体群では遺伝的多様性が偶然に失われる可能性が高くなる．また，有性生殖を行う生物では，個体群の規模が小さくなると**近親交配**（inbreeding, 遺伝的に近いものどうしの交配）の確率が高くなる．近親者間の交配は個体群内の遺伝的多様性を減少させ，また**ヘテロ接合度**（heterozygosity, 遺伝子座に異なる対立遺伝子が存在すること）のような遺伝的多様性の指標も減少させる．

遺伝的多様性の減少は，将来のストレス要因に対する脆弱性を高める可能性がある．短期的には，遺伝的多様性の消失は近親交配による近交弱勢，すなわち親族間の交配による適応度の低下をもたらす．近交弱勢は，表現型として表れていなかった有害な潜性対立遺伝子がホモ接合により露出してしまうことで生じる．長期的には，遺伝的多様性の消失は，自然選択に対して個体群が生き残るための潜在能力を失わせる．例えば，ある個体群が重要な形質（免疫に関わる形質など）の遺伝的多様性を失った場合，自然選択で生き残ることができる個体が少なくなり，個体群は将来の脅威に適応できなくなる可能性がある（Sommer, 2005）．

1つの例として，絶滅の危機に瀕しているタスマニアデビルの例を挙げよう．本種はタスマニア島という地理的にごく限られた範囲にのみ生息する有袋類である．個体間で感染する癌（タスマニアデビル顔面腫瘍病）によって深刻な影響を受け，過去数十年間に85%以上の個体が死亡した．いくつかの研究により，この種は免疫遺伝子の多様性が低いなど，ゲノムの多様性が極めて低いことが示されている（Miller et al., 2011；Morris et al., 2015）．このような絶滅の渦に巻き込まれやすい種においては，遺伝的多様性の低さが疾患に対する脆弱性の原因となることがある．

ここで重要なのは，個体の死亡は必ずしも個体群や種の絶滅につながらないことである．実際，個体の死亡は適応的な反応の一部ともなりうる．自然選択がかかると，個体群において環境に適した個体が優先的に生き残る．したがって，それらが繁殖すれば，適応度の低い個体の死亡が個体群の適応を促進することになる．しかし，死亡率が高い場合には，たとえ生き残った個体の適応度が高くても，個体数の少なさに起因する絶滅リスクを負うことになる．

個体群の絶滅

ある地理的範囲から種が失われることと，地球全体から種が失われることを区別することが重要である．個体群全体が失われることを**個体群絶滅**（extirpation），種全体が失われることを**絶滅**（extinction）と呼んでいる．科学者によっては，地域絶滅（個体群の消失）と地球規模絶滅（種の消失）という別の用語を使う者もいる．ここではわかりやすくするために，地域絶滅ではなく個体群絶滅を使うことにする．個体群絶滅は必ずしも心配する必要はない．特に変化の激しい環境において，多くの種が高い確率で個体群絶滅することがある．しかし，こうした種には一般的に**メタ個体群**として存在しており，地理的に離れた別の小個体群（subpopulation）との間で頻繁

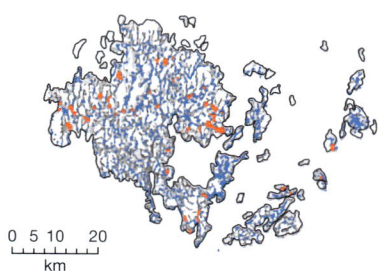

図8.2 フィンランドにおけるグランビルヒョウモンモドキ(*Melitaea cinxia*)のメタ個体群構造．この種が利用することのある 4,000 の草地の位置．自然界では高い確率で個体群絶滅と個体群の再形成が繰り返されるため，毎年草地の一部だけに生息する．例えば，2012 年において，赤が生息の確認された草地，青が生息していなかった草地である．

考えてみよう：人為的なストレス要因は，メタ個体群構造における個体群の再形成の動態をどのように変化させるだろうか？

出典 Ojanen SP et al. (2013), https://onlinelibrary.wiley.com/doi/full/10.1002/ece3.733

な移動が起きている (Levins, 1969；Hanski, 1998)（訳注：メタ個体群を形成する生物において，個々の生息地は地理的な障壁によって隔てられている必要はない．例えば，農地景観に点在する草地は，畑や林により隔てられているが，地理的に隔離されているわけではない．したがって，筆者が想定するよりはるかに小さな空間スケールでメタ個体群が成立していることも多い）．したがって，自然状態で個体群絶滅の起きる割合が高い種は，一般に移入によって個体群が再形成される確率も高い．チョウのいくつかの種は，メタ個体群の典型的な例となる．**図8.2** は，グランビルヒョウモンモドキの例である．ある場所の個体群は年によっては消滅するが，高い移動率により種としては地域スケールで存続している (Ojanen et al., 2013)．

　メタ個体群構造によるセーフティーネットがない種でも，新しい個体群を作る供給源があれば，局所的な個体群絶滅から回復することができる．例えば，カルフォルニアポピーは，カリフォルニア州固有の一年草で，火災の起きた直後の環境によく見られる．火災後の遷移では，カルフォルニアポピーはすぐに他の植物種に取って代わられ，個体群は一見絶滅したように見える．しかし，シードバンク（種子銀行）に貯蔵された種子が火災により発芽することで，成長と繁殖に適した条件が整えば，すぐに個体群を再形成することができる (Keeley & Keeley, 1987)．

　しかし，一部のカルフォルニアポピーの個体群は，このような火災による個体群の絶滅と再生に適応していない．この場合は個体群の絶滅率が過剰に高くなると，種全体の存続が脅かされる．一般的に個体群の消失と再形成を繰り返す種であっても，個体群絶滅の頻度の増加や個体群の再形成がしにくい状況になると消滅の危機にさらされる．このような場合，個体数の減少は，分布範囲の縮小（第 5 章を参照），そして最終的には種全体の絶滅につながる可能性がある．

種の消失

　絶滅は，すべての個体群のすべての個体が失われたときに起こる．絶滅という包括的な用語を使うと，種の消失は共通の根本的なプロセスから生じるという印象を与えることがあるが，絶滅の過程は非常に多様である．第 2 章で検討したように，絶滅率は時代や生物群によって異なっている．現在，生物多様性に対する人為的な影響により，絶滅率は加速的に高まっている．しかし，このような現代の絶滅でさえも，その原因は多様であり，結果も多様である．地球上の生物種がそれぞれ異なるように，絶滅の背景もそれぞれの種で異なることを認識することが重要である．

地球変動ストレスによる絶滅

　主要な応答を扱う章（第5〜8章）では，地球変動が引き起こす問題を様々な角度から俯瞰するために，応答ごとにやや異なる視点で区分けを行ってきた．つまり，移動応答では生息範囲の変化のパターン（縮小，拡大，移動），調節応答では形質タイプ（発生，生理，行動，形態），そして適応応答ではストレス要因の種類（汚染物質，移入種，気候変動）に分け，それぞれの具体例を紹介した．ここでは，人類が引き起こした絶滅の例を，生命の樹の全体からいくつか取り上げることにする．図8.3 の事例から，様々なストレス要因とそれらの相互作用が，種の絶滅を引き起こしてきたことがわかるだろう．

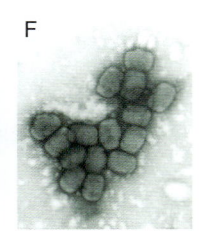

図8.3　人為的に引き起こされた絶滅の例．（A）ピンタゾウガメ，（B）リョコウバト，（C）ポリネシア樹上カタツムリ，（D）シアネア属の植物，（E）ヨウスコウカワイルカ，（F）天然痘ウイルス．
考えてみよう：これらは分類学的に多様な最近の絶滅の例だが，現代の絶滅のすべてが十分に記載されているわけではない．分類群，地理的地域，地球規模の変化によるストレス要因など，絶滅の記載がより困難となる種にはどのようなものがあるか？
出典　（A）Christopher Werner, MyShot；（B）Rick Wicker 撮影, File Name: ZB.11079-c.jpg, ©DENVER MUSEUM OF NATURE & SCIENCE；（C）iStock.com/valentinrussanov；（D）US Army Environmental Command；（E）AFP/Sixth Tone/Imagine China；（F）Everett Collection/Shutterstock

ピンタゾウガメ

　歴史的には，ガラパゴス諸島にはたくさんのゾウガメがいた．しかし，1800 年代以降，ピンタ島のピンタゾウガメは人間によって食用目的で盛んに捕獲されるようになった．さらに，ヤギなどの外来種によって生息地が破壊されるストレスも加わった．最終的に, 1972 年に「ロンサム・ジョージ」と名づけられたピンタ島最後のゾウガメが発見され，飼育されるようになり（Jones, 2012），飼育下で他の近縁種との交配が試みられたが，失敗に終わった．2012 年 6 月，ロンサム・ジョージが飼育下で死亡したため，ピンタゾウガメの絶滅が宣言された．

リョコウバト

　リョコウバトは，かつて北アメリカで最も個体数の多い鳥の1つだった（Ehrlich et al., 1988）．この鳥の群れは 100 万羽以上に達することもあり，全体の生息数は 30 億から 50 億と推定されていた．しかし, 食用に広く狩猟され, またアメリカ東部の森林伐採により生息地を失った（Ehrlich et al., 1988）．1914 年, 最後の個体が動物園で死亡し, リョコウバトは絶滅した.

ポリネシアの樹上カタツムリ

ポリネシアの樹上カタツムリ *Partula nodosa* は，タヒチ固有の小型のカタツムリである．多くの近縁種と同様に，この種も肉食性カタツムリであるヤマヒタチオビが導入された後，大幅に減少した（Tonge & Bloxam, 1991；Coote, 2009）．ヤマヒタチオビは別の外来種を駆除するために人間が意図的に持ち込んだものだが，意図しない結果として，多くのポリネシア固有の樹上カタツムリが壊滅的な打撃を受けた．この移入種の捕食により，*Partula nodosa* を含む少なくとも10種のポリネシアの樹上カタツムリが野生環境では絶滅してしまった（Coote, 2009）．

キキョウ科の樹木

ハワイのオアフ島に自生していた低木（*Cyanea superba*）は，様々な外来種がもたらす相乗効果で失われた．まず多くの侵略的な植物種との競争によって影響を受けた．また，外来種のナメクジやネズミ，野ブタによる苗木や果実の採食の影響も大きかった（USFWS, 2007）．加えて外来種の影響は，人為的に引き起こされた山火事によってさらに深刻化した．現在，*Cyanea superba* は野生では絶滅したと考えられている（Bruegmann & Caraway, 2003）．

ヨウスコウカワイルカ

ヨウスコウカワイルカは，世界でも数少ない淡水イルカの1種である．この種は，乱獲，漁具への絡みつき，船との衝突，生息地の劣化，汚染などにより激減した（Smith et al., 2008）．ヨウスコウカワイルカは IUCN によってまだ絶滅したと宣言されていないが，最後に目撃されたのは2002年で，詳細な調査によっても生存個体を見つけることができなかった（Turvey et al., 2007；Smith et al., 2008）．

天然痘ウイルス

病原体の死滅は，種の絶滅としてはあまり記載されないが，人間は意図的，非意図的に多くの微生物の運命を変えてきている（Carlson et al., 2017）．一例として，大きな二本鎖 DNA ゲノムをもつ痘そうウイルスが挙げられる．痘そうウイルスは，様々な脊椎動物や節足動物の宿主に感染し，最もよく知られているものとして天然痘がある．天然痘（大痘そう，小痘そう）は，18世紀まで世界中で何百万人もの人間を死に至らしめた．1796年に天然痘ワクチンが開発され，1980年までに世界から根絶された．既知の実験室内のウイルスはすべて破棄され，天然痘ウイルスのいずれの株も数十年間，自然界に出現していない（Melamed et al., 2018）．

まとめ

現代の絶滅を科学的に解釈する前に，これら絶滅の例からいくつかの重要な点を押さえておこう．第一に，人為的に引き起こされた種の絶滅は，様々な地球変動ストレス要因に起因している．乱獲から生息地の消失，外来種から汚染に至るまで，多くの人為活動が種の生存を危険にさらしているのである．第二に，現代の絶滅の危機は，生命の樹における主要な系統と主要な生物圏に広く影響を及ぼしている．微生物から哺乳類まで，海洋から山地まで，絶滅の例は広範囲に及んでいる．第三に，人類が故意に引き起こした絶滅もある（病原体の根絶など）．しかし，すべての絶滅は，地球上の進化の可能性が失われたことを意味し，他の種にも影響を与える可能性がある．最後に，人為活動が引き起こす絶滅のスピードは加速している．第3章では，新生代第四紀

の巨大動物の絶滅におけるヒトの役割を見てきたが，生物多様性への影響はここ数百年の間に増大する一方である．次に，生命の樹全体の絶滅と絶滅リスクをどのようにして評価しているのか，より詳細に見ていこう．

絶滅リスクの推定

　私たちは近年の絶滅の話から重要な教訓を得る一方で，現在失われようとしている種の**絶滅リスク**（extinction risk）にも目を向ける必要がある．絶滅のリスクを研究する方法はたくさんある．観察的なアプローチは，野外における個体群の動態を明らかにするために極めて重要である．例えば，長期的なモニタリング調査は，個体数が減少しているのか，生息域が縮小しているのかを判断するのに役立つ．実験的アプローチは，変化する条件に対してある種がどう応答するかを明らかにできる．例えば，高温に対する生理学的な耐性を実験室で測定し，個体群が将来の環境条件下で生存できるかどうかを推定できる．最後に，定量的なモデリングは，現在の脅威を評価し，将来の様々なシナリオ下で種の運命を予測することができる．モデル研究は絶滅リスクを理解するために非常に広く利用されており，ここでは2つの定量的アプローチの例を詳しく紹介する．

種分布モデル
　種分布モデル（SDM）については，第5章ですでに述べた通りである．SDMは移動応答を評価するために最もよく使われるが，絶滅の確率を評価する際にも重要な役割を果たす．SDMは生息に適した場所の変化を予測することにより，絶滅リスクを推定できる．現在と将来の予測分布を比較することで，種の存続を支えるのに十分な生息地が残るかどうかを科学的に評価することができる．さらに，生息に適した場所が景観上のどこに存在するか，また，生息に適した現在と将来のパッチ（場所）の間に空間的な重複があるかどうかを確認することもできる．移動応答と同様に，SDMによって様々な時間スケールや将来の様々な環境シナリオのもとで絶滅リスクを科学的に評価することができる．**図8.4**にカリフォルニア州の固有植物の例を示す．

　生息に適した場所の100%が失われた場合は，絶滅が予測される．しかし，**図8.4**のように，すべての生息に適した場所が失われなくても，絶滅は起こりうる．SDMからの予測は，多くの種の現在の分布と，将来その種に適した地域とが地理的に完全に分離することがある（例：Thomas et al., 2004）．生息に適した現在のパッチと将来のパッチが地理的に重ならなければ，分散に制約のある種は，生息適地に個体群を形成する前に絶滅する可能性があるため，特に危険である．実際，分散の制約を考慮すると，絶滅の危機に瀕している種の割合はほぼ2倍になる（Thomas et al., 2004）．第5章で述べたように生物に内在する形質（移動可能な生活史段階の欠如など）や景観上の特徴（高度に分断された生息地など）によって，分散の制約が生じる．

個体群存続可能性分析
　個体群存続可能性分析（population viability analysis, PVA）は，絶滅リスクをモデル化するためのもう一つの手法である．PVAは，特定の脅威に対して，ある個体群が将来にわたって一定期間存続する可能性を評価するための様々な定量的モデリング手法の総称である（Reed et al., 2003）．PVAでは，種の環境エンベロープ（種が存在できる環境の領域）に注目するのではなく，個体群の動態を支配する特性（出生率，死亡率，生活史段階，個体数など）に注目する．PVAモデルは，**図8.5**に示すように，比較的単純なシステムから非常に複雑なシステムまで対応可能で

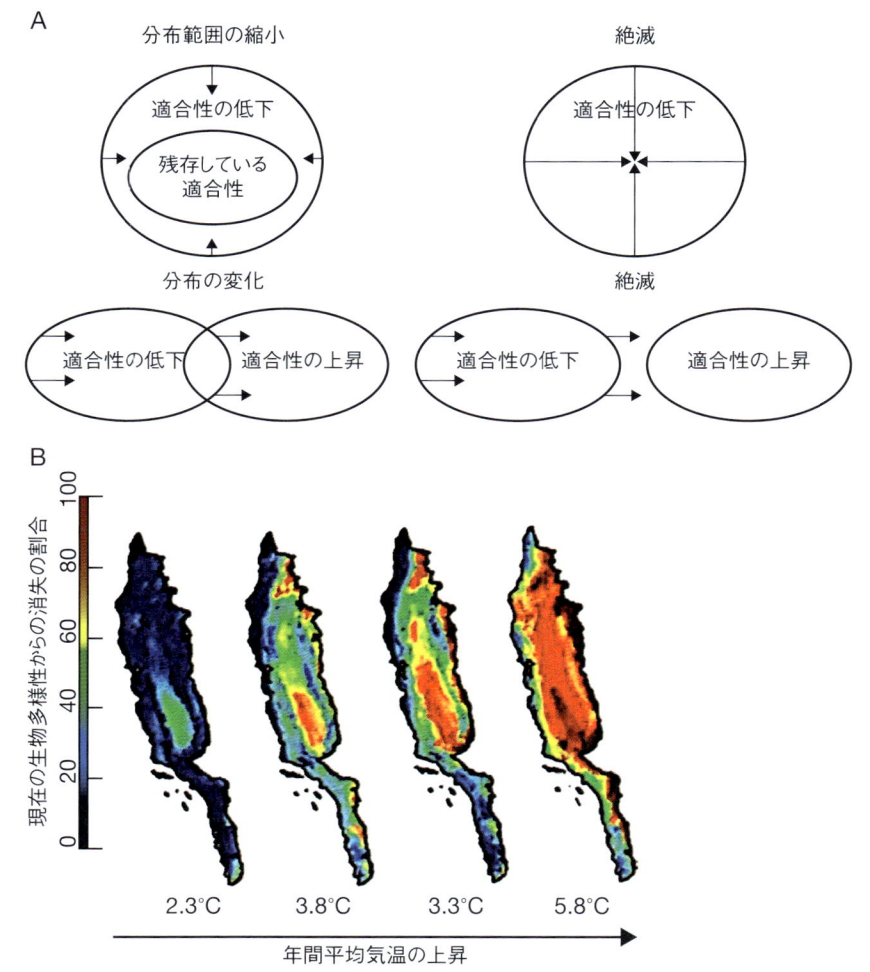

図 8.4 種分布モデル（SDM）の絶滅予測への利用．（A）範囲の変化と絶滅確率を予測するために SDM をどのように使用できるかを示す概念図．将来予測される生息適地の量が減少するにつれて絶滅確率は増加する．同様に，特に分散能力の低い種では，現在の生息地と将来の生息地の重複が減少すると，絶滅確率が増加する．（B）種の消失を予測するための SDM の使用例．異なる地球温暖化シナリオのもとで，80 年後のカリフォルニア固有植物の種の消失を予測したもの．現在の植物の生物多様性が失われる速度は，地球気温の上昇に伴い増加する．

考えてみよう：失われると予測される種の割合が景観全体で不均一である理由には何が考えられるか？

出典（A）Thomas, 2012 より改変；（B）Loarie SR et al., Climate change and the future of California's endemic flora, *PLoS ONE*, **3**(6):e2502 (2008)

ある.

　PVA は柔軟性のあるシナリオベースの枠組みであり，絶滅リスクに関する様々な問題を評価するために用いられる．一般的には，PVA は一定期間において特定の結果（例：個体数の減少，絶滅，回復）が起こる確率を推定するために用いられる．例えば，アラスカ湾のトドが今後 100 年間に絶滅するリスクはどの程度かを推定する際に用いられている（Winshipn & Trites, 2006）．PVA はまた，**最小存続可能個体群**（minimum viable population, MVP）のサイズ（個体群が生存できる個体数の閾値），つまりある期間内に絶滅する可能性が高い個体数の閾値を予測するためにも使うことができる．ハイイロオオカミが今後 40 世代にわたって存続するために必要な最小

個体数はどの程度か（Reed et al., 2003）はその例である．最後に，PVA は複数の危機要因に対するリスクの比較や，複数の管理方法のランクづけにも利用できる．例えば，生物多様性保全の取り組みを，1 つの大きな生息地に集中させるのと，2 つの小さな生息地に分散させるのと，どちらがよいかを検討できる（Simberloff & Abele, 1982）．このような比較の問題に答えることは，PVA の最も強力かつ適切な利用法といえる（Reed et al., 2003）．

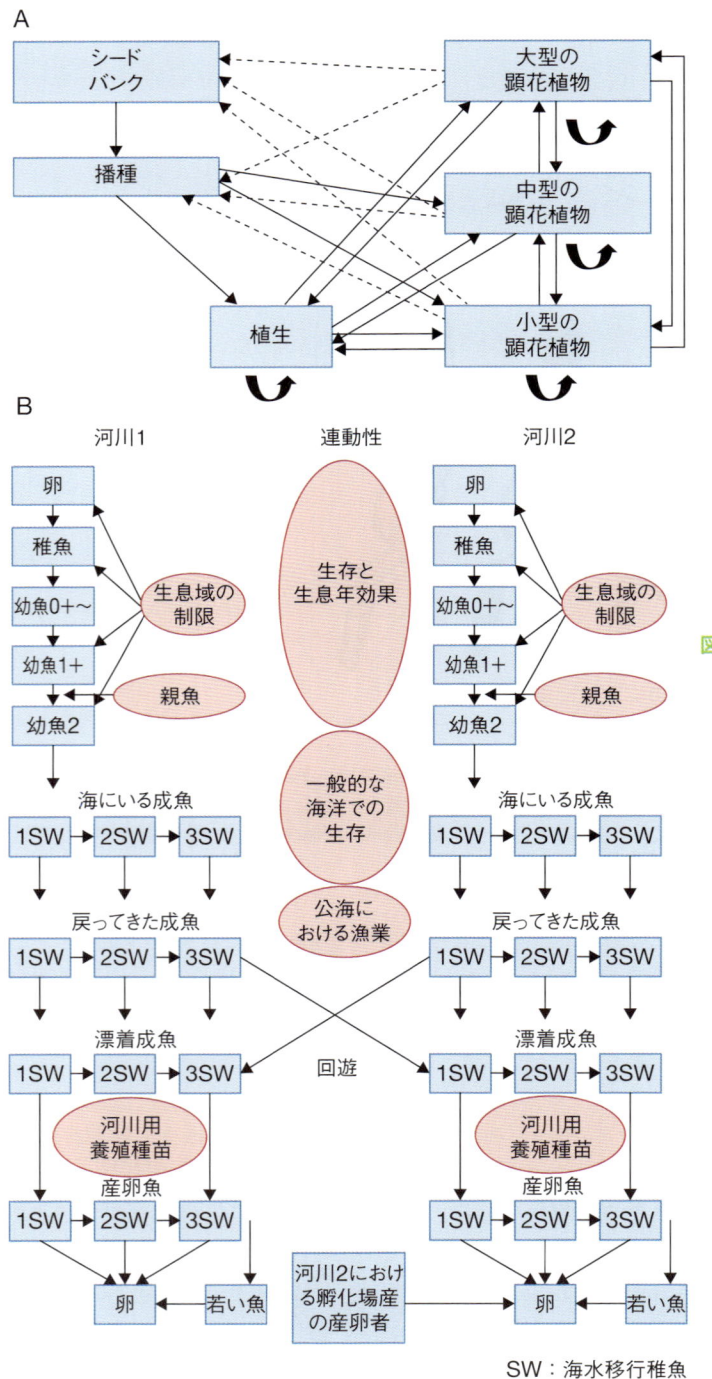

図 8.5 個体群存続性分析に組み込まれる個体群動態の統計学的パラメータの例．PVA モデルは一般に，異なる年齢や生活史段階とそれらの間の遷移確率を計算する．動態のシナリオは，植物の例（A）のような単純なものもあれば，魚の例（B）のような複雑なものもある．

考えてみよう：はぐれ回遊魚（ある川で生まれ，海に出たのち繁殖のために別の川に戻る魚）は，それぞれの川の個体群の生存にどのような影響を与えるだろうか．

出典 （A）Menges ES et al., Population viability analysis and fire return intervals for an endemic Florida scrub mint, *Biological Conservation*, **127** (1):115–127 (2006)；（B）Legault CM, Salmon PVA: a population viability analysis model for Atlantic salmon in the Maine distinct population segment, National Oceanic and Atmospheric Administration

図 8.6 にその具体例を示す．フクロムササビは夜行性で滑空するオーストラリアの有袋類である．餌や生息地として比較的大きなユーカリの原生林を必要とし，繁殖能力は低く，メスが 1 年に育てることができる仔の数は最大で 1 頭である．この種については，異なる個体群パラメータや，環境条件，保全シナリオのもとでの絶滅の確率を推定するため，様々な PVA が実施されてきた．モデルには複数の伐採シナリオと火災管理手法が含まれている（例：Possingham et al., 1993；Goldingay & Possingham, 1995）．その結果，この種の生存は，生息地の面積と捕食者であるオニアオバズク（フクロウの 1 種）の存在に影響されることが示唆された．さらに，最近では，150 ヶ所以上における長年のモニタリングから得られた野外データを，PVA アプローチと統合している．野外データによって調整されたモデルは，絶滅リスクが以前考えられていたよりもわずかに高いことを示唆したが，全体として PVA の結果は非常に信頼性が高いことがわかった（Lindenmayer & McCarthy, 2006）．

　実験室や野外から得られたデータを使ってモデルを調整し，改良することは，生物学的に正しい結果を得るために有効で，これは PVA でも SDM でも同様である．気候変動がトカゲの多様性に与える影響を調べた研究がその一例である．Sinervo ら（2010）は，世界中の 34 科のトカゲについて，将来の気候条件下での生存率をモデル化して予測した．彼らは複数の気候変動シナリオを用い，モデルにはトカゲの生理学的特徴に関する詳細な情報を盛り込んだ．例えば，トカゲの科ごとに生存に必要な温度条件を設定し，どのトカゲが体温調節型（ひなたぼっこをして能動的に体温を調節できる）で，どの種が体温日和見型（周囲の温度のままに体温が変化する）かといった生物学的情報を組み込んでいる．

　Sinervo らが用いた統合的なモデリング手法により，多くのトカゲは温暖化した環境では生き残れないことが明らかになった．具体的には，2080 年までに世界全体で 20% のトカゲの多様性が失われる可能性があった．次に著者らは，メキシコの 200 ヶ所における詳細な観察により，絶滅予測を支持する根拠を得た．現在と過去のデータを比較することで，ある種が絶滅した場所を

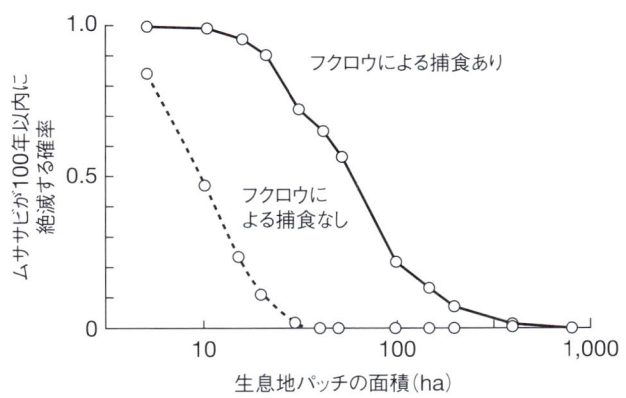

図 8.6　様々な管理案を評価するための PVA の例．ここでは，フクロムササビの絶滅確率を異なる条件下で評価した．この種の生存は，保全されている生息地面積と主要な捕食者であるフクロウが存在するかどうかに大きく依存する．
　　考えてみよう：提示されたデータに基づくと，10 ha を保護し，捕食者であるフクロウを除去しない場合，今後 100 年間にフクロムササビが絶滅する確率はどの程度か？　もしフクロウが駆除されたらどうなるか？　フクロウによる捕食にかかわらず，フクロムササビの絶滅確率を 20% 以下にするためには，何 ha を保全する必要があるか？
　　出典　Possingham HP et al., A framework for the improved management of threatened species based on population viability analysis（PVA），*Pacific Conservation Biology*, 1(1):39–45, https://doi.org/10.1071/PC930039 (1994) より転載

特定し，時系列で種の消失率を計算した．さらに，データロガーを使って，その種が長期にわたって存続している場所と，局所的に絶滅した場所の気温を記録した．このようにして，彼らはモデルの予測が生物学的に信頼性が高いことを示したのである．

まとめ

これまで詳しく紹介した2つの手法に加え，様々な空間的，時間的，分類学的スケールで絶滅リスクを推定できるモデリング手法が他にも数多くある（例：Botkin et al., 2007；Harfoot et al., 2014）．これらのなかには，個々の種の将来に注目するものもあれば，群集全体を対象にするものもある．究極的には，複数のアプローチと多様なデータセット（複雑な生物形質と環境動態）を統合することが，地球変動のストレスによる絶滅リスクを予測するうえで最重要であることに変わりはない．

絶滅リスクの世界的なパターン

個々の種や地域個体群の絶滅リスクを理解することは重要であるが，地球規模での絶滅のパターンを記述することも不可欠である．地球規模での絶滅のパターンやリスクをまとめる方法はいくつかある．ここでは2つの例を見てみよう．絶滅リスクを評価し，状況を改善することを目的とした**絶滅危惧種保護法**のような保全政策の手段については，第9章で改めて紹介する．

生物多様性データベース

絶滅リスクの分類を基準化し，生命の樹全体にわたる大規模な絶滅パターンを理解しようとする世界的組織がいくつか存在する．何万もの種とその絶滅に対する脆弱性に関する情報を含むオンラインデータベースを管理しているところもある（例：NatureServe［explorer.natureserve.org］；RedList［www.iucnredlist.org］）．

絶滅リスクに関するデータベースとして最も広く利用されているのは，おそらく国際自然保護連合（IUCN）が管理する**絶滅危惧種のレッドリスト**（Red List of Threatened Species）であろう．IUCN は50年以上にわたって絶滅の危険性が高い種のデータベースを維持してきた．数十年の間に，IUCN の評価プロセスはより厳密なものとなり，評価される種数は増加し，リストは保全活動に影響を与えてきた（Rodrigues et al., 2006；Mace et al., 2008）．**図 8.7** に示すように，このリストの主目的は，個々の種に対する危機の程度を評価することである．危機の程度は，種の分布範囲や，個体数，減少率，絶滅リスクの数学的分析など，様々なカテゴリーの情報に基づいている（Mace et al., 2008）．含まれる種の数が非常に多いため，生命の樹全体における絶滅リスクのパターンを俯瞰することができる．

レッドリストは，絶滅リスクについていくつかの重要な情報を提供している．第一に，現在多数の種が危機に瀕していることである．**図 8.8A** に示すように，数千種が評価されている分類群は特によい例である．評価対象となった全哺乳類の25%，鳥類の14%，両生類の40%，サメとエイ類の31%，針葉樹植物の34% が絶滅危惧種（野外で高い絶滅リスクに直面している；IUCN, 2016）に指定されている．第二に，絶滅リスクは分類群によって大きなばらつきがある．例えば，評価対象となったソテツの60% 以上が絶滅の危機に瀕しているのに対し，ロブスターはわずか1% にすぎない（IUCN, 2016）．第三に，絶滅リスクは短期間でも変化する可能性がある．例えば，過去50年間で，多くの生物群について絶滅の危険性が高まっている．**図 8.8B** に示すように，こ

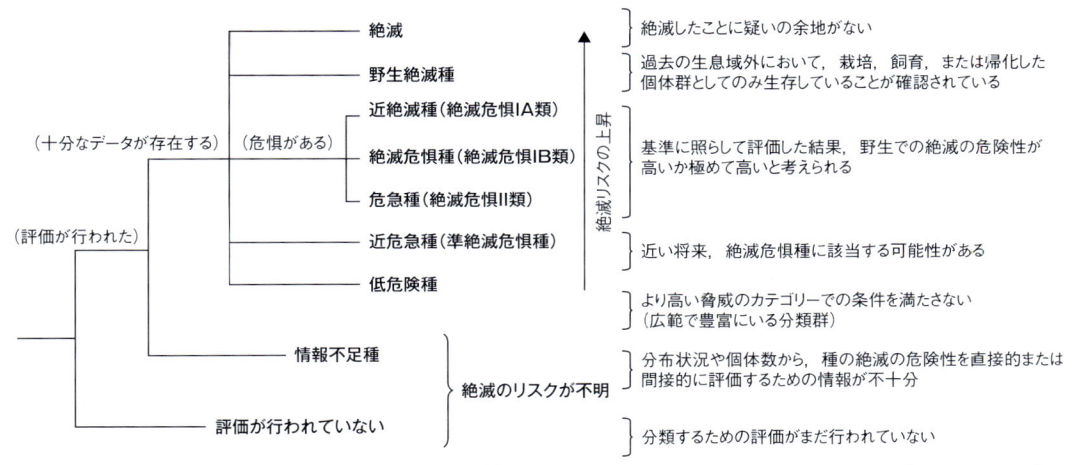

図 8.7　IUCN レッドリストの分類. かなりの数の種が未評価またはデータ不足のままではあるものの, これまで多くの種が絶滅の危険度に応じて分類された.

考えてみよう：絶滅危惧種を複数のカテゴリーに分類することは有用だろうか？　また, それはなぜだろうか？　もしあなたが絶滅リスクを評価するためのデータベースを作るとしたら, ここに示したようなカテゴリーを使用するだろうか？

出典 Rodrigues AS et al., The value of the IUCN Red List for conservation, *Trends in Ecology & Evolution*, **21**(2):71–76 (2006)

こ数十年でサンゴの状態が急激に悪化しているのは前章で説明した通りである. 本章の「発展」では, 両生類の例を取り上げる.

2002 年以降, レッドリストで評価される種の数は 4 倍以上（現在は 7 万種以上）に増加したものの, それでも地球上の全種のごく一部（5％未満）しか含まれていない（図 8.8C）. さらに, 研究が難しいグループもあることから, 絶滅リスクに関する現在の知見には分類学的な偏りがある. 例えば, IUCN は全哺乳類の 100％を評価したが, 植物では 6％未満, 昆虫では 1％未満しか評価できていないと推定している（IUCN, 2016）. さらに, 生命の樹のなかでも非常に多様で生態学的に重要な枝（古細菌や細菌など）には, 全く評価されていないものもある. 包括的な評価を行うには多大な労力が必要であること, 地球上のすべての種を詳細に調査することは非現実的であることを考えると, レッドリストには限界がある. 例えば, 節足動物（昆虫, クモ類, 甲殻類を含む門）だけでも, 現在 100 万以上の種が記載されているが, 未記載の種はさらに数百万種に上る可能性がある（Ødegaard, 2000）. さらに, 微生物については, 明確な種を定義することさえ困難である. このように, レッドリストで「データ不足」とされている種は膨大であり, 地球上には科学的に未知の生物多様性が膨大に存在している. そのため, 私たちはその存在を知る前に, 種を絶滅させている可能性が高い.

メタ解析

絶滅リスクは生物の系統や生息地によって大きく異なるため, メタ解析によって世界の様々な地域や系統から得られたデータを統合する必要がある. これらの世界的な研究の多くは, 地球温暖化による絶滅リスクに焦点を当てている. SDM と種数-面積モデリングの両方を用いた初期の有名な研究では, 2050 年までに陸上種の 18％ から 35％ が絶滅すると予測している（Thomas et al., 2004）. 海洋でも同様に展望が暗かった. 例えば, サンゴ礁を形成するイシサンゴの種の 30％以上が, 現在絶滅の危機に直面している（Carpenter et al., 2008）.

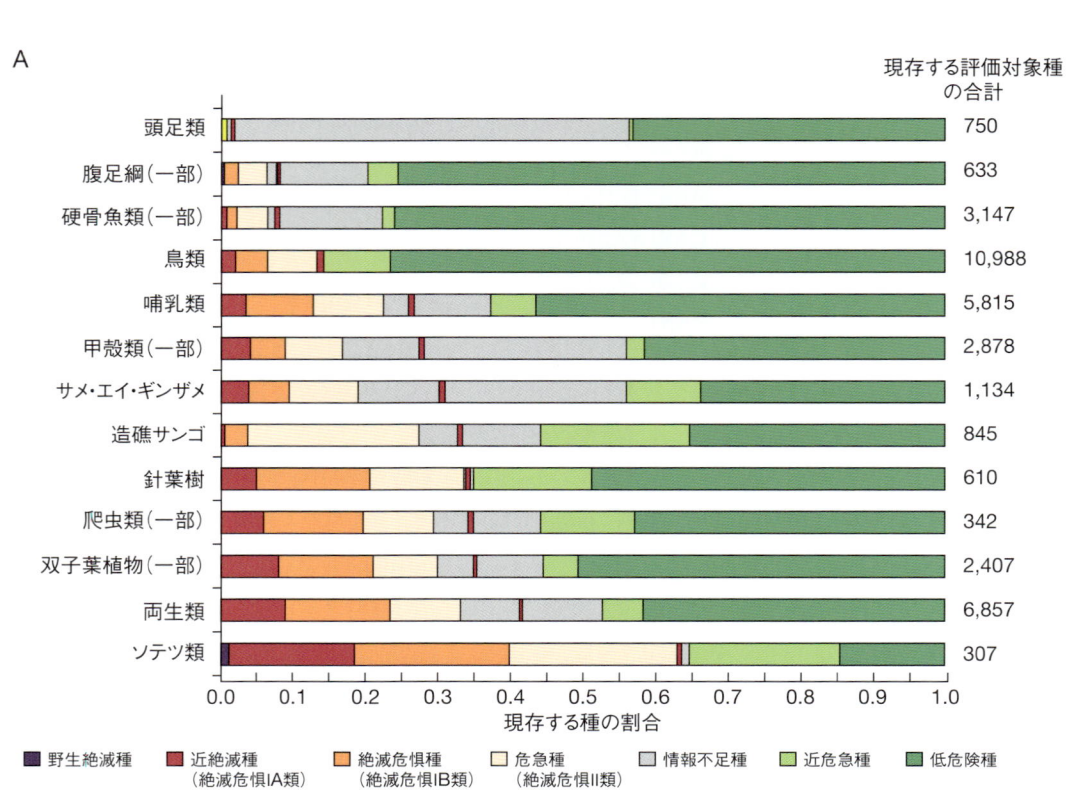

A

現存する評価対象種
の合計

グループ	合計
頭足類	750
腹足綱(一部)	633
硬骨魚類(一部)	3,147
鳥類	10,988
哺乳類	5,815
甲殻類(一部)	2,878
サメ・エイ・ギンザメ	1,134
造礁サンゴ	845
針葉樹	610
爬虫類(一部)	342
双子葉植物(一部)	2,407
両生類	6,857
ソテツ類	307

現存する種の割合

凡例:
- 野生絶滅種
- 近絶滅種（絶滅危惧IA類）
- 絶滅危惧種（絶滅危惧IB類）
- 危急種（絶滅危惧II類）
- 情報不足種
- 近危急種
- 低危険種

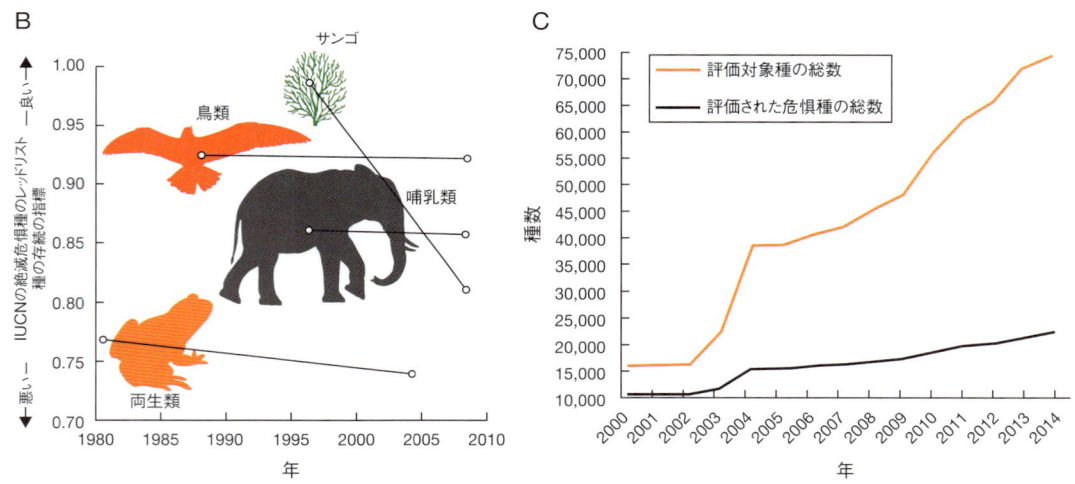

B

C

評価対象種の総数
評価された危惧種の総数

図 8.8 IUCN レッドリストのデータ．(A) 各絶滅リスクのカテゴリーにおける評価対象種の割合は，分類群によって異なる．(B) 1980 年から 2010 年までの主なグループにおける生物多様性の危機の傾向．ごく最近の傾向を見ると，特定のグループは他のグループよりも急激に危機が高まっている．(C) 今世紀に入り評価対象種の総数が大きく増加し，それに伴い絶滅危惧種の総数も増加している．
考えてみよう：両生類と造礁サンゴの絶滅危惧パターンを比較対照してみよう．保全のための資金が限られているとしたら，どちらのグループを優先的に保全対象とするべきか．
出典 IUCN, Summary Statistics: The IUCN Red List of Threatened Species, Version 2019-2 (2019), https://www.iucnredlist.org/resources/summary-statistics より図 2 を引用

最近行われたいくつかのメタ解析では，既往研究データを使って平均的な絶滅確率を算出することも行われている．例えば，Maclean と Wilson (2011) は，様々な分類群（植物，無脊椎動物，脊椎動物）と生物圏（極地，温帯，熱帯，海洋）の 300 以上の記録を統合したところ，2100 年までの平均推定絶滅リスクは 10 ～ 14% であることを明らかにした．同様に，Urban (2015) は 130 以上の発表された研究を統合し，平均推定絶滅リスクは 8%（0% から 54% の範囲）であることを明らかにした．

　もちろん，絶滅リスクは分類群，時間スケール，地域によって異なるため，唯一の正しい推定値は存在しない．しかし，地球温暖化によって今後 50 ～ 100 年間に絶滅する種数が 8% か 35% かにかかわらず，この数値は地球の生態系全体に壊滅的な影響を与えうることを意味している．さらに，最近のメタ解析の多くは，気候変動による影響にのみ焦点を当てているが，これは相互作用する多くの地球変動ストレス要因の 1 つを見ているにすぎない．また，多くのモデリングでは，分散，調節，適応，種間の相互作用といった重要な生物学的要因の役割が省かれている．したがって，気候のみに基づくメタ解析は，真の絶滅リスクを著しく過小評価している可能性がある．

まとめ

　絶滅や絶滅リスクの大局的なパターンを明らかにするには，地球規模のデータベースと大規模な分析が不可欠である．一方で，継続的な実証研究も緊急に必要である．現在，地球上にどれだけの種が生息しているかについては議論が続いているだけでなく，絶滅リスクの推定値は，分類群や空間・時間スケールによって異なるという課題もある．したがって，メタ解析の発展には，その基礎情報を提供する現場での研究が不可欠である．

第 6 の大量絶滅

　地球規模での絶滅パターンの評価から，現在の絶滅率は過去の平均的な絶滅率（背景絶滅という）をはるかに超えているとされている．そして，現在の絶滅の規模は，ヒトが進化する以前に起きた大量絶滅の規模に近づきつつある．地球上のすべての生物種は最終的にはどれも絶滅するだろう．しかし，単一の生物種が生命の樹全体にわたって急速かつ広範な絶滅を引き起こしたのは，地球史のなかで今回が初めてである．

　科学者らは，現代の人為による大量絶滅を**第 6 の大量絶滅**（the sixth mass extinction）と呼んでいる（Wake & Vredenburg, 2008；Barnosky et al., 2011）．その名が示すように，私たちは現在，地球上の種の大部分を失う危機に瀕している．前章で見たように，今後 100 年間にどれだけの生物多様性が失われるかという予測値は様々であるが，大規模な研究はすべて警鐘を鳴らしている．すでに多くの種が失われただけでなく，現在進行中の人為的ストレス要因によって，多くの種が絶滅の危機に瀕している．本章の「基本知識」では，**絶滅の負債**（extinction debt）という概念について詳しく説明する．また，「データで見る」では，過去の絶滅率と現代の絶滅率をより詳細に比較し，人類が現代の絶滅の危機にどれほど影響を与えているかを明らかにする．

絶滅の負債とは？

地球変動ストレスの要因には，即時的な影響と**タイムラグ**（time lag）を伴う影響がある．環境変動が生物多様性に及ぼすタイムラグの効果は特に重要である．それは影響を受けた個体群が最終的に消滅するまでには相当な時間がかかるからである．このような避けようのない絶滅のタイムラグは，**絶滅の負債**と呼ばれる．絶滅の負債とは，過去または現在の出来事が原因で，将来的にある種が絶滅してしまうことである．

絶滅の負債に関する予測は，**BOX 図 8.1** に示すように，ふつう群集内で絶滅が予測される種数として表現される．撹乱の前には，生物群集はある平衡状態の**種数**（species richness，全種数）をもっている．撹乱後（生息地の消失など）には，種が失われ，残された生物種が新たな平衡状態の種数に達するまで時間がかかることがある．撹乱前と撹乱後の種数の差が，絶滅の負債である．新しい平衡に達するまでの時間は**緩和時間**（relaxation time）と呼ばれる．絶

滅の負債という言葉は，生息地の消滅による絶滅のタイムラグを研究した Tilman ら（1994）によって広まった．

Tilman らは数理モデルを用いて，現在の生息地の破壊と分断が，将来何世代にもわたって生態学的コストをもたらすことを証明した．この画期的な論文以来，他の研究でも，人為的なストレス要因による絶滅の負債が数十年から数世紀にわたって続くことが実証されている（例：Vellend et al., 2006）．

なぜ，過去や現在のストレス要因が生物多様性に影響を及ぼすのだろうか？ 絶滅の負債の原因には多くの可能性がある（Hylander & Ehrlén, 2013 など）．第一に，変化した環境のなかで，一部の生活史段階の個体は生き残ることができるケースがありうる．例えば，成魚は最初の撹乱を生き延びることができても，繁殖や幼生の生存に適した生息地がない場合，長寿の種では，しばらくの間，個体群が存続する可能性がある．第二に，いったん個体群サイズや個体群密度が減少すると，個体群が絶滅する危険性が高まる．例えば，アリー効果（本章の前半で紹介）は，絶滅の負債を増加させることが

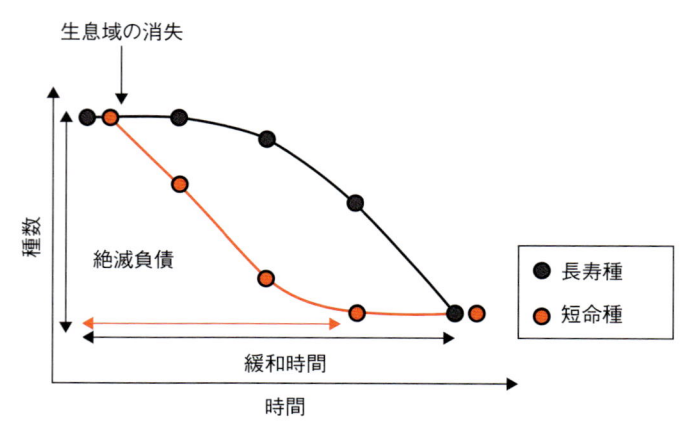

BOX 図 8.1 絶滅の負債の仮想モデル．いくつもの様々な地球変動ストレスの要因は生物群集における種の絶滅と種数の減少につながる．ストレスの前後における種数の差を絶滅の負債と呼び，新しい平衡に達するまでの時間を緩和時間と呼ぶ．短命な種は長寿な種よりも緩和時間が短い傾向にある．例えば，世代間隔の長い長寿な種の成体は，短命な種の成体よりも長い時間その空間にとどまる．
考えてみよう：もしストレス要因（生息地の消失など）がなくなった場合，種数が回復するかどうかはどのような要因で決まるだろうか？
出典 Kuussaari M et al., Extinction debt: a challenge for biodiversity conservation, *Trends in Ecology & Evolution*, **24**(10):564–571 (2009)

ある（Labrum, 2011）．もし個体群サイズが撹乱によって小さくなると，生き残った個体群は遺伝的多様性に乏しく，遺伝的浮動の影響を受けやすくなり，さらに交配相手を見つけることが困難になる．第三に，種全体が絶滅に向かいつつあるにもかかわらず，一時的に個体群が存続することがある．特に，局所個体群の再形成を可能とするメタ個体群構造が不可逆的に破壊された場合，そのような現象が起こる．

結局のところ，個体群の存続に影響を与える人為的なストレス要因は，すべて絶滅の負債に寄与する可能性がある．絶滅の負債という考え方は，第10章で説明する**気候変動への取り組み**の考え方とよく似ている．過去の人間活動は，現在のストレス要因が軽減されたとしても，しばしば避けがたい時間遅れの影響（レガシー効果）を及ぼすことがある．もちろん，現在の人為的なストレスを減らすことは，さらなる負債を生み出さないためにも非常に重要である．

結論

　種は様々な理由で絶滅の危機に瀕しているため，絶滅リスクを測る単一の特徴や環境条件は存在しない．しかし，絶滅リスクを高める可能性のある形質は存在する．結局のところ，地球変動に対する他の応答（移動，調節，適応）の働きが制限されている種が，最も絶滅の危機に瀕していることになる．例えば，生息域が狭い，環境耐性が低い，生態学的に高度に特殊化している，分散能力が低いといった種は，環境が変化したときに特に絶滅しやすい．もちろん，人為ストレスの大きさ（環境影響の強さや速度など）は，種が適応，調節，移動をする時間があるかどうか，あるいは絶滅するかどうかに影響を与える．

　また，死滅という応答は正（増幅）のフィードバックを発生させることもある．例として，この章の前半で**絶滅の渦**を取り上げた．個体群サイズが小さくなると，個体群はさらなるストレス要因に対してより脆弱になる．絶滅や死滅は，生態系レベルでも正のフィードバックをもたらすことがある．生物群集における複雑な関係は，数百万年かけて形成されてきた．ある種が失われると，その種が相互作用している種（捕食者，被食者，競争相手，共生者）にも影響を与える．種が大量かつ急速に消失すると，生物群集の構造と機能が急速に悪化するだろう．たとえ個々の種の消失であっても，大きな連鎖的影響を及ぼす可能性がある．

　続く2つの章では，絶滅が生態系に及ぼす影響と，地球変動のストレス要因が生物間相互作用や地域社会全体にどのような影響を及ぼすかを取り上げる．そして，最後の章では，この急速な地球変動の時代に生物多様性の消失を防ぐためにできる保全活動と政策について述べていく．

第6の大量絶滅

誰が，何を目指していたのか？

ここでは，メキシコとアメリカ合衆国の科学者からなる国際チームが行った研究を検証する（Ceballos et al., 2015）。この研究は，「人間によって加速する種の絶滅：第6の大量絶滅への突入」と題され，2015年に "Science Advances" 誌に掲載された。絶滅に関する研究の第一人者であるセバロス（Gerardo Ceballos）博士（**BOX図8.2**）を筆頭に，生態学，進化生物学，古生物学，保全生物学など多くの分野にまたがる共著者が名を連ねる。この研究は大きな注目を浴び，出版後1ヶ月で推定1億人の読者を獲得した。

第2章で見たように，科学者は歴史上5回の大量絶滅があったことを認識している。「ビッグファイブ」と呼ばれる大量絶滅の原因はそれ

BOX図8.2 セバロス博士は，メキシコとアメリカの科学者からなる国際チームを率いて，現代における生物の絶滅率を調査した。
出典 Gerardo Ceballos

ぞれ異なるが，その時点で生存していた種の75%以上が失われた点では共通している。現在，人為的なストレスにより，多くの種が絶滅の危機に瀕している。しかし，人類はこのような大規模絶滅を予測することができるのだろうか？

この問いに対する答えはイエスである。IUCNによる絶滅種のカタログを見ると，人間活動により1,000種ほどが絶滅したことがわかる（IUCN, 2016）。この数は記載種の絶滅のみを表した数であり，前世紀の人為影響に重きを置いている。未記載種の絶滅や前世紀以前の生物多様性に対する人間の影響を考慮すると，人間による絶滅の総数ははるかに多くなる。さらにメタ解析によると，現在の絶滅率は，多様な生物群で過去に起きた通常時の背景絶滅率を上回っている（例：Pimm et al., 2006；Barnosky et al., 2011；Burkhead, 2012）。

しかし，人為的な絶滅の規模を測るには，背景絶滅率と現代の絶滅率の両方を正確に測定する必要がある。例えば，背景絶滅率の推定が不十分な場合，現代の絶滅パターンが実際よりも大きく見えたり，小さく見えたりする可能性がある。

そこでセバロス博士らは，脊椎動物の現代の絶滅率が，過去の絶滅率よりも高いかどうかを明らかにしようとした。研究チームは，絶滅率のメタ解析でよく使われる仮定ではなく，背景絶滅率をかなり保守的に推定した。したがって，このデータから導き出される結論は，現代の絶滅率を過大に評価するものではない。著者らは次のように述べている。「我々の分析では，種数-面積の関係から推定される種の消失のような，実際よりも絶滅率が過大評価されるような仮定を置いてはいない。」

あなたの予測は？

この先を読む前に，絶滅について学んだことから，絶滅率の経時変化の分析を考えてみよう。
- 現代の絶滅率は，背景絶滅率とは異なると予測されるか？

・その場合，現在の絶滅率は，歴史的な大量絶滅のときと同じような大きさになるだろうか？

・すべての脊椎動物の分類群で類似する結果が得られるだろうか？　どの分類群が最も高い絶滅率をもつと思うか？　またその理由は何か？

次に，過去の絶滅率と現代の絶滅率が異なるか，異なる場合にはどのように異なるかについて考えてみよう．

科学者らの予測は？

この研究で著者らは事前に特定の仮説を設けたわけではなく，「ここでは，背景絶滅率と現代の絶滅率の差を最も低く見積もった場合でも，人間が地球規模での生物多様性の消失を引き起こしているという結論が正しいかどうかを確認する」という目的を記している．言い換えれば，絶滅率を非常に控えめに見積もっても，人為的なストレス要因が地球規模での生物多様性の消失を加速させている，と予測している．

どのようなデータを収集したのか？

著者らは，脊椎動物の過去と現代の絶滅率を比較した．現代の絶滅率については，著者らはIUCNデータベースを使用し，最近（1500年以降）の人為的な絶滅の数を特定した．著者らは，「非常に保守的な」現代の絶滅率（絶滅が確認されている種のみに基づく）と「保守的な」現代の絶滅率（絶滅が確認されている種に加え，絶滅したと考えられるが確認はされていない種，野生で絶滅した種に基づく）を推定している．両方とも，意図的に控えめで保守的な推定値を使っているといえる．なぜなら現代における本当の絶滅率はIUCNのデータベースから推測されるよりも高いと考えられるためである（正式なIUCNによる評価のない種が多く存在する）．

背景絶滅率については，過去200万年間の一般的な絶滅率の推定値である，100万種・年当たり2回の絶滅（Extinction/Million Species

per Year, E/MSY）を使用した．E/MSYは一般的に使用される絶滅速度の単位で，年間100万種当たりの絶滅率を指す．例えば，2 E/MSYは1万種当たり2種が100年間に絶滅することを意味する．この2 E/MSYという数値は，地層の様々な年代から発見された数千種に及ぶ哺乳類の化石記録を使ったメタ解析（Barnosky et al., 2011）の結果を基に，小数点以下切り捨てで算出したものである．また，この2 E/MSYは，背景絶滅率としては一般的に使用されている値よりも高いため，保守的な値となっている．

つまり，著者らは，背景絶滅率については保守的に（予想として高い方に），現代の絶滅率についても保守的に（予想としては低い方に）推定しているのである．そのため，背景絶滅率と現代の絶滅率の差を意図的に小さくし，現代の絶滅率がそれでもなお高いかどうかという厳格な検証をしている．

データをどのように解釈するか？

この先を読む前に，**BOX 図 8.3** を見ながらデータを解釈し，以下の問いを考えてみよう．

・全体的な傾向としてはどのようなことがいえるか？

・生物種ごとの傾向はどの程度一致しているのか？

・主要な系統間の類似点と相違点については，どう説明できるか？

この研究の主要な発見とその意義について，1 ～ 2 文で書いてみよう．

科学者らはデータをどう解釈したのか？

BOX 図 8.3 のデータは，現代の絶滅率が過去の背景絶滅率と比べて例外的に高いことを示している．現代の絶滅率は脊椎動物の主要なグループすべてで上昇した．系統や時代にもよるが，現代の絶滅率は過去の絶滅率2 E/MSY の5倍から100倍である．1900 年以降，絶滅は大きく加速している．もう一つの見方として，過去100 年間に観測された絶滅のイベントが，例

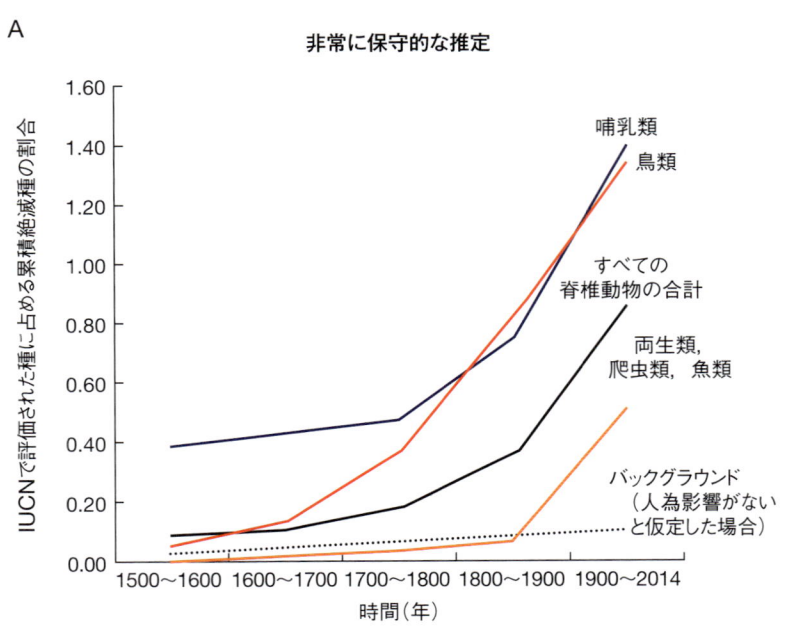

A 非常に保守的な推定

縦軸: IUCNで評価された種に占める累積絶滅種の割合

- 哺乳類
- 鳥類
- すべての脊椎動物の合計
- 両生類，爬虫類，魚類
- バックグラウンド（人為影響がないと仮定した場合）

横軸: 時間(年) 1500〜1600 1600〜1700 1700〜1800 1800〜1900 1900〜2014

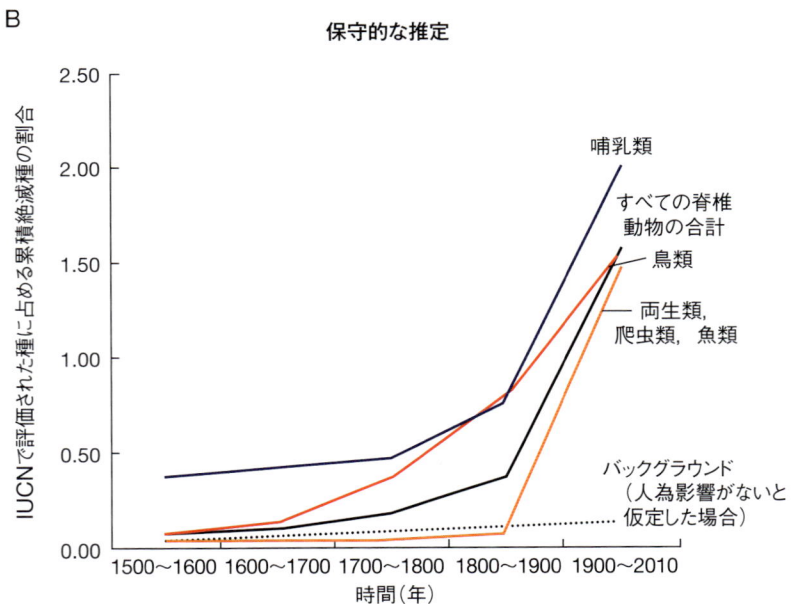

B 保守的な推定

縦軸: IUCNで評価された種に占める累積絶滅種の割合

- 哺乳類
- すべての脊椎動物の合計
- 鳥類
- 両生類，爬虫類，魚類
- バックグラウンド（人為影響がないと仮定した場合）

横軸: 時間(年) 1500〜1600 1600〜1700 1700〜1800 1800〜1900 1900〜2010

BOX 図 8.3 全脊椎動物と哺乳類，鳥類，魚類，両生類，爬虫類を合わせた絶滅種の累積的なパーセンテージ．（A）と（B）はそれぞれ，現代の絶滅を「非常に保守的」に見積もった場合と「保守的」に見積もった場合の結果を示している．破線は背景絶滅率を 2 E/MSY とした場合に予想される絶滅の回数を表す．

出典 Ceballos G, Accelerated modern human–induced species losses: entering the sixth mass extinction, *Science Advances*, **1**(5):e1400253 (2015)

に背景絶滅率の速度で起こったとしたら，どれだけの時間がかかるかを考えてみることもできる．1900 年以降に発生した絶滅の数が，例に 2 E/MSY（背景にある絶滅速度）で起きたとす

れば，800 年から 1 万年かかると推定される（**BOX 図 8.4**）．著者らは，現代と背景にある絶滅率について保守的な見積もりを行ったため，実際の現代の絶滅の大きさはこれ以上に高いこ

BOX 図 8.4 1900 年以降の脊椎動物の絶滅が，例に背景絶滅率 2 E/MSY の速度で起きた場合に要する年数．

出典 Ceballos G, Accelerated modern human–induced species losses: entering the sixth mass extinction, *Science Advances*, 1(5):e1400253 (2015)

とを強調している．

　この研究の意義は，非常に控えめに見積もっても，人類が引き起こしている絶滅が驚くべきスピードで起きていることを証明したことである．人間活動によるストレス要因が，「生物多様性の消失を地球規模で加速させている」のであり，第 6 の大量絶滅がすでに進行中であることを示唆しているのだ．人間が生物圏を大きく変えつつあるという現実は，非常に恐ろしいことかもしれない．しかし，個人，地域社会，組織がこの流れを変えるためにできることは，数え切れないほどある．第 9 章では，生物多様性の消失を抑え，私たちが自然界と共生していくための方法を探る．

今後の研究の方向性について考えよう

　この研究の成果を踏まえて，次にあなたはこの研究プログラムをどのように進めるだろうか？　もし，あなたがこの研究に携わっていたとしたら，どのようにフォローアップをするだろうか？　次のような問いを考えることから始めよう．

　●この研究は，どのような新しい問いを提起しているか？

　●今回得られた結果のパターンについて，原因を調査することは可能か？

　●結論の一般性をより高めるためには，どのように研究を広げればよいか？

　次に，この研究テーマに関する今後の方向性について，自分なりの提案を書いてみよう．

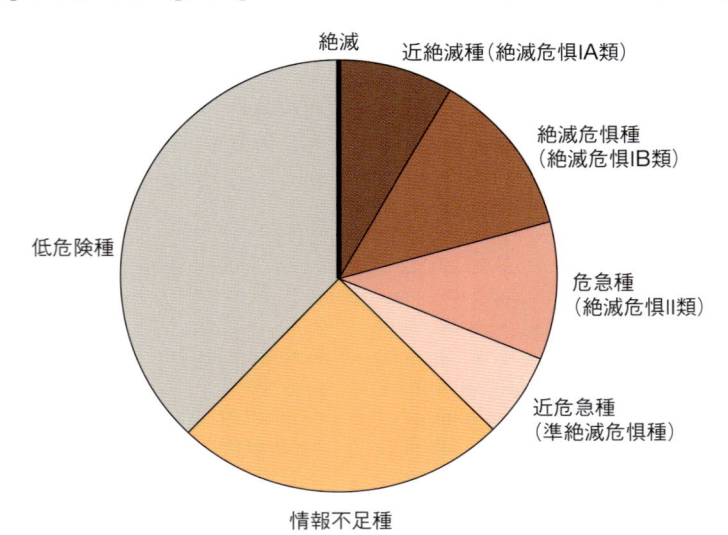

発展

両生類の減少

生命の樹の多くの系統で，人類学的な時間スケールで個体数が減り，種が絶滅している．ここでは，地球上で最も危機的な系統の1つである両生類を取り上げる．両生類は古くからいる動物で，進化上3億5,000年前に初めて地球上に現れた．両生類は過去3度の大量絶滅のイベントを生き延びたが，現在では多くの種が絶滅の危機に瀕している．

両生類とは？

両生類は非常に多様な生物群である．両生類は無尾目（カエルなど），有尾目（サンショウウオやイモリなど），無足目（アシナシイモリなど）の3つの系統に大別される．これらの系統は，形態，行動，生活史が驚くほど多様である．現在，両生類には7,000を超える種が記載されているが，今もなお新種が発見され，記載されている．過去10年以上にわたり，両生類のデータベースには年間100種以上の新種が追加されている（amphibiaweb.org/amphibian/newspecies.html）．

両生類は生態学的，経済的，文化的に大きな価値がある．自然の個体群では，両生類は捕食者や餌生物として食物網で重要な役割を果たし，無脊椎動物の個体数を制限している．両生類は重要な環境指標となる動物でもある．多くの両生類は水域生態系に生息し，多孔性の皮膚をもっているため，生物にとって有害な環境汚染物質をいち早く感知できる．両生類は人間にも直接的な利益をもたらす．例えば，両生類の皮膚は分泌物が豊富で，バイオ医薬品の開発（新しい抗菌薬や抗ウイルス薬など）に役立つ．最後に，両生類は世界中で文化的にも重宝されており，食料源として利用されるほか，数多くの文化で雨や豊穣，幸運をもたらすシンボルとなっている．

両生類に対する現在の脅威とは？

BOX 図8.5 に示すように，IUCN は全両生類の3分の1以上が絶滅の危機に瀕していると推定している．両生類は脊椎動物のなかで最も絶滅の危機に瀕しているグループであり，生命の樹のなかでも特に危機的な系統であると考えられている（Ceballos et al., 2015）．地球上の他の

BOX 図8.5　両生類の IUCN レッドリスト評価．両生類全体の3分の1近くが絶滅の危機に瀕している．
考えてみよう：なぜ両生類全体の3分の1近くがデータ不足であると考えられるのか？
出典 原著者の厚意により（データは http://www.iucnredlist.org より）

系統と同様に，両生類には多様な脅威が絡まり合って存在している．

生息地の消失と分断はしばしば絶滅の大きな原因となる．両生類は，生活史の異なるステージで隣接する全く異なる生息地を必要とするなど（例：幼生と成体はそれぞれ池と森林を必要とする），複雑な生息環境を必要とする．森林伐採や都市開発，道路の建設などは，両生類の生存や幼生の分散，メタ個体群における個体群の再形成など，多岐にわたって影響を与えうる（Cushman, 2006）．

乱獲

食用やペットとして取引される両生類は数十種に上る．食肉（食用のカエルの脚）や生きた個体（ペット用のカエル）の取引では，毎年世界中で数百万匹の個体が流通している（Carpenter et al., 2014）．ペットショップで最も人気のある3つの属のカエルの取引は，年間1,000万米ドル以上の経済価値がある．ペットショップの両生類には飼育されているものもあるが，多くは捕獲された野生の個体である．近年の分析によると，多くの絶滅寸前の種が国際取引市場で定期的に見つかっており（Carpenter et al., 2014），個体数の減少につながっている可能性がある．

外来種

外来種は世界中の生態系で在来の両生類の減少要因となっている（Bucciarelli et al., 2014）．外来植物は在来両生類の生息地を改変し，両生類の行動や生存，発育，繁殖に影響を与える．外来魚は在来両生類の捕食者や競争相手となり，個体群の減少につながる．さらに，外来の両生類は在来の両生類を捕食したり，競合したり，交雑したり，病気を媒介したりするため，深刻な影響を及ぼすことがある．

汚染

両生類の生息地では，化学物質による汚染が以前にも増して深刻になっている．その原因は化学物質の直接的な散布や農地からの流出，工業排水や大気由来のものなど多岐にわたる．両生類は水生環境と密接な関係があり，水が皮膚に浸透することから，化学物質のストレス要因にさらされやすく，非常に敏感である．メタ解析によると，化学汚染物質は両生類の生存や生活環，発育など多岐にわたって有害な影響を及ぼしている（Egea-Serrano et al., 2012）．特定の汚染物質が両生類に大きな影響を与えた例も知られている．例えば，農業用除草剤のアトラジンは両生類の内分泌撹乱物質で，環境中の濃度が低くてもカエルの性転換を引き起こしうる（Hayes et al., 2010）．

気候変動

地球温暖化は，両生類の一部の種で表現型や分布標高，体サイズなどに影響を与えている（Li et al., 2013 の総説参照）．しかし，気候の変化だけが種の絶滅を引き起こしたという直接の証拠はほとんどない．気候変動が直接的に両生類の減少に与える影響を明らかにするには，地球温暖化の影響とその他の地球規模の変化による影響を切り離す必要があるため，評価は困難である．しかし，気候変動が現在の両生類の減少に直接関与していない場合でも，気候変動によって間接的に他のストレスに対する脆弱性を高めるような影響を与える可能性がある（Li et al., 2013）．

病気

両生類は多くの病気の脅威に直面している．細菌，ウイルス，真菌，寄生虫はすべて両生類の個体群を減少させる脅威である（Blaustein et al., 2012 の総説）．病気の脅威は近年増加傾向にあり，両生類の個体数減少の直接かつ大きな原因となっている．ここで，新たな感染症が両生類の減少に与えている影響について紹介する．

新興感染症はなぜ増えているのか？

両生類の多様性にとって最も大きな脅威の1

つが新興感染症である．新興感染症（EIDs）とは，最近になって発見され，発生率や重症度，地理的範囲，宿主範囲などが近年増加した病気のことである．**BOX 図 8.6**（Jones et al., 2008）に示すように，EIDs の影響は過去1世紀で増加した．EIDs の発生率と重症度の増加の一部は，輸送網のグローバル化により引き起こされている．人や物のグローバルな移動に伴い，病原体も世界の新しい地域に侵入し，新しい宿主種に感染する機会が増えている．

さらに，人間生活が家畜や野生動物にますます依存するようになると，種を越えた感染や人**獣共通感染症**（zoonosis，他の動物から人間に感染する病気）の機会が増える．EIDs は，人間（例：AIDS，エボラ出血熱，新型コロナウイルス感染症），家畜・農作物種（鳥インフルエンザやジャガイモ疫病など），そして生命の樹全体にわたる自然集団（オーク突然死病，ヒトデ消耗性疾患，コウモリ白鼻症候群など）に大

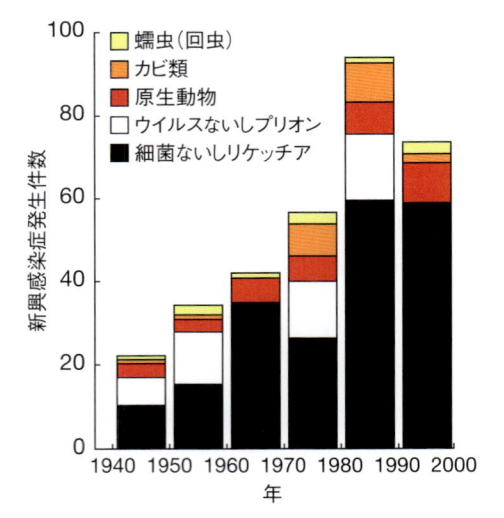

BOX 図 8.6 新興感染症（EIDs）の発生率は，グローバル化により病原体が新しい地域や宿主に移動しやすくなり，前世紀に比べて劇的に増加している．
　　考えてみよう：人間，農業種，自然集団における病気は，同じ経路で広がるのか，それとも異なる経路で広がるのか，どのように予想ができるだろうか？
　　出典（A）Jones KE et al., Global trends in emerging infectious diseases, *Nature*, **451**(7181):990–993 (2008)；（B）globaia.org

きな影響を及ぼしてきた．カエルツボカビ症はその1つで，世界中の両生類を壊滅的な状況に追いやっている．

カエルツボカビ症とは？

カエルツボカビ症（chytridiomycosis）は，ツボカビの1種 *Batrachochytrium dendrobatidis*（Bd）によって引き起こされる両生類の皮膚病である．Bd は水生菌で，両生類の皮膚を攻撃し，浸透圧調整や電解質バランス，他の病原体からの保護など，皮膚の重要な機能を低下させる．Bd による死亡の例と Bd の生活環を**BOX 図 8.7**に示す．Bd は，1998年に発見され（Berger et al., 1998；Longcore et al., 1999），今では両生類のいるすべての大陸で何百種もの両生類に感染している．近年 Bd の近縁種である *Batrachochytriums alamandrivorans*（Bsal；Martel et al., 2013）が発見され，主にヨーロッパのサンショウウオが感染している．すべての種がカエルツボカビ症に等しくかかりやすいわけではない．ある種は急速に死亡するが，他の種は抵抗力が強く，病気の感染源となる．カエルツボカビ症は世界的に両生類に大きな影響を及ぼしており，「これまでに記録された脊椎動物の病気のなかで最も多くの種を死滅させた」病気である（Skerratt et al., 2007）．

ツボカビは古くから存在する菌類で，世界中に数千のツボカビが存在している（Longcore & Simmons, 2012）．ツボカビのなかでは Bd と Bsal のみが動物の病原体として知られる．これらの種はいつ，そしてなぜ，脊椎動物を殺す能力を進化させたのだろうか？　数十年にわたる研究にもかかわらず，これらの疑問は完全には解決されていない．ただ，これらのツボカビは，両生類の皮膚に侵入するための特殊な能力をもっていることは明らかである．また，これらは急速に進化するゲノムをもつとともに，いくつかの病原因子と考えられる遺伝子群をもっている（Farrer et al., 2011；Rosenblum et al., 2013）．少なくとも1つの Bd 株は近年世界中に広がっている（Farrer et al., 2011；

A

B

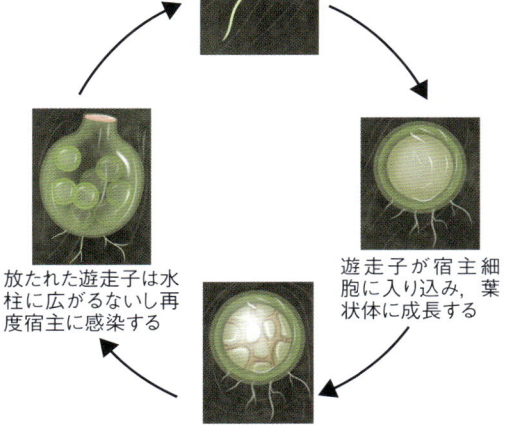

水生で運動性のある遊走子が宿主の皮膚細胞にコロニーの形成を始める

遊走子が宿主細胞に入り込み，葉状体に成長する

葉状体が成熟し，新しい遊走子が遊走子嚢に発生し始める

放たれた遊走子は水柱に広がるないし再度宿主に感染する

BOX 図 8.7 致死的な病原真菌 *Batrachochytrium dendrobatidis* (Bd)．（A）カリフォルニア州シエラネバダ山脈で発生した Bd によるカエルの死滅．（B）Bd の生活環．鞭毛をもつ遊走子が両生類の宿主を見つけ，皮膚に入り込む．この遊走子は成熟して葉状体となり，さらに遊走子嚢を放出する．
考えてみよう：Bd は水生菌類である．世界各地へどのように輸送されて定着したと考えられるか？
出典 （A）©Joel Sartore/Photo Ark ；（B）原著者の厚意により

Rosenblum et al., 2013；O'Hanlon et al., 2018）．正確な拡散のメカニズムは不明であるが，両生類の国際取引も関与していると考えられている（例：Fisher & Garner, 2007）．

両生類の減少に立ち向かうために何が行われているのか？

ツボカビ症の影響を改善するために実施できる保全活動は数多くある．例えば，抗真菌剤により野生の個体群における Bd の流行を抑える，飼育動物に耐病性をもたせて野生に戻す，温度や湿度への耐性を変えて Bd に適した場所を減らす，などが挙げられる．これらの保全活動は多くの労力を要するため，最もリスクの高い個体群をカエルツボカビ症から守るという短期目標に重点を置いている．これらは病気には対処しているが，両生類の減少要因となる他の地球規模のストレス要因には対処できていない．最終的に両生類の生物多様性を保全するためには，統合的なアプローチが必要で，これについてはユニット IV で取り上げる．

第 8 章のまとめ

○死滅とは？
• 種が適応，調節，移動できない場合，個体群絶滅という過程を経て，取り返しのつかない形で失われることをいう．

○個体，個体群，種の存続の関連性
• 地球変動のストレス要因は，個体の死亡率を高めることで，個体群や種の絶滅を引き起こす可能性がある．
• 個体群サイズの減少により「絶滅の渦」と呼ばれる正のフィードバックループが発生し，さらなる個体数の減少を引き起こす．

○絶滅リスクの推定
• 種分布モデル（SDM）と個体群存続可能性分析（PVA）は，将来の異なる環境シナリオのもとでの絶滅リスクを評価するために有効である．

○絶滅リスクの世界的なパターン
• 生命の樹における地球規模での絶滅パターンを理解するために，生物多様性データベースとメタ解析が使用される．
• 分類群，地域，時間スケールによって絶滅リスクの推定値にばらつきがあるが，いずれも人新世における絶滅率の上昇を示唆している．

○第 6 の大量絶滅
• 人間活動による絶滅率は，歴史的な背景絶滅率をはるかに超えており，6 度目の大量絶滅に突入したことが示唆されている．

○基本知識：絶滅の負債とは？
• 環境ストレス要因が種数に及ぼす時間遅れの影響を絶滅の負債と呼ぶ．

○データで見る：第 6 の大量絶滅
• 科学者は 6 度目の大量絶滅に突入しているかどうかを評価した．現代の絶滅率と背景絶滅率を比較すると，現代の絶滅率が高いことがわかった．現在，人為的なストレス要因が，大量絶滅に匹敵する種の消失をもたらしていることが明らかになった．

○発展：両生類の減少
• 現在，両生類全体の 3 分の 1 以上が絶滅の危機に瀕している．両生類に対する脅威は多様で，生息地の変化，乱獲，外来種，汚染物質，気候変動，病気などが挙げられる．グローバル化に伴い，カエルツボカビ症のような新興感染症がますます深刻な影響を与えている．

9 群集レベルの反応

学習成果

この章では次のことを学ぶ.
- 異なるタイプの種間相互作用.
- 地球環境変動のストレス要因による種間相互作用の阻害.
- 共絶滅とカスケード効果の重要性.
- 知識の実データへの活用.

事前チェック

　ある生物種が地球環境の変化によって影響を受けると，周囲の生物に波及効果が及ぶ可能性がある．1 つの生物種の変化が相互作用している種に影響を与える可能性を，主要な応答（移動，調節，適応，死滅）のそれぞれを例にとり，話し合ってみよう．どのような生物間相互作用に影響が起こりうるか，できる限り具体的に考えること.

はじめに

　種の応答は生物群集，生態系，生物圏の各レベルの要因と切り離すことはできない．実際，種の応答は高次のプロセスに影響を与え，そして影響を受けている．ユニット II では，主に種レベル以下の要因に焦点を当て，分子・個体・個体群・種の形質が様々な応答に及ぼす影響を見てきた．しかし，種の移動・調節・適応・あるいは死滅といった応答は，群集や生態系レベルにまで波及する可能性がある．同様に，群集・生態系・生物圏の特徴は，種レベルの応答を予想するのに役立つだろう．異なる階層の生物学的応答が相互に影響し合うことはグローバル変動生物学の特徴である.

　生物学的階層についての前章までの説明を思い出してほしい．**群集**（community）は特定の地域で相互作用している種の集合であり，**生態系**（ecosystem）は群集と周囲の非生物的環境から構成され，**生物圏**（biosphere）は地球上のすべての生態系の総体である．ユニット III では，これらの広大なスケールにおける地球変動の兆候を検討し，地球変動による撹乱に対してシステム全体がどのように応答するかを見ていく．本章の目標は，地球変動の圧力が，主に種間相互作用の変化を通じて，生物群集に及ぼす影響を明らかにすることである．次章では，生態系・バイオーム・生物圏の各階層での変化を取り上げる．そして，すべての生物学的階層を統合することで，地球変動の全体像を理解することを目指す.

生物間相互作用

　地球変動の圧力が種間相互作用をどのように変化させるかを考える前に，生物どうしの基本的な相互作用について見ていこう．すべての生物は，複雑な生物間の相互作用網のなかに組み込まれている．同種の個体どうしは様々な方法で相互作用し，**種内** (intraspecific) 相互作用には協力的なもの（協同的な餌捕獲，繁殖，縄張り防衛など）と競争的なもの（栄養資源や繁殖相手をめぐる競争など）がある．生物は種の境界を越えても相互作用する．**種間** (interspecific) 相互作用もまた様々な形をとり，これが本章の焦点である．

　生物間相互作用の6つの主要な分類を 表 9.1 に示した．これらの分類は，相互作用の担い手それぞれが受ける影響が正（有益），負（有害），または中立（無視できる）のどれかによって定義されている．例えば，捕食，競争，寄生による負の効果には，体調の悪化，バイオマスの減少，繁殖率の低下，生存率の低下が含まれる．これらの負の効果も個体群サイズの調節や自然選択の生物学的背景に関与するので，生態学的・進化学的には非常に重要である．したがって，この文脈では「負」「正」という言葉を価値判断として用いてはいない．

　生物間相互作用のこれら6分類は理想化されたもので，現実の種間相互作用の動態はもっと複雑になりうることには注意が必要である．ここで区分けした生物間相互作用は，連続的に変化する様々な相互作用のなかの極端な場合である．生物間相互作用の分類にはさらにいくつかの細分類があり，その例を次に見てみよう．

表 9.1　種間相互作用の主要カテゴリー.

相互作用の種類	種1への影響	種2への影響
相利共生	正	正
片利共生	正	中立
中立	中立	中立
利用	正	負
片害共生	負	中立
競争	負	負

考えてみよう：種間相互作用の6つの基本的なタイプそれぞれについて，具体的な例を思い浮かべられるか？
出典 Holland & DeAngelis (2009) より引用

任意的な相互作用と絶対的な相互作用

　極端に強い相互作用では，生存そのものを相互作用の相手に依存する種もある．このような**絶対的** (obligate) 相互作用の例には，スペシャリスト（単一の植物種しか食べられない昆虫など）や，他の生物の体内に住む生物（単一の宿主種の体内でしか繁殖できない寄生者など）がある．一方，絶対的ではなく任意的に発生する種間相互作用も多い．そのような**任意的** (facultative) 相互作用の例には，ジェネラリストがある（様々な餌資源を利用できる雑食者や，様々な宿主を利用できる寄生者など）．もちろん，相互作用する双方にとって絶対的である場合も，任意である場合も，さらに一方にとっては絶対的だが他方にとっては任意である場合もある．

多様な生物間相互作用

　種間相互作用を単純な1対1の枠組みで分類すると，生物が複雑な多種間ネットワークのなかで相互作用している事実を見落としてしまう．例えば，いくつかの相互作用には，2つ以上の主要なプレーヤーが存在する．ミユビナマケモノ，緑藻，ガの相互作用はその典型例である（図9.1）．ナマケモノの毛に生える緑藻はナマケモノの餌となり，ナマケモノの毛と糞は様々な生活史段階のガに生息場所を提供し，ガの幼虫は毛や糞の分解者として緑藻に栄養を与える（Puli et al., 2014）．このように，2種の相互作用の強度，およびそれがもたらす結果は，他の相互作用相手の存在によって変化することがある．

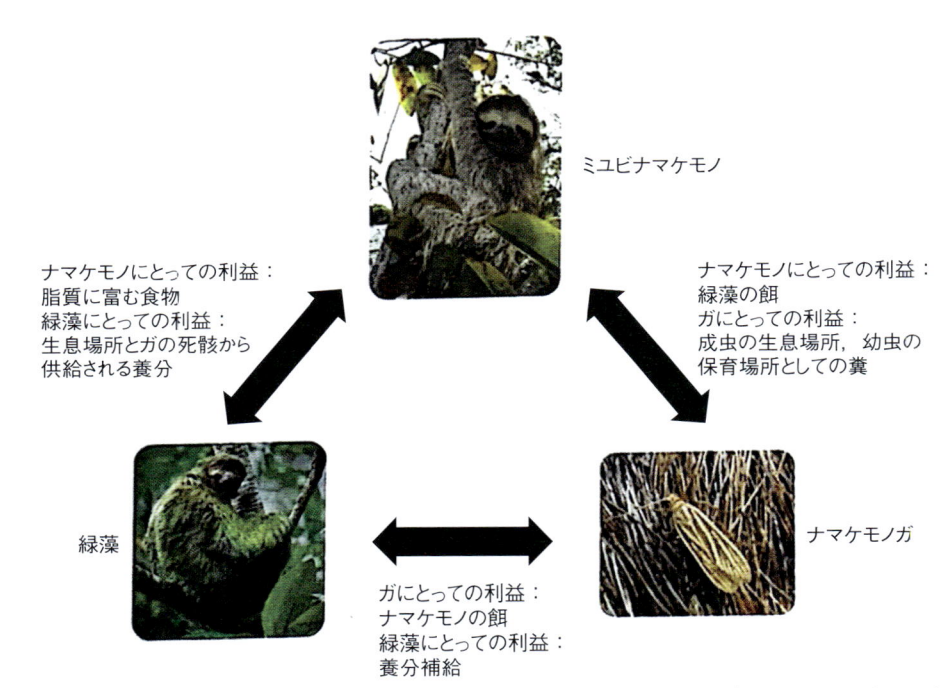

ミユビナマケモノ

ナマケモノにとっての利益：
脂質に富む食物
緑藻にとっての利益：
生息場所とガの死骸から
供給される養分

ナマケモノにとっての利益：
緑藻の餌
ガにとっての利益：
成虫の生息場所，幼虫の
保育場所としての糞

緑藻

ナマケモノガ

ガにとっての利益：
ナマケモノの餌
緑藻にとっての利益：
養分補給

図9.1　ミユビナマケモノ，ナマケモノガ，緑藻の三者間相互作用．ナマケモノガ（*Cryptoses* spp.）は，すべての生活史段階において宿主であるナマケモノと相互作用する，絶対相利共生者と考えられる．成虫はナマケモノの毛皮のなかで生活し交尾を行い，卵はナマケモノの糞に産卵され，その糞のなかで幼虫が完全に成長する．ガはナマケモノの毛皮のなかで高栄養源となって緑藻の生育を促進する．ナマケモノはこの緑藻を食べて養分を補う．
　考えてみよう：地球変動のストレス要因によって，任意的相互作用と絶対的相互作用のどちらがより強く影響を受けると予想されるだろうか？　それはなぜか？
　出典 Pauli JN et al., A syndrome of mutualism reinforces the lifestyle of a sloth, *Proceedings of the Royal Society B*, **281**(1778):20133006 (2014)

直接的な相互作用と間接的な相互作用

　生物種は，多くの相手と直接的または間接的に関係することで，他の多くの種に影響を与える．**直接効果**（direct effect）とは，ある生物種が他種に対して，第三の種を介在することなく与える影響のことである．捕食者が餌種に与える影響や植食者が餌植物に与える影響は，直接効果の例である．**間接効果**（indirect effect）とは，生物種が直接の相互作用相手ではない他種に与える影響である．生物間相互作用の連鎖は，すべての種が直接的に相互作用していなくても，それらの種を結びつけることができる．その古典的な例が**栄養カスケード**（trophic cascade）であり，捕

食者がその餌種に負の影響を与え，その結果，（採食圧が抑制されることにより）植物の一次生産に正の影響を与える．また，ある種が他の種の行動を変化させ，それが第三の種に影響を与える場合にも間接効果が生じうる．例えば，被食者は捕食者の存在下では採餌の仕方を変えることがある．

まとめ

生物群集は，すべての生物間相互作用の総体として定義できる．しかし，種間相互作用は時空間的に不変なものではない．例えば，相互作用の強さとその影響は，地理的にも季節的にも，あるいは生活史段階によっても変化することがある．また種間相互作用は，次で述べる地球変動のストレス要因によって撹乱されうる．

地球変動が生物間相互作用に及ぼす影響

地球変動のストレス要因は，生物間相互作用に様々な形で影響を与える．環境変化は，生態系にどの種が存在し，それらが時空間的にどのように相互作用するかを変化させる可能性がある．このような群集構造の変化は，生物間相互作用に様々な形で影響を及ぼす可能性がある（Kiers et al., 2010；Traveset & Richardson, 2014）．例えば，相互作用のタイプが変化したり（相利共生から競争的になるなど），相互作用のパートナーが変わったりする（異なる餌資源や宿主を利用するなど）．さらに，相互作用が完全に崩壊して，相互作用する複数の種の存続が危うくなることもある．ここでは，種の相互作用が変化する3つの基本的な原因について見ていこう．

種の消失

死亡による応答は，群集内の種数の減少につながる可能性がある．個体数の減少は群集における種の現存量を減少させ，絶滅は種をその歴史的な相互作用ネットワークから完全に排除する．第4章の「データで見る」で取り上げたミツバチの減少の例から，種の減少がいかに生物間相互作用を寸断するかを学んだ．実際，送粉者と受粉される植物がともに減少していることから，共生者の消失がいかに群集内の他種に悪影響を及ぼすかが明らかになっている（例：Biesmeijer et al., 2006；Portman et al. 2018）．次節では，絶滅が相互作用している生物どうしに与える影響を詳しく見ていく．

種の消失によって捕食や競争からの解放が起こると，相互作用していた種に正の効果が生じることもある．例えば，ザイオン国立公園では観光客の増加によりピューマの個体数が減少したのちに，ミュールジカが捕食から解放された（Ripple & Beschta, 2006）．これはシカ個体群にはよい影響を与えたが，他の群集には壊滅的な影響を与えた．シカの個体数が調節されなくなり，激しい採食圧によって植生景観が劇的に変化したのである．その結果，チョウ，カエル，トカゲなどの多くの生物の生息数が減少した（Ripple & Beschta, 2006）．このように，一部の種の個体群の成長が，群集全体にとっては有害となる場合もある．

種数の増加

移動応答は群集への種の追加につながる可能性がある．進化の時間スケールでは，分散は常に局所群集に種を追加する機会を提供してきた．しかし第5章で見たように，人間が種を原生息域外へ移動させることにより，生物学的な侵略の速度が劇的に加速している．侵略的外来種は在来種

に対し，植食者，捕食者あるいは競争者として，様々な負の直接効果を及ぼす可能性がある（Traveset & Richardson, 2014）．一方，種の増加は，新しい利用可能な資源や相互作用のパートナーシップを提供することにより，一部の種に正の効果を与える場合もある．

侵略的外来種はまた，数多くの間接効果を及ぼす．例えば，移入種はしばしば病原体の移動と伝播をもたらす（例：Young et al., 2017）．侵略的外来種は，生態系に新たな病原体や寄生者を持ち込むことがあり，それらが在来種に感染し始める可能性がある（スピルオーバーと呼ばれる）．また，侵略的外来種が新しい宿主となることにより病原体の伝播速度が高まる場合，在来の病原体の影響が増幅される可能性がある．もちろん，外来種が病原体の伝播を妨げるなら，在来種の疾病リスクが軽減される場合もある（希釈効果という：Civitello et al., 2015）．

カエルツボカビのベクター（運搬者）となるウシガエルは，病気の蔓延に関与する侵略的外来種の一例である．第8章で見たように，ツボカビは世界中の両生類減少の要因となっている．ウシガエルは通常，ツボカビに感染しても発症せずに病原体を保有・伝播するので，ツボカビの極めて有効なリザーバー（保菌者）となる（例：Miaud et al., 2016）．感染したウシガエルは世界的に養殖・取引されており，ツボカビが感染経験のない両生類群集に導入される過程で重要な役割を果たした可能性がある（例：Garner et al., 2006）．

侵略的外来種の到来によって在来種間の相互作用が攪乱されることもある．例えば，多くの在来アリは，相利共生相手である在来植物の世話をし，その種子を分散させる共生者として重要な生態学的役割を担っている（Ness & Bronstein, 2004）．第5章で見たように，侵略的アリ類はしばしば在来のアリを駆逐して，重要な相互作用を崩壊させる可能性がある（Rodriguez-Cabal et al., 2009, 2012）．具体例として，**図 9.2** にアルゼンチンアリ（*L. humile*）の影響に関するメタ解析を示す．アルゼンチンアリが侵入した場所では，種子散布者である在来アリが92%減少し，それに伴い種子の移動や実生の定着が減少した（Rodriguez-Cabal et al., 2009）．侵略的外来種は置き換わった在来種と同様の生態学的機能を果たすとは限らず，種間相互作用や群集構造を変化させる．

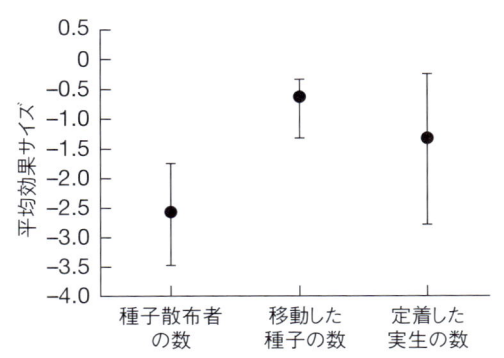

図9.2 侵略的外来種は既存の相利共生を破壊する可能性がある．この図は，侵略的外来種のアルゼンチンアリが在来種のアリに与える影響と，それらのアリの種子散布者としての役割について調べたメタ解析の結果を示している．在来アリの多くは種子を散布し，実生の定着に貢献する．アルゼンチンアリはこれら在来アリの多くを競争で凌駕し，種子を散布する役割は代替しない．グラフは，植物-アリ間相利共生の3つの側面（種子散布者の数（左），移動した種子の数（中），定着した実生の数（右））の平均効果サイズ（および信頼区間）を示す．

考えてみよう：反応比はすべて有意に負で，信頼区間はいずれもゼロをまたいでいない．このことは，侵略的なアルゼンチンアリが種子散布の相利共生に及ぼす全体的な影響について何を意味しているだろうか？

出典 Rodriguez-Cabal MA et al., Quantitative analysis of the effects of the exotic Argentine ant on seed-dispersal mutualisms, *Biology Letters*, **5**(4):499–502 (2009)

種の変化

　調節と適応の応答は，生理的，発生的，形態的，行動的形質の変化をもたらし，種の出現時間や場所に影響を与える可能性がある．例えば，第6章で見たように，発育時期や活動時期の変化は地球温暖化の一般的な兆候である．最近の大規模研究では，水生と陸生両方の生物の長期間（20年以上）のフェノロジーデータを，1万件以上調査している（Thackeray et al., 2016）．図 9.3 に示すように，フェノロジーのイベントが発生する時期は，予想通り早まっていた．しかし，分類群や栄養段階により反応の違いが大きいこともわかった．例えば，フェノロジーの変化は，一次生産者に比べて一次消費者でより顕著だった．

　群集のなかで消費者が餌資源より早い季節に活動すると，捕食-被食関係の深刻なミスマッチ

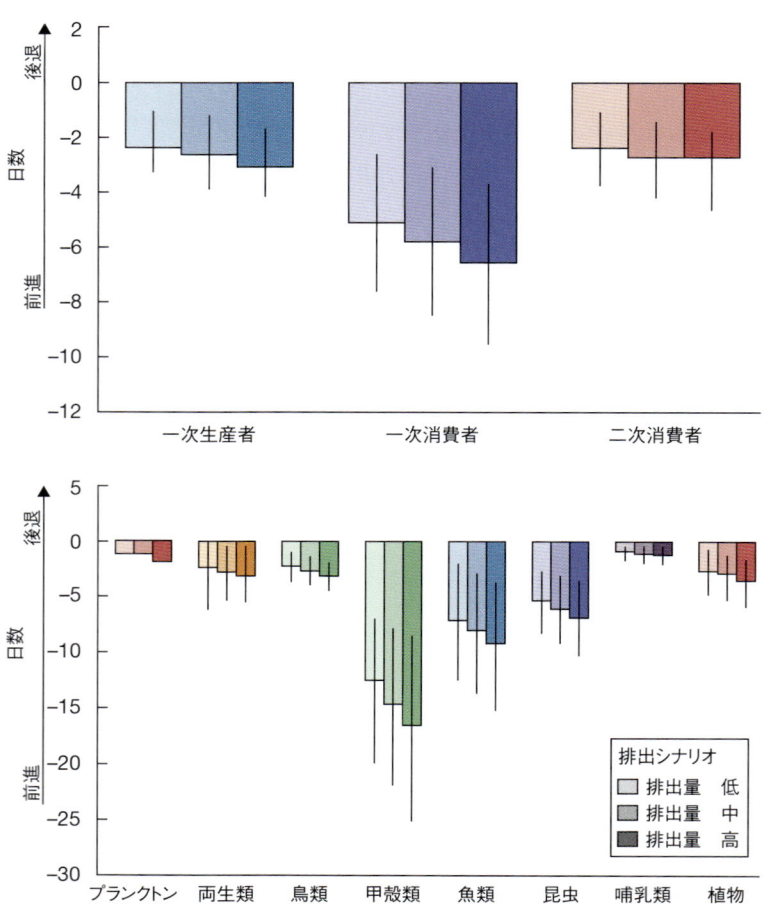

図9.3　2050年までに予測されるフェノロジーの変化を推定した大規模研究の結果．異なる栄養段階（上）と異なる分類群（下）についての推定値を示す．各カテゴリーについて，代替排出シナリオに基づく3つの異なる気候変動の予測が用いられている．棒グラフは予測される反応の平均値，エラーバーは90パーセンタイル値を表す．
　　　考えてみよう：一部の栄養段階や分類群が，他のものよりフェノロジーの変化に影響されやすいのはなぜか？　数日の些細なフェノロジーの変化が重大な結果をもたらす可能性があるのは，具体的にはどのような場合だろうか？
　　　出典 Thackeray SJ et al., Phenological sensitivity to climate across taxa and trophic levels, *Nature*, **535** (7611):241–245 (2016)

が起こる．世界の様々なバイオームで**捕食–被食関係のミスマッチ**（trophic mismatch）が報告されている（Renner & Zohner, 2018 の総説）．ハクガンでは，雛の平均的な孵化日と餌資源のピーク時期のずれが次第に増している（Ross et al., 2017）．植物と鳥のフェノロジーは両方とも，年の早い時期にシフトしているが，ハクガンのフェノロジーの早期化は，ホッキョクグマによる卵の捕食の増加（第6章）によって制約されているようである．そのため，ハクガンの孵化日は植生の展葉日ほどには早まらず，捕食–被食関係のミスマッチにより雛の新規加入数が減少している（Ross et al., 2017）．

　実験研究からも，捕食–被食関係の数日のミスマッチが適応度に重大な結果をもたらすことが示されている（例：Schenk et al., 2016）．相互作用のパートナーは時間的・空間的に重なっている必要があるので，フェノロジーの変化は最終的に様々なタイプの生物間相互作用を寸断させる可能性がある．相互作用する種間の時間的・空間的な同調性を失わせるような変化は，生物群集全体を変化させるかもしれない．

　フェノロジーの変化は，必ずしも種の生存に負の影響を与えるとは限らない．なかには，相互作用している種をさらに同調させるものもある（Kharouba et al., 2018）．フェノロジーの変化には，相互作用相手への圧力を解放するものもあるかもしれない．**図 9.4** はアラスカ・コディアック島のヒグマの興味深い例を示している（Deacy et al., 2017）．このクマは2種類の重要な餌資源を利用しているが，それらは歴史的にずっと，季節的に補い合う関係にあった．ベニザケは通常7月～8月に最も得やすく，セイヨウアカミニワトコは通常8月後半～9月に最も豊富になる．しかし，近年の異常に温暖な年には，セイヨウアカミニワトコが例年より数週間早く結実した．それに応じてクマは採餌行動を変化させ，セイヨウアカミニワトコを採食するためにサケのいる川から離れた．つまり，ある資源（セイヨウアカミニワトコ）のフェノロジーの変化が，間接的

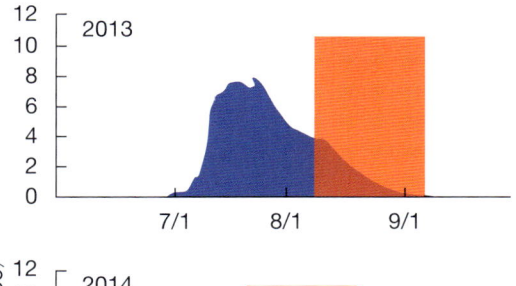
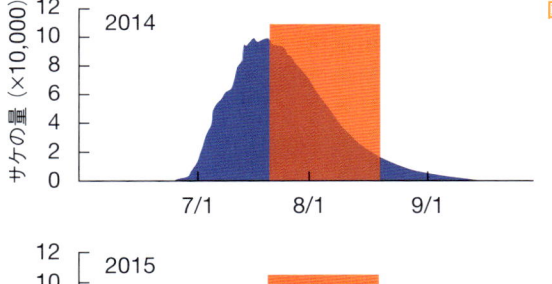
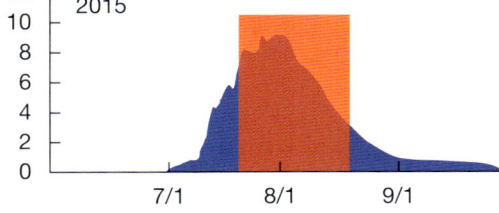

図 9.4　フェノロジーの変化は種間相互作用に予期せぬ影響を与えることがある．コディアック島のヒグマにとって重要な餌資源であるセイヨウアカミニワトコの利用可能な時期（赤のバーで示す）が1年のなかで早まっており，現在ではサケの利用可能時期のピーク（青の部分）と重なっている．その結果，ヒグマはセイヨウアカミニワトコを採食するために川を離れ，サケの捕食を減らしている．

考えてみよう：相互作用する種間の同調性の増加と減少はいずれも，群集内により広範囲にわたる影響を及ぼす可能性がある．それぞれについて，具体的な例を1つ挙げてみよう．

出典 Deacy WW et al., Resource synchronization disrupts predation, *Proceedings of the National Academy of Sciences*, **114**(39):10432–10437 (2017)

に別の資源（産卵期のサケ）の捕食の減少を引き起こしたのである。フェノロジーのシフトが個々の種に正負どちらの影響を与えるかにかかわらず，現在，世界中の食物網を劇的に変化させていることは明らかである（Bartley et al., 2019）。

まとめ

個々の種に生じる変化は，どれも群集内の他種にカスケード効果を及ぼす可能性がある。地球変動の時代に種を危険にさらすのは，克服しがたい生理学的な限界ではなく，むしろ種間相互作用の崩壊であるということが，多くのデータで示されつつある（例：Cahill et al., 2012）。

絶滅が群集に及ぼす影響

これまで見てきたように，種の消失，増加，変化は，生態系全体に影響を与える可能性がある。この節では1つの種の消失がその種に依存する種へカスケード効果（後述）を及ぼす事例を紹介する。この現象は共絶滅（または二次的絶滅；Dunn et al., 2009；Brodie et al., 2014）と呼ばれる。極端な場合には，1つの種の消失が関連する多数の種の絶滅を引き起こす可能性がある。共絶滅を実際に検知することは難しいが（Colwell et al., 2012；Brodie et al., 2014），生態系ネットワーク内における種間の結びつきを踏まえれば，様々な生物間相互作用を通した絶滅の影響を考えることはとても重要である。

相利共生種の共絶滅

生態学的相互作用には，双方の種が利益を得る相利的なものが多くある。章の前半で説明したように，絶対相利共生する種間では互いに生存を依存し合っている。ダーウィンは，送粉者のような共生相手の絶滅が，植物を危険にさらす可能性について言及している。150年以上前にダーウィンが紹介したマダガスカル産の珍しいラン（*Angræcum sesquipedale*）の花は，長さ約30 cm近い管状構造の底に蜜を蓄えている。彼は，このランを受粉するのに十分な長さの口吻をもつガがいるはずだと考えた。そのようなガ（*Xanthopan morganii*）は実在しており（図 9.5），ダーウィンの死後に発見された。ダーウィンは，この特別なガがマダガスカルから絶滅したら，相手のランも間違いなく絶滅するだろうと推測している。

送粉者や種子散布者の減少とそれらの生態学的パートナーの絶滅は世界規模で起きているわけ

図9.5 （A）ランの一種 *Angræcum sesquipedale* と（B）その送粉者であるキサントパンスズメガ（*Xanthopan morganii*）。これらの種は絶滅していないが，送粉者と植物の共進化の象徴的な例であり，ダーウィンが共絶滅の可能性を推測するきっかけとなった。
考えてみよう：共絶滅のリスクを高めると思われる一般的な要因は何か。
出典 （A）Wellcome Collection. CC BY；（B）Nick Garbutt/NaturePL/Science Source

ではないが，人為ストレスがこれらの相利作用を破壊し，局所的な衰退につながることは明らかである．Markl ら（2012）は，撹乱された森林とそうでない森林の動物媒介の種子散布を比較した80以上の研究をメタ解析した．その結果，狩猟や伐採が種子散布の減少と関連していることが示された．また彼らは，植物の種子のサイズによって影響が異なることも示した．大きな果実を食べることができる大型の動物は，狩猟や生息地の分断による影響を受けやすい．したがって，大型種子をもつ一部の植物は，共絶滅の危機に特に陥りやすいかもしれない．本章の「データで見る」では，送粉と種子散布の阻害がもたらす明確な影響のさらなる例を紹介する．

寄生者の共絶滅

最近まであまり認識されていなかったが，宿主の絶滅は寄生者に壊滅的な影響を与えることがある（Dunn et al., 2009；Strona, 2015；Cizauskas et al., 2017）．私たちが，脊椎動物の宿主と一緒に失われるシラミの種数について考えることはないだろう．しかし，寄生者や病原体はその大小にかかわらず，高い宿主特異性を示すことがあり，多くの寄生者は1種の宿主のみを利用する．そのため，図 9.6A に示すように，寄生者の共絶滅によって生物多様性は大きく損なわれる可能性がある（Koh et al., 2004）．

Wood ら（2013）は，化石化した糞の古代 DNA と顕微鏡を用いた分析により，絶滅したモア（鳥類）4種の消化管内の寄生虫を同定するというエレガントな研究を行っている（図 9.6B）．モアは

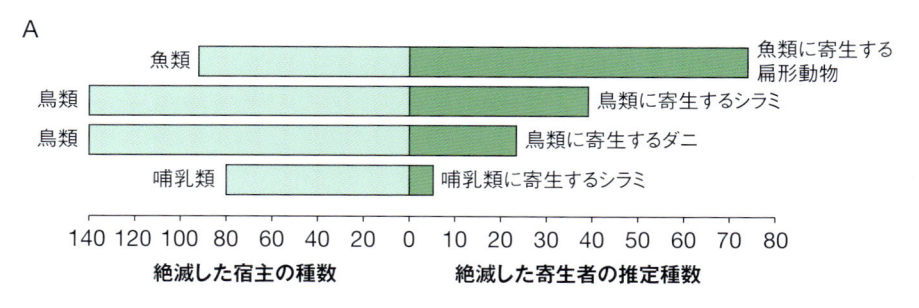

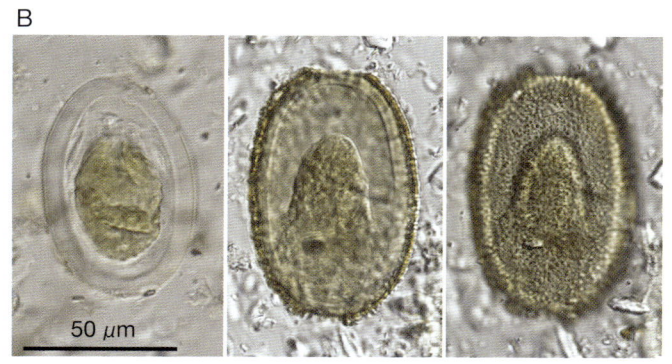

図9.6　寄生者と病原体の共絶滅．（A）各時代に絶滅した宿主者の数の記録から推定された，関連する寄生者の絶滅．（B）科学者らは，古代 DNA や化石化した物質の分析により，現在では絶滅している寄生者の同定を可能とした．例えば，ニュージーランドのモアが絶滅してから数百年間自然に保存されていた糞から蠕虫の卵が見つかった．
　考えてみよう：生態学的・進化学的な観点から，寄生者や病原体の絶滅に注意を向ける必要があるのはなぜか？
　出典　（A）Koh LP et al., Species coextinctions and the biodiversity crisis, *Science*, **305**(5690):1632–1634 (2004)：（B）Wood JR et al., A megafauna's microfauna: gastrointestinal parasites of New Zealand's extinct moa (Aves: Dinornithiformes), *PLoS ONE*, **8**(2):e57315 (2013)

ニュージーランドに生息する大型の飛べない鳥の仲間で，200 kg 以上に成長する種もあった．モアは 13 世紀後半，ポリネシア人の移住に伴う狩猟と生息地の消失によって，急速に絶滅したらしい（Allentoft et al., 2014）．Wood らはモアに特異的な寄生虫を同定し，第四紀後期のメガファウナの絶滅は寄生者にカスケード効果を及ぼしただろうと推測している．現代の高い絶滅率を考えると，寄生者や病原体の絶滅は加速していると思われる．寄生者や病原体は単なる厄介者と思われがちだが，その絶滅は生態系に甚大な影響を及ぼす可能性がある．

植食者や捕食者の絶滅

栄養面でのスペシャリスト化は共絶滅のリスクが高い．単一または少数の食物資源を餌とする消費者は，どの栄養段階にあっても，環境変化に伴う栄養源からの影響に特に脆弱である．ユーカリの葉を食べるスペシャリストのコアラはその一例で，本種は分散能力も低く生息地を変えにくい性質をもっている．ある研究によると，生息地でユーカリ葉が減少した年には 70% 以上のコアラが死亡したという（Whisson et al., 2016）．このように，スペシャリストは植食者か捕食者であるかにかかわらず，群集内での撹乱に対して特に敏感である．

栄養源の消失は高次の栄養段階に顕著な影響を与えるが，植食者や捕食者の消失が低次栄養段階に影響を及ぼす可能性もある（例：Gilljam et al., 2015）．このような波及効果については，次のカスケード効果の節で扱う．さらに，本章の「基本知識」では，**栄養段階**や**トップダウン効果**と**ボトムアップ効果**について概説している．総じて，1 つの種が絶滅すると，残された種間関係（捕食，植食，競争）の動態が変化し，さらなる種の消失につながる可能性がある．

まとめ

種が共絶滅の危機に瀕するかどうかは多くの要因によって決まる（Brodie et al., 2014）．種が相互作用の相手の種に特異的に依存していれば，共絶滅のリスクは確実に高まる．このリスクは，重要な相互作用相手が失われても新しいパートナーが得られるのであれば，相手の交代によって緩和されうる．

新たなパートナーシップの構築は，地域の種プールの豊かさ，表現型可塑性，急速な進化の可能性など，多くの要因に依存する（Brodie et al., 2014）．共絶滅の結果，さらに他の生物が失われ，生態系の構造と機能が変化する可能性もある．そのため，共絶滅の影響を予測することは，実際には難しいかもしれない．だが，個々の種の絶滅リスクだけでなくそれらが関係する生態学的相互作用について考えることは，極めて重要である（Valiente-Banuet et al., 2015）．

 **基本知識** ————

地上食物網と地下食物網

群集の**栄養段階の構造**（trophic structure）は，エネルギーと物質が階層的なレベル間でどのように移動しているかを示している．これらの**栄養段階**（trophic level）は，地域の食物網に

おける生物の位置づけを表す．簡単な図解を **BOX 図 9.1** に示す．**生産者**（producer）は，光合成によって太陽からのエネルギーをバイオマスに変換する．**消費者**（consumer）は，生産者やより低次の栄養段階の消費者を食べることにより，このエネルギーを得る．

陸上生態系の栄養段階の構造や単純化された食物網の記述では，一般に地上の生物群集での

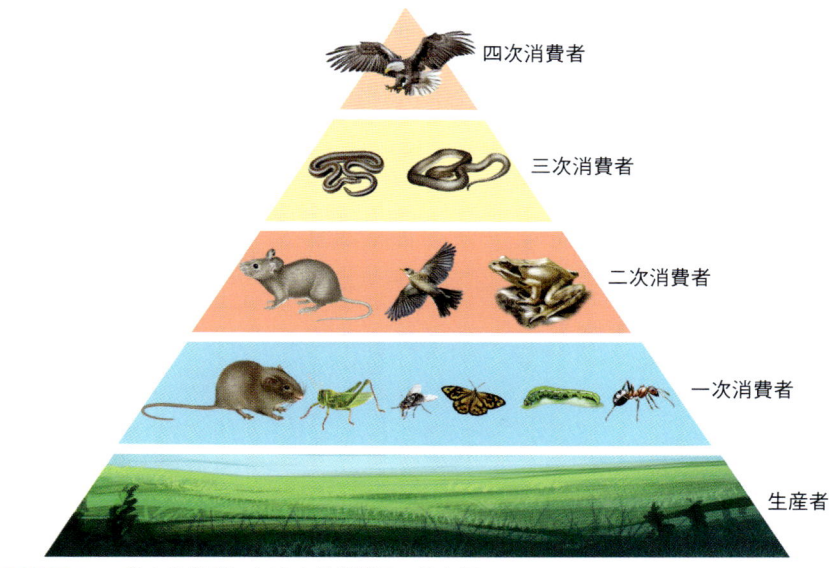

BOX 図 9.1 陸上生態系における栄養段階の基本図.
考えてみよう：水圏生態系の栄養段階について同様の図解を作成してみよう.
出典 http://cesonoma.ucanr.edu/4H/Clubs/4-H_Projects/Wildlife_Project

エネルギーの流れが強調されている. しかし, 地下にも細菌, 菌類, ダンゴムシ, ミミズ, モグラなどからなる豊かな生態系が存在する (**BOX 図 9.1**). 地下の生物群集の多くは**分解者** (decomposer) として, 有機物の分解と栄養循環に不可欠な役割を担っている.

生態学者は, 地上と地下で起こるプロセスの違いを認識しており, **生食食物網** (green food web, 光合成植物に支えられ, 地上を起点とする食物網) と**腐食食物網** (brown food web, 分解者に支えられ, 地下を起点とする食物網) を区別することがある. 生食食物網からは枯死有機物 (糞, 死骸, 脱皮, 落葉など) が生産され, それら有機物は腐食食物網で分解される. 腐食食物網は一次生産者の成長に不可欠な栄養塩を放出する. さらに, 微生物食者 (通常は節足動物) は分解者を直接摂食し, さらに地上と地下の捕食者に食われることがある. このように生食と腐食の食物網 (およびその地上と地下のプロセス) は, 表裏一体の関係にある (Zou et al., 2016).

地上と地下の生物群集は多数の要素によって構成されている (例：Oksanen et al., 1981).

トップダウン効果 (top-down effect) とは, より高次の栄養段階によってもたらされる効果である (例：捕食者が餌である植食者の個体数を制限することにより, その採食圧を抑制する). **ボトムアップ効果** (bottom-up effect) とは, 利用可能な資源量によってもたらされる効果である (例：窒素は一次生産を制限することにより消費者の個体数を抑制する). 生態学者は長い間, 資源制限と捕食圧のどちらが最も重要かについて議論してきたが (例：Wilkinson & Sharrett, 2016), トップダウン効果とボトムアップ効果の相互作用によって群集が構成されていることは明らかである (例：Lynam et al., 2017). **BOX 図 9.2** では, ある海洋食物網におけるトップダウン効果とボトムアップ効果を示している.

群集の変化はどの構成要素に対する撹乱によっても発生しうる. 主要な生産者, 消費者, 分解者のいずれかでも失われると, その影響は食物網全体に波及する可能性がある. 例えば, 「発展」で紹介するように, 狩猟などの人間活動によって陸上や海洋の生態系から多くの頂点捕食者が失われてしまった. また狩猟により,

人類は多くの生態系で新たな頂点捕食者となり，生物群集の構造や構成を根本から変えてしまった．結局のところ，人為的なストレス要因が生物群集に与える影響を理解するには，栄養段階間の複雑な相互作用と，地上と地下で生じているプロセスを考慮することが欠かせない．

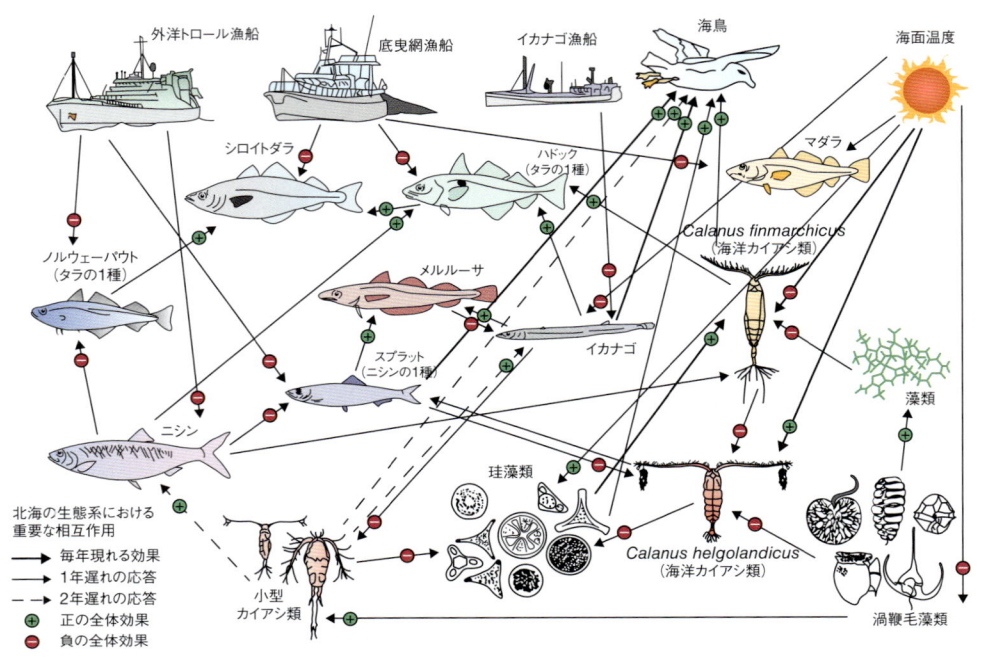

BOX 図9.2 北海の海洋食物網における複雑な相互作用の図解．研究者は40年以上のデータを用いて，トップダウンとボトムアップの両方の効果をモデル化した．すぐに（1年以内に）生じる影響もあるが，時間遅れで発生する影響もある．
考えてみよう：北海では人間は上位捕食者として機能している．もし人間の漁獲圧がなくなった場合，少なくとも2つの栄養連鎖をもつ種への影響について，どのような具体的な予測が立てられるか？
出典 Lynam CP et al., Interaction between top-down and bottom-up control in marine food webs, *Proceedings of the National Academy of Sciences*, **114**(8):1952–1957 (2017)

カスケード効果とは？

　これまで見てきたように，地球変動による撹乱が契機となり連鎖的な現象を引き起こすことはよくある．このような**カスケード効果**（cascading effect）はしばしば予見しづらい．例えば，森林破壊は生物の生息地を奪うなどの直接的な負の影響を及ぼすが，外来種の侵入を容易にしたり，狩猟や採集の機会を増やしたり，火災の頻度や規模を変化させたりするなどのカスケード効果を及ぼすこともある．カスケード効果をもたらす重要な原因の1つに，**生物学的な相互作用連鎖**（biotic interaction chain）がある．前節までは，1つの種の存在，個体数，活動レベルの変化が，相互作用する種に直接及ぼす影響を見てきた．しかし，1つの種の変化が栄養段階を越えて波及し，さらに多くの種に間接的な影響を与える可能性もある．

　生物学的な相互作用連鎖によるカスケード効果の典型的な例として，キーストーン捕食者の減少が挙げられる．ある生物群集から上位捕食者がいなくなると，被食者の個体数に直接影響を与え，それが植食量や植物の一次生産量，さらには栄養循環にも影響を与える．これはザイオン国

立公園のピューマの例ですでに説明した．別の例として，Terborgh ら (2001) は，熱帯の分断化した森から頂点捕食者 (ジャガーやピューマなど) が除去され，捕食が減少した場合の影響を研究した．頂点捕食者のいない森林では植物の新規加入と生存が減少した．この頂点捕食者と植物群集の結びつきは，植食者の捕食圧からの解放によって起こった．生息地の消失と狩猟は大型の肉食動物に強い影響を与えるので，同様のカスケード効果は世界中の陸上と海洋の生態系で起きている可能性がある．

　もう一つ，岩礁海岸群集の例を見てみよう．Donohue ら (2017) は，捕食者の消失によって離れた栄養段階の間の共絶滅が起こるかどうかを実験により検証した．著者らは反復のある完全交差法実験を行った．実験区から 2 種類の捕食者 (巻貝とカニ) から 1 種類と，2 種類の一次消費者 (腹足類とイガイ) から 1 種類を除去し，対照群と合わせて計 9 種類の処理群を 1 年以上追跡し，大型藻類の種の減少を測定した．図 9.7 はその主な結果を示している．捕食者を 1 種類除去すると，栄養段階が数段階下の多数の生産者が失われた．

　カスケード効果は種の消失だけでなく，種の加入によっても引き起こされる．またカスケード効果は捕食の変化によってだけでなく，他の栄養段階での変化によっても起こりうる．図 9.7 は，温帯林に移入されたミミズ (*Lumbricus terrestris*) による森林下層の変化を示している (Wardle et al., 2011)．ミミズはしばしば植物の生育を助けるが，侵略的なミミズは利用可能な養分や透水性，根の露出度を変化させる (Hale et al., 2008 ; Craven et al., 2017)．その結果，この移入された 1 種のミミズによる影響は，広範なカスケード効果を及ぼしている．

　以降では，相互作用連鎖の他の例をさらに紹介する．「発展」では，海のケルプ (コンブの 1 種) の森におけるキーストーン捕食者の消失という古典的な例を取り上げる．また「データを見る」では，熱帯林の相利共生を破壊する外来種の影響について分析する．

結論

　群集は複雑な生物間相互作用網によって支配されている．競争，捕食，寄生，擬態，その他の種間相互作用の動態は，環境変化に対する個々の種の応答に大きく影響する．さらに，ストレス要因に対するある種の応答が，生物群集全体に波及する可能性がある．種の増加と消失，相互作用相手の空間的・時間的な重なり合いの変化は，長く維持されてきた生態学的関係を破壊する可能性がある．さらに，1 つの相互関係の変化が群集全体へ波及するカスケード効果をもたらす可能性もある．

　もちろん，種が分布域の変化や宿主の変更に伴って新しい資源を利用できるようになるなど，環境の変化が新しい機会や相互作用関係を生み出すこともある．しかし，ほとんどの種間相互作用は数千年にわたる共進化の結果であるから，種間相互作用の崩壊が新たな相互作用関係の構築によって速やかに相殺されることはないだろう．種間相互作用の変化は群集全体に劇的な影響を与えるが，究極的には生態系レベルのプロセスにも影響を与えうる．このテーマは次章で取り上げる．

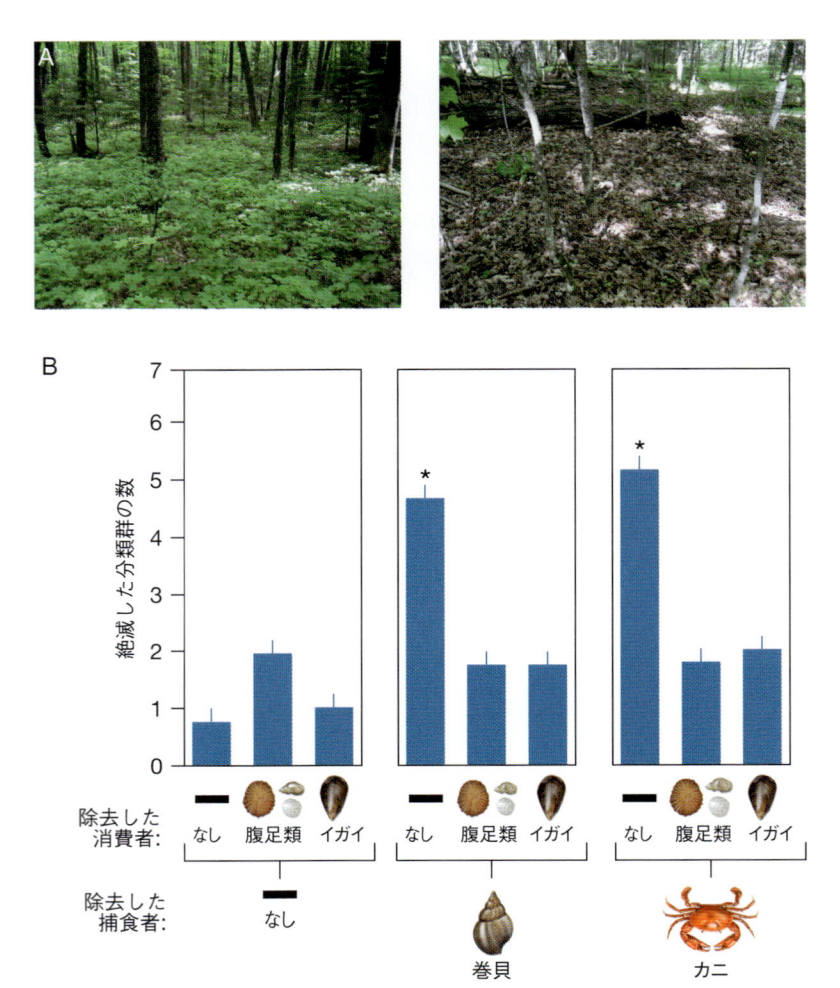

主要な生物種の消失や増加によって引き起こされる連鎖的な影響. （A）侵略的なミミズが定着した森林では，本来のオーク林の豊かな下層植生（左）と比較して，下層植生が減少している（右）. 頂点捕食者を失った熱帯林のパッチでも，食害が進み植物の生産速度が低下しており，植生の劇的な変化が見られる. （B）岩礁潮間帯群集から捕食者と消費者を実験的に除去した9種類のペアワイズ処理群における，絶滅した海藻の分類群の数. 一次消費者（濾過食者のイガイと腹足類の両方）と捕食者（巻貝やカニ）を，組み合わせを変えて除去した. 一次消費者だけを取り除いた場合，大きな影響はなかったが，捕食者だけを取り除いた場合，多くの生産者が絶滅した. 捕食者と一次消費者を除去した場合，生産者への影響は緩和された.
考えてみよう：なぜ潮間帯の実験がカスケード効果の例となるのか？

出典 （A）Estes JA et al., Trophic downgrading of planet Earth, *Science*, **333**(6040):301–306 (2011)；（B）© 2017 John Wiley & Sons Ltd

相利共生の崩壊

誰が，何を目指していたのか？

ここではヨーロッパ，北アメリカ，南アメリカの科学者らが行った共同研究を紹介する．「移入種による共生ネットワークの分断」と題されたこの研究は，2013 年にロドリゲス・カバル（Mariano Rodriguez-Cabal）博士らにより"PNAS"誌に発表された（BOX 図 9.3）．本章の前半で検討したように，生態系で種が増えたり減ったりすると，重要な相利共生（mutualism）が壊れる可能性がある．また，ある 1 種の変化が生物群集全体にカスケード効果を及ぼす可能性がある．この研究は，アルゼンチン・パタゴニアの森林における侵略的外来種の複雑な直接的・間接的影響を理解することを目指した．

ここでは相互に影響し合う 2 つの植物種に注目する．一つはチリとアルゼンチンに固有な常緑樹であるホルトノキ科の低木（Aristotelia chilensis, 以下ホルトノキと呼ぶ），もう一つはオオバヤドリギ科の 1 種（ヤドリギ）（Tristerix corymbosus）で，宿主であるホルトノキの枝の内部に根を張り，半寄生者として生育している．これら相互作用する 2 種の植物によって，3 つ以上の他の重要な相利共生が支えられている．シラギクタイランチョウは宿主ホルトノキの実を食べ，その種子を散布する．固有種の小型のオポッサムはヤドリギの唯一判明している種子散布者で，ヤドリギの実を餌資源としているようである．また，固有種のハチドリはヤドリギと絶対相利共生の関係にある．ハチドリはヤドリギの花粉を運び，ヤドリギの蜜はハチドリの重要な餌資源となる．これらの相互作用を BOX 図 9.4 に示す．

18 世紀後半，この地域に人間により外来種の草食動物（ウシやシカなど）が持ち込まれた．導入された草食動物はホルトノキを集中的に食害し，寄生するヤドリギも減少させた．さらに，最近になって別の外来種が生態系に侵入した．ホルトノキの果実を食べるヨーロッパクロススズメバチ（Vespula germanica）である．これら外来の草食動物や競争相手は，在来種のハチドリ，オポッサム，タイランチョウが依存している餌資源に影響を及ぼしている．このような背景から，ロドリゲス・カバル博士らは，外来種が固有種の送粉や種子散布をめぐる相利共生に与える影響を定量しようとした．

BOX 図 9.3 ロドリゲス・カバル博士は国際共同研究チームを率いて，パタゴニアの森林において，侵略的外来種が在来植物（ヤドリギなど）と固有種の動物（オポッサムなど）との相互作用にどのような変化をもたらすかを解明した．
出典 Mariano Rodriguez-Cabal

あなたの予測は？

この先を読み進める前に，種間相互作用とカスケード効果について学んだことをこの事例に当てはめてみよう．

• 外来種のシカやスズメバチの加入によって，3 種の在来脊椎動物（ハチドリ，タイランチョウ，オポッサム）の個体数は増加するか，それとも減少するか？

• 外来種が在来の脊椎動物に与える直接的および間接的な影響として，具体的にどのような

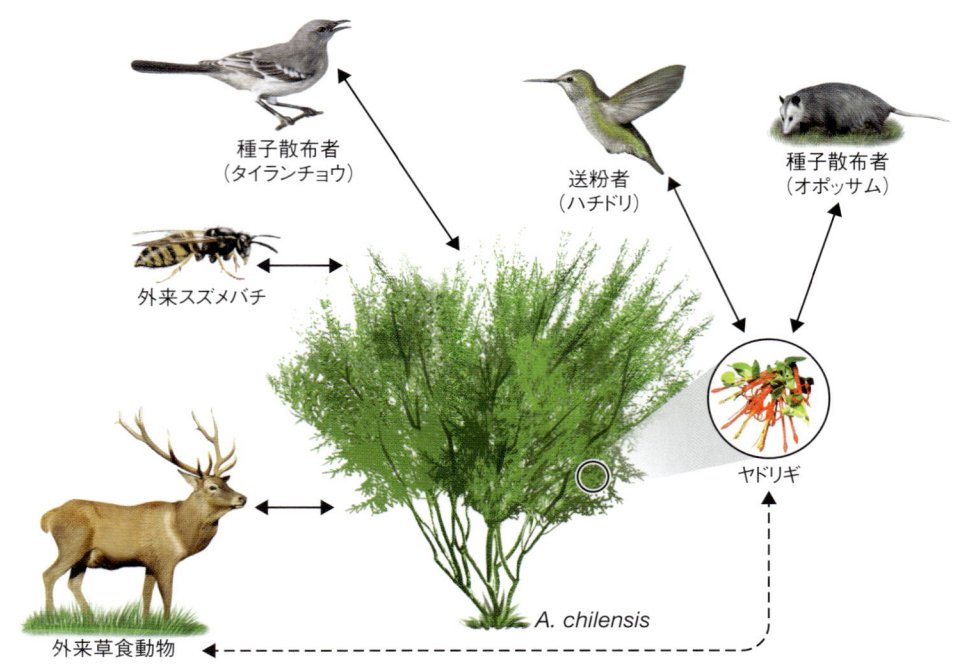

種子散布者
（タイランチョウ）

送粉者
（ハチドリ）

種子散布者
（オポッサム）

外来スズメバチ

ヤドリギ

A. chilensis

外来草食動物

BOX 図 9.4　パタゴニアの森での相互作用．主要な植物種はホルトノキ（*Aristotelia chilensis*）と，そこに生えるヤドリギ（*Tristerix corymbosus*）である．いくつかの固有種は植物の主要な共生相手である．タイランチョウ（*Elaenia albiceps*），オポッサム（*Dromiciops gliroides*），ハチドリ（*Sephanoides sephaniodes*）は送粉や種子散布のために重要である．これらの相利共生は，外来の草食動物（ウシやシカ）と侵略的外来種のスズメバチによって脅かされている．

出典 Rodriguez-Cabal MA et al., Node-by-node disassembly of a mutualistic interaction web driven by species introductions, *Proceedings of the National Academy of Sciences*, **110**(41):16503–16507 (2013)

ことが想定されるか？

・外来種による直接効果と間接効果では，どちらの方がより強いと予想されるか？　その理由は？

次に，外来種がこの地域の相互作用網をどのように撹乱すると予想されるか，簡潔に要約してみよう．

科学者らの予測は？

論文には，予測ではなく目的が書かれている．「種の増加と消失の影響を調べることは，変化する世界での群集の構築と解体を理解するうえで欠かせない．しかし，相利共生網の崩壊を実証する野外研究は極めて稀である．本研究では，アルゼンチンのパタゴニアで進行中の自然実験を利用し，外来種（移入された大型哺乳類とスズメバチ）の加入と在来のキーストーン種（ヤドリギ）の消失によって相互作用網がノード

（種）ごとに分解される様子を調査した．」

どのようなデータを収集したのか？

著者らは国立公園内の26ヶ所を調査地に選んだ．外来の草食動物の影響を調べるため，草食動物が侵入した場所（侵入地）とそうでない場所（未侵入地）を比較した．さらに，柵を使って外来草食動物の食害を防ぐ排除実験も行った．一部の場所では，外来種のスズメバチによる影響を把握するため，特異性の高い毒を使用して，在来種の節足動物に影響を与えずにスズメバチのみを駆除した．すべてのプロットにおいて，ホルトノキとヤドリギの繁殖個体と実生の数，調査対象の鳥の数，オポッサムの生息の有無などを調査した．様々な統計的手法を用いて対照区と処理区の違いを評価し，固有種に対する外来種の影響の強度を推定した．

彼らは，1つの大きな挫折を乗り越えたこと

も紹介している．2011年の冬に火山が噴火し，調査地がすべて30 cm もの火山灰層に覆われてしまったため，新しい調査地を選び直さなければならなかったという．大規模な野外研究の遂行にはしばしば忍耐力が必要なのである．

データをどのように解釈するか？

この先を読む前に，**BOX 図 9.5** のデータを解釈してみよう．この図を見ながら次の問いを考えてみよう．

- 移入された草食動物はパタゴニアの森の植物にどのような直接的影響を与えるか？
- 移入された草食動物はハチドリにどのような間接的影響を与えるか？
- 侵入したスズメバチはどのような影響を与えるか？

この研究から得られる主要な発見とその意義について，1〜2文で書いてみよう．

科学者らはデータをどう解釈したか？

パタゴニアの森におけるいくつかの重要な相利共生が，2つの外来種の到来によって崩壊した．まず，外来種の草食動物がホルトノキに劇的な直接効果を及ぼした．草食動物たちはホルトノキを集中的に捕食し，それに随伴するヤドリギを減少させた．また，スズメバチは，ホルトノキの果実を食べるが種子は散布しないので，ホルトノキに直接的な影響を与えた．

2種の植物に対するこれらの直接効果は，間接効果の連鎖を引き起こした．例えば，移入された草食動物はハチドリの個体数に強い影響を与えた．草食動物がホルトノキを食害したため，ヤドリギの数が減少した．その結果，ハチドリが依存している蜜源が減少したのである．同様に，スズメバチはホルトノキの果実を採餌し，在来のタイランチョウの餌資源を減少させた．**BOX 図 9.6** に示すように，これらの間接効果

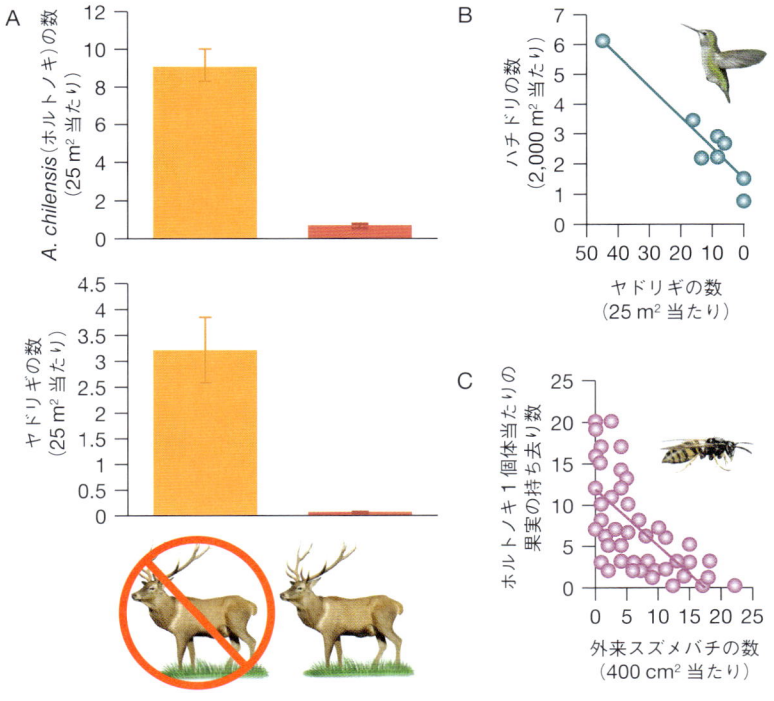

BOX 図 9.5　(A) 移入された草食動物による直接効果．草食動物の侵入地と未侵入地のホルトノキとヤドリギの密度の比較．(B) ヤドリギとハチドリの生息数の関連性．(C) 侵略的スズメバチの生息数とホルトノキの種子散布の関連性．

出典　Rodriguez-Cabal MA et al., Node-by-node disassembly of a mutualistic interaction web driven by species introductions, *Proceedings of the National Academy of Sciences*, **110**(41):16503–16507 (2013)

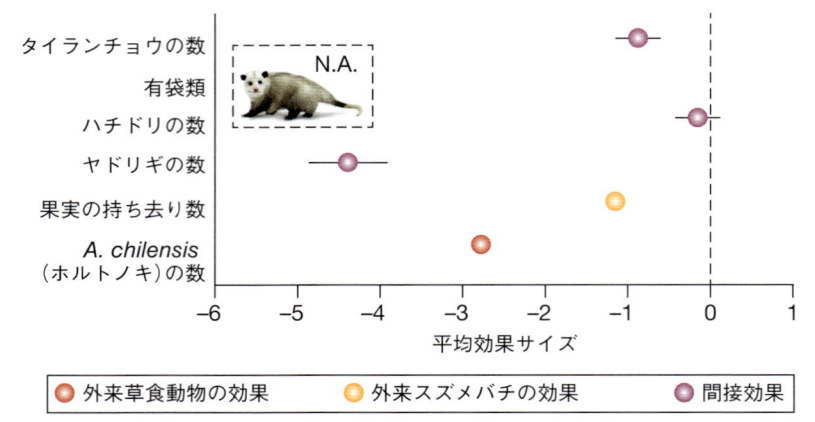

平均効果サイズ

| 外来草食動物の効果 | 外来スズメバチの効果 | 間接効果 |

BOX 図 9.6 それぞれの従属変数に対する移入種の平均効果サイズ．95% 信頼区間のバーがゼロと重なっていない場合，移入種の効果は統計的に有意である．有袋類の在・不在のデータはこの形式では表示できないが，固有種の有袋類は移入種なしの全調査地で確認された一方，移入種のいる調査地では見られなかった．

出典 Rodriguez-Cabal MA et al., Node-by-node disassembly of a mutualistic interaction web driven by species introductions, *Proceedings of the National Academy of Sciences*, **110**(41):16503–16507 (2013)

のなかには，直接効果より強いものもあった．

在来の送粉者や種子散布者が一度減少すると，パタゴニアの森林にはさらなる影響が生じる可能性がある．例えば，ハチドリの生息数の減少は送粉サービスを低下させ，ヤドリギのさらなる衰退を引き起こす可能性がある．同様に，多くの植物の種子を散布するタイランチョウの減少は，本研究では測定されなかった他の植物種の減少につながる可能性がある．

まとめると，本研究は，侵略的外来種が相互作用網全体をいかに寸断したかを示している．著者らの言葉を借りれば「ここでは，様々な分類群の種が新しく加わるとともにキーストーン種が失われることで，パタゴニアの相互作用網がノードごとに分解される様子を示している．（中略）私たちの結果は，種の加入と消失が地球変動の結果であると同時に駆動因であること，そして地球変動は相利共生の崩壊を通じて，予期せぬ共絶滅の連鎖を引き起こしうることを示している.」

今後の研究の方向性について考えよう

この研究成果を踏まえて，あなたならこの研究プログラムの次の一手をどのように思い描くだろうか．もしあなたがこの研究に携わっていたとしたら，次はどうするだろう？　まず，以下のような問いを考えることから始めてみよう．

- この研究からどのような新しい問いが得られたか？
- 得られたパターンに基づく結論をさらに強化することは可能か？
- 研究対象の空間・時間スケールや対照とする分類群の範囲を広げて，さらに一般性を高められないだろうか？

次に，この研究テーマに関する今後の方向性について，数行で書いてみよう．

発展

ケルプの森と栄養カスケード

ケルプの森とは？

ケルプの森は，地球上で最も生産性と生物多様性が高い生息地の１つである．**BOX 図 9.7** に示すように，ケルプの森は褐藻類が作り出す水中の複雑な構造物によって特徴づけられ，世界中の浅く冷たい沿岸域に分布している．ケルプの森はコンブ目（Laminariales）の様々な海藻で構成されており，地域によって異なるコンブ種が優占している．ケルプのなかにはジャイアントケルプのように，高さが45 mにもなり，表層を浮遊する樹冠を形成するものもある．また，海底を覆う低い葉状体をもつものもある．

多層構造をもつケルプの森には驚くほど多様な海洋生物が生息している（Steneck et al., 2002）．かのダーウィンもビーグル号での海洋航海中，ケルプの森の重要性について思いをめぐらせていた．1834年，チリ沖のケルプの森を訪れた彼は次のように述べた．「もしどこかの国で森林が破壊されたとしても，ここのケルプが破壊された場合ほど多くの種類の動物が滅びることはないだろう．」

ケルプの森はなぜ重要なのか？

ケルプの森は，様々な無脊椎動物や脊椎動物に隠れ場，養分，生育場所を提供している．またケルプの森は，沿岸生態系にバイオマスや養分を提供するため，海洋と陸上の養分およびエネルギー循環において重要な役割を担っている．この生態系は人間に生態系サービスを提供している．ケルプの森による炭素固定は年間数億ドルの価値がある．さらに，波や高潮を和らげることで海岸侵食を防いでいるのに加え，コンブの生態系に生活を依存する沿岸地域に直接の経済的・栄養的利益をもたらしている．

生物間相互作用はどのようにケルプの森の動態を駆動するか？

ケルプの森には複雑な食物網があり，上位捕食者は他の生物間相互作用や生態系プロセスにカスケード効果を及ぼす．ケルプの森の栄養カ

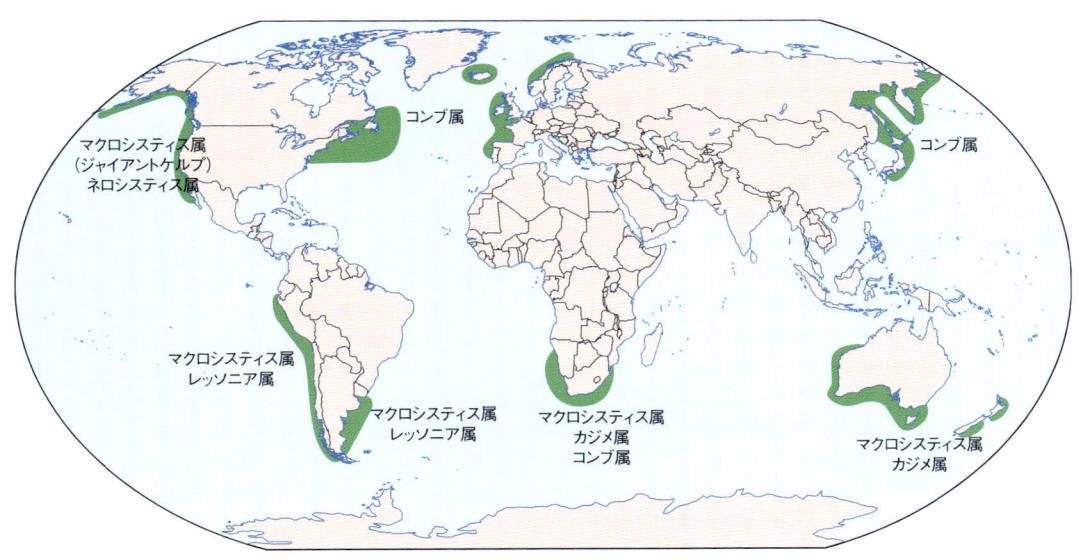

BOX 図 9.7 世界のケルプの森の分布と，生息が確認されている主要なコンブ種の形態．
考えてみよう：ラッコはケルプを食べないが，ケルプ生態系の主要な生態系エンジニアである．ラッコがケルプの森に与える直接効果と間接効果について話し合い，可能性のある効果をすべて挙げてみよう．
出典 Maximilian Dörrbecker (Chumwa)/Wikimedia Commons：https://www.natgeoimagecollection.com/archive/-2KWGDN31BRO1.html

スケードにおいて重要な役割を果たす生物の1つがラッコである．ラッコはウニ（*Strongylocentrotus* 属）を捕食してその個体数を強く抑制し，ケルプへの食害を制限している．BOX 図 9.8 に示すように，ウニの食害がケルプの森に与える影響は劇的である．ブリティッシュコロンビア州沿岸での研究によると，ラッコがいるケルプの森はラッコがいない森に比べて 3.7 倍の高さがあり，18.8 倍の表面積をもっていた（Markel & Shurin, 2015）．ラッコはウニを排除することで，このシステムにおけるコンブの成長を助長する．

キーストーン種であるラッコの影響はケルプの森を越え，海洋，陸上，さらには大気システムにまで間接効果を及ぼしている．例えば，ラッコはケルプの森の食物網だけでなく，周辺の海岸の食物網にも影響を与える．ラッコが生息していてケルプの森が健全な場合，ワシカモメやハクトウワシのような捕食性鳥類の餌に占める魚類の割合が高まる（Irons et al., 1986；Anthony et al., 2008）．ラッコの個体数は細菌群集の構造にも影響を与える．有機物が多いほど微生物の増殖と活動が活発になるため，ラッコが生息するケルプの森では細菌の存在量が 2.7 倍になる（Clasen & Shurin, 2015）．驚くべきことに，ラッコの生息数は大気中の炭素循環

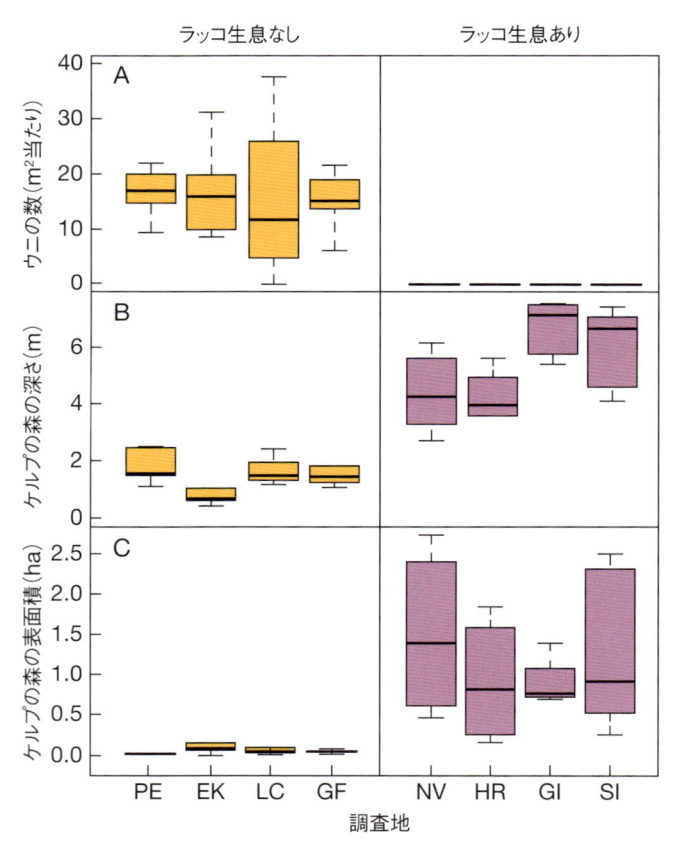

BOX 図 9.8 ブリティッシュコロンビア州沿岸の複数の地点において，ケルプの森におけるラッコの生息の有無は（A）ウニ密度，（B）ケルプの森の深さ，（C）ケルプの森の表面積と関連している．箱中央の水平線は中央値，エラーバーはデータの全範囲を示す．
　　　　考えてみよう：パネルAの箱ひげ図では，処理群間（ラッコがいる場合といない場合）で顕著な差が見られる．しかし，処理群内の調査地間でもばらつきがあるのだろうか？　ラッコの存在以外のどのような要因が，処理群内のばらつきを説明するのだろうか？
　　　　出典 Markel RW, Indirect effects of sea otters on rockfish (*Sebastes* spp.) in giant kelp forests, *Ecology*, **96**(11):2877–2890 (2015)

にさえも影響を及ぼしうる．ラッコがウニを抑制することにより，ケルプの森のバイオマス量が 10 倍以上，一次生産量が 10 倍以上（m^2・年当たり；Wilmers et al., 2012）にまで増加した．景観レベルでは膨大な炭素貯蔵量になり，重要な生態系サービスを提供している．

ケルプの森に対する脅威とは？

ケルプの森は，前章で扱った多くの水圏のストレス要因にさらされている．例えば，ケルプの収穫や魚類の乱獲はケルプの森に影響を与える可能性がある（Dayton et al., 1998）．化学物質汚染，下水や栄養塩の流入，油の流出などによる汚染も，沿岸のケルプの森に有害な影響を与えている（Steneck et al., 2002）．さらに，ケルプの森は物理的・生理学的ストレスに対し極めて脆弱なので，気候変動により壊滅的な影響を受ける可能性がある．暴風雨の頻度や激しさが増せば，ケルプの森の構造はますます損なわれるだろう．ケルプの森は低水温に強く依存しているので，海水温の上昇も悪影響を及ぼすと考えられる（Dayton et al., 1999）．

しかし，ケルプの森にとって最も差し迫った脅威は，生物間相互作用の変化である．狩猟と漁業は，ウニの個体数を抑えている重要な捕食者を除去してしまう．捕食者による抑制がなければ，ウニはケルプの森を破壊しかねない．アラスカ沿岸のケルプの森でラッコの個体数が減少した有名な例を見てみよう．先住民のコミュニティは数千年前からラッコの個体数を減らしていたが（Simenstad et al., 1978），ラッコが絶滅寸前まで狩られるようになったのは，1700 年代〜1800 年代にヨーロッパと北アメリカの毛皮商人がやってきた後のことである．ラッコの個体数が減少するにつれ，ウニの個体数は指数関数的に増加した．

20 世紀になって，新しい環境保護法が制定されると，**BOX 図 9.9** に示すようにラッコの個体数は回復し始め，ケルプの森も回復し始めた．しかし 1990 年代に入ると，ラッコの個体数は再び減少し始めた．この減少については，汚染物質や病気，シャチの捕食圧の増加など様々な仮説がある（Kuker & Barrett-Lennard, 2010 の総説）．

すべてのケルプの森がアラスカで見られるようなパターンを示すわけではないが，ほとんど

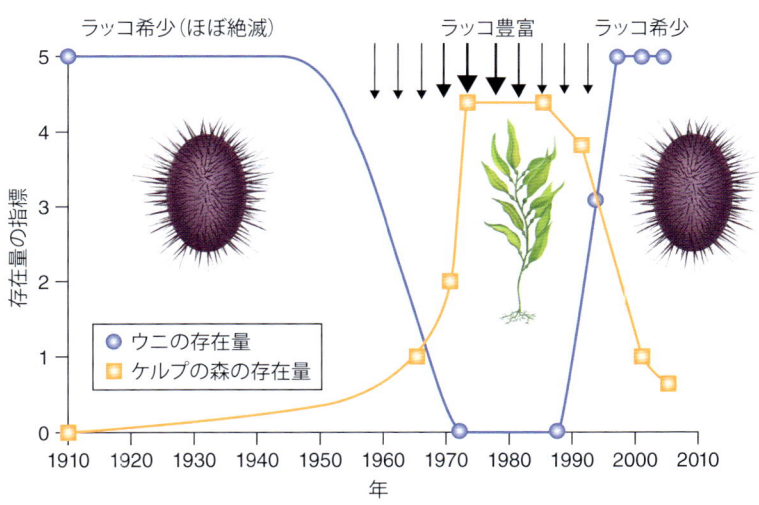

BOX 図 9.9　アラスカ沖のケルプの森におけるウニの存在量（青線）とケルプの森の存在量（オレンジ線）の経時変化．この場所では，ラッコが多く生息してウニの個体数が制御されている場合にのみ，ケルプの森が繁茂する．

考えてみよう：ラッコやケルプの森を守るために，どのような保護活動や政策が考えられるか．

出典 Steneck RS et al., Kelp forest ecosystems: biodiversity, stability, resilience and future, *Environmental Conservation*, **29**(4):436–459 (2002)

のケルプの森では，捕食-被食の相互作用の変化によるウニの個体数やケルプの森の健全性の変化が観察されている (Steneck et al., 2002). 他の海洋生態系と同様に，ケルプの森を保全するには様々な脅威を軽減する必要があるが，それについてはユニット IV でさらに学習する.

重要な生物間相互作用の維持に細心の注意を払わなければ，生態系の構造と機能を保全することはできない. たった1種の変化が，生態系全体に劇的な間接効果をもたらすことがあるからだ.

第 9 章のまとめ

○ **生物間相互作用**
- 種間相互作用は，相利共生から搾取（寄生など）まで多くの形をとりうる. 絶対的な相互作用もあれば任意的な相互作用もある. また，直接的には相互作用していない種どうしが間接的に影響を与え合うこともある.

○ **地球変動が生物間相互作用に及ぼす影響**
- 環境変化は種の消失や追加によって生物群集の構造を変化させたり，相互作用のタイミング，強さ，種類を変えたりすることで，種間相互作用を変化させうる.

○ **絶滅が群集に及ぼす影響**
- 共絶滅とは，ある種が失われることにより，関連する種（共生者，寄生者，捕食者，植食者など）が脅かされることである.

○ **カスケード効果とは？**
- カスケード効果とは，最初の撹乱の影響が他種へ連鎖的に広がることである. 生態系におけるカスケード効果は，しばしば生物間相互作用の連鎖の崩壊によって引き起こされる.

○ **基本知識：地上食物網と地下食物網**
- 地上食物網（一次生産者である光合成植物に支えられる）と地下食物網（分解者に支えられる）は，養分とエネルギーの流れによって表裏一体の関係にある.

○ **データで見る：相利共生の崩壊**
- アルゼンチンの複雑な相互作用網に移入種が及ぼす影響を研究した結果，外来種の直接効果と間接効果によって相利共生が崩壊し，最終的に地域の種が劇的に減少したことがわかった.

○ **発展：ケルプの森と栄養カスケード**
- ケルプの森は地球上で最も生産性の高い生息地であり，生物間相互作用によって崩壊に向かうカスケード効果を示している. この例では，ラッコの乱獲が栄養カスケードを引き起こし，広大な範囲に及ぶケルプの森を脅かした.

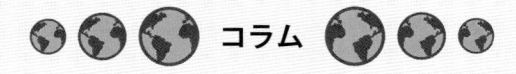 コラム

外来種が複数種いる場合の生態系管理—何を守りたいか？

　本文や「データで見る」では，外来種が侵入先の生態系に様々なカスケード効果をもたらすことを紹介した．それは外来種が「単なる種の追加」をはるかに超えた影響をもたらすことを意味している．その悪影響を緩和するため，世界各地で外来種の駆除が盛んに行われている．だが，一度定着した外来種を完全に取り除くのは並大抵のことではない．よく，外来種は生命力が強い，競争能力が高いなどという言説を耳にするが，その考えは適切ではない．外来種のうち，侵略性が高いものは一部であり，定着する前に消滅した種が無数にあったに違いない．競争力や増加率が高いものが結果として生き残って定着しただけであり，外来種はあまねく強いというのは誤りであろう．

　外来種の駆除については，もう一つ厄介な問題がある．地球上の多くの生態系では，すでに複数の侵略的外来種が定着している．その場合，ある種を駆除すると，その存在により抑制されていた別の外来種が増え，「副作用」ともいうべき思わぬ影響をもたらすことがある．日本で最初にその事例が報告されたのは，溜め池に棲むオオクチバスとアメリカザリガニの組み合わせである．オオクチバスは小魚やトンボなどの大型水生昆虫を減らす強力な捕食者であり，それを溜め池から除去するとアメリカザリガニが激増して水草のヒシを壊滅状態にし，ヒシを産卵基質とするイトトンボを激減させた（Maezono et al., 2003）．この発見以来，アメリカザリガニの侵略性がクローズアップされた．その後も類似の「副作用」が次々と報告された．日本の平野部や里地の湖沼は，今や外来種がはびこっていて，在来種を見つけるのが難しいほどである．上記2種以外にも，ウシガエル，ミシシッピアカミミガメ，ライギョなど，枚挙にいとまがない．日本人に古くから親しまれてきたコイも，湖沼や河川で見られるものは中国など大陸由来の外来種であり，在来のコイは琵琶湖や霞ヶ浦などの限られた湖沼でわずかに見られるだけである．一方で外来のコイがいる溜め池では，ウシガエルの定着が抑制され，在来のツチガエルの数の減少が抑制されることが示された（Atobe et al., 2015）．ウシガエルは水生昆虫や両生類などを貪食する水辺の強力な捕食者なので，コイの存在はウシガエルによる被害軽減には役立つかもしれない．だが，コイは水草を採食し，池の底泥を撹乱して水を濁らすため，沈水植物のように，水中で光合成する水草に対しては明らかにマイナスの効果を及ぼしている．

　このように生態系に複数の外来種がいる場合，外来種どうしが捕食-被食関係や，競争関係にあることが多い．すべての外来種を駆除することが現実的ではない状況下では，まず復元すべき生物種や生態系の機能を事前に決め，そのためにどの種を優先的に駆除するかを検討すべきである．今は外来種がもたらす生態系のリスクがかなり把握されてきている．だが，新たな外来種の侵入が後を絶たない状況からすれば，外来種の駆除事業は思わぬ「副作用」を生み出さぬよう，様々な種の個体数をモニタリングしながら慎重に進めていく必要がある．　　　　　　　　　　　　　　　　　[宮下　直]

10　生態系レベルの反応

学習成果

この章では次のことを学ぶ.
- 地球変動のストレス要因により変化する生態系の構成要素.
- 人間活動が大規模な地球システムとサイクルに及ぼす複雑な影響.
- 生態系の崩壊と回復力に寄与する要因.
- 人為に対する生物システムの様々な階層での応答に影響する要因.
- 知識の実データへの活用.

事前チェック

　あなたが奇妙なゲーム番組の出場者で，地球規模の変化に対する個体群，種，群集または生態系の応答を正しく予測すれば，100万ドルを獲得できるとしよう．予測に役立てるため，あなたは5つの情報を要求することができる．地球変動のストレスに対する生物の応答に影響する要因について話し合い，リストを作成してみよう．状況が変化したとき，個体群，種，群集，生態系のそれぞれが存続できるかどうかは，主にどのような要因で決まるだろうか？　そして，ゲーム番組の司会者に聞きたい情報を5つ挙げてみよう．

はじめに

　生態系は相互に依存し合うネットワークである．生物的または非生物的な要素が1つでも変化すれば，その変化は広い範囲に影響を及ぼしうる．単純な問題については，ある行為とその結果の直接的な関連，すなわち因果関係を想定できるかもしれない．しかし複雑なシステムでは，地球変動のストレス要因と，それらが引き起こす影響や，影響の相互作用がもたらす生物圏への帰結を関連づけることは容易ではない．本章の目的は，大規模な地球システムに対する人為撹乱の影響を評価し，環境変化への生物学的階層を越えた応答に影響する要因を，統合的に理解することである．

生物地球化学的循環とは？

　生態系（ecosystem）は，生物とそれを取り巻く非生物的な環境要素が相互作用する複合体である．生態系レベルの変化の特徴の1つは，生物的プロセスと非生物的プロセスの相互作用である．物理的，化学的，地理的，生物的プロセスは常に相互作用しており，それらによって，地球変動のストレス要因に対する生態系の応答が決まる．ここでは，エネルギーと栄養塩が生態系をどの

ように移動し，人間活動によってどのような影響を受けうるかを簡単に見ていこう．

　地球上の生命は，エネルギーと物質によって構成されている．生態系のなかには，地球のマントルや核から放出される地熱に依存しているものもあるが，生命を動かすエネルギーのほとんどは太陽から供給されている．炭素，水素，酸素，窒素，リン，硫黄など，生命の化学的構成要素となる物質も，生態系を移動している．このような，地球上のエネルギーと物質の動きを支配する連動した循環を，**生物地球化学的循環**（biogeochemical cycle）と呼ぶ．

水循環

　水は地球上の生命にとって不可欠なものであり，川や湖などの地表水，地下水，海，氷河，土壌，大気，生物など，多数の「貯蔵庫」に蓄えられている．水分子は，生物のように安定性の低い貯蔵庫は素早く通過するが，氷河のように安定性の高い貯蔵庫には何千年も滞留することがある．このように水は，蒸発，昇華，凝集，降水，流下，流出，融雪のプロセスを通じて様々な速度で循環する．水はバイオームを越えて養分やミネラルを運ぶため，水循環は他の多くの生物地球化学的循環と密接に関連している．灌漑，ダム建設，地下水の汲み上げ，汚染など数多くの人間活動による直接的な影響により，水循環の動態や，栄養塩循環に果たす水循環の役割が変化している（Zhou et al., 2016）．

炭素循環

　炭素は生命の主要な構成要素であり，地球上のすべての生物に含まれている．炭素循環は複雑である．二酸化炭素は大気中に気体として存在している．この無機態の炭素は，陸上と海洋の両方で光合成により有機態に変換され，食物連鎖の栄養段階の間を移動する．炭素は最終的に生物的および非生物的プロセスにより大気中に戻される．生物圏では，炭素は呼吸と分解によって放出される．また炭素は，土壌，岩石，化石，地下水，化石燃料などに貯蔵され，火山活動，侵食，火災など多くの非生物的プロセスによって大気中に放出される．化石燃料を燃やすなどの人間活動が，世界の炭素循環を劇的に変化させているのは明らかである．大気中の炭素の大規模な変動に加え，森林減少などの人為の影響も，地域や広域の炭素隔離に影響を及ぼす．

窒素循環

　窒素は地球の大気中に最も多く存在する分子だが，大気中の窒素は，タンパク質合成に必要な栄養素の形には容易に変換されない．そのため生態系において，窒素はしばしば律速的な栄養塩となる．窒素固定微生物は，陸上と海洋の生態系に有機態窒素を供給するうえで重要な役割を担っている．窒素固定微生物は植物の根と共生関係を結び，窒素を生物が利用できる形，すなわち水や土壌から根へ吸収できる形態に変換することで，一次生産者に窒素を供給している．有機態窒素は栄養段階を通過した後，菌類や細菌などの分解者による様々なプロセスによって，再び気体に戻される．農業における窒素肥料の使用などの人間活動は，窒素の分布に直接影響を与えうる．

まとめ

　酸素，リン，硫黄など他の循環も地球上の生命には不可欠である．生物的貯蔵庫と非生物的貯蔵庫の間でのエネルギーと物質の流れは，地球変動のストレス要因によって阻害される可能性がある．本章の「データで見る」では，地球変動の圧力が生物地球化学的循環に及ぼす影響をさらに詳しく検討する．生物地球化学は，様々なバイオームの成り立ちや生物群集の構造を決定する

（図 10.1 に図示）．生物地球化学的循環は，局所・地域・全球規模において，生態系，バイオマス，および生物圏全体の構造と機能に影響を与える．そのため，生物地球化学的循環の撹乱は広い範囲に影響を及ぼす．

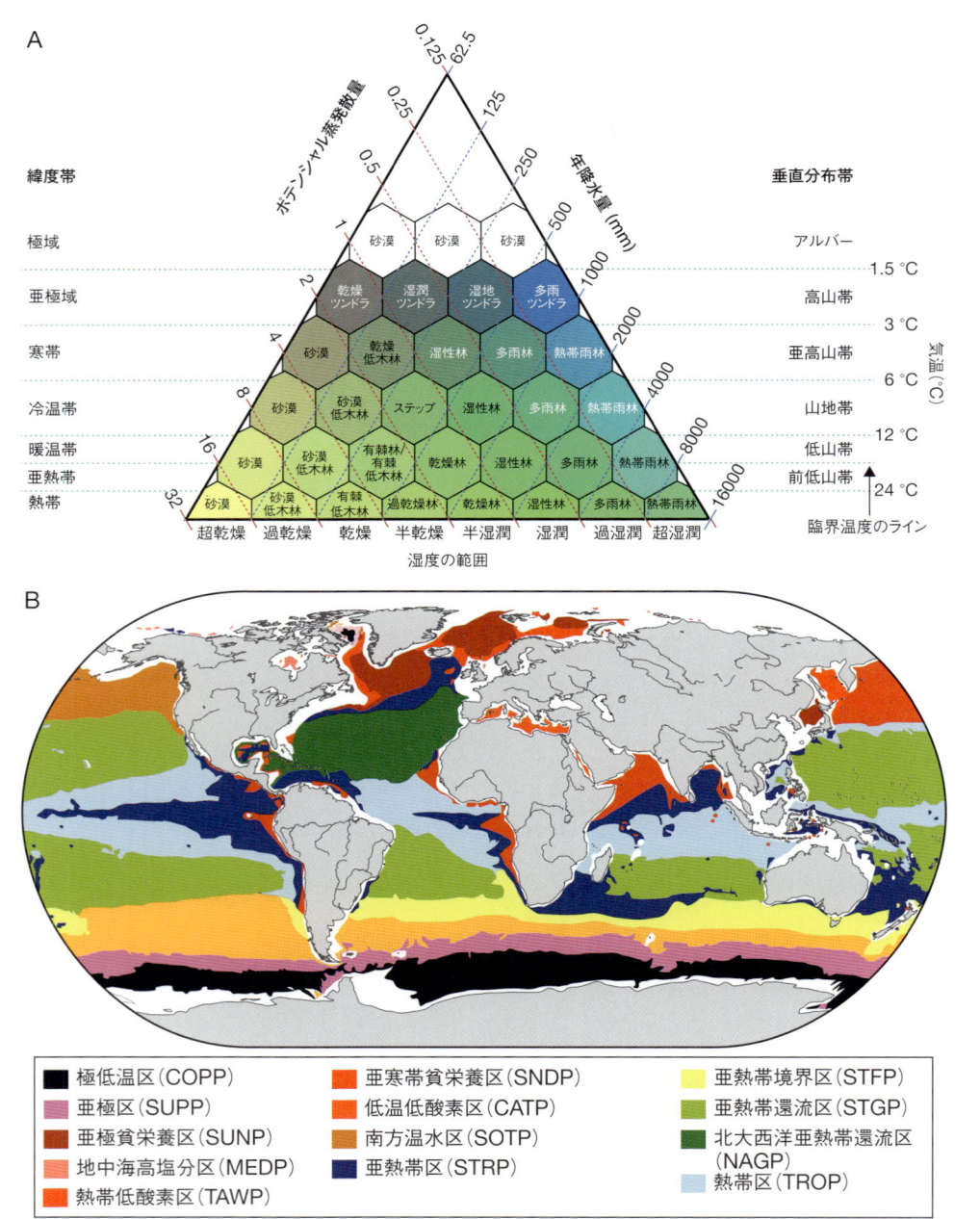

図 10.1　バイオーム分類の基盤となる生物地球化学．（A）陸域バイオームの古典的な分類法の 1 つ．（B）海洋の生物地球化学的地域に関する近年の分類法の 1 つ．
　　考えてみよう：陸上と海洋のバイオームを 1 つずつ選び，それぞれのバイオームで特に大きな影響をもたらしそうな地球変動ストレス要因を 1 つずつ挙げてみよう．
　　出典　（A）Wikipedia（Holdridge, 1947 より改変），https://en.wikipedia.org/wiki/Holdridge_life_zones；（B）Reygondeau G et al., Global biogeochemical provinces of the mesopelagic zone, *Journal of Biogeography*, **45**(2):500–514 (2018)

地球変動が生態系に及ぼす影響

　人為による圧力が地球の基盤プロセスを変化させると，生態系の様々な性質が影響を受けることになる．ここでは，人間の営みによって改変される可能性のある生態系の3つの重要な特性を紹介する．本章の後半では，世界中で起きている生態系レベルの変化の具体例を紹介する．

生態系の構造

　生態系の構造（ecosystem structure）は，その基本的な生物的・非生物的な構成要素により説明される．非生物資源（光，水分，栄養素など）と生物資源（生産者，消費者，分解者など）の存在量と分布は互いに関係し合い，生態系の構成要素となっている．人間活動は生態系の構造のあらゆる側面に影響を及ぼしうる．農業，工業，都市開発などによる土地改変は，生態系の根本的な生物的・非生物的要素を変化させる．また，第5章で扱ったように，在来種，移入種，家畜種の分布と存在量の変化も，生物群集の構造を変化させる．生態系の生物的・非生物的な構成要素に生じるいかなる変化も，生態系の構造に波及する可能性がある．本章ではこのテーマについて探求していく．

生態系機能

　生態系機能（ecosystem functions，または生態系プロセス）とは，生態系内で起こる物理的，化学的，生物的プロセスのことである．生態系内でどのようなプロセスが発生するかは，系の構成要素とその相互作用によって決まる．例えば，分解者は土壌の形成に寄与し，土壌は水の保持と貯蔵に関わり，水循環は気温の調節に寄与するといった具合である．このように，すべての生態系で，栄養塩循環から炭素隔離まで無数のプロセスが常に作用している．人間活動が生態系の構造を変化させると，生態系の機能も乱される．例えば，第6章で扱ったように，都市部の土地利用（道路や建物を含む）は土壌呼吸量や保水性を低下させ，水や栄養塩の流失を増加させる（Alberti, 2005）．こうした生態系機能の撹乱は，生態系の構造をさらに変化させることもある．

生態系サービス

　生態系機能が人間に恩恵をもたらすとき，その恩恵は**生態系サービス**（ecosystem service）と呼ばれる．生態系サービスは一般に4種類に分類される．すなわち，栄養塩循環や一次生産などの「基盤サービス」，食料や木材の生産などの「供給サービス」，気候の調整や水質浄化などの「調整サービス」，レクリエーションや癒しの場を提供する「文化サービス」である（MA Report, 2005）．**表10.1**に生態系サービスの具体例を示す．第1章で扱ったように，人間活動に伴う生態系の構造や生態系機能の破壊によって，生態系サービスは頻繁に脅かされている．例えば，気候変動によって北極の海氷，積雪，永久凍土は劇的に融解しており，その結果生じる気候調整サービスの損失額は，年間7兆米ドル以上に及ぶと推定されている（Euskirchen et al., 2013）．

異なる生態系特性の結びつき

　生態系の構造，機能，サービスのつながりを明確にするために，2つの例を見てみよう．熱帯林は地球上で最も重要な炭素吸収源の1つであり，陸域の炭素の約40%を貯蔵している（Dixon et al., 1994）．植物は光合成によって二酸化炭素を取り込み，それをバイオマスとして蓄える．熱帯の巨樹はその巨大さゆえに，陸域の炭素貯蔵において重要な役割を果たしている．前章で見

表 10.1　生態系サービスの例.

生態系サービス	例
気候調整	森林による大気二酸化炭素濃度の調節
水供給	流域からの水の供給
土壌流亡の制御	植生による，（風や地表水による）土壌流亡の防止
土壌形成	微生物，菌，動物の分解者による土壌の形成
送粉	ハチによる，顕花植物の繁殖に必要な送粉の媒介
個体数調整	キーストーン捕食者による餌種の個体群サイズの調整
食料生産	魚，獣肉，果実，ナッツ類の生産
原料生産	木材や燃料の生産
遺伝資源	薬用となる化合物の生産
窒素循環	窒素の固定
撹乱からの保護	自然堤防による洪水や高潮からの保護

考えてみよう：上の各項目は，生態系サービスの4つの主要分類のうち，どれに最も該当するか？

出典 Costanza R et al. (1997) より改変

たように，熱帯の高木種の多くは種子散布と更新を果実食者（frugivore）に依存している．種子散布者，なかでも大型の種は，人為による生息地の消失や狩猟によって脅かされている（Dirzo et al., 2014）．

　具体的な研究例を1つ紹介する．Belloと共同研究者ら（2015）は熱帯林群集のデータを用いて，動物の絶滅（defaunation）が生態系の構造，機能，サービスに及ぼす影響を理解しようとした．彼らはブラジルの大西洋岸の森林にある31ヶ所の調査地のデータを用いて，果実食者の絶滅の影響を推定する数理モデルのパラメータを決定した．その結果，炭素を多く蓄える大型の木本は種子が大きい傾向があり，種子の散布には果実食の大型動物が必要なことがわかった．これらの果実食者がいなくなると，生態系全体の構造に大きな影響が出る．図 10.2A に示すように，大型の種子散布者の絶滅は，大型の種子を作る樹種の減少を引き起こす．生物群集の変化は，ひいては種子散布や炭素貯蔵などの生態系機能に影響を与える．Bello らが調査したほとんどの森林サイトでは，種子散布者がいなくなると炭素貯蔵量の減少が起きていた（図 10.2B）．

　動物の絶滅は炭素隔離を阻害するだけでなく，送粉，栄養塩循環，水質，土壌流亡など，様々な生態系機能に影響を与える可能性がある（Dirzo et al., 2014）．これらの生態系プロセスの多くは，人間に重要な生態系サービスを提供している．例えば，炭素貯蔵量が減少すると，熱帯林の気候調整機能が低下し，人類に悪影響が及ぶ可能性がある．このように，生態系の構造のいかなる変化も，数多くの生態系プロセスや生態系サービスに影響を及ぼしうる．

　図 10.2 の例は，人為活動（狩猟）が生態系の構造に影響を与え（大型種子食者の消失），それが生態系機能（炭素隔離）や生態系サービス（気候調整）に波及することを示している．一方，人為の圧力が生態系プロセスに直接影響を与え，生態系の構造が変化することもある．具体例として，炭素循環の人為による撹乱が挙げられる．第6章で見たように，地球温暖化によって，アメリカマツノキクイムシを含む多くの昆虫の年世代数が増加している．図 10.3 に示すように，アメリカマツノキクイムシの発生によって，アメリカ西部のロッジポールパインの林全体が疎林化し，地域によってはほぼすべての成木が失われた（Raffa et al., 2008）．

　生態系の要であるマツの木が失われたことで，生態系の機能とサービスがさらに損なわれるこ

最初の群集 ランダムではなく方向性のある, 動物が失われた群集
大型種子散布者の絶滅

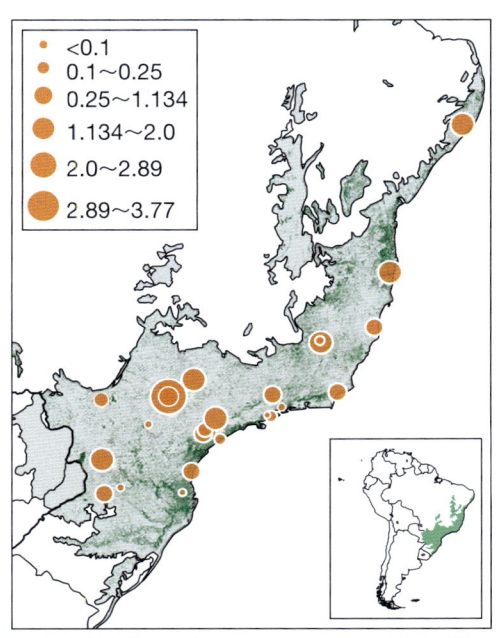

図10.2 生態系の構造の変化に伴う生態系機能と生態系サービスへの劇的な影響. (A) 熱帯群集における動物の消失. 大型の種子散布者の消失は, 大型樹木の消失を引き起こすと予想される. (B) 生態系の構造の変化は, 炭素貯蔵などの生態系機能の変化を引き起こす. 円の大きさは, 31 ヶ所の大西洋沿岸林において種子散布者の消失後に失われた炭素の量 (Mg/ha) を表している.
考えてみよう：熱帯雨林における炭素貯蔵の消失は, 人間社会にどのような長期的・短期的影響を与えるだろうか.
出典 Bello C et al., Defaunation affects carbon storage in tropical forests, *Science Advances*, 1 (1):e1501105 (2015)

とになった. Brouillard らはコロラド州で健全なマツ林とマツが枯れた場所を調査した. その結果, マツの枯死率が高かった場所で, 土壌 pH, 水分含量, 蒸発散速度, 炭素–窒素比, 土壌呼吸量 (土壌から放出される二酸化炭素の量) が大きく変化していた (Brouillard et al., 2017). また, アメリカマツノキクイムシの影響を受けた流域では, 水処理施設で水質の低下が見られた (Brouillard et al., 2016). このように, 生態系の構造, 機能, サービスのすべてが地球変動の圧力により直接的・間接的な影響を受けている.

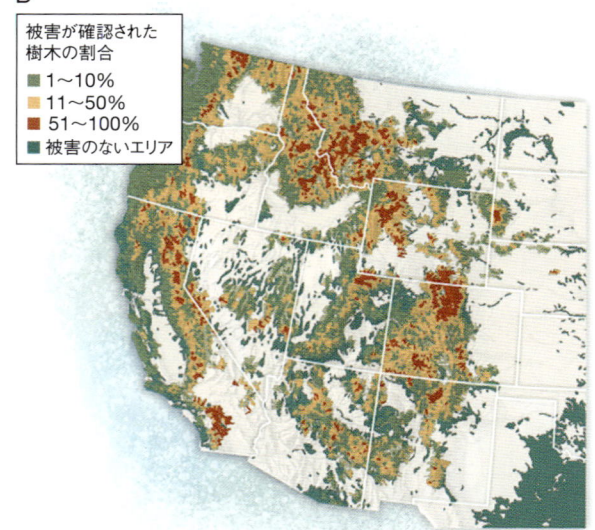

図 10.3　アメリカ西部のマツ林におけるキクイムシの影響．（A）枯死木や枯死寸前の木が立ち並ぶマツ林．（B）アメリカ合衆国西部全域の被害状況．影響を受けた生態系では，構造の変化（要となる植物種の消失など）や機能の変化（蒸発散量や土壌呼吸量の減少など），サービスの変化（飲料水の水質の低下など）が発生する．

出典 Dezene Huber/SFU/flickr；US Forest Service/Karen Minot

被害が確認された樹木の割合
- 1〜10%
- 11〜50%
- 51〜100%
- 被害のないエリア

地球変動が地球システムに及ぼす影響

　生態系レベルの変化は，最終的にはバイオーム全体や大規模な地球システムに影響を及ぼす．ここでは，陸域，大気，水圏と極域環境のそれぞれで生じる広い範囲の変化に焦点を当て，人間活動がこれらのシステムをどのように変化させてきたかを概説する．本書ではこれまで，世界の様々な生息地タイプや地域における地球変動の例を取り上げてきたが，以降はこれまでの知識を整理し，人為の影響を幅広いレベルで考察する．

　個々の地球システムに対する影響を評価することは可能だが，それらのシステムは独立ではない．地球変動のストレス要因の多くは複数のシステムに同時に影響を与え，また1つのシステムの変化は他のシステムへも波及する可能性がある．さらに，以下のシステムは大ざっぱに分類したもので，多くは複数のバイオームを含んでいる（図 10.1 を参照）．例えば陸域のなかで，砂漠，ツンドラ，温帯林，熱帯林，草原は，すべて固有のストレス要因や応答を経験している．これは水圏でも同様で，淡水系と海洋系は異なる脅威を経験する．海洋生態系のなかでも，近海と深海

では地球変動の圧力に対する応答が異なるだろう．このように，地球システムのそれぞれに多様性があることを忘れてはならない．

陸域システム

　陸域システムは人間活動によって劇的な変貌を遂げてきた．都市の拡大，インフラの発達，食料生産，資源採取などを通じて，陸域の環境は土地利用の顕著な変化を経験してきた．これらの活動の多くは開墾や整地を伴い，生息地の構造を顕著に，そしてしばしば不可逆的に変化させている．開墾や整地を伴わない活動も，様々な生物的・非生物的要因に影響を与えうる．例えば，灌漑や排水，火災体制の変化，化学物質の導入，害虫の駆除，外来種の持ち込みなどによって，農地の状況は劇的に変化している．農業のような1種類の土地利用でさえ，周辺の生物・非生物環境に様々な影響を与えうる．

　地球上の陸域全体のうち約75％が人間活動の影響を受けており，50％以上が強度な利用を受けている（Ellis, 2011）．しかし，図10.4 に示すように，陸上システムに対する人為の影響は生息地のタイプや地理的条件によって異なる．例えば，草原，低木林，サバンナ，温帯林は，過去数百年の間に耕作地や放牧地を作るため集中的に改変された．同じバイオームのなかでも影響は均一ではない．本章の「基本知識」では，**生物多様性ホットスポット**（世界の生物多様性の高い地域

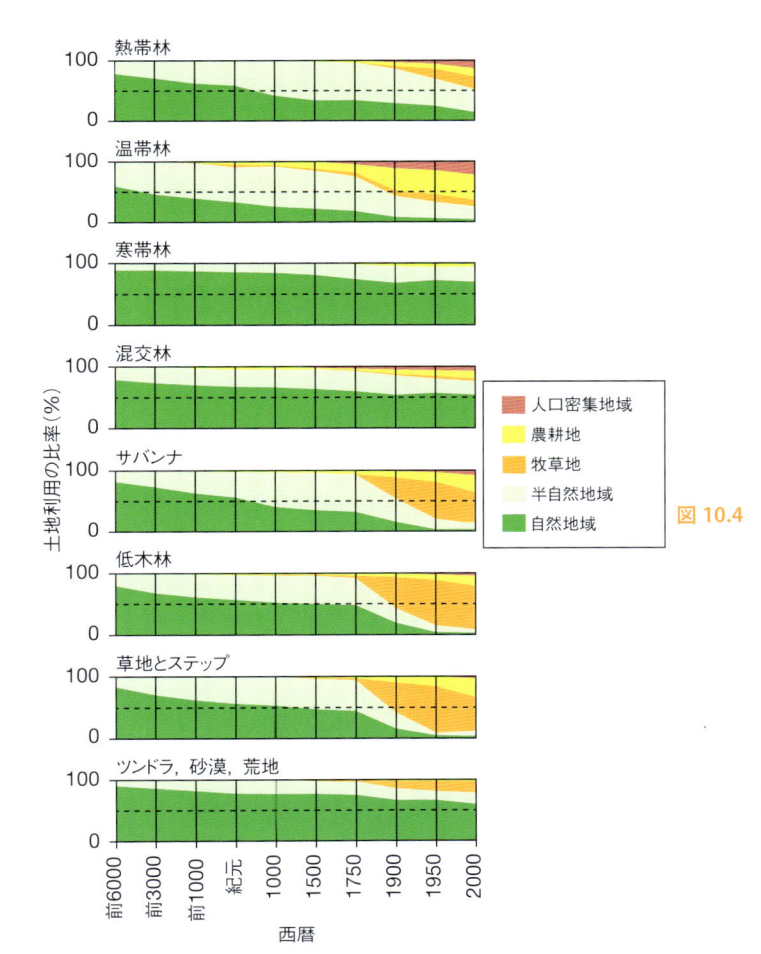

図10.4　過去6,000年の様々な陸域環境における土地利用の変化．すべての陸域生態系は人間活動の影響を受けているが，一部の生態系は特に強い影響を受けている．

考えてみよう：過去6,000年のなかで，陸域生態系に対する人類の影響が加速した主な時点はいつだろうか．主要バイオーム間の違いは何によって説明されるだろうか．

出典　Ellis EC. Anthropogenic transformation of the terrestrial biosphere, *Philosophical Transactions of the Royal Society A: Mathematical, Physical and Engineering Sciences*, **369**(1938):1010–1035 (2011)

のなかで，重大な脅威にさらされている地域）の概念について説明する．

　陸域における人間の活動は，他のシステムにも副次的な影響を発生させる．陸域景観の変化は，水，大気，栄養塩の循環など，地上と地下の両方のプロセスに影響を及ぼす（Sterling et al., 2013；Cavagnaro et al., 2016）．また，陸域景観からの物質の流失は水圏環境に直接的な影響を及ぼしうる．さらに，化石燃料の使用と森林の皆伐は気候システムに広範囲な影響を及ぼしてきた．このことは次節で説明する．

大気システム

　現代の人間活動は，地球の大気組成を劇的に変化させている．第4章で述べたように，森林減少や化石燃料の利用が加速したことで，大気中の二酸化炭素濃度は過去100年間で急激に増加した．また，メタン，亜酸化窒素（一酸化二窒素），オゾン，フロン，エアロゾルなど，他の気体や粒子の大気中濃度も人間活動によって変化している．温室効果ガスの変化は，私たちの地球の気候システムを顕著に撹乱している（Oreskes, 2004；IPCC, 2014）．

　気候変動には，気温や降水量の平均値と変動幅の変化など，様々な側面がある．ここまで見てきたように，地球温暖化は広範囲に影響を及ぼしている重要な変化の1つである．地球表層の平均気温は，過去1世紀の間に約1℃上昇した．このような，すでに生じた地球温暖化の大きさは，**実現気候変動**（realized climate change）と呼ばれている．

　科学者らは過去の変化を測定するだけでなく，現実的な生物地球化学プロセスを組み込んだ高度な気候数理モデルを用いて，多数の気候変数を追跡し，将来の気候動向を予測している．気候モデルは一般に，将来起こりうる様々な気候変動シナリオを予測する．シナリオに基づくアプローチでは，将来の二酸化炭素排出量と気候の応答の不確実性を明示的に組み込めるため，信頼性の高い予測範囲を示すことができる．今後発生するであろう地球温暖化の程度は，**予測気候変動**（predicted climate change）と呼ばれる．

　図 **10.5** にこのアプローチを要約し，様々なシナリオに基づく将来の温暖化予測を示した．低排出シナリオによる将来の温暖化は1℃未満だが，高排出シナリオでは，21世紀末までに6℃以上の温暖化が生じる可能性がある．最終氷期を終わらせた過去の温暖化が5℃程度であったので，今から5℃程度の温暖化が起こると，人類が進化の過程で経験したことのないような高温環境が形成される．重要なのは，どのような排出シナリオのもとでも，すでに**地球温暖化は約束されている**（global warming commitment）ことである（Wigley, 2005）．非現実的なまでに厳格な規制を行ったとしても，少なくともある程度の期間，地球は温暖化し続けるだろう．

　なぜ，気候変動を促す人間活動を減らしたとしても，気候は変化し続けるのだろうか？　気候システムには慣性があり，たとえ排出を完全に抑制したとしても，気候システムの応答は鈍い．この理由の1つには，温室効果ガスが大気中で長い寿命をもつためである．加えて，海洋の温暖化も慣性的な性質があり，排出量が減少したあと数世紀にわたって持続する．さらに，気候システムには**フィードバック**（feedback）が存在し，人為の影響力を拡大する．これについては本章の後半で取り上げる．

水圏システム

　本書でここまで見てきた通り，淡水環境も海洋環境も，人間活動によって大きく変化してきた．池，湖，河川，湿地帯，沿岸，海の環境は，様々な直接的・間接的影響を受けている（Meybeck, 2003）．水圏生態系の物理構造は，浚渫，水路化，堤防の建設，灌漑，排水システムによって改

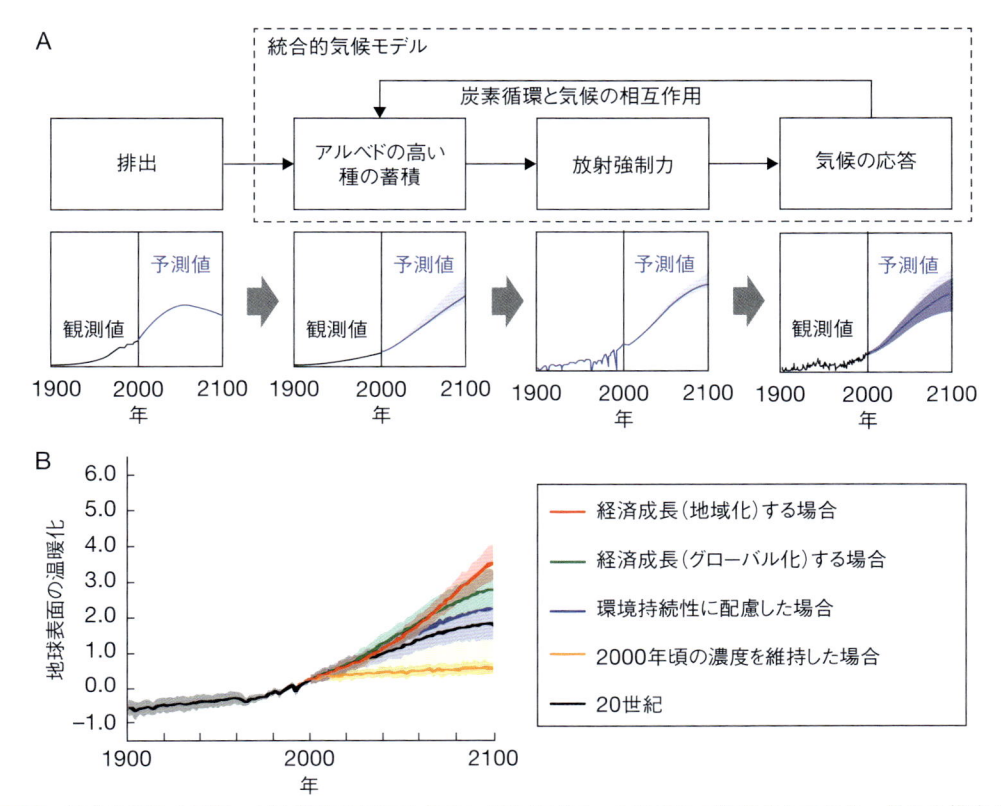

図 10.5 将来の気候の予測．（A）現在の気候モデリングのアプローチは極めて洗練されており，異なる排出シナリオや，気候システムにおけるフィードバックに基づいた将来予測が可能となっている．様々な要素が組み込まれているため，平均値周辺の不確実性（または可能性の範囲）を明示的に考慮することができる．（B）4 つの異なる排出シナリオに基づく気候変動予測．実線は平均値，網かけ部分は平均値周辺の不確実性を表す．

出典 （A）Meehl GA, Stocker TF, Collins WD, Friedlingstein P, Gaye AT, Gregory JM, Kitoh A, Knutti R, Murphy JM, Noda A, Raper SCB, Watterson IG, Weaver AJ & Zhao Z-C, Global Climate Projections. In: Climate Change 2007: The Physical Science Basis. Contribution of Working Group I to the Fourth Assessment Report of the Intergovernmental Panel on Climate Change ［Solomon S, Qin D, Manning M, Chen Z, Marquis M, Averyt KB, Tignor M & Miller HL（編）］, Cambridge University Press (2007) より図 10.1 を引用：（B）IPCC

変される．水圏生態系の化学組成や栄養塩組成は，点源汚染や隣接する陸上景観からの流出によっても変化する．塩分や養分など，水圏環境中に自然に存在する化合物の濃度も，人間活動によって変化し，それらの人為的な投入は水域の生息地の水質や生産性を変化させる．例えば，栄養塩や化学物質の流出は，富栄養化（eutrophication），貧酸素化（hypoxia），藻類ブルーム，貧酸素水塊の原因となる（Rabalais et al., 2010）．**図 10.6** に示すように，海洋の 40％以上は人為ストレスによる強い影響を受けている（Halpern et al., 2008）．

　水圏システムは，二酸化炭素の排出と気候変動の影響も受けている．地球の気温が上昇するにつれ，地球上の水域の温度も上昇する．実際，地球温暖化に伴い発生する熱の 90％以上は海洋に蓄積されている（Levitus et al., 2005；Durack et al., 2014）．近年の研究から，温暖化は海洋上部だけでなく，水深数千 m でも起きていることがわかってきた（Gleckler et al., 2016）．海洋温暖化はまた，熱膨張（海水が温まって膨張すること）や極地の氷の融解（氷が融けて海の水が増えること）による海面上昇を引き起こす（Milne et al., 2009）．水温勾配の変化は海流を変化させ，

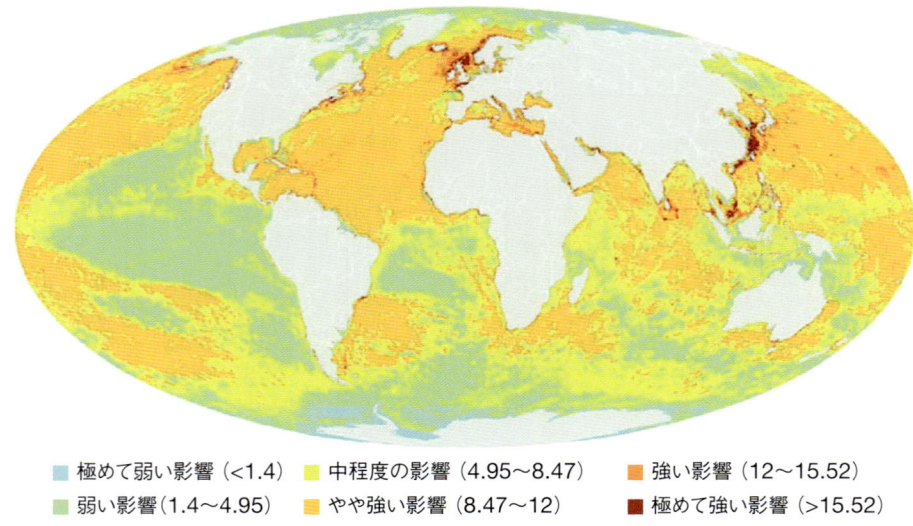

図 10.6　海洋における人為的影響の世界地図.
　考えてみよう：図から読み取れる一般的な傾向は何か．それらの傾向を説明する駆動因は何か.
　出典 Halpern BS et al., A global map of human impact on marine ecosystems, *Science*, **319**(5865):948–952 (2008)

結果として循環パターン，栄養塩の利用可能性，海洋生物の分散コリドー（通り道）に影響を及ぼす．さらに，二酸化炭素の排出は海洋の化学特性の変化にもつながる．特に，海水による二酸化炭素の吸収が増加すると，海水の pH が低下する．そのような変化が海洋生態系に劇的な影響を及ぼすことは，すでに見てきた通りである（Guinotte & Fabry, 2008）.

雪氷圏システム

　凍った水で構成される地球上の雪氷圏では，前世紀に急速な変化が起こった．地球上の淡水の大部分（約 75%）は，固体である氷河の状態で陸上に留め置かれている．氷河の 99% は極地に存在し，氷の量は深さ数百 m，幅数万 km に及ぶこともある（Ohmura, 2004）．陸上の氷は地球表面の 10% 程度を占め，加えて海上の浮氷が海洋表面の 12% 程度を占める（Weeks, 2010）．氷・雪・永久凍土は世界の極地を特徴づけている．一方，山岳氷河はほとんどの大陸の，季節的に氷点下となる高標高域に存在する.

　雪氷圏は様々な時間スケールで変動している．季節的な気温の変化と，より長期的な気候条件の変化は，いずれも地球上の氷河や海氷の面積に影響を与える．例えば更新世には，現在と違い地球表面の 30% が氷に覆われていたと推定されている（Clark & Mix, 2002）.

　現代の気候変動は，人為による氷河の急速な融解を引き起こしている．世界中の凍結環境において，海氷の融解，氷河の後退，積雪の減少，永久凍土環境の劣化が進行している（Ohmura, 2004；Fountain et al., 2012；Kang et al., 2010）．図 **10.7** は，世界の様々な地域における雪氷圏の消滅を示している．例えば，北極の気温は世界の他の地域の 2 倍近い速さで上昇しており，南極の海氷は 10 年当たり 1% 近い速度で失われている（Curran et al., 2003；Johannessen et al., 2004）.

　雪氷圏の劣化は気候システムにフィードバック的な影響を及ぼす．雪氷圏は淡水の貯蔵庫であるとともに，水，ガス，エネルギーの循環に重要な役割を果たしている．特に，雪氷圏は気候の

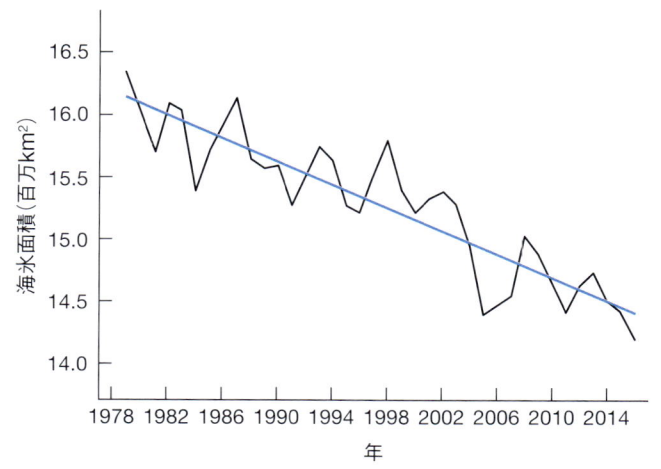

図 10.7　融解する氷．例として，1979 〜 2016 年における北極海氷面積の月平均値（黒線は実際の海氷面積，青線は線形トレンド）を示す．
　　　　考えてみよう：雪氷圏の融解がもたらす 2 つの副次的影響とは何か？
　　　　出典 National Snow and Ice Data Center

調節と安定化に不可欠であり，地球の「エアコン」とも呼ばれている．そのため雪氷圏の融解は，海面上昇だけでなく地球温暖化の進行にも寄与している．このフィードバックについても，本章の後半で再確認する．

まとめ

　ここまで主要な地球システムをそれぞれ別個に考えてきたが，環境の撹乱はすべて密接に連関している．例えば，陸域での森林破壊は大気中の炭素を増加させ，それが極地の氷の融解を誘発し，それにより海面上昇が起こる．また，生態系レベルの変化の特徴は，生物的プロセスと非生物的プロセスの間の相互作用である．物理的，化学的，地理的，生物的プロセスは互いに結びついて，地球変動のストレス要因に対する生態系の応答を決定する．実際，バイオームで観察される大規模な変化の多くは，本章の前半で検討した生物地球化学的循環の撹乱によるものである．地球システムと循環の間には複雑な相互作用とフィードバックがあり，地球変動のストレス要因が生物圏に及ぼす影響を理解し予測するには，総合的な視点が必要である．

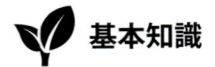

基本知識

生物多様性ホットスポット

これまで見てきた通り，地球上のすべての地域が人間活動の脅威にさらされている．ただし，一部の生物地理区は，地球変動のストレス要因に対し特に脆弱である．**生物多様性ホットスポット**（biodiversity hotspot）と呼ばれるこれらの地域は，生物多様性のゆりかごとなっていながら，すでに多くの種が失われている場所である．

生物多様性ホットスポットという言葉は元々，生物学的に多様であり，深刻な影響を受けている陸域生態系を表すために提唱された（Myers et al., 2000；Brooks et al., 2002）．これらの陸上のホットスポットは地球表面の2%以下にすぎないが，面積の割に多数の固有種を含んでいる（植物固有種の50%以上，脊椎動物固有種の40%以上）．一方で，原生植生の少なくとも70%が失われるなど，すでに劇的な影響を受けている．生物多様性ホットスポットの概念が提唱された当初は，地球の25の地域がホットスポットとして認定された（Myers et al., 2000；Brooks et al., 2002）．現在では，地球上の約36ヶ所がホットスポットに認定されている（**BOX 図 10.1**）．

もちろん，固有種が集中して生息し，人間活動によって脅かされている水圏生態系も多数存在し（Roberts et al., 2002），第7章で扱ったサンゴ礁生態系はその一例である．広く認知されている海洋ホットスポットは，その多くが陸域の生物多様性ホットスポットの近くにあり，陸域と海洋の生物多様性保全に同時に取り組む協調的な戦略が有効と考えられる（Roberts et al., 2002；Marchese, 2015）．

地球上の生物学的に重要な地域を識別するための分類方式は，他にも提案されている．例えば国際自然保護連合（IUCN）は，**生物多様性重要地域**（key biodiversity area, KBA）を「世界の生物多様性の持続性に大きく寄与している場所」と定義している（IUCN, 2016）．生物多様性重要地域に指定されるには，絶滅危惧種や地理分布の限られた種，生態学的な代替不可能性をもつなどの点で，一定の基準を満たす必要がある．

さらに，IUCNは近年，「生態系のレッドリスト」を作成した．種のレッドリスト（第8章で説明）と違って，**生態系のレッドリスト**（Red List of Ecosystems）はある地域の生態系が脆弱（vulnerable），危機的状況（endangered）または崩壊寸前（critically endangered）と見なせるかどうかの評価を提供する．この取り組みは将来，陸域生態系の脅威の状態を評価する新しい世界標準となるかもしれない．

生物多様性ホットスポット，生物多様性重要地域，レッドリスト生態系など，定義はどうあれ，特定のエコリージョン（生態学的地域）が生物圏にとって特に重要なのは明らかである．それらの地域は多数の絶滅危惧種を擁するだけでなく，光合成，送粉，水の濾過，医療など，主要な生態系プロセスや生態系サービスに大きく貢献している．またそれらの地域には，世界中の未発見種のほとんどが生息していると思われる（Joppa et al., 2011）．

生物多様性ホットスポットの概念は空間的なパターンに注目しているが，生物多様性や主要な生態系プロセスは時間的にも変動していることを忘れてはならない．**BOX 図 10.1** に示すように，鳥類など季節移動する生物の多様性の分布や（Somveille et al., 2013），酸素生産や炭素貯蔵などの生態系サービスの分布には，季節的なパターンがある．似たような動態は，光合成を行うプランクトンの活動が水温や養分供給の季節変化に追従する海洋システムでも発生している．このような時空間動態は，人為ストレスに対する生物多様性の高い地域の長期的応答に強く影響する．

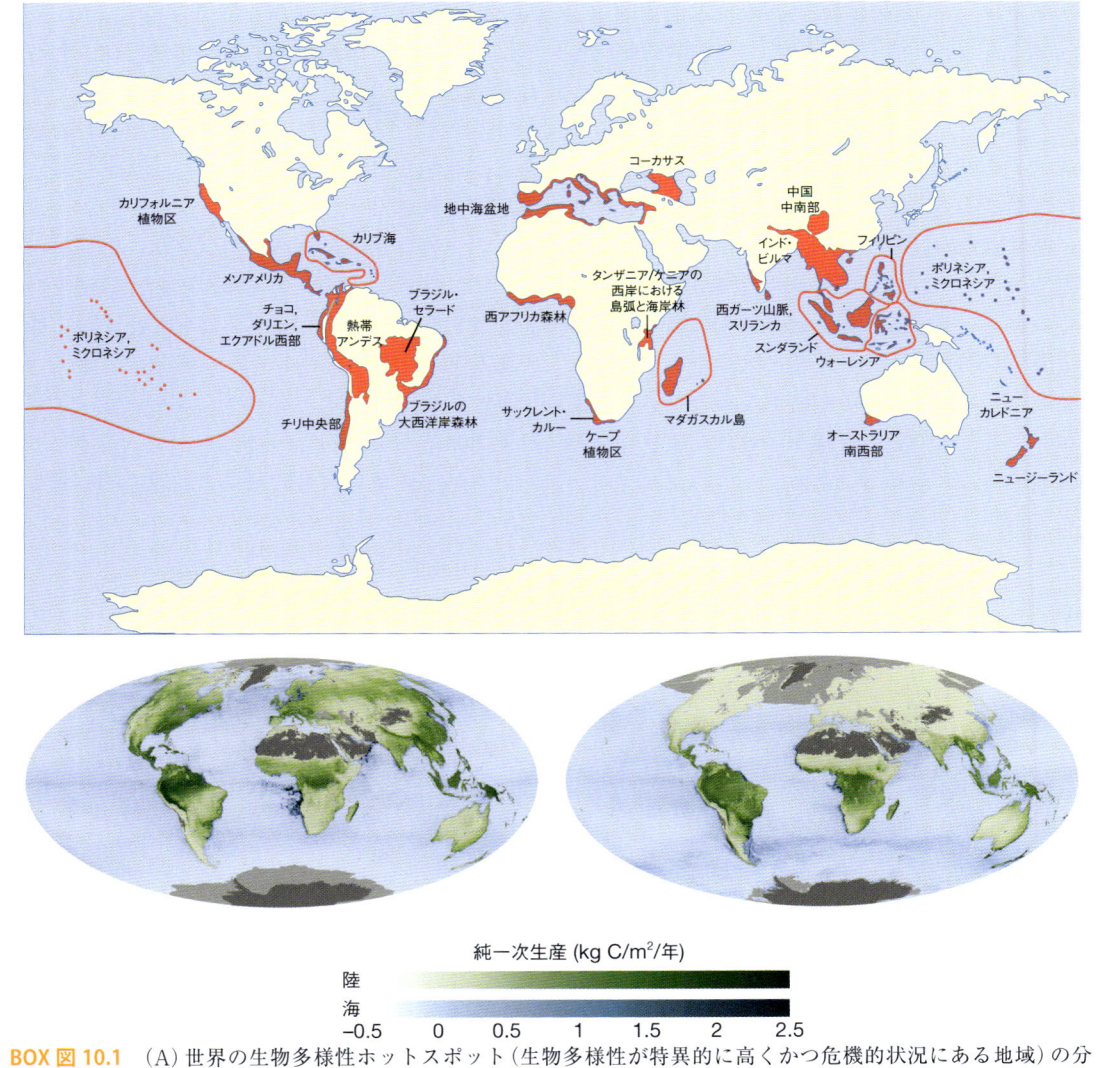

純一次生産 (kg C/m²/年)

陸
海
-0.5　0　0.5　1　1.5　2　2.5

BOX 図 10.1　(A) 世界の生物多様性ホットスポット（生物多様性が特異的に高くかつ危機的状況にある地域）の分布．(B) 種の多様性と生態系プロセスのパターンの時空間的変動．世界における純一次生産性の分布を夏（左）と冬（右）で比較した．濃い緑と濃い青は，それぞれ陸上と海洋で最も生産性の高い地域を示している．

考えてみよう：季節変動の大きい種や生態系に対しては，どのような特別な保全上の配慮が必要だろうか？

出典　(A) Marchese C, Biodiversity hotspots: a shortcut for a more complicated concept, *Global Ecology and Conservation*, 3:297–309 (2015)；(B) NASA Earth Observatory

フィードバックとは？

　これまで見てきたように，人間活動は生態系，バイオーム，そして大規模な地球プロセスを広範囲かつ相互依存的に変化させている．フィードバックは，それら高次の生物学的組織における変化の1つの特徴である．フィードバックは，あるプロセスやシステムが，それ自身の影響で変化するときに生じる．

フィードバックには2つの基本的なタイプがある. **負のフィードバックループ**（negative feedback loop）は, 反応によって刺激が緩和される機構で, 自己調節的である. 単純な例としては体温がある. 人は寒さを感じると震え始め, 震えることで体が温まり, 温まると震えが減少する. **正のフィードバックループ**（positive feedback loop）は, 反応によって刺激が増幅される機構で, そのため自己増幅的である. 疲労を例にとると, 睡眠が乱れると疲労が増し, ストレスに対処する能力が低下し, ストレスが増すとさらに睡眠が乱れる.

　地球変動のフィードバックの例は枚挙にいとまがない. 特に正のフィードバックは, 影響の増幅につながるため注意が必要である. 図 10.8 は, すでに紹介した気候システムにおける例をいくつか示している. 例えば, 雪や氷は高い**アルベド**をもち, 入射する太陽光を反射しやすい. 凍結環境が融解すると, 暗色の地表や海洋が露出し, より多くの光とエネルギーを吸収するようになる. エネルギーの吸収が高まるとさらに気温が上昇するので, フィードバックが起こる. 気温が上がると氷の融解が進み, 地球温暖化がさらに加速される（Flanner et al., 2011）.

　気候システムにおけるもう一つの正のフィードバックは, 陸域の炭素貯蔵量の加速度的な減少

図 10.8　気候システムにおける正のフィードバック. 地球温暖化は, 極域の氷の消失から干ばつの増加まで, 生態系レベルの様々な影響をもたらす. これらの地球温暖化の影響の多くは, やがてさらなる温暖化の原因となる.
　　　　考えてみよう：この先を読み進める前に, グローバル変動生物学における気候以外の正のフィードバックの例を1つ考えてみよう.
　　　　出典 Climate Emergency Institute

によって引き起こされる。森林伐採やバイオマス燃焼などの人間活動によって，陸域の炭素貯蔵量は直接的に失われる。過剰な炭素が大気中に放出されると，地球温暖化が起こる。気温が上昇すると，土壌中の分解速度が増加する。分解速度が上がると，土壌の炭素が大気中に放出されやすくなり，地球温暖化をさらに加速させることになる（Davidson & Janssens, 2006；Heimann & Reichstein, 2008）。

　もちろん，グローバル変動生物学には気候以外のフィードバックの例も多い。例えば熱帯の鳥類は，生息地の減少と狩猟により前世紀に激減した。鳥の個体数が減少すると，種子散布などの生態系サービスも減少する。種子散布が減少すると森林が崩壊する可能性があり，熱帯の鳥類がさらに失われることになるだろう（Brook et al., 2008）。

　もう一つの例は，侵略的外来種によるものである。第5章で見たように，外来種は侵入した生態系の生物多様性を低下させる傾向がある。そして，生物多様性の低い生態系は外来種により侵略されやすい（例：Stachowicz et al., 1999）。このように，生態系の撹乱はしばしばさらなる撹乱を生み出し，ストレス要因による生物多様性や生態系プロセスへの影響を拡大させる。

　地球温暖化，生物多様性の減少，生態系の撹乱の正のフィードバックは，将来の影響を拡大させる可能性があるため，特に注意が必要である。実際，フィードバックの増大は生態系を崩壊寸前に追い込む一因となっており，この話題は次節で扱う。

生態系の崩壊

　地球変動の極端な撹乱は，最悪の場合，生態系の崩壊を引き起こす可能性がある。**生態系の崩壊**（ecosystem collapse）は一般に，生態系の構造と機能が急激に，大幅かつ継続的に失われることを指す。極端な場合には生態系がレジームシフトを起こす。

　地質学的な時間軸では，生態系のレジーム（状態）は定期的に変化する。例えば，北アフリカは5,500年前に「緑のサハラ」から「砂漠のサハラ」の生態系へと移行した（Foley et al., 2003）。この変化は，地球の公転軌道の変化による太陽光の入射量の変化と，植生−気候フィードバックによるサハラの雨量の変化に起因する。一方，人為ストレス要因は現代の時間軸で，劇的なレジームシフトや崩壊を引き起こしている。例えば，北アフリカのサヘル地域の近隣では，過去50年の間に湿潤状態から乾燥状態への移行が起こっている。この移行は，陸・海・大気間の複雑なフィードバックに人為的な気候変動と生息地の劣化が加わって起きた（Foley et al., 2003）。

　新しいレジームへの急激な移行は，閾値効果または**転換点**（tipping point）と呼ばれる。生態系は，最初は撹乱に対して回復力を示すが，ある閾値を超えるともはや以前の状態に回復することができなくなる。自然界には，地球温暖化のストレス応答としての転換点反応が多く見られる。例えば，気候変動は極地の生態系を根本的に変えてしまう。地球温暖化に伴い，海氷の融ける時期が早まり，水圏生態系への太陽光の浸透が増加する。一部の植物や藻類はこの新しい高照度条件下で繁茂し，無脊椎動物を圧倒する（Clark et al., 2013）。このような種構成の変化は，生物多様性の低下を招き，生態系機能を変化させ，極地の生態系を完全に変えてしまう可能性がある。

　生態系は多くの理由で崩壊する可能性がある。特にリスクの高い生態系では，地球変動の圧力の頻度，深刻さ，持続期間のいずれか，または全部が増加している傾向がある。撹乱の増大は，非生物的な状態の悪化，生物間相互作用の変化，在来生物相の消失につながる。生態系は，すべての機能群もしくは栄養段階が撹乱された場合に，特に脆弱になる。第9章では生物群集に対する栄養カスケードの影響を紹介したが，栄養カスケードは生態系全体に壊滅的な影響を与えるこ

ともある．例えば，大西洋の塩性湿地帯では，漁獲圧により固有種の頂点捕食者が枯渇した．図 10.9 に示すように，これにより相互作用のカスケードが発生し，最終的には塩性湿地全体が失われた（Altieri et al., 2012）．正のフィードバックが強い生態系は，影響が拡大すると転換点に到達する危険性があるため，崩壊に対して特に脆弱である．

　科学者らは，転換点の接近を予測することに強い関心を寄せている（例：Scheffer et al., 2012）．生態系の危機を示す定性的な指標は数多く存在する．また，レジームシフトを予測するための定量的な手法もある（Boettiger et al., 2013）．異なるシステムの生態系の崩壊を予測できる単一の指標は存在しないが，近年，研究の一般化と統合化を促進するため，統一的な指標基準が探求されている（例：Sato & Lindenmayer, 2018；Rowland et al., 2018）．

　定義上，生態系の崩壊は劇的で長期にわたる．しかし，レジームシフトは常に不可逆的であるとは限らない．図 10.10 に示すように，最初のストレス要因を取り除けば，システムは大きな撹乱から回復できるだろう．例えば，乱獲は多くの水圏生態系を壊滅させてきたが，決定的な保全措置がとられれば，多くの漁場は数十年の時間スケールで回復可能である（Costello et al., 2016）．当然ながら，生態系の健全性についてのすべての指標が，同じ時間スケールで回復するわけではない．1990 年代に乱獲によって崩壊したタイセイヨウダラ（*Gadus morhua*）にその例が見られる．漁業の一時停止措置が実施されると，多くの生態系の健全性指標が徐々に増加したが（Pedersen et al., 2017），タラのバイオマス自体の増加は最も遅かった．このように，回復は決して約束されたものではないうえ，回復が**時間遅れ効果**（lag effect）を示す（施策の開始から効果が現れるまでに時間差がある）場合もある．

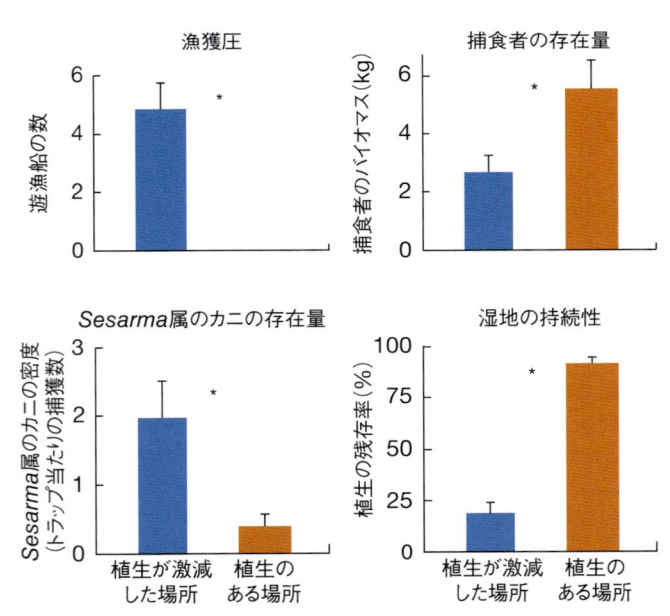

図 10.9　危機に瀕する生態系．大西洋の塩性湿地の崩壊．乱獲により頂点捕食者が減少すると，*Sesarma* 属のカニが激増し，在来種の植生が壊滅した．アスタリスクは統計的に有意な差を表す．
　考えてみよう：塩性湿地帯の生息域の減少は，トップダウンの栄養カスケードによって起こった．湿地帯の植生が失われたことにより，どのようなボトムアップ効果の発生が予想されるか？
　　出典　Altieri AH et al., A trophic cascade triggers collapse of a salt: marsh ecosystem with intensive recreational fishing, *Ecology*, **93**(6):1402–1410 (2012)

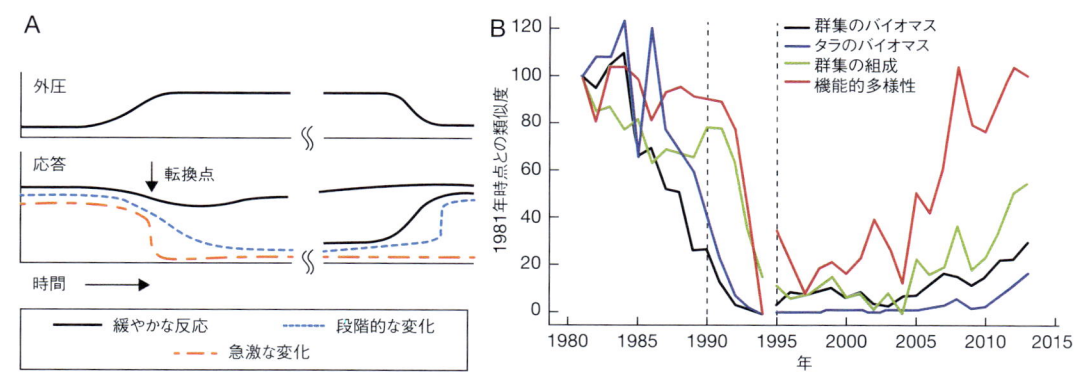

図 10.10 転換点．（A）生態系の示す段階的または急激な転換点反応と，それらの反応が可逆的，部分的に可逆的，または不可逆的である場合の概念図．（B）1990 年代のタラ漁業の崩壊に見られた実際の転換点の例．崩壊の指標のいくつかは，過去 20 年間で少なくとも部分的には元に戻っている．
考えてみよう：機能的多様性が種の多様性よりも早く回復できるのはなぜか？
出典　（A）Meehl GA, Stocker TF, Collins WD, Friedlingstein P, Gaye AT, Gregory JM, Kitoh A, Knutti R, Murphy JM, Noda A, Raper SCB, Watterson IG, Weaver AJ & Zhao Z-C, Global Climate Projections. In: Climate Change 2007: The Physical Science Basis. Contribution of Working Group I to the Fourth Assessment Report of the Intergovernmental Panel on Climate Change〔Solomon S, Qin D, Manning M, Chen Z, Marquis M, Averyt KB, Tignor M & Miller HL（編）〕, Cambridge University Press (2007) より 図 10.1 を引用；（B）Pedersen EJ et al., Signatures of the collapse and incipient recovery of an overexploited marine ecosystem, *Royal Society Open Science*, **4**(7):170215 (2017) より図 10.10b を引用

生態系の回復力

　生態系の回復力（ecosystem resilience）は，生態系の崩壊の裏返しである．回復力（resilience）という用語は分野によって異なる使われ方をしており，生態学におけるこの用語の適切な使い方については様々な議論がある（例：Holling, 1996；Miller et al., 2010；Mori, 2016）．ここでは回復力を，システムがその全体的な構造と機能を維持しながら撹乱を吸収する能力，あるいは撹乱から回復する能力と定義する．Cumming と Peterson（2017）の言葉を借りれば，「崩壊と回復力は同じコインの裏表であり，回復力が失われると崩壊が起こり，回復力の高いシステムは崩壊しにくい.」

　生態系の回復力には何が寄与しているのだろうか？　**図 10.11** は第 4 章で検討したことの復習であるが，このように，地球変動のストレス要因に対する脆弱性は多くの要因に影響を受ける．生態系レベルでは，いくつかの重要な要素が回復力の向上をもたらす（例：Biggs et al., 2012；Standish et al., 2014）．まず，**種の多様性**（species diversity）は回復力の重要な要素である．例えば，多様性の高い群集には外来種が侵入する可能性が低い．第二に，**機能的冗長性**（functional redundancy）は鍵となる要因である．例えば，重要な生態学的プロセスが，複数の互いに代替可能な種によって支えられていれば，重要な機能が撹乱によって失われる可能性は低くなる．第三に，生息地の**連結性**（connectivity）があれば，種と資源が生息地パッチ間を行き来することによって回復力が高まる．例えば，連結性は撹乱からより早く回復する機会をもたらすだろう．回復力は，生態系に本来備わっている特性かもしれない．しかし，地球が急速に変化しているこの時代には，回復力を高めるように人が生態系を意図的に管理することも可能であり，それは次章で論じる．

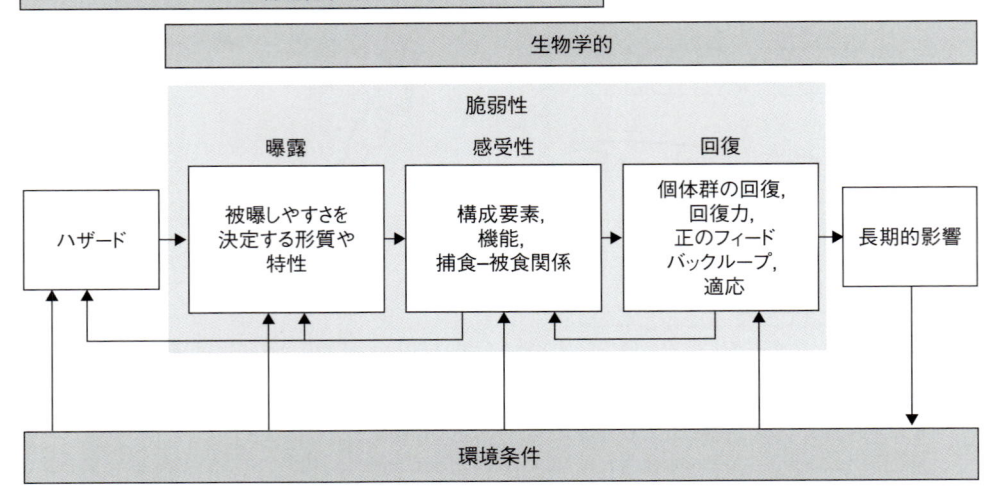

図 10.11 生態系の脆弱性は，曝露，感受性，応答といった多くの要因の相互作用によって決定される．脆弱性には，物理化学的要因と生物学的要因の両方が影響する．環境条件はこれらの要因に影響を与え，また影響を受ける．
考えてみよう：保全実務者が生態系の脆弱性を低減し，回復力を高めるために実践できる具体的な方針を 1 つ挙げてみよう．
出典 De Lange HJ et al., Ecological vulnerability in risk assessment: a review and perspectives, *Science of The Total Environment*, 408(18):3871–3879 (2010)

結論

　結局のところ，地球変動のストレス要因に対する種，群集，および生態系の応答は，分子レベルから地球レベルまでの様々な要因に依存する．人間活動に対する生命システムの応答は単純な線形関係ではない．生物群集と生態系は，複雑な応答，相互作用，フィードバックを示す．さらに，生物学的な応答それ自体が，人為による生物システムへの入力を調節し，ときには改変さえして，現在進行中の変化を形成してゆく．したがって，生物学的階層間の相互作用とフィードバックを理解することは不可欠である．それによって初めて，人間の影響に対する生物圏の応答をよりよく理解し，予測することができる．

　人間活動はすでに地球の状態を，深海の底から大気の上層に至るまで，変化させてしまった．しかし人間は，生態系の回復力を高めるような管理により，地球の状態変化を意図的に修正することができる．ユニット III はここで締めくくり，次はいよいよ，どうすれば人間社会が保全活動を最優先して地球の生物多様性を保全していけるのか，という問題に向き合っていく．

データで見る

土壌の温室効果ガス

誰が，何を目指していたのか？

　ここでは，2017年に学術誌 "Global Change Biology" に掲載されたフォークト（Carolina Voigt）博士と共同研究者らの最近の研究を見ていこう．「亜寒帯ツンドラの温暖化による，二酸化炭素，メタン，亜酸化窒素の3つの温室効果ガス排出量の増加」という論文である．この研究は，人為による気候変動，温室効果ガスの収支（フラックス），土壌微生物の重要な相互関係を評価したものである．フォークト博士と調査地の写真を **BOX 図 10.2** に示した．

　微生物は地球上で最も多様性に富む生命体である．細菌と古細菌は，ほぼすべての生息地において広範かつ豊富に存在し，そして多様である．例えば，成人の皮膚には3億個の微生物の細胞が存在し，1 cm³ の土壌には10億個以上の微生物細胞が存在する（Whitman et al., 1998）．微生物の多様性に従来の種の概念を適用することは難しいが（Rossello-Mora & Amann, 2001），微生物の種類が他の生命体を圧倒的に上回っていることは間違いない．最近の分析では，地球上には1兆以上の微生物種が存在する可能性が示唆されている（Locey & Lennon, 2016）．微生物は，分解から栄養塩循環に至るまで，驚くほど多くの生態系機能を果たしている．

　地球変動における微生物の重要な役割の1つに，地下での炭素隔離がある．土壌に生息する細菌や古細菌は，地球上の生物に蓄積されている炭素の大部分を占める．北半球にある永久凍土は，陸域生態系のなかで最も大量の土壌有機炭素を含んでいる（**BOX 図 10.3**；Jackson et al., 2017）．これらの高緯度地域は，人為による気候変動から特に強い圧力を受けており，温暖化の速度は世界平均の約2倍である（IPCC, 2014）．地球温暖化に伴い，永久凍土地域は融け始め，分解速度が高まり，これまで貯蔵されていた炭素を大気中に放出し始めた．地中の炭素の放出は，気候システムに劇的な影響を与え，また複雑なフィードバックを作り出す可能性がある（例：Davidson & Janssens, 2006；Schuur et al., 2015；Crowther et al., 2016）．

　このような背景から，フォークト博士らは，亜寒帯の様々な永久凍土に対する温暖化の影響の定量化に着手した．対象地域はロシア北西部で，ツンドラの南限に近い．この地域では永久凍土の温度が上昇し，融解は差し迫った脅威となっている（Romanovsky et al., 2010）．フォークト博士らは，高地ツンドラ（9 cm 以下の浅い有機層に地衣類，イネ科，カヤツリグサ科，コケ，低木が優占する），泥炭台地（4 m もの厚い泥炭堆積物があり，湿原植生とコケが優占する），泥炭裸地（露出し侵食された泥炭の地表面．維管束植物は生育しない）の3種類の生息地の間で，温暖化による結果を比較した．

BOX 図 10.2　筆頭著者フォークト博士（A）と亜北極ツンドラの調査地（B）．
`出典` Carolina Voigt

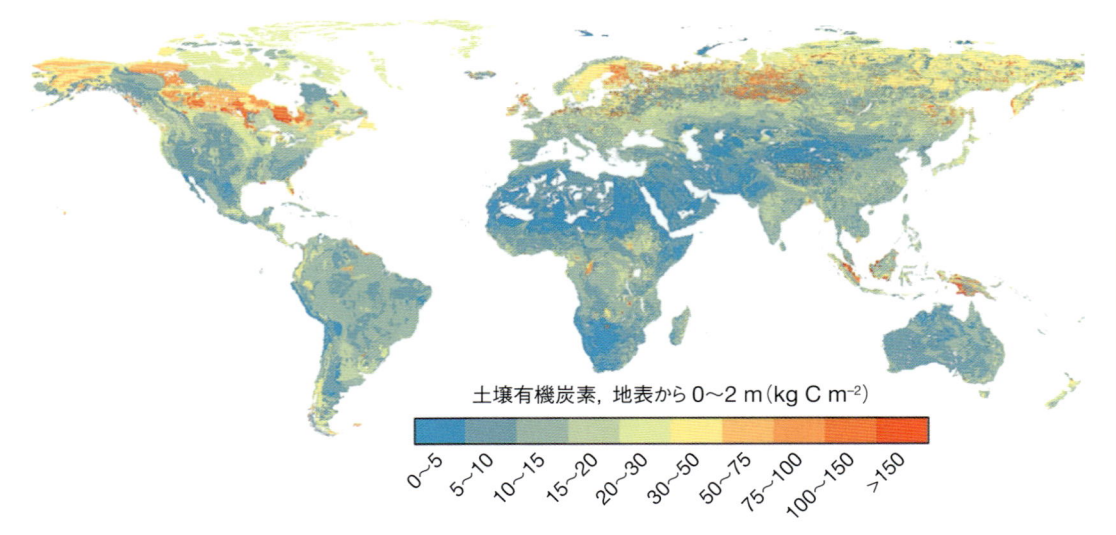

土壌有機炭素，地表から0〜2 m(kg C m^{-2})

0〜5　5〜10　10〜15　15〜20　20〜30　30〜50　50〜75　75〜100　100〜150　>150

BOX 図 10.3　地球上の土壌有機炭素（地表から2 mまでの深さに含まれる）の分布は，北方圏に巨大な貯蔵を示している．

出典 Jackson RB et al., The ecology of soil carbon: pools, vulnerabilities, and biotic and abiotic controls, *Annual Review of Ecology, Evolution, and Systematics,* **48**(1):419–445 (2017)

あなたの予測は？

この先を読み進める前に，脆弱性，フィードバック，転換点について学んだことを永久凍土システムに当てはめてみる．まず，以下の問いを考えよう．

- 地球温暖化は永久凍土の生息地にどのような直接的，間接的な影響を与えるだろうか？
- どんな正のフィードバックや負のフィードバックが発生する可能性があるか？
- マイクロハビタットによって反応が異なるとしたら，それはなぜだろうか？

次に，地球温暖化が土壌中に蓄積された有機炭素と大気中の温室効果ガスにどのような影響を与えるか，簡潔に要約してみよう．

科学者らの予測は？

著者らは，地球温暖化が亜寒帯地域からのガス放出に及ぼす影響について，明確な予想を提示している．著者らは，「温暖化反応は地表面のタイプに強く依存し，温暖化によって炭素の排出が増加するだけでなく，極域の亜酸化窒素の放出も促進される」と予想した．

どのようなデータを収集したのか？

著者らはロシアの永久凍土地帯で，高地ツンドラ，泥炭台地，泥炭裸地の3種類の代表的なタイプのある場所を調査地に選んだ．彼らは，夏の気温が穏やかに上昇する温暖化シナリオをシミュレートする温暖化実験を行った．地表面のタイプごとに5反復のプロットを設定し，**BOX 図 10.4** のような開放型チャンバーを用いて表面温度を上昇させた．直径約1.5 mの範囲を透明な加温チャンバーで覆い，その場所から

BOX 図 10.4　チャンバー処理と対照区のペアで構成される反復の1つ．開放型チャンバーの使用によって，処理区の温度は平均1℃上昇する．

出典 Carolina Voigt

3 m 以内に対照区を設けて，対応のある実験デザインとした．温暖化処理区の気温は対照区に比べて平均約1℃高まった．これは，この地域が近い将来経験する可能性のある，生物学的に意味のある温暖化の程度である．

著者らは2年間の夏のあいだ毎週測定した様々な結果を，処理区と対照区で比較した．彼らは小型の電子データロガーで地温や気温などの基本的な環境パラメータを測定した．また，地表に設置した捕集器を用いて，様々な土壌深度における土壌ガスの分布と，亜酸化窒素とメタンのフラックスを測定し，ガスクロマトグラフで分析した．さらに，二酸化炭素フラックスと土壌微生物の呼吸を，チャンバーと赤外線ガス分析計を用いて測定した．ガスフラックスとは，簡単にいうと単位面積当たりの流速や交換速度のことである．フラックスは時間経過に伴う濃度の変化であり，正・負両方の値をとりうる．

データをどのように解釈するか？

この先を読む前に，**BOX 図 10.5** に示す結果を解釈してみよう．この図を見ながら以下の問いを考えてみよう．

- 対照区と処理区のガスフラックスはどのように異なるか？
- 温暖化がガスフラックスに与える影響が最も大きい地表面タイプはどれか？

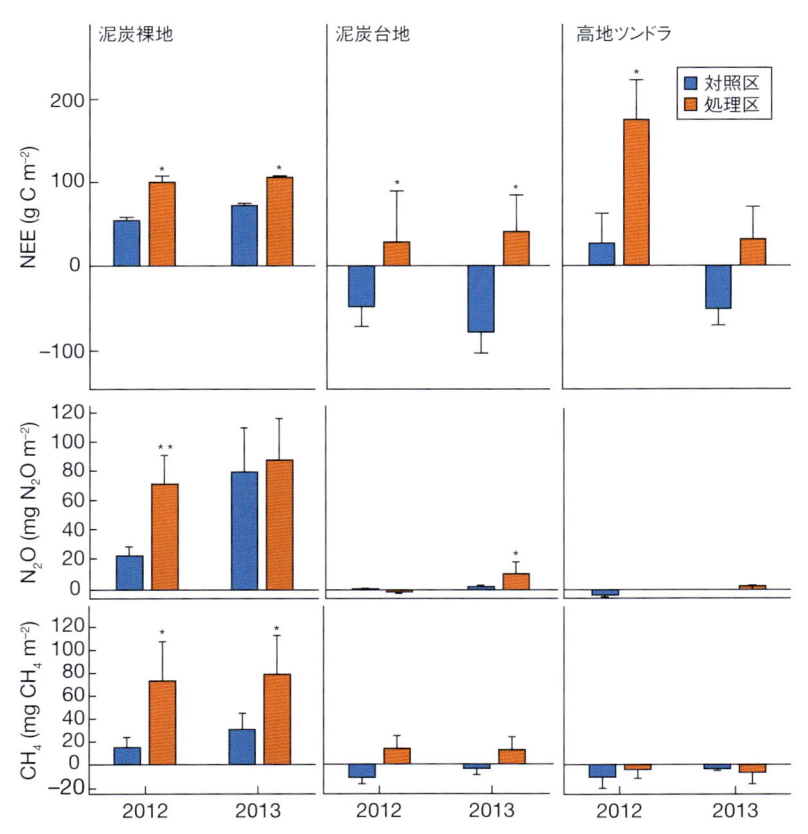

BOX 図 10.5 3種類の地表面タイプにおける対照区と処理区の二酸化炭素（CO_2），亜酸化窒素（N_2O），メタン（CH_4）のフラックス．CO_2 データは最上段に，微生物や植物の呼吸による放出と光合成による吸収を合わせた「生態系純交換量（NEE）」として示す．N_2O と CH_4 のデータは中段と下段に示されている．アスタリスクは処理区間で統計的に有意な差があることを示す．

出典 Voigt C et al., Warming of subarctic tundra increases emissions of all three important greenhouse gases: carbon dioxide, methane, and nitrous oxide, *Global Change Biology*, **23**(8):3121–3138 (2017)

・2年間の結果に実質的な年変動はあるか？

この研究の主要な知見とその意義について、1〜2文で書いてみよう。

科学者らはデータをどう解釈したか？

温暖化処理により、調査した3種類の温室効果ガスはすべて排出量が増加した。二酸化炭素の純放出量は3種類の地表面タイプすべてで増加し、亜酸化窒素とメタンの排出量は泥炭の地表面タイプで増加した。土壌微生物の呼吸（BOX 図10.5 には示されていない）はツンドラ地帯の調査地で著しく増加した。2年間の調査期間中、結果は概ね一貫していた。

観測された温室効果ガス排出量の増加は、明確な閾値変化を示した。対照条件下では、ツンドラや泥炭地は温室効果ガスの吸収源であり、二酸化炭素やその他の温室効果ガスを隔離している貯蔵庫であった。それが、わずか1℃の温暖化によって、すべての吸収源は温室効果ガスの発生源に変わり、温室効果ガスを大気中に放出したのである。

この研究は、たとえ低レベルの温暖化であっても、地下のプロセスに重大な影響を及ぼす可能性があることを実証している。著者らが指摘するように、「大気と土壌表面の温暖化は、リター層と表層土壌の植物の機能と微生物プロセスに影響を及ぼした。それにより、温暖化の効果は下方に伝播し、土壌のより深い層に間接的な影響を与えた」のである。地下群集におけるこれらの変化は、温室効果ガス濃度が上昇し、地球温暖化を加速させ、永久凍土でさらなる融解を引き起こすという、重大な正のフィードバックを気候システムに生じさせる可能性がある。

フォークト博士らが測定した3つの温室効果ガスは、いずれも気候調節において決定的に重要なものである。BOX 図10.6 に示す通り、温室効果ガス排出量の大部分は二酸化炭素が占めているため、その排出が最も注目されている。しかし、亜酸化窒素とメタンも地球温暖化への寄与が大きく、実は二酸化炭素よりも強力であ

る。温室効果ガスの「地球温暖化係数」は、1 tの気体が100年間に吸収するエネルギー量として、二酸化炭素との比較で表される。亜酸化窒素の温暖化係数は二酸化炭素の250倍以上、メタンの温暖化係数は二酸化炭素の25倍以上である。したがって、本研究で他の温室効果ガスに注目した意義は大きい。実際、この論文は「温暖化によって植生に覆われたツンドラからも亜酸化窒素が生成・放出されることを示した、初の野外での証拠」を提供している。このように、永久凍土バイオームの地下にある膨大な炭素と窒素の貯蔵は、温室効果ガスの吸収源として多大な生態系サービスを提供している一方で、温室効果ガスの発生源となる危険をはらんでいる。

今後の研究の方向性について考えてみよう

フォークト博士らの知見（永久凍土における土壌プロセスに対する地球温暖化の影響）を踏まえ、あなたならこの研究プログラムの次の一手をどのように思い描くだろうか？　もし、あなたがこの研究に携わっていたとしたら、次は。

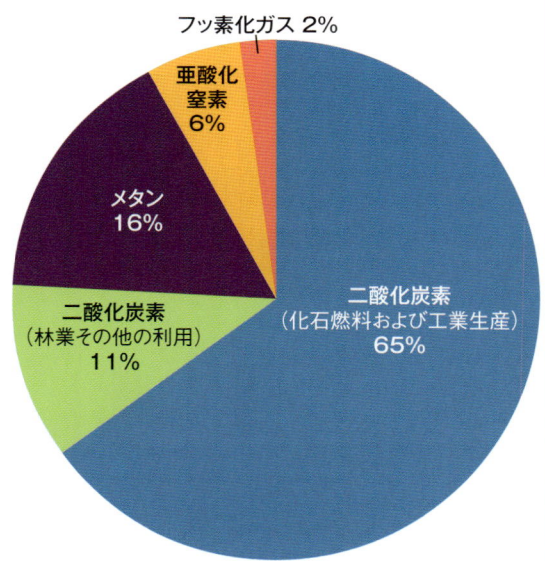

BOX 図10.6　人為的に排出された温室効果ガスに占める二酸化炭素（CO_2）、亜酸化窒素（N_2O）、メタン（CH_4）、フッ素化ガス（F、ハイドロフルオロカーボンなど）の割合.
出典　EPA（IPCC のデータを含む）

どうするだろうか？　以下の質問について考えることから始めてみよう．

　・地下の微生物プロセスの構造的または機能的な側面で，他に研究すべき点はないか？

　・より広範なスケールで何らかのパターンを評価できないだろうか？

　・フィードバックについて，後で検証可能な，長期的な予測を立てられないか？

　次に，この研究テーマに関する今後の方向性について，数行で書いてみよう．

🏔 発展

地球変動への応答に影響を与える要因

　本章の「事前チェック」で考えたように，地球変動のストレス要因に対する生命システムの応答は，多数の要因によって決定される．ユニットⅡでは種レベルの要因を検討し，ユニットⅢでは群集および生態系レベルの要因について学習した．ここでは，各レベルで作用する主要な決定要因について総説する．ユニットⅠで述べたように，生命システムのレベルは入れ子構造をもち，相互に依存し合っている．地球変動への応答の理解を整理するためここで再確認しておこう．

分子レベルの重要な要因は？

　環境変化に対する個体の応答には，分子レベルで多くの要因が関わっている．その一例が，突然変異率（DNA の複製時や修復時のエラーによって DNA の新しい変異が発生する頻度）である．突然変異率は生物の系統によって大きく異なる（Lynch, 2010）．例えば，インフルエンザウイルスの突然変異率はヒトの突然変異率の 100 万倍以上である．突然変異率が高いほど，より多くの遺伝的変異が生じ，それに対して自然選択が作用する．そのため，遺伝的変異が多い集団ほど急激な環境変化に適応しやすい．

　絶滅リスクと遺伝的多様性との関係はメタ解析により明らかになっている．Spielman ら（2004）は数百種の動植物を用いて，絶滅危惧種とそうでない近縁種の遺伝的多様性を比較

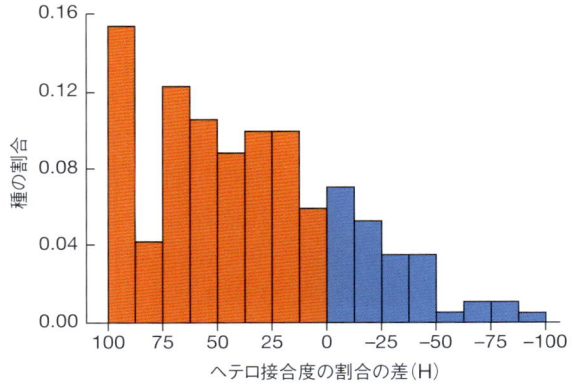

BOX 図 10.7　絶滅危惧種における遺伝的多様性（ヘテロ接合度の指標）の低下を，非絶滅危惧種の近縁種との比較で示す．赤色の部分は，絶滅危惧種の方が非絶滅危惧種よりも遺伝的多様性が低い種ペアの割合．調査した種ペアの 77% がこのパターンに該当しており，絶滅危惧種における遺伝的多様性が減少していた．**考えてみよう**：予想されたパターンに該当しなかった 23% の種ペアでは，他にどのような理由で種の絶滅が危ぶまれているのだろうか？
　出典 Spielman D et al., Most species are not driven to extinction before genetic factors impact them, *Proceedings of the National Academy of Sciences*, **101**(42):15261–15264 (2004)

し，絶滅危惧種の方が遺伝的多様性が著しく低いことを示した．このように遺伝的多様性の低下は，絶滅危惧の原因であると同時に結果でもある．遺伝的多様性は一般に生態系プロセスの機能的な多様性と相関があるため，群集レベルや生態系レベルでも重要である．

個体レベルの重要な要因は？

地球変動のストレス要因に対する応答は，体サイズ，成長速度，産子数，栄養段階，世代時間など，個体の様々な形質によって影響を受ける．その重要な例の 1 つが分散能力である．分散能力の低い生物は，環境条件が悪化したとき，他に生育適地があったとしても移動することは難しいだろう．一方，分散能力の高い生物は，現在の生息地以外の好適な場所を利用できるかもしれない．

他の形質と同様，分散能力も不変ではない．多くの種では分散能力に表現型可塑性が見られる．例えば昆虫では，混み合い，餌の質，光周期，温度などの環境条件によって翅の発達が調節を受けることがある（例：Harrison, 1980；Zera & Denno, 1997）．また，分散に関連する形質の多くは，急速に進化する可能性がある．本来の分散能力が高い種，分散形質の可塑性が高い種，また分散形質が急速に進化できる種は，環境条件の変化に際し，好適な生息地にうまく移動できる可能性が高い．

個体群レベルの重要な要因は？

個体群密度，生息地の連結性，成長率，齢構造，環境収容力など，多くの個体群レベルの特性が地球変動ストレスへの応答に影響し，また地球変動ストレス要因から影響を受けている．ここで持続性の鍵となる予測因子は，個体群サイズである．地域の個体群サイズが大きいほど個体群の存続確率が高まることは，多くの研究によって証明されている．その一例を **BOX 図 10.8A** に示す．

様々な理由により，小さい個体群は大きい個体群よりも絶滅の危機に瀕しやすい．まず第一に，小さい個体群は，局所的な大災害（熱波，厳冬，洪水，伝染病など）によって一掃されてしまう確率が高い．第二に，遺伝的浮動の確率的な効果は，小さな個体群でより顕著である．第三に，小さい集団中には遺伝的変異が少ない．反対に大きい個体群では，遺伝的浮動は弱く，遺伝的変異は多い．そのため自然選択によってより速やかに，より確実に，新しい状況に適応することができる．このように，大きい集団は適応ポテンシャルが高く，確率的事象に対する脆弱性が低い傾向がある．これらは個体群の長期的な持続性を高める主要因である．

種レベルの重要な要因は？

分布域の広さは，地球変動のストレスへの応答に影響する種レベルでの重要な属性である．地理的範囲が狭い種は，特定の環境条件に特化している傾向があるため，元々人為的なストレスに弱い．さらに，局所で起こる極端な事象によって分布域の大部分が影響を被る可能性がある場合は，確率的な撹乱に対してさらに脆弱になる．地理的範囲が狭い種は，局所および地球規模の人為的影響にうまく対処できない可能性が高いことは，陸生種と水生種についての多くの研究から示されている（例：Harris & Pimm, 2008；Sunday et al., 2015；Böhm et al., 2016）．分布域の大きさと絶滅確率の関係を示した最近のメタ解析の結果を，**BOX 図 10.8B** に示す（Ripple et al., 2017）．

他の多くの要因と同様，地理的範囲の広さは不変の属性ではなく，時とともに変化する可能性がある．分布域の狭さは絶滅リスクの予測因子であると同時に，人為的なストレスへの応答の結果でもある．地球変動のストレスによって分布域が縮小すると，種の分布域は将来さらに縮小しやすくなる．このように，分布域の縮小によって，「絶滅の渦」として知られる個体群統計学的フィードバックに似たフィードバックループが生じる可能性がある．

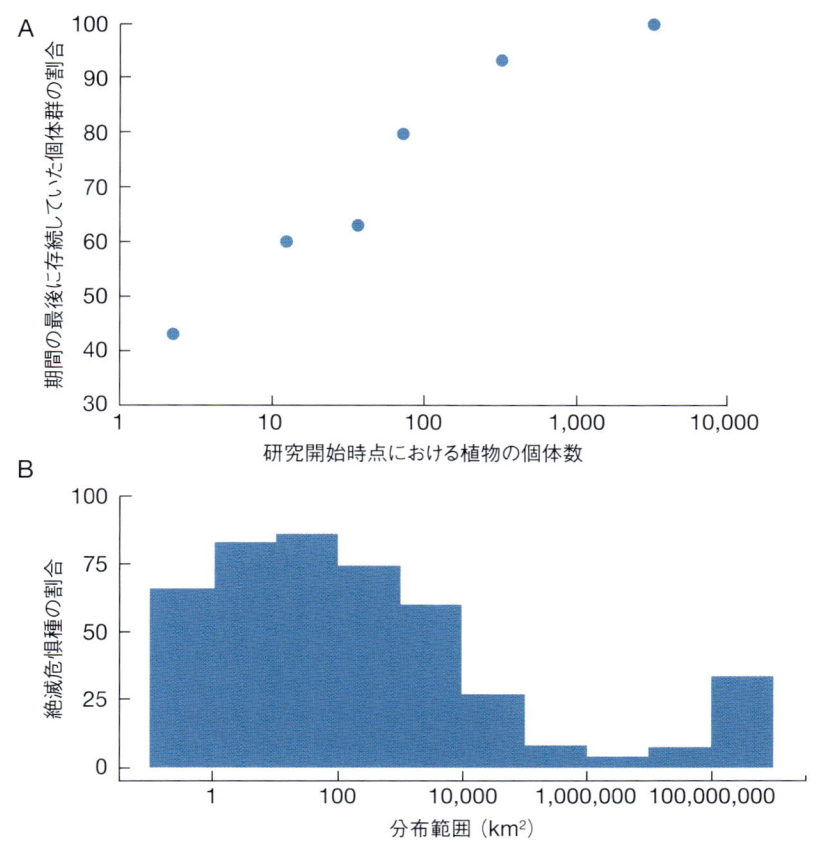

BOX 図 10.8 個体群サイズと分布範囲の重要性. (A) 10 年以上の研究が行われた 350 以上の顕花植物個体群における, 個体群サイズと存続率の関係. (B) 2 万を超える脊椎動物種についてのメタ解析から得られた, 分布範囲と絶滅危惧リスクの関係.

考えてみよう: 個体群サイズと分布域はどのように影響し合って絶滅リスクに影響を与えるのか? 地理的に広い範囲に分布するが極めて生息密度の低い種と, 地理的な分布は制限されているが生息密度が高い種では, 他の条件が同じ場合, どちらの方がより危険が大きいと考えられるか?

出典 (A) Matthies D et al., Population size and the risk of local extinction: empirical evidence from rare plants, *Oikos*, **105**(3):481–488 (2004) ; (B) Ripple WJ et al., Vertebrate species extinction risk, *Proceedings of the National Academy of Sciences*, **114**(40):10678–10683 (2017)

群集レベルの重要な要因は?

生物間相互作用の強さと特異性は, 地球変動のストレスに対する個体の応答を変化させるとともに, それら自体も人為的脅威によって変化する可能性がある. 絶対的な相互作用パートナーをもつ種は, パートナーへの脅威が自身の生存に影響するため特に脆弱である. 密接な生物間相互作用にはあらゆる種類のものがあり (寄生虫と宿主, 捕食者と被食者など), 様々な変化 (相互作用相手の消失, 新しい捕食者や競争相手の侵入, 活動時間の不一致など) によって破壊されうる. そして, いずれかの種の分布

や個体数の変化が, 群集の他の種に連鎖的な影響を与えうる. そのような連鎖的な影響は, 頂点捕食者の消失に伴うトップダウン効果や, 生産者や分解者への撹乱によるボトムアップ効果として生じる.

生態系レベルの重要な要因は?

種の消失がもたらす連鎖的な影響は, 生物群集の外へ及ぶこともある. 実際, 群集レベルの変化の多くは周囲の生物環境に影響を与える. 光合成速度から分解の動態に至る多数の生態系プロセスが, 地球変動のストレス要因に影響を

与え，また影響を受ける可能性がある．地球変動の撹乱にさらされた生態系が回復力を発揮できるかどうかは，生物群集と生物地球化学的循環との複雑な相互作用とフィードバックによって決まる．

生態系レベルで考慮すべき重要事項の1つに，人為による変化の履歴がある．一度変化した生態系は，将来のインパクトに対して脆弱になる．例えば，交通インフラが拡大する際にはしばしば生息地の減少が起こり，そして道路が整備されると狩猟のためのアクセスがよくなる，といったことが起こる．また，撹乱された生態系は，外来種の侵入機会を生み出す傾向がある．これらの影響により，生態系が撹乱を受けるほどさらなる撹乱の機会が生じ，生物多様性と生態系プロセスへの影響が強まるというフィードバックが生じる可能性がある．

生物圏レベルの重要な要因は？

地球レベルでは，複雑なフィードバックとストレス要因そのものの変化によって，生物多様性の反応が駆動される．人為による変化は，種や生態系が十分に迅速に対応できないほど急速に進行する可能性があるため，その規模や速度，可逆性は基本的な留意事項となる．多くの研究が示唆するように，人為による脅威の巨大さに比べれば，個体，個体群，種レベルの要因の寄与はあまりに小さい（例：Purvis et al., 2000；

Brook et al., 2006）．高級魚介類市場向けに収獲されるナマコを例にとってみよう（BOX 図10.9）．このグループの絶滅リスクは，個体の形質（例：体サイズ）や種の形質（例：分布範囲の広さ）などよりも，市場価値とはるかに強く相関している（Purcell et al., 2014）．このように，多くの種や生態系にとっての重要な留意事項は，ストレス要因そのものの動態である．

まとめ

ここで挙げた以外にも多くの要因が関与していること，そして複数の要因があらゆるレベルで相互作用していることを忘れてはならない．例えば，環境変化の大きさや速度について考えるとき，生物が地球変動の圧力をどのように経験するかは，生物の形質によって変わる．例えば，世代時間が短い生物では，環境変化の相対的な速度は遅くなる．一定期間にわたる地球変動のストレス要因（例：今後50年間の地球温暖化）を考えたとき，世代時間が数分や数時間の種（多くのウイルスや細菌など）と世代時間が長い種（アフリカゾウやジャイアントセコイアなど）は，全く違う応答を示すだろう．このように，地球変動のストレス要因に対する生物の応答の全体像を知るためには，異なるレベルで働く要因やその相互作用を考慮することが必要である．

BOX 図10.9 食用として収獲される絶滅危惧種のナマコ．
考えてみよう：他の人為的ストレス要因（気候変動，海洋酸性化など）は，狩猟，漁業，収獲などの直接の捕獲による種への圧力とどのように相互作用するだろうか．種が絶滅の危機に近づくと，その種の捕獲を継続しようとする経済的な動機は，一般に強まるだろうか，それとも弱まるだろうか？
出典 Purcell SW et al., The cost of being valuable: predictors of extinction risk in marine invertebrates exploited as luxury seafood, *Proceedings of the Royal Society B*, **281**(1781):20133296 (2014)

第 10 章のまとめ

○生物地球化学的循環とは？

• 生物的プロセスと非生物的プロセスは生物地球化学的循環を通じて密接に結びついており，地球変動のストレス要因はこれらの循環におけるエネルギーと物質の流れに影響を与える．

○地球変動が生態系に及ぼす影響

• 人間活動は生態系の構造（生物的・非生物的要因の量と分布），生態系機能（物理的，化学的，生物的プロセス），生態系サービス（人間社会に明確に利益をもたらすプロセス）に影響を及ぼしうる．

○地球変動が地球システムに及ぼす影響

• 人間活動は，陸域，大気，水圏，雪氷圏のシステムに劇的な影響を及ぼしている．これらの撹乱はすべて，複雑な相互作用やフィードバックと密接に関係している．

○フィードバックとは？

• フィードバックは，プロセスやシステムがそれ自身の効果によって変化するときに起こる．正のフィードバックループ（反応によって刺激が増幅する機構）はグローバル変動生物学ではよく見られるもので，気候変動や生物多様性の消失を増幅する可能性がある．

○生態系の崩壊

• 生態系の崩壊とは，生態系の構造と機能が急速かつ持続的に失われることをいう．生態系の崩壊を引き起こす転換点を予測するのは難しいが，生態系のレジームシフトの多くは劇的な栄養カスケードを伴う．

○生態系の回復力

• 生態系の回復力とは，システムが，その全体的な構造や機能を損なわずに撹乱を吸収したり，撹乱から回復したりする能力のことである．生態系の回復力には，種の多様性，機能的冗長性，生息地の連結性など多くの要因が寄与している．

○基本知識：生物多様性ホットスポット

• 生物多様性ホットスポットは，面積の割に多くの固有種が生息する生物多様性のゆりかごでありながら，生息地が著しく減少している地域である．

○データで見る：土壌中の温室効果ガス

• 微生物による炭素隔離などの地下プロセスは，気候の調節に重要な役割を果たしている．この研究から，地球温暖化によって永久凍土の生息地が温室効果ガスの吸収源から排出源へと変化し，気候システムに正のフィードバックが生じることが明らかになった．

○発展：地球変動への応答に影響する要因

• ストレス要因と生物システムのそれぞれの性質は，相互作用しながら地球変動への応答に影響を及ぼす．環境の撹乱に対する個体群，種，群集，生態系の応答は，分子レベルから地球レベルまでの要因により決定される．

11　地球変動時代の環境保全

学習成果

この章では次のことを学ぶ.
- 保全の優先順位を決めるための方法.
- 適切な保全戦略の様々なスケールからの分析.
- 地球変動の時代における保全の課題.
- 保全における新技術の使用により生じる実用上, 倫理上の課題.
- 知識の実データへの活用.

事前チェック

　地球上の生物多様性を維持するために, 最も効果的な方法は何だろうか？　様々なスケールを考慮した具体的な保全策について, みんなでアイデアを出し合おう. 特定の種や場所に焦点を当てた小規模で有効な戦略にはどんなものがあるか？　また地域や地球に焦点を当てた大規模な課題については, どのような保全策が効果的か？　それぞれについて, いくつかのアイデアを出してみよう. そして, 深堀りできそうなアイデアを1つ選び, 地球変動の時代に保全活動を実施する際に, 新たにどのような課題が出てきそうか, 考えてみよう.

はじめに

　本書では, 人口の増加, 資源の採取, 廃棄物の産出といった人間社会の動向が, 生態系に意図しない複雑な影響を及ぼしていることを見てきた. この1世紀の間に, そうした影響は広域かつ顕著になり, 私たち自身の存続に影響を与える可能性が高くなっている. そのため, 地球の「生物的遺産」を保全するための対策が, 喫緊の課題となってきている.

　保全（conservation）とは, 生態系を守り, 回復させる行為である. 本章では, 地球変動の時代に, 生物多様性を保全するために用いられる主な保全策を分析する. 保全戦略には, 生態学的に貴重な種を守るための地域的な取り組みから, 絶滅の危機の根本原因に立ち向かう世界的な取り組みまで, 様々なものがある. 地球規模で環境が急変するなかで保全を実現することは容易ではないが, ここでは現代の複雑な課題に対処するための保全策を考えていく.

保全の優先順位

　保全生物学者, 管理者, 政策立案者は, 科学的, 倫理的, 経済的, 文化的, 政治的, 実用的な無数の課題に直面している. 急速な変化のなかで最も重要なのは, 限られた資源をどのように配

分するかを決めることである．Pressey と Bottrill (2008) は，次のように述べている．「保全活動と救急医療は，貴重な財産を守るために希少な資源をいかに賢く使うかという課題をもつ点で似通っている．」つまり，保全計画には**保全における重みづけ** (conservation triage) が必要であり，どの保全対象に優先的に資源 (労力と資金) を割き，どの保全対象を後回しにするかを判断することが含まれる．資源が限られていて，保全が喫緊の場合，保全対象を重要度や優先度でランクづけする明確な方法が不可欠である．

　保全の優先順位を決める方法は数多くある．歴史的に見ると，保全計画の立案者は種や生態系の特徴を考慮してきた．例えば，すべての種が同じ価値をもつのであれば，種数が最も多い地域に保全活動を集中させればよい．前章で紹介した生物多様性ホットスポットが，生物多様性保全のための「万能」戦略として注目されたのはそのためである (例：Myers et al., 2000)．しかし，種数だけでなく，その種の特徴も重視する必要がある．個々の種は，その希少性，経済的価値，文化的重要性に基づいて，それぞれ独自の価値をもつだろう．あるいは，特定の種が生態系の遺伝的多様性や機能的多様性に不釣り合いに大きく寄与しているかもしれない．このように，保全計画では様々な特性を考慮することが不可欠である．

　科学者が保全計画の基準を選択し適用する際に，定量的な意思決定ツールを使用することが増えている (Bower et al., 2018 の総説)．例えば，Belote ら (2017) は，アメリカ合衆国で保護区の範囲を拡大するためのいくつかの優先順位を評価した．図 11.1 に示すように，基準が異なると，どの土地を保護対象として追加すべきかについて異なる結果が導き出される．一方，複合的な基準を適用して，保護価値の高い地域を特定することもできる．本章の「データで見る」では，保全計画を作成するために特定の基準をどのように決定すればよいかについて，より詳細な例を示している．

　もちろん，科学者や意思決定者は，保全の優先順位をどのように選択し，適用し，関係者に伝達するかについて注意を払う必要がある．例えば，優先順位づけの枠組みは，恣意的に見えたり，表に現れない価値判断が含まれていたり，あるいは特定の個体群や，種，または景観が犠牲にされていたりする場合がある (例：Game et al., 2013；Buckley, 2016)．また，保全活動や政策によって影響を受ける様々な社会的背景や先住民などの関係者を疎外しないよう注意すべきである．したがって，保全の優先順位を決める際に，定量的な指標と定性的な指標のどちらを使うかにかかわらず，実践者は選択の段階で地域や先住民を尊重し，選択された保全アプローチの透明性を保つことが重要である．

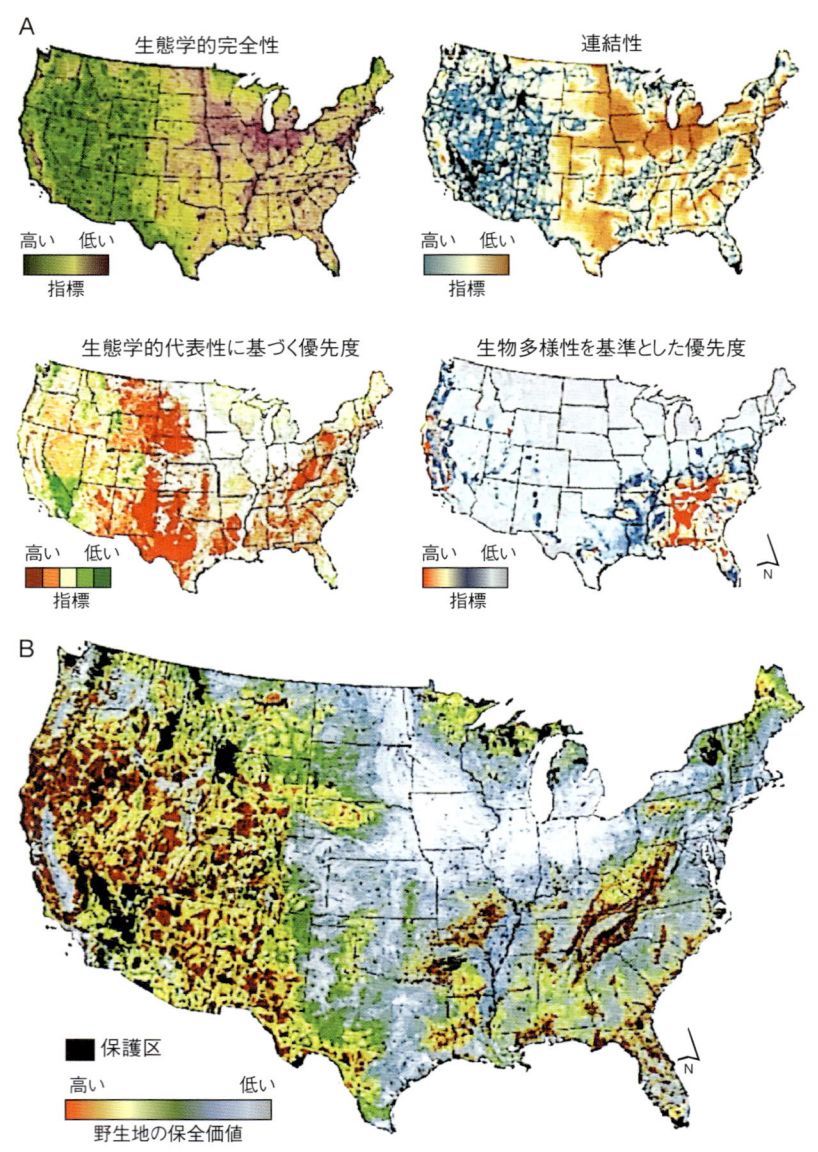

図 11.1 （A）アメリカ合衆国本土の保護区ネットワークを拡大するための優先順位づけのための代替案．生態学的完全性の基準は，人為改変の程度が低い土地の保護に重点を置いている．連結性の基準は，既存の保護区間にある生物のコリドーの確保に重点を置く．生態系優先基準と生物多様性優先基準は，既存の保護区に十分に存在しない生態系や種を選択する．（B）既存の保護区（黒）と，（A）の 4 つの基準の組み合わせに基づく保全価値の高い地域を示す合成地図．

考えてみよう：4 つの基準を重要だと考えられる順に並べると，どのようになるか？

出典 Belote RT et al., Mapping conservation strategies under a changing climate, *BioScience*, **67** (6):494–497 (2017)

 **基本知識**

気候変動緩和策

最も効果的な保全戦略は，生物多様性を減らす根本原因を減少させることである．例えば，気候変動を考えよう．地球温暖化は様々な人為的ストレスの1つにすぎないが，他のすべてのストレスとも関わっている．先に述べたように，将来の温暖化は，気候システムにおけるフィードバックと慣性によりほぼ確実に起きる．しかし，将来の温暖化がどの程度になるかは，人為的な排出がどれだけ抑制されるかで決まる．

気候変動が生物に及ぼす脅威を軽減するためには，大気中の人為起源の温室効果ガスの蓄積を減らす必要がある．**気候変動の緩和**（climate change mitigation）とは，気候システムへの放射強制力を減少させる行動を指す．緩和により，炭素排出の削減や炭素吸収源の強化が起こり，温室効果ガスの濃度を下げることができる．ここでは，気候変動緩和の基本戦略について簡単に説明する．

環境問題への取り組みとその成果

私たちはエネルギー需要を減らし（自転車通勤をする，電化製品の電源をこまめに切るなど），エネルギー効率を高めることで，エネルギー使用量を削減できる（従来の白熱電球の交換や暖房のきいた建物への断熱材の使用など）．また，よりクリーンな化石燃料（天然ガスは燃焼時に石炭の50%程度の二酸化炭素を排出するだけで済む）を使用し，再生可能エネルギー（太陽光，風力，水力など）を利用することによっても，二酸化炭素排出量を削減できる．これらの戦略は住宅や農地，工場などにすべて適用できる．

炭素隔離

炭素隔離（carbon sequestration）とは，大気中の炭素を除去し，貯蔵庫に長期的に貯蔵するプロセスのことを指す．炭素は生物圏で自然に隔離される．自然の炭素吸収源（森林や泥炭地など）を保護・復元し，農地などの人間が関わる景観における炭素隔離を促進することで，生物学的な炭素隔離の増加を促すことができる（例：農業でバイオマスを土壌に還元する）．また，バイオマスの埋設や地下への注入など，物理的・化学的に炭素を隔離することも可能である．

太陽放射熱の反射の増加

地球に降り注ぐ太陽放射の反射の増加など，放射のバランスを変えようとする試みもある．太陽エネルギーが地球に到達する量を変化させる**地球工学**（geoengineering）と呼ばれる大規模な環境操作は，これまでにも数多く提案されてきた．**BOX 図 11.1**にある，雲を増やす「クラウドシーディング」，太陽光を反射させるエアロゾルの散布，宇宙ミラーの設置などのアイデアは，依然として論争の的となっている（Schneider, 2008）．これらは莫大な費用がかかるだけでなく，予期せぬ結果を招くおそれがあるためである．

緩和と適応

気候変動緩和への取り組みは不可欠であるが，炭素排出量を削減しても，人為的な気候変動の影響を安定化または逆転させるには長い時間がかかる．そのため，気候変動への適応は，気候変動緩和策と対をなす重要な取り組みとなる．**気候変動への適応**（climate change adaptation）とは，人為的な気候変動に対する生物システムの脆弱性を低減するための取り組みを指す．例えば，都市部での植林は地域の気温を下げるのに役立ち，堤防の建設は異常気象から海岸を守り，耐熱作物の育種は気候変動への適応策となる．当初，気候変動への適応は気候変動の緩和の妨げになると考えられていたが，現在では気候変動対策に不可欠な要素であると認識されている．

多くの気候変動の緩和策と適応策は複雑であり，トレードオフの関係にある．例えば，風力タービンは再生可能エネルギーの重要な技術の1つであるが，鳥やコウモリの死亡を引き起こすという批判もある（Johnson et al., 2016；Thaxter et al., 2017）．しかし，BOX 図 11.1 に示すように，風力タービンが影響を与える個体数は，他の人為的ストレス要因よりもはるかに少ない．建物との衝突や飼いネコによる捕食は，アメリカ合衆国だけで年間 10 億羽以上に及んでいる（Loss et al., 2014, 2015）．科学者，管理者，政策立案者，倫理学者が緊密に連携し，気候緩和と気候適応のための効果的で責任ある戦略を考案し，実施に移すことが重要となる．

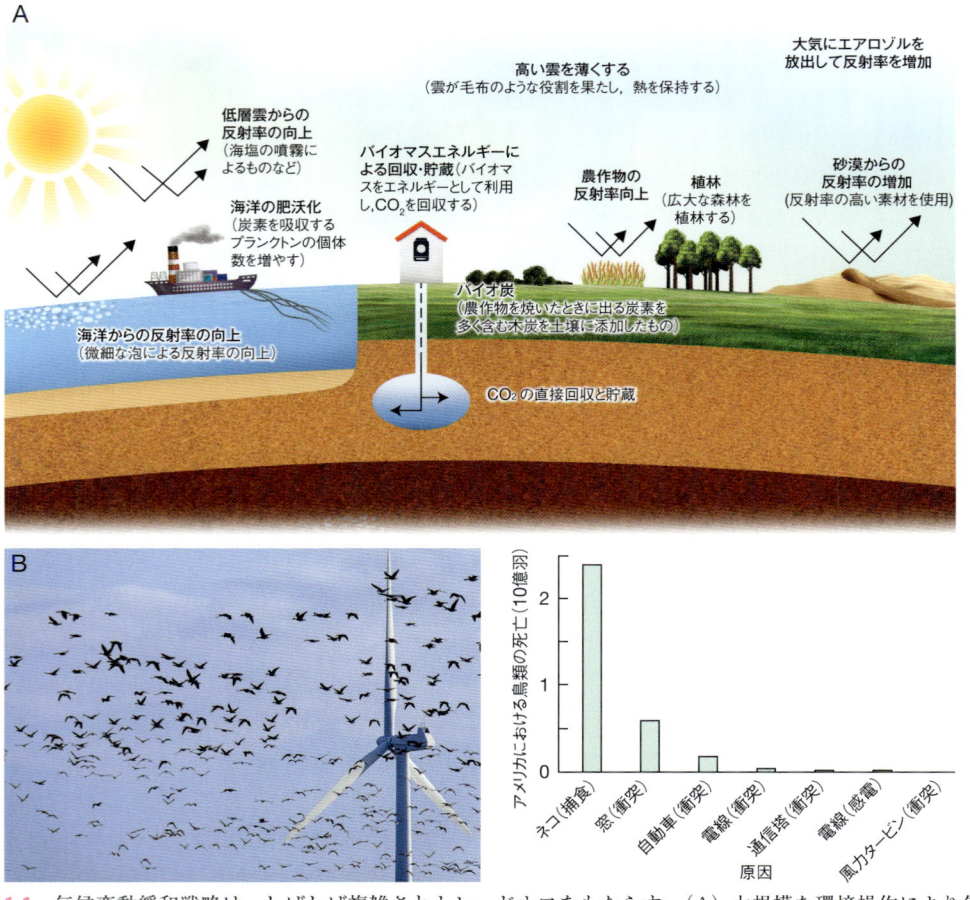

BOX 図 11.1 気候変動緩和戦略は，しばしば複雑さとトレードオフをもたらす．（A）大規模な環境操作により気候変動を緩和するために，様々な地球工学的アプローチが提案されている．そのなかには太陽放射の入射を減らすことに焦点を当てたものもあれば，炭素隔離を増やすことに焦点を当てたものもある．そのほとんどは意図しない副作用の可能性があり，論議を呼んでいる．（B）代替エネルギー源は，温室効果ガスの排出を減らすのに有効である．しかし，代替エネルギーも自然保護の目標と対立することがある．例えば，風力タービンはその建設と使用が野生生物に影響を与えるという理由で批判を受けている．しかし，鳥類の死因が異なる例で示したように，他の人為的な脅威の方がはるかに大きい．

考えてみよう：もし，地球工学の将来性とリスクに関する討論会に参加する場合，どちらの立場で討論に加わりたいか？　地球工学の取り組みに対する賛否両論のなかで，主張の核となるものは何か？

出典　（A）Piers Forster/University of Leeds；（B）Natalia Paklina/Shutterstock；（C）Loss SR et al., Direct mortality of birds from anthropogenic causes, *Annual Review of Ecology, Evolution, and Systematics*, **46**(1):99–120 (2015)

保全活動の対象レベル

保全の優先順位が決まると，保全計画の立案者は保全活動の評価を始めることができる．個体群，種，景観，生態学的・進化的プロセスを保全するために実行できる具体的な活動は，数千はいかないまでも数百は存在する．HelleとZavaleta（2009）は，気候変動下で生物多様性を保全するための100以上の提言を紹介している．本章の「基本知識」では，そのいくつかを紹介している．また，別のデータベースでは，気候以外の様々な地球変動ストレス要因を取り上げ，様々な生態系で実施された1,200以上の具体的な保全活動をリストアップしている（Conservation Evidence, 2017）．したがって，まず対象とする生物レベルを設定し，どの保全活動が高い確率で成功するかを明らかにすることが重要である．

ここでは，2つの生物レベルにおける保全活動の事例を紹介する．**生物集団保全戦略**（fine-filter strategy）は，一般に個々の個体群や種の保全に重点を置いている．**生息域保全戦略**（coarse-filter strategy）は，一般に生態系や景観のレベルに焦点を当てる．例えるならば，生物集団保全戦略は「役者」を保全し，生息域保全戦略は生態学的・進化的な「舞台」を保全することになる（例：Tingley et al., 2014）．もちろん，生物集団保全戦略と生息域保全戦略は排他的なものではない．さらに，ある種の保全に向けられた活動は必然的に生態系レベルへ影響を及ぼし，景観の保全に向けられた保全活動は個々の種に影響を及ぼすことになる．環境変化の時代には，両方の保全アプローチが急務である．

生物集団の保全戦略

生物集団保全戦略では，特定の個体群や種を特定の脅威から守ることに焦点を当てている．こうした対策は，種が対処可能な地球変動のストレス要因によって危機に瀕している場合に，特に有効である．生物集団保全戦略は，生態系にプラスの波及効果をもたらす．例えば，個々の種の保全は，その種が依存する生態系を保全することにつながる．もちろん，生物集団保全戦略は，少数種を絶滅の危機から救うためにコストや努力をかけることになり，保全資金を様々な種や生態系に対して均等配分するものではない．しかし，生物集団保全戦略が不可欠であることに変わりはない．ここでは，効果的な例をいくつか見ていこう．

乱獲の抑制

希少種に対する脅威はしばしば減らせる．例えば，狩猟や採集が絶滅の危機の主要因である場合は，規制することが可能である．アフリカゾウの密猟を考えてみよう．数百万頭のゾウがアフリカの森林やサバンナの生息地を歩き回っていたのは，100年も前のことだ．今や，狩猟と生息地の消失により，ゾウの個体数は激減した（例：Maisels et al., 2013；Wittemyer et al., 2014）．最も大きな脅威は，象牙取引のための牙の採取によりゾウが殺されることである．この脅威に立ち向かうため，1989年にワシントン条約（CITES）が象牙の国際取引を禁止した．ゾウという象徴的な種に対するシンプルな脅威を対象とした，わかりやすい保護活動の例である．

しかし，このように個体数減少の原因が特定しやすい場合でも，個体数を元に戻すことは容易ではない．図 11.2 に示すように，象牙取引禁止後も違法な殺戮が続き，密猟による死亡が自然死亡を上回る年もある．大陸規模では，密猟のピーク時には1日当たり100頭ものゾウが殺された．さらに，違法な殺戮の発生頻度は象牙の価格と強い相関があり，象牙の取引の禁止が今もゾ

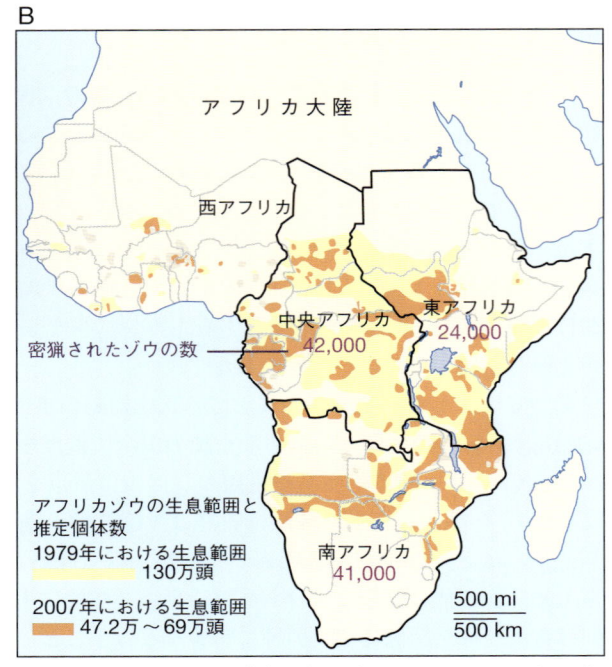

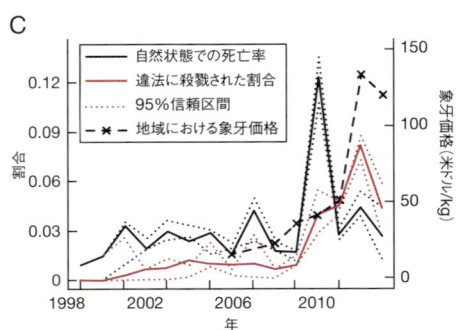

図 11.2 過剰捕獲を減らす必要性. (A) 密猟された象牙を押収したもの. (B) 過去 40 年間で, アフリカゾウの個体数と地理的範囲は急激に縮小している. 大陸規模のデータによると, 2010 年から 2012 年の間だけでも 10 万頭のゾウが違法に殺戮されたことが示唆されている. (C) ケニアのある地域におけるゾウの違法な密猟. アフリカゾウの違法な殺戮率(赤線)と自然死亡率(黒線), 象牙の現地価格(黒破線)を対比している.

考えてみよう:ゾウの自然死亡率が年変動する理由には何が考えられるか? ゾウの密猟による殺戮のパターンには, 地域の象牙の価格以外にどのような要因が考えられるだろうか?

出典 (A) 人 物:Tsvangirayi Mukwazhi, 出 典:Colorado State University; Save the elephants; Monitoring the illegal killing of elephants (MIKE); Department of Zoology, University of Oxford; Kenya Wildlife Service; Diane Skinner, African Elephant Specialist Group, IUCN;(B),(C) Wittemyer G et al., Illegal killing for ivory drives global decline in African elephants, *Proceedings of the National Academy of Sciences*, **111**(36):13117–13121 (2014)

ウの密猟を促進していることがわかる (Wittemyer et al., 2014). したがって, ゾウの密猟のようなたった 1 種に対する 1 つの脅威であっても, 地域から国際的な規模に至るまで, 多大な投資と協力が必要である.

　乱獲を減らすことは, 大型の陸生哺乳類に限って重要なわけではない. 陸域・水域の多数の種が, 持続不可能な採集によって脅かされている. 例えば, 魚や水生無脊椎動物の多くは食用に, また両生類や爬虫類はペット取引用に, 植物種は薬用に採取されている (Carpenter et al., 2014；Purcell et al., 2014；van Wyk & Prinsloo, 2018 など). これらの種の保全のためには, 捕獲を監視し, 維持可能なレベルに制限する保全活動が不可欠である.

飼育下での繁殖

　保全活動は, **生息域内保全** (in situ conservation) と呼ばれる自然界での生物の保全が理想である. しかし, 場合によっては, 脅威のある地域から種を移動させることで保全する**生息域外保全** (ex situ conservation) を行うこともある. 世界中の多くの研究施設, 動物園, 水族館, 植物園において, 飼育下(栽培下)で動植物の集団が維持されている. また, 生殖細胞の低温保存も

一般的になっている.

　人工飼育の有名な例は，絶滅危惧種を飼育下で繁殖させ，野生に再導入するものであろう．カリフォルニアコンドルは，生息地の消失，狩猟，鉛中毒が原因で 20 世紀に急激に減少した（Alagona, 2004）．1987 年に最後のカリフォルニアコンドルが捕獲された．飼育増殖後に，最初の個体が再導入されるまでの 5 年間，この種は野生から絶滅していた．カリフォルニアコンドルの野生下での個体数は過去 30 年間で一貫して増加しており，飼育繁殖による再導入の成功例として知られている（Ralls & Ballou, 2004）.

　最近，飼育下での増殖アプローチは洗練されてきている．研究者が，導入した種が変化した環境下でも確実に数を増やすことができる方法を探索しているためである．例えば，第 7 章ではサンゴ礁が直面している脅威を紹介した．ここ数年，サンゴの研究者は，飼育されたサンゴが地球温暖化やその他の人為的なストレス要因に対処できるように「事前適応」できるかどうかを検討し始めている（van Oppen et al., 2015 など）．図 11.3 に示すように，様々な対応方法が可能である．単純な方法としては，飼育しているサンゴを事前に高温にさらし，馴化応答を誘導することである．より積極的なアプローチとしては，耐熱性に関わる遺伝的な変異を誘発し，それを選択的に保全することである．種の存続を高めるために，実験室で適応のプロセスを加速させる**進化支援**（assisted evolution）によるアプローチは，他の生物でも検討されている．本章の「発展」では，保全活動において遺伝子操作を利用する方法と，それに関連する倫理的課題を詳しく扱う.

　飼育下での繁殖が，貴重な種の絶滅回避のための唯一の選択肢であると考える研究者は少なくない．しかし，飼育下での繁殖プログラムは費用がかかり，必然的に少数の種に焦点を当てることになるため，論争の的になることもある．Pounds ら（2006）の言葉を引用しよう．「飼育・繁殖のために施設で個体群を保護することは，ノアの箱舟を連想させる．実際には，これらの施設は，危険な海に浮かんでいる高価で当てにならないハイテクの救命ボートにすぎない．その座席を手に入れることができる種は必然的に限られる．そのうちどれだけが再び故郷に帰れるだろうか，あるいは帰るに値する故郷を手に入れられるだろうか.」

　飼育下での繁殖の取り組みが最も効果的になるのは，野生での脅威を減らす努力との組み合わ

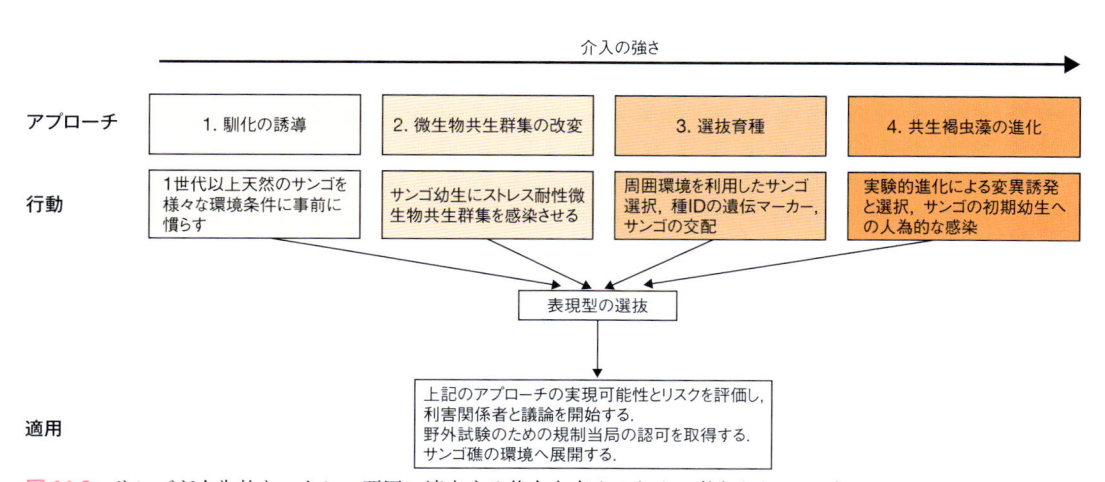

図 11.3　サンゴが人為的なストレス要因に適応する能力を高めるために考えられるアプローチ.
　考えてみよう：もしあなたが地元のサンゴ礁の保全に取り組む科学者だとしたら，どの程度の「介入の強さ」の方策に取り組みたいと考えるだろうか？
　出典　van Oppen MJ et al., Building coral reef resilience through assisted evolution, *Proceedings of the National Academy of Sciences*, **112**(8):2307–2313 (2015)

せで，再導入が最終的に実行されるときである．種の生態や進化に関する深い理解をもとに繁殖計画が実行されれば，再導入は成功しやすくなる．つまり，遺伝的多様性や集団内での社会行動，他種との共生関係などを維持できれば，着実な個体群管理ができるようになる．

人為移住

多くの科学者は，自然下と飼育下での保全の二分化は過度に単純化したものであり，変化する世界での保全活動には様々な中間的アプローチを用いる必要があると指摘されている（例：Pritchard et al., 2011; Braverman, 2014）．そのようなアプローチの1つが，ある場所から別の場所へ個体を移動させる**人為移住**（translocation）である．例えば，ある地域の個体群は絶滅してしまっても，その脅威が改善された場合，人為移住によってその種の原生息域に個体群を再形成することができる．また，以前は生息していなかった地域に個体を移動させることもできる．この場合の人為移住は**移住支援**（assisted migration）と呼ばれることもある．第5章と第8章で見たように，多くの種では現在と将来の生息地が重なることはなく，分散能力が限られた種は特に絶滅の危機に瀕するため，移住支援は保全戦略としてますます注目されている．

ニュージーランド沖のチャタム諸島にのみ生息する小鳥チャタムヒタキは，人為移住の典型的な成功例である（**図 11.4A**）．大型の陸生捕食者のいない島で進化してきたこの鳥は，ネズミなどの外来哺乳類が侵入すると急激に数が減少した．1980年には，1つの島に5羽が残るのみとなった．さらに，「オールドブルー」と名づけられた最後の1羽のメスは，常に捕食の脅威にさらされていた．チャタムヒタキの最後の5羽は捕食者のいない近くの島に人為的に移され，繁殖成功を高めるために雛を里子に出すなど積極的な管理を行った結果，現在では200個体以上の安定した個体群となっている．

このように，たった1羽からの繁殖によって絶滅の危機に瀕していた種が救われたことは，非常に稀なケースである．しかし，人為移住が生態系レベルで意図しない結果をもたらす例も多くある．人為移住は，食物網，エネルギー，栄養の流れを変化させるため，対象種と移入先の生態系の双方にリスクがある．その典型が，アメリカ南西部の砂漠にアフリカ産のオリックスを導入した例である（**図 11.4B** 参照）．1970年代初頭，ニューメキシコ州のチワワ砂漠に，大型獣の狩

図 11.4　（A）ニュージーランド沖の外来種のいない島への移住に成功し，種を絶滅から救ったチャタムヒタキのメス．（B）オリックスは，アフリカ南部の乾燥した平原に生息している．1970年代，カラハリ砂漠からニューメキシコ州チワワ砂漠に，狩猟のために100頭以下が導入された．天敵がいないため，その数は5,000頭以上に膨れ上がった．
考えてみよう：人為移住の「成功」をどのように定義したらよいだろうか？　移住を成功させるためには何が必要なのか，アイデアを出しながら話し合って考えてみよう．
出典　（A）Massaro M et al., Human-assisted spread of a maladaptive behavior in a critically endangered bird, *PLoS ONE*, **8**(12):e79066 (2013)；（B）David Havel/Shutterstock

猟を体験させることを意図して93頭のオリックスが放たれた．しかし，天敵がいないためにオリックスの個体数は膨れ上がった．これまで5,000頭以上がハンターに殺されたといわれているが，今でも同数以上のオリックスがいるらしい．その個体数の増加を抑え，在来種の動植物をその影響から守ろうと，何百万ドルもの資金が費やされている．同じような意図しない結果は水系でも観察されており，魚の移動が他の種の減少を招き，捕食-被食の相互関係を寸断している（例：Minckley, 1995）．したがって，どのような人為移住であっても，移出元と移入先の両方における生物間相互作用への潜在的な影響をしっかり考慮する必要がある．

人為移住の最先端技術としては，有利な形質をもつ個体を移動させることが検討されている．このような標的型の**遺伝子流動**（gene flow）を利用すれば，地球変動の脅威に対する耐性をもった個体を，種の分布域に広く導入できる可能性がある（Kelly & Philips, 2015, 2018）．例えば，両生類には第8章で取り上げたカエルツボカビ症に対する感受性に差異があることがわかっているが，耐性の高い個体群が耐性の低い個体群に導入されれば，その種の分布域に耐性が広がる可能性がある．

標的遺伝子流動は，有利な対立遺伝子をもつ個体を移動させることを指すが，特定の対立遺伝子そのものを移動させることも可能である．様々な種類の遺伝子操作によって，絶滅の危機に瀕している種のゲノムを直接改変できる可能性が出てきている．もちろん，この方法は生態学的，倫理的に多くの問題がある．**遺伝子工学**（genetic engineering）を保全の課題に適用する際の倫理的問題については，章末の「発展」で触れることにする．

生息域の保全戦略

これまで見てきたように，生物集団保全戦略は，特定の進化の産物を保存することに重点を置いている．しかし，現在の生物多様性を生み出したプロセスについてはどうだろうか．変化する世界のなかで，保全策によって種の相互作用，生態系機能，進化の可能性を維持することが果たしてできるのか．生息域保全戦略では，景観，生態系，プロセスにより焦点を当てることで，これを実現しようとしている．景観レベルに焦点を当てた活動は，その地域に生息している種に重要なトリクルダウン効果（波及効果）を与えることができる．また，より大きな空間スケール，より長い時間スケールでの生態学的，進化的過程が生じる場を提供することができる．もちろん，景観レベルの保全は決して安価ではないが，地球規模の変化に対処するうえで本質的に重要である．次に，生息域保全戦略の例をいくつか見てみよう．

保護区の設置

図 11.5 に示すように，地元の小さな公園から地域の大規模な保護区まで，生物多様性のために土地を確保することは，自然保護政策の長年の定番となってきた．人類が野生生物保護区を作ったという証拠は，数千年前にまで遡る．現代では，保護区を選択するための保全計画ツールはますます洗練されてきている（Sarkar et al., 2006；Kukkala & Moilanen, 2013）．コンピュータアルゴリズムを使って最適化ルールを適用し，ある地域の生物多様性や景観の特徴を保全するのに役立つ保護区を選択することができる．

例えば，新しい保護区は，既存の保護区との相補性（新たな種や土地属性を最も多く追加すること），または代替不可能性（ユニークな種や土地属性をもつこと）に基づいて選択することが可能である．さらに，保護区の選定では，経済的コストを最小限に抑えながら，環境的利益を最大

化するなど，保全と経済の優先順位を統合することができる．このように，体系的な保全計画手法を用いることで，管理者は明確な基準に基づいて保護区の配置と設計を行うことができる（Margules & Pressey, 2000）.

　集中的な石炭採掘の脅威にさらされている中国の山西省を対象に，保護区の体系的な選定を行った事例を紹介しよう（Zhang et al., 2016）. 1980 年以降，この地域には数多くの小規模な自然保護区が設置され，山西省の豊かな固有植物を保全するうえで，これらの保護区の有効性が評価されてきた．具体的には 50 種以上の絶滅危惧植物の地理的な出現状況と生息適地データをもとに，保護区選択のアルゴリズムを用いて，保全の優先度が高い地域を特定した．その結果，わ

凡例:
- 国立公園管理局
- アメリカ合衆国森林局
- アメリカ合衆国魚類野生生物局
- アメリカ合衆国土地管理局
- その他の連邦政府の管轄
- 非政府組織(NGO)
- カリフォルニア州公園レクリエーション局
- カリフォルニア州魚類野生生物局
- その他の州の管轄
- 特別地区
- 市の管轄
- 私有地

図 11.5　保護区のネットワークは，多様な利害関係者が所有・管理する土地で構成されることがある．このカリフォルニア州の例では，連邦政府，州政府，地方政府，市政府が保護する土地に加え，非政府組織や私有地所有者が保護する土地もある.
　　考えてみよう：地元の小さな公園と大きな原生地域が，どのように自然保護の目標や目的に貢献しているかを比較対照してみよう.
　　出典 California protected areas database (www.calands.org)

ずか 5% の土地面積を保護するだけで，全絶滅危惧種を保全できることがわかった．さらに，既存の保護区を補完するために最も優先順位の高い地域がいくつか特定された．

こうした例は，保護区の設計のための体系的なアプローチをとることで，生物多様性への恩恵を最大化できることを示している．しかし，重要な課題も残されている．保全のための優先地域の特定は，土地の確保や，資金調達，土地管理よりも簡単であるが，保護区のための土地を確保するには，その場所を厳格に保護するか，あるいは先住民による持続可能な利用を認めるかなど難しい問題がある．さらに，人為影響を受けにくいはずの遠隔地にある保護区であっても，気候変動やその他の人間の影響によって時間とともに環境が変化し，保全優先種にとって適切な生息地であり続けられる保証はない．最後に，保護区の維持・管理には費用がかかる．現在，世界の保護区への支出は，年間平均 60 億米ドルといわれている（James et al., 2001）．だが，この額は，生態系サービスにおける生物多様性が果たす年間の価値と比べれば，わずかな金額（おそらく0.1% 未満）にすぎない（Pimentel et al., 1997）．

結局のところ，地球上の生物多様性を保全するためには，強固な保護区制度が不可欠である．実際，多くの科学者が保護区の早急な増加を呼びかけている．なかでも卓越した生物学者であるE. O. ウィルソンは，地球の丸々 50% を自然保護区として確保することを提唱している（Wilson, 2016）．図 11.5 が示すように，自然保護区の設立には，政府，非政府組織，私有地の所有者（財団，企業，個人），地域社会のすべての参画と協力が必要である（例：Pasquini et al., 2011）．

土地保全の政策と実践において，**先住民**（indigenous people）が特に中心的な役割を担っていることに注意を払うべきである．先住民の社会は，その土地に根ざした自然資源とその伝統的な利活用に深い関わりをもっている．彼らは何千年もの間，複雑で微妙かつ適応的な天然資源の管理を実践してきた（例：Eckert et al., 2018）．植民地化，抑圧，大量虐殺，先祖代々の土地の強制的な剥奪といった残酷な歴史があるにもかかわらず，先住民は現在，全世界で 3,700 万 km^2 以上の土地を管理し，また管理する権利を有している（Garnett et al., 2018）．土地の主権を確認し，先住民の社会に返還することは極めて重要である．生態系の伝統的な利活用と回復の努力は，先住民の文化的慣習を尊重し，先住民の権利を積極的に擁護することと足並みを揃えなければならない．第 12 章では，多様な関係者が保全のための土地管理と資金調達にどのように貢献できるかという問題に触れることにする．

生物のコリドー（通り道）の復元

手つかずの広大な生息地を特定することは，保護区の設定計画の焦点となる．しかし，時に生息地そのものではなく，生息地（パッチ）間の連結性の不足が問題となることもある．連結性は複数の時間スケールで重要となる．まず，毎年渡りを行っている種は少なくない．主要な餌場と繁殖地は保全されているかもしれないが，生物の移動経路であるコリドーやその中継地が人為活動により危険にさらされている．第二に，多くの種の個体群は，自然界で定期的に絶滅と再定着のサイクルを経験している．このような場合，生息地間の連結性は，これらの種の個体群の再生と回復に不可欠である．第三に，多くの種では生息適地が気候変動で極地方向へシフトするなど，長い時間スケールで生息場所が変化することがある．現在と将来の生息地が重ならない場合，連結性は長距離の分散能力のない種にとって，特に重要である．

タンザニアでは，国内に複数の生物多様性ホットスポットがあり，植物，鳥類，哺乳類について国際的に認定された保護区が数多く存在する．例えば，図 11.6 に示すように，セレンゲティ・マラ生態系では，毎年 100 万頭以上のヌーが長距離の移動を行う．近年，森林伐採，農地への転

換，道路建設などの人為活動により，こうした野生動物の移動に重要なコリドーがいくつか寸断された．最近の研究では，地元社会への聞き取り調査や，土地転換のデータ，コンピュータモデルを用いて，既存のコリドーと寸断されたコリドーを推定し，野生生物の移動に最もコストのかからないコリドー（最小コストコリドー）を探索した（Riggio & Caro, 2017）．図 11.6 に示されるように．その分析から残されたコリドーを特定し，コリドーを保全するために有効な国立公園の間にある中継地点を提案した．

野生生物のコリドーは重要ではあるが，変動環境下では世界的な解決策にはならない．保護区の間に狭いコリドーを設置しても，生息地の破壊というより大きな問題や，生息適地が気候変動で急速に移動しているという課題には対処できない．さらに，陸上の大型動物のためのコリドーは注目される傾向にあるが，他の種にとっては別のコリドーが必要である．例えば，人工光で夜間照明されることが多くなった近年，コムクドリにとっては暗いコリドーが重要であることが明

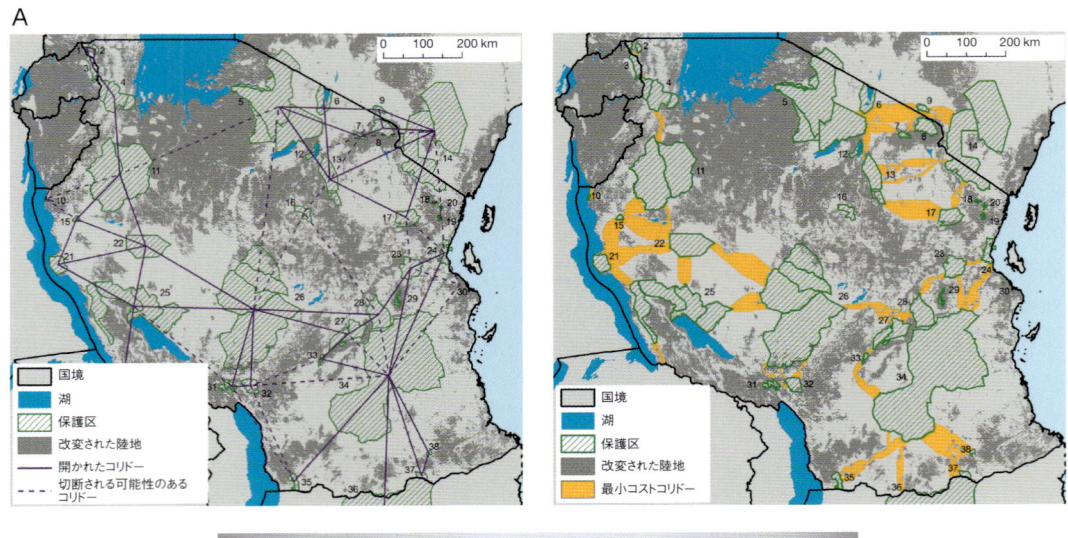

図 11.6　（A）タンザニアの保護区．左側の図は，保護区の間で野生生物が移動するためのコリドー（紫色の線）と切断される可能性のあるコリドー（紫色の破線）を示す．右図は「最小コストコリドー」として特定された地域（オレンジ色）．これらのコリドーは，保護された場合，移動ルートと個体群のつながりを最も保護することができる場所である．（B）セレンゲティ・マラ生態系を毎年移動する 100 万頭のヌーのような移動種にとって，景観レベルでの連結性の維持は必須である．
　　　　考えてみよう：陸生種，水生種，飛翔種の移動経路を保護するための保全戦略には，どのような共通点と相違点があるか．
　　　　出典　（A）Riggio J & Caro T, Structural connectivity at a national scale: wildlife corridors in Tanzania, *PLoS ONE*, **12**(11):e0187407 (2017)；（B）Ricardo Matos Camarinha/Shutterstock

らかになった（Zeale et al., 2018）．さらに，海域におけるコリドーの重要性が認識されつつあるが（例：Pendoley et al., 2014；Krost et al., 2018），水生生物の動きを追跡し，水中にコリドーを作ることは困難である．最終的には，大きな生息地間にコリドーを作ることが重要であるが，将来起こりうる様々な条件下で，多様な生物種を対象にコリドーの有用性を検討する必要がある．

自然撹乱の復活

生物多様性の保護区の設置やコリドーの修復に加え，失われた自然撹乱を復活させることも重要である．多くの生態系で人間活動が撹乱の頻度と程度を高めてきたが，人間が環境の変動を減らしてきた生態系もある．例えば，堤防の建設や火災の抑制などは，洪水や火災の頻度や深刻さを減少させてきた．多くの生物は，実際に高撹乱の生態系に適応している．例えば，象徴種とし

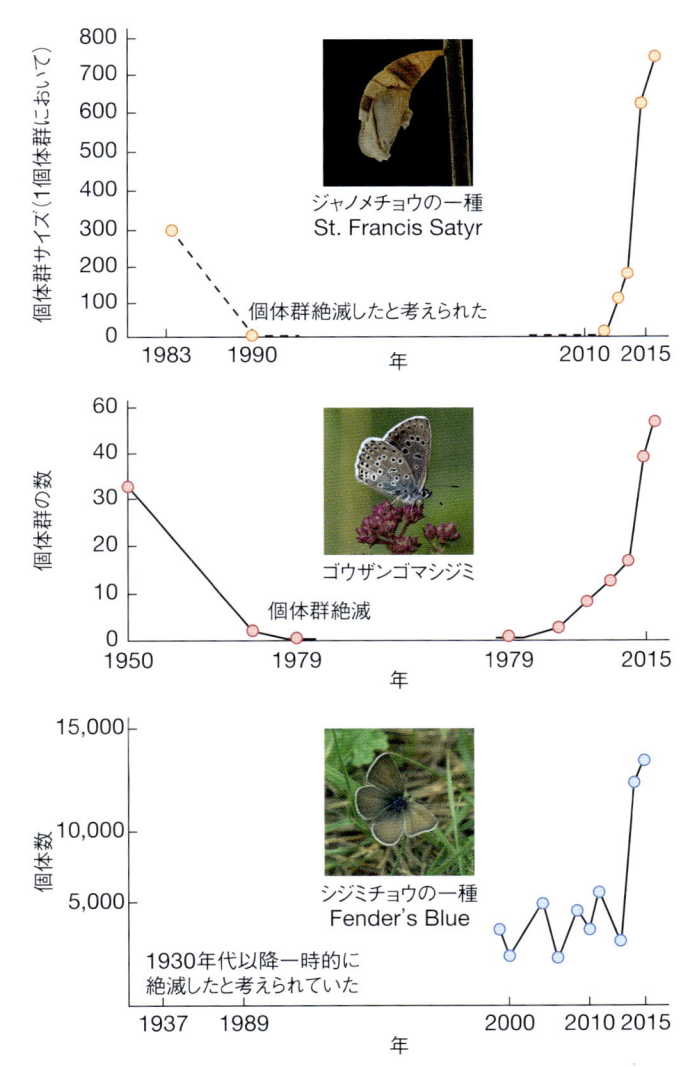

図 11.7 自然の撹乱条件が復活した後の3種の希少なチョウの回復．
考えてみよう：絶滅危惧種のために自然火災を再確立することの潜在的な利点と，近隣の人間社会の潜在的な懸念とを，どのように比較検討するか？
出典 Haddad NM et al., Species' traits predict the effects of disturbance and productivity on diversity, *Ecology Letters*, **11**(4):348–356 (2008)

て有名なセコイアデンドロンは，種子の発芽を定期的な山火事に依存しており，人為的な火災抑制によって悪影響を受けてきた（Parsons & DeBenedetti, 1979）．

　このように，自然の撹乱体制を復活させることは，不安定な環境に適応した在来種に利益をもたらすことがある．図11.7で示すように，いくつかの絶滅寸前のチョウ類は，火災や放牧などの撹乱を復活させることで個体数を回復させ始めた（例：Schultz & Crone, 1998；Haddad, 2018）．もちろん，これら自然プロセスの復活にはそれなりのリスクが伴うが（例：Backer et al., 2004），景観レベルで自然の撹乱を復活させる方法を考えることは，生息域保全戦略として重要である．

高度に改変された環境下での生息地の改善

　生物多様性保全のために土地を確保することは，現代の自然保護活動の大目標である．伝統的な保全活動は，何十年も手つかずの自然がある原生地域の保護と回復に焦点を当ててきた．しかし，人為的な影響があまりにも広範囲に及んでいるため，もはや原生地域のみに焦点を当てた保全活動では対応できなくなっている．これまで述べてきたように，地球上の約70％が人間活動の影響を受けている．また，原生植生のある地域でも，都市や農業の開発によって生息地が分断されつつある．したがって，高度に改変された景観であっても，地域の生物多様性を維持するための保全の強化策を考えることが重要である．人間が支配する景観の保全を促進する方法は，**調和生態学**（reconciliation ecology）と呼ばれる．調和生態学は，すべての土地景観が生物多様性を維持するために改善できることを意識したものである．

　公有地，私有地を問わず，正式に保護されている地域以外でも，保護活動を行う機会は多くある．例えば，農地景観における送粉者の保全を考えよう．ハチ，チョウ，鳥などの送粉者は農地に不可欠な生態系サービスを提供している（例：Klein et al., 2007）．しかし，慣行農業がもたらす農薬の使用（死亡率への直接的影響），単一栽培（餌の減少），外来送粉者の導入（在来種の駆逐）などにより，貴重な送粉者に悪影響が及ぶことがある．

　農地と自然地を切り離すことなく在来の送粉者の生息環境を向上させる例として，畑の縁への在来植物の生け垣の設置が挙げられる．生け垣は採餌のための恒常的な資源となり，農薬や土壌耕起などのストレスからの避難場所となる．多くの研究で，生け垣を造ることで農地に生息する在来ハナバチの種数や個体数が大幅に増加することが示されている（例：Morandin & Kremen, 2013；M'Gonigle et al., 2015）．図11.8で示すように，在来送粉者は生け垣だけでなく，隣接する畑でも密度や多様性を高めている．

　都市部でも生息環境を向上させる取り組みは増えている．最近，都市で盛んになっている屋上庭園の設置はその一例である．図11.9に示すように，こうした「垂直の森」は大きな建物の上に生息地を作り，何千・何万本もの植物を育むことができる．屋上庭園やその他の都市緑地は，都市のヒートアイランド効果の軽減から，地域の生物多様性の増加，人間の生活水準の向上，地球規模の気候変動への対策に至るまで，様々な利益をもたらす（例：Sisco et al., 2017；Sun et al., 2019）．すべての種が高度に改変された環境で繁栄できるわけではないが，人為影響を最も強く受ける都市景観であっても，生物多様性を高める取り組みは今後も極めて重要になるであろう．

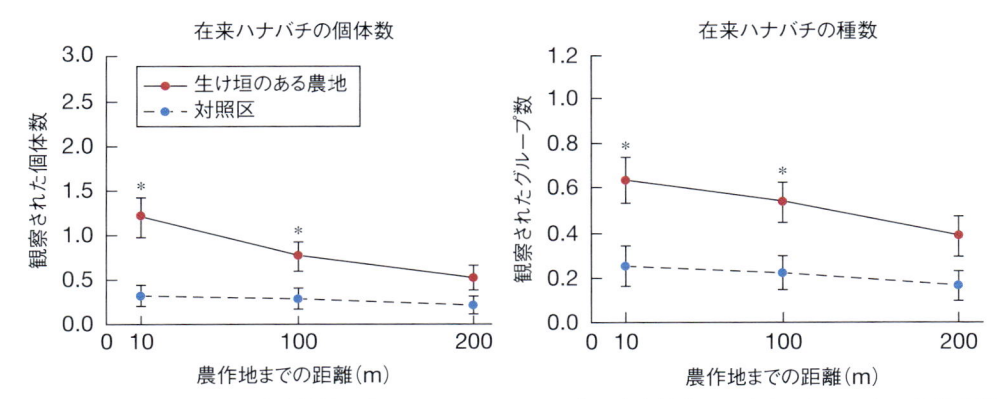

図 11.8 農業環境における生物多様性の向上．ハナバチやその他の在来昆虫は，改変されていない生態系だけでなく，高度に改変された農業環境でも送粉者として重要な役割を担っている．在来種の花を咲かせる植物を作物の近くに生け垣として復元すると，在来種のハナバチが避難し，巣を作り，採餌する機会を提供することができる．生け垣のある農地は，ない農地に比べて在来ハナバチの総個体数や多様性が高い．

考えてみよう：生け垣が在来の送粉者の個体数と多様性に及ぼす影響が，生け垣から数百 m の範囲まで及んでいるのはなぜだろうか？

出典 © 2013 by the Ecological Society of America；Morandin LA & Kremen C, Hedgerow restoration promotes pollinator populations and exports native bees to adjacent fields, *Ecol. Appl.*, **23**(4):829-839 (2013).

図 11.9 都市における生物多様性の増進．世界中の多くの都市が「垂直の森」に投資している．超高層ビルで信じられないほどの数の植物を育てることができ，都市景観とそれがもたらす生態系サービスを一変させることができる．

考えてみよう：私たちは，未開発の広大な原生地域の保全から，高度に改変された景観における生息地の拡大まで，数多くの異なる保護戦略について見てきた．この2つのアプローチは，どのようにお互いを補い合い，あるいは対立するのか？　自然保護は，保護区のような一定の場所に集中する活動と，都市のような改変された生息地に集中する活動との間で，あなた自身の見解はどうだろうか？

出典 Boeri Studio により企画されたボスコ・ヴェルディカーレ. Stefano Boeri Architetti の厚意による．画像提供：The Blink Fish（Bosco Verticale projected by Boeri Studio; Images courtesy of Stefano Boeri Architetti photo by The Blink Fish）．

まとめ

　種や生態系の回復を支援するために，様々な生物集団保全戦略と生息域保全戦略を同時に適用することが可能である．最終的には，自然環境と改変された環境の両方において，種と生態系レベルの取り組みを組み合わせた保全アプローチが必要になる．次章では，多様な利害関係者が関与する統合的な保全戦略の話題に立ち戻る．

順応的管理とは？

　どのような保全アプローチをとるにせよ，地球環境が急激に変化する時代の保全計画は，修正を繰り返すことを意識して進めるべきである．生態系における複雑な相互作用とフィードバックを考えると，保全活動は様々な時間スケールで，意図した望ましい結果も，意図せぬ結果ももたらしうる．最初の介入が成功しても失敗しても，管理計画は現在の状況を反映するように更新されるべきである．さらに，自然は動的な存在であり，保全活動とは関係なく，自然の時間サイクルや人為ストレス要因の変化によっても移り変わる可能性がある．したがって，モニタリング，評価，再設計は，最初の設計・実施と同じくらい重要である．

　保全目標の設定と代替措置の提案，保全活動の立案と実施，その効果と応答の追跡調査，そして目標の再評価・修正までに至る全体のプロセスを**順応的管理**（adaptive management）と呼ぶ．**図 11.10** に示すように，順応的管理は，状況の変化や初期の介入がもたらす成果に応じて保全アプローチを調整することを明確に意図しており，柔軟な意思決定を促すものである．また順応的管理は，保全計画の立案者が不確実性を明示し，立案者が複雑な生物システムと対話することを可能にしている．

　順応的管理には，科学者，保全管理者，政策立案者，地域社会など，多くの利害関係者の間でしっかりとした対話とコミュニケーションが必要である．さらに，順応的管理の有効性を高めるには，アプローチの有効性を正しく評価するための繰り返し実験や異なる管理手法の間での比較が必要である．それらの実践はハードルが高く，包括的な順応的管理を本当に実行しているプロジェクトは非常に少ないと考えられている（Rist et al., 2013；Westgate et al., 2013 など）．しかし，統合的かつ反復的な保全計画を支援するために設計されたデータベースやソフトウェアは，近年充実してきている（例：www.conservationevidence.com；www.miradi.org；www.conservationstandards.org/about/）．

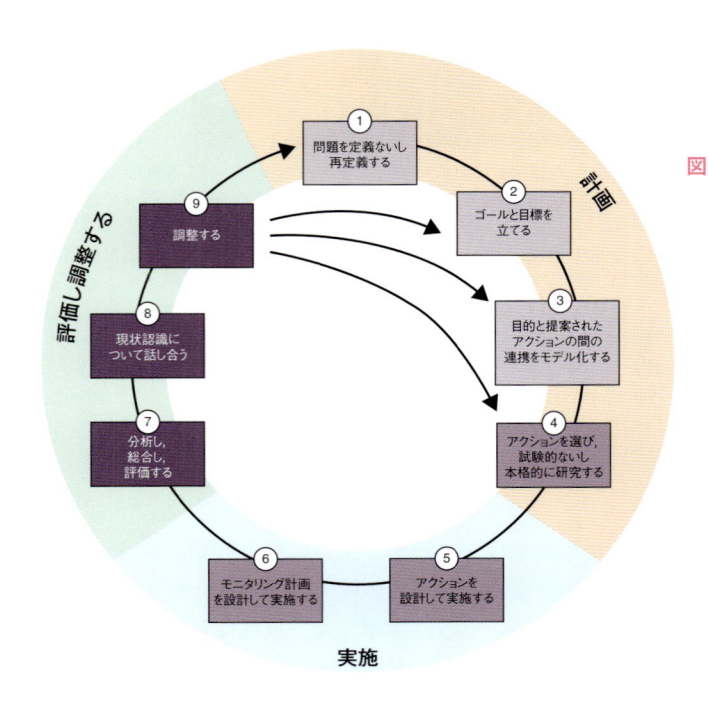

図 11.10　順応的管理とは，保全の計画，実施，評価を繰り返し行う全体論的なアプローチである．継続的なモニタリングとデータ収集により，保全活動を継続的に改善することができる．調整段階は，毎年のモニタリング結果に基づいて単純な微調整をする場合もあれば，新しいデータに基づいて抜本的な再設計を行う場合もある．ここでは，英語の "adapt" を「調整」と訳した．

考えてみよう：適応型マネジメントが直面すると思われる課題を少なくとも 3 つ挙げてみよう．

出典 https://deltacouncil. ca. gov/pdf/delta-plan/2013-appendix-c-adaptive-management.pdf

順応的管理の明快な実践例もいくつかある．個体群が絶滅の危機に瀕していたヒノキ科の1種（*Callitris endlicheri*）の保全の試みがその例である（Mackenzie & Keith, 2009）．この種はオーストラリア全域で絶滅の危機に瀕しているわけではないが，ウォロノラ高原の個体群は特に保全が必要であった．この個体群は，2000年代初頭に発生した大規模な火災により，全個体の98%が死亡し，壊滅的な被害を受けた．さらに火災後，苗木は外来種のルサジカによる草食の脅威にさらされた．科学者らは，低コストなシカ排除処置が苗木の生存と成長に及ぼす影響を調べる対照実験を行った．シカから苗木を保護することで，苗木の生存率は31%から84%に上昇し，この個体群の歴史的に重要な局面で支援することができた．

順応的管理のアプローチは，代替的な保全戦略を明示的に検証し，絶滅危惧種個体群の長期的な存続に貢献することができる．不確実性を明示的に取り込み，繰り返し実験を行うことに重点を置いた順応的管理戦略は，環境が急速に変化している今こそ特に重要である．

結論

地球変動の時代における生物多様性の保全と管理は，課題を抱えている．生物システムは急速な環境変化と人為的ストレス要因の相乗効果に直面しているが，個体群や景観レベルで適用できる効果的な保全戦略は数多く存在する．これらの取り組みは，保全の優先順位と目標が明確に定義され，実施のための長期的な資金が利用でき，継続的なデータ収集により反復的な計画が立てられ，先住民の主権が深く尊重されている場合に最も成功する．

費やした保全費用が実際に役立ったかを確認するために，保全費用と世界の生物多様性消失の関係を評価した研究もある（Waldron et al., 2017）．100ヶ国以上の10年間のデータを評価した結果，保全支出が多い国ほど，生物多様性の消失が減少することを発見した．さらに，保全への財政投資により，1ヶ国当たり平均29%の生物多様性の消失が減少することを発見した．このように，保全への投資は短期間であっても目に見える利益をもたらしている．

しかし優先順位が高い保全を地球規模で実現するためには，より高いレベルの投資が必要であろう．世界的な保全目標を達成するためのコストを試算した研究によれば，保全プロジェクトのための資金を1桁増やす必要があるらしい（McCarthy et al., 2012）．これは大変なことのように思えるが，その総額は他の社会的優先事項と比較して決して大きなものではない．実際，「世界の国内総生産の0.01%以下の金額によって，種の絶滅をほぼ阻止できる」（Possingham & Gerber, 2017）．最終的に，生物多様性保全への世界的な投資は，変化のための動機づけがあれば，非常に効果的なものになるであろう．

 **データで見る**

進化的多様性を最大化する

誰が，何を目指していたのか？

ここでは，マグナソン・フォード（Karen Magnuson-Ford）博士ら（2010）が "Journal of Theoretical Biology" 誌に発表した「進化的多様性を維持するための戦略を比較する」と題された研究を紹介する．この研究は，カナダとニュージーランドの科学者による国際共同研究の一環で，異なる保全戦略がキツネザルの多様性にどのような影響を与えるかを明らかにするために行われた．

この章の前半で検討したように，保全の優先順位を定める方法は様々なものがある．例えば，保全計画の立案者は，すべての種と地域を等しく保全に値するものとして扱う「平等主義」のアプローチをとることができる．また，特定の種や地域社会を優先的に保全する「標的主義」のアプローチをとることもできる．標的主義のアプローチには様々なものがあり，生物多様性の様々な側面を最大化しようとすることができる．例えば，固有性，種数，系統的多様性，機能的多様性を最大化することに焦点を当てるなどである．異なる多様性の指標を適用することで，似たような保全結果が得られる場合もあれば，そうでない場合もある．

マダガスカルのキツネザルは，保全の成果において様々な基準が与える影響を理解するうえで優れた事例である．キツネザルは，マダガスカル島に固有の霊長類である．マダガスカルのキツネザルの系統は少なくとも5,000万年前に起源があり（Godinot, 2006），その間に形態的・行動的に多様な数十の種が進化してきた．キツネザルは現在，生息地の消失や分断，食肉としての狩猟，ペット売買のための捕獲などの脅威にさらされている．国際自然保護連合（IUCN）のレッドリストで評価されている100種以上のキツネザルのうち，90％以上が絶滅の危機に瀕している（〜20％が深刻な危機（CR），〜50％が危機（EN），〜20％が危急（VU））．キツネザルの固有性，絶滅の危機，気候変動，マダガスカルの生態系における役割の重要性を考えると，キツネザル種間での保全の優先順位づけには，様々な基準が必要になる．

あなたの予測は？

この先を読む前に，この章で学んだ保全の優先順位を，この事例にどのように適用するか考えてみよう．

・このシステムにおいて，平等主義や標的主義と考えられる保全戦略にはどのようなものがあるか？

・平等主義と標的主義の保全方法は，それぞれ将来のキツネザルの多様性にどのような結果をもたらすと予想するか？

・標的主義アプローチについて，最も絶滅の危機に瀕している種を保全するか，それともキツネザル全体の多様性を最大限に保全するか，どちらが賢明だと考えるだろうか？

次に，異なる保全戦略がキツネザルの保全優先順位と生物多様性にどのように影響を与えるかについて，要約してみよう．

科学者らの予測は？

著者らは，正式な予測はしていないが，明確な問いをもっていた．まず，平等主義のアプローチと標的主義のアプローチのどちらが系統的多様性の保全に効果的であるかを知りたいと考えていた．次は，もし絶滅から免れた場合，キツネザルのグループ全体で最も系統的多様性が保たれる種群を特定することであった．彼らの言葉を借りれば「どの10種が絶滅したら，他のどの種の組み合わせよりもより多くの系統的多様性が失われるのだろうか？」

どのようなデータを収集したのか？

著者らは系統的多様性を保全するための様々な保全戦略の有用性を比較するべく，絶滅の数理モデルを使った．まず進化の多様性を維持するために，ある種が絶滅した場合にどれだけの遺伝的多様性が失われるかを計算するアルゴリズムを開発した．そしてモデルで2つの保全戦略を構築した．まず「平等主義」戦略を構築した．これは，すべての種の絶滅確率を少しずつ下げるというモデルである．第二に，彼らは「標的主義」戦略を開発した．これは，絶滅の危機に瀕している種に保全努力を集中させる方法をとっている．

ミトコンドリアDNA配列データを用いて，62種のキツネザルの系統樹を作成した．次に，IUCNの絶滅危惧種データを用いて，系統樹に含まれる各キツネザル種の絶滅確率を評価した．さらに，シミュレーションにより，2つの保全戦略のもとでの将来のキツネザルの系統的

多様性を予測した．また，系統樹を利用して，絶滅した場合に系統的多様性が最も失われる種を特定した．

データをどのように解釈するか？

この先を読む前に，**BOX 図 11.2** のデータ解釈のために数分時間をとり，以下の問いを考えてみよう．

- 標的主義アプローチと平等主義アプローチでは，期待される系統多様性に大きな違いがあるだろうか？
- 標的主義アプローチをとる場合，最も絶滅の可能性が高い種の保全と系統的多様性に最も貢献する種の保全とでは，どちらがよいと思う

か？

- 系統の多様性を最大化するためには，どのような系統を保全すべきか？

この研究の主要な発見とその意義について，1 〜 2 文で書いてみよう．

科学者らはデータをどう解釈したか？

シミュレーションの結果，「平等主義」と「標的主義」のアプローチで期待される将来の系統的多様性の平均値は，ほぼ同じであることがわかった．しかし，著者らは，この結果を過大評価しないように注意を促している．戦略間の平均的な差は無視できるほど小さいが，個々の結果はかなり異なる可能性がある．さらに，第 1

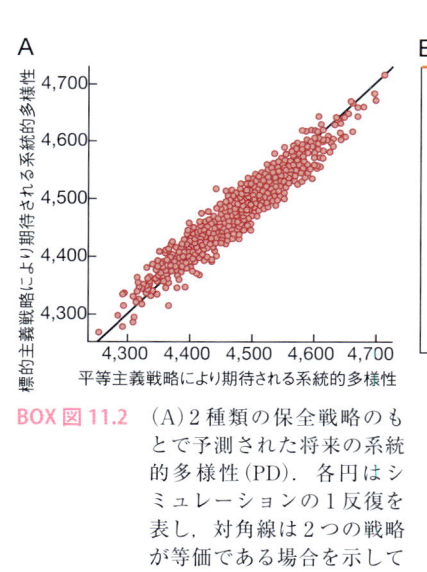

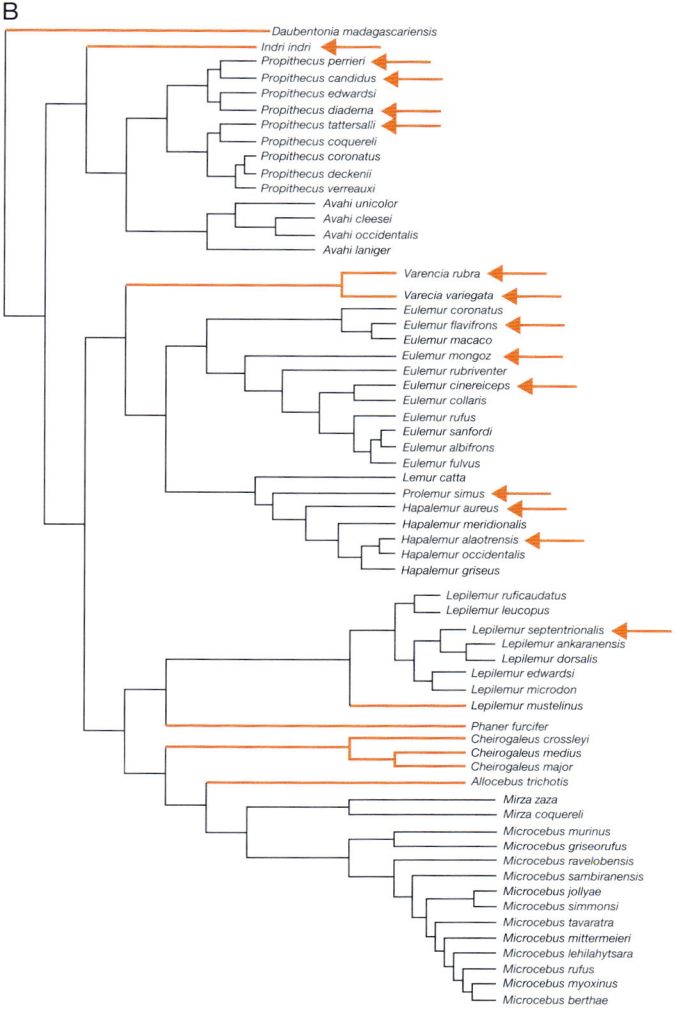

BOX 図 11.2　（A）2 種類の保全戦略のもとで予測された将来の系統的多様性（PD）．各円はシミュレーションの 1 反復を表し，対角線は 2 つの戦略が等価である場合を示している．（B）本研究で対象としたキツネザル 62 種の系統樹．赤い枝は絶滅すると PD が最も失われるキツネザル 10 種を示す．赤い矢印は IUCN によって絶滅の危機に瀕しているとされた種を示す．

出典 Magnuson-Ford K et al., Comparing strategies to preserve evolutionary diversity, *Journal of Theoretical Biology*, **266**(1, 7):107–116 (2010)

章で述べたように，数理モデルは，モデルの仮定とパラメータに非常に敏感である．したがって，このシステムにおいて，平等主義的な戦略（保全の努力を種全体に等しく分散させる）と標的主義的な戦略（保全の努力を特定の種に集中させる）のどちらが最も効果的であるかは，未解決といえる．

系統解析の結果，キツネザルの進化的多様性に最も寄与している 10 種が特定された．これらの種のうちどれか 1 種がランダムに絶滅した場合は系統的多様性の 9% が失われるが，10 種すべてが絶滅した場合は，系統的多様性の 33% が失われることになる．これらの種の多くは，**BOX 図 11.2B** に示した系統樹において比較的長い枝分かれを示しており，進化的に独自性をもつことを表している．したがって，キツネザルの保全には，系統的な独自性に焦点を当てたアプローチが有効であると考えられる．

系統的多様性を維持することは，生物多様性保全のための合理的な目標となりうる．他の研究により，系統的多様性を最大化した場合，他の望ましい特性（経済的または生態学的重要性など）が犠牲にならないことが示されている（例：Forest et al., 2007）．しかし，系統的多様性を最大化することが必ずしも包括的な戦略となるとは限らない．例えば，系統的多様性を優先しても，最も絶滅の危機に瀕しているキツネザルの種を保全することにはつながらなかった．

実際，IUCN の絶滅危惧種の基準と系統的多様性の基準の両方がトップ 10 に入るキツネザルは 1 種だけだった．著者らはこう述べている．「キツネザルは，数理モデルやアルゴリズムが実際の生物にどのように適用できるかを示す優れた例であるが，一方で系統的多様性という 1 つの指標のもとでの保全のみを考慮し，文化的意義や生態的多様性などの他の要素は含んでいないことを認識している．」こうした複数の属性にわたって最大限の効果を発揮する保全優先順位づけのモデルを構築することは，現在進行中の重要な研究分野である．例えば，Evolutionarily Distinct and Globally Endangered (EDGE) Initiative では，系統的な独自性と絶滅リスクの両方を明示的に評価することで，複数の基準を統合している（例：Redding & Mooers, 2015）．このアプローチは，種の選択だけでなく，保護区の設計にも利用できる．よりユニークな進化的多様性を追加できる地域について，保全の優先順位を高めることができるからである．このように，複数の基準を明示的に統合する数理モデルは，生物多様性への恩恵を最大化するための最適な保全戦略の構築に役立てることができる．

今後の研究の方向性について考えよう

この研究成果を踏まえ，あなたはこの研究の次のステップをどのように設定するか？　もし，あなたがこの研究に携わっていたとしたら，どのようにフォローアップするだろうか？　次のような問いを考えることから始めよう．

- この研究成果のうち，他のシステムで検証可能な仮説は何だろうか？
- キツネザルの自然個体群の現地調査により，新たな問いを立てることはできるか？
- キツネザルの具体的な個体群保全戦略や生息地保全戦略で，どのような順応的管理の手法を適用できるか？

次に，この研究テーマに関する今後の方向性について，数行で書いてみよう．

新技術と保全倫理

グローバルな環境変動下での保全は，挑戦に満ちあふれている．新しい手法や技術によって，科学者はこれまで以上に洗練された方法で個体群の健全性を評価し，管理戦略の選択肢を比較し，保全活動の効果を監視することができるようになった．計算ツールは個体群の存続可能性分析，将来の生息地予測，自然保護区の規模，形状，位置の最適化などを可能にしている．生理学的ツールは，ストレス反応から免疫学的な健康，生態毒性まで，個体群の健全性と回復の様々な側面を評価するために使用可能である．遺伝学とゲノム解析のツールは，遺伝的多様性を評価し，移動のために重要なソース集団を特定し，変動環境への応答を監視するために使用することができる．

しかし，すべての新技術はその使用について倫理的な問題を提起している．特に，分子レベルで生命の仕組みを操作できる遺伝学的アプローチには，そのような問題がある．ここでは，いくつかの新手法と，それが地球変動の時代における環境保全へともたらす課題について考えてみたい．そのために種の再導入に関する一連の思考実験を行ってみる．それぞれの思考実験について，少し時間をとって自分の意見を考えよう．

思考実験 1

ある地域で生態学的に重要な種がごく最近絶滅し，その消失は明らかに人間活動によって引き起こされたとする．他の条件が同じなら，この種がまだ近くの地域に生息している場合に再導入を行うべきだろうか．

この章の前半で紹介したように，生物多様性の管理では，絶滅した地域に種を移住させたり，再導入したりする方法がある．移住と再導入は，提供する側の集団と受け入れ側の集団の同一性を評価するために，遺伝的データを使って歴史的に築かれてきた個体群構造が保たれているか，個体群に十分な遺伝的多様性があるかなどを確認することができる．

種内であっても，移住や再導入は議論を呼ぶことが多い．例えば，アメリカにおけるオオカミの再導入がそうである．アメリカではオオカミが絶滅寸前まで狩り尽くされ，この頂点捕食者の排除は生態系に壊滅的な連鎖的影響を及ぼした．飼育下での繁殖プログラムによってオオカミは絶滅寸前から回復し，現在ではアメリカ西部全域で数百頭のオオカミが生息している．しかし，そこに従来いた生物であっても，頂点捕食者であるオオカミの存在については，家畜や人間のすぐ近くに生息しているため，現在でもその是非の論争が続いている（例：Bruskotter, 2013）．

思考実験 2

ある生態学的に重要な種が最近になって地球上から絶滅し，その消失が明らかに人間の活動によって引き起こされたと想像してみよう．他の条件が同じであれば，近縁種や生態学的な類似種を再導入して，地域群集におけるその種の役割を担わせるべきだろうか．

種内の移住や再導入に比べると一般的ではないが，生態学的または進化的な類似種の導入が行われることがある．「分類学的な代替」と呼ばれるこうした導入は，二次的な絶滅や他の連鎖的な影響を減らすために行われる．例えば，ガラパゴス諸島のピンタ島のゾウガメの絶滅後，ピンタ島にサドルバックガメ（saddleback tortoise）とドームガメ（domed tortoise）が生態的な類似種として放たれた．しかし，これらの種は生態学的に類似しているように見えたが，元の種とは別の生息地に定着し，局所的な植物群集の復元には貢献しなかった（Hunter & Gibbs, 2014）．

このように，一見似ている種が生態学的に代替可能である保証はない．大昔に絶滅した種の

生態学的役割の回復を目的とした場合は，意図しない結果を招くリスクが高くなるので，慎重な検討が必要である．例えば，一部の保全活動家は，歴史的なメガファウナ（大型動物）の絶滅に対処するため，ある地域に生態学的に類似した種を「再野生化」することを提唱している（例：Donlan et al., 2006）．極端な話，アフリカからアメリカの平原に大型の有蹄類や肉食動物を再導入することを想像すれば，なぜ再野生化の提案が依然として議論を呼んでいるのか容易に理解できるだろう（例：Lorimer et al., 2015）．

思考実験 3

もう一度，最近ある生態学的に重要な種が地球上から絶滅し，その消失が明らかに人間活動によって生じたと想像してみよう．他の条件が同じなら，私たちはその種を絶滅から甦らせ，元の地域群集に再導入するべきだろうか．

生態学的に絶滅してしまった種に類似する種を人為的に導入する代わりに，一度絶滅した種を墓場から復活させることについてはどう考えるか．これは**脱絶滅**（de-extinction）と呼ばれ，科学技術の発展により，一度絶滅した種を復活させたり，類似した生態学的機能をもつ種を創り出したりすることが可能になりつつある．もちろん，脱絶滅は生物学的にも倫理的にも大きな議論となっている．しかし，絶滅した種を野生に戻すという高邁な目標を達成しようと積極的に取り組んでいる科学者もいる．ここでは，絶滅種を復活させる可能性のある方法について見ていこう．

体外受精

おそらく，絶滅を防ぐための最も簡単な方法は**体外受精**（in-vitro fertilization）である．種が失われる前に配偶子が冷凍保存されていれ

BOX 図 11.3 脱絶滅への様々なアプローチ．（A）体外受精により，キタシロサイを復活させることが試みられている（ここに示すのは，2018 年に死亡したスーダンという最後のオスである）．（B）何世代にもわたる選抜育種により，クアッガのようなシマウマが生まれた（1883 年に絶滅した種を模している）．（C）絶滅したピレネーアイベックスがクローニングにより生還した．（D）アジアゾウのゲノムに数千の小さな変更を加え，絶滅したケナガマンモスを復活させようとするゲノム編集が進行中である．
考えてみよう：「発展」での議論に基づき，あなたは以下の再導入のどこまでに賛成するか？　（a）ある種の個体群間，（b）近縁種間，（c）近縁種ではないが生態的に似ている種間，（d）最近絶滅した種を復活させる，（e）ずっと前に絶滅した種を復活させる．
出典 （A）Steve Tum/Shutterstock；（B）LouisLotterPhotography/Shutterstock；（C）https://www.extinctanimals.org/wp-content/uploads/2015/04/Pyrenean-Ibex.jpg；（D）Reimar/Adobe Stock

ば，実験室で胚を作り，近縁種を妊娠のための代理母とすることが技術的に可能である．2018年に最後のオスのキタシロサイが失われた例を挙げよう（**BOX 図 11.3**）．科学者らは，最後のオスと，現存する2頭のメスから遺伝物質を保存した．体外受精（代理母としてミナミシロサイを使用）により，この亜種を絶滅から復活させることができるかは，まだわからない（Ingledew, 2018）．

選抜育種

もう一つの可能性は，絶滅した種の形質を再現するために，その近縁種について**選抜育種**（selective breeding）を行うことである．人類は何千年にわたって，家畜化された植物や動物の望ましい形質を選択するために**人為選択**を行ってきた．同様の手法は，絶滅種の形質を復元する場合にも適用できる．例えば，1883年に絶滅した南アフリカのシマウマの1種，クアッガである．20年以上にわたる近縁亜種の選抜育種により，現在ではクアッガの特徴的な形質が数多く復元されている（Harley et al., 2009；Heywood, 2013）．

クローニング

クローニング（cloning）は，体外受精とは異なる手法であり，片親の遺伝子から個体が作られる（卵子と精子の受精ではない）．簡単にいうと，核を取り除いた未受精卵の細胞に，成体細胞の核を移植し，この細胞を分裂させた後に代理母に移植する．哺乳類への応用は，1996年の羊の「ドリー」が有名である．それ以来，絶滅した種を対象としたクローン計画のいくつかが進行中である（Piña-Aguilar, 2009）．

ゲノム編集

絶滅を回避するための最後のアプローチが，**ゲノム編集**（genome editing）である．この方法では，近縁種のゲノムに狙いを定めて配列を変更することができる．近縁種のDNA配列を変えていくことで，絶滅した種のゲノム配列をゆっくりと再構築することが可能である（Piaggio et al., 2017）．この最も有名な例は，数千年前に絶滅したケナガマンモスの復活の試みである．ケナガマンモスのゲノムは，冷凍保存されたDNAから配列が決定されている（例：Miller et al., 2008）．このゲノムデータを参考に，科学者らはアジアゾウの細胞を少しずつ改変し，マンモスの主要な遺伝子変異を導入している．生きたマンモスのような生物を再び見ることができるかどうかは議論の余地があるが，その可能性をもたらす技術は存在している．

まとめ

もちろん，これらのアプローチはすべて複雑な生物学的，倫理的，法的，政治的，社会的，および財政的な議論が必要である（例：Carlin et al., 2013；Cohen, 2014；Seddon et al., 2014；Lorimer et al., 2015；Peers et al., 2016；Bennett et al., 2017；Blockstein, 2017；Shapiro, 2017）．これらはコストや手間のかかるプロセスであり，各種の規制や動物福祉の問題を提起する．たとえ種がうまく復活したとしても，その種に十分な遺伝的多様性や戻るべき生息地があるかどうかは明らかでない．さらに，脱絶滅よりも，保全の優先順位が高く，絶滅の危機に瀕している種の保全に資金を使うべきという重要な意見もある．実際，脱絶滅に焦点を当てた投資や関心の高まりは，他の保全の優先事項から資源を奪い，最終的に生物多様性の純減につながるという分析もある（Bennett et al., 2017）．

ここでは，生物多様性保全における新たな科学技術の活用に対して，支持も反対もしない．これまでSFの世界に限られていたものが，科学技術によって可能になったときに生じるプラス面とマイナス面について，批判的に考える機会を与えることを目的としている．

第 11 章のまとめ

○保全の優先順位
- 保全とは，生態系の保全，保護，回復を行うことである.
- 限られた資源を考えると，保全活動は保全を必要とする対象の一部にしか焦点を当てることができないため，保全活動のための明確な基準を定めることが不可欠である.

○保全活動の対象レベル
- 生物レベルごとに，保全の主目的や戦略が異なるからである. 生物集団保全戦略と生息域保全戦略は，異なる生物学的階層での保全目標に取り組んでいる.

○生物集団の保全戦略
- 生物集団保全戦略の例として，乱獲の削減，飼育下での繁殖プログラムへの投資，効果的な移住の設計などがあり，個々の個体群や種を特定の脅威から保全することに焦点を当てている.

○生息域の保全戦略
- 生息域保全戦略の例として，保護区の設置，生物のコリドーの復元，自然撹乱の復活，著しく改変された景観における生息地の改善などがある.

○順応的管理とは？
- 順応的管理とは，保全目標の設定，代替措置の検討，保全活動の実施，効果の追跡，将来の目標を修正するための再評価を，包括的かつ反復的に行う管理手法のことである.

○基本知識：気候変動緩和策
- 気候変動の緩和とは，炭素の排出を減らすか，炭素の吸収源を増やすことにより，気候システムへの放射強制力を減らす行動を指す. 気候変動の緩和は，気候変動の根本原因に対処するものであり，気候変動の影響を軽減することを目的とした気候変動への適応によって補完される.

○データで見る：進化的多様性を最大化する
- 系統的多様性の保全を優先させることは効果的な保全戦略となりうるが，保全計画においては，様々な種や生態系の特徴を考慮することが重要である.

○発展：新技術と保全倫理
- 生物多様性の保全に，新たな遺伝学的なアプローチが適用されつつある. これらのなかにはすぐに適用できるものもあるが，体外受精，選抜育種，クローニング，ゲノム編集のようなものは，種を絶滅から甦らせる機会とリスクについて複雑な生物学的・倫理的問題を提起している.

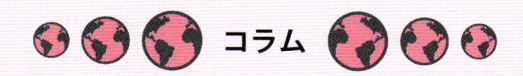 **コラム**

日本の海洋保護区

　四方を海で囲まれた日本は，国土面積の約12倍に相当する海域を管轄海域とする．管轄海域は，亜寒帯から亜熱帯までの異なる気候帯を含むと同時に，総延長3万5,000 km にわたる多様な沿岸域（水深200 m 以浅の海域）と深海を含む沖合域（排他的経済水域から沿岸域を除いた場所）をもつ．こうした多様な環境を有することから，全世界の海洋生物種数の14%にも相当する多様な種が日本の管轄海域内に生息している．そのため，世界規模で見ても日本の海洋生物多様性の保全は重要である．

　2022年にカナダ・モントリオールで開催された国連生物多様性条約締約国会議「COP15」において，2030年までに各国は国土と海洋の少なくとも30%を自然保全の対象とする「30by30」目標が掲げられた．日本の海洋においては，2023年現在，海洋保護区（Marine Protected Areas, MPA）に相当する海域が13.3%（59.4 km^2）であるため，新たに17%程度の保護区を増やす必要がある．日本の海洋保護区は，平成23年3月に策定された海洋生物多様性保全戦略に基づき，「海洋生態系の健全な構造と機能を支える生物多様性の保全及び生態系サービスの持続可能な利用を目的として，利用形態を考慮し，法律又はその他の効果的な手法により管理される明確に特定された区域」として定義された．現在，自然公園法，自然環境保全法，水産資源保護法，漁業法などの既存法制度を根拠とした，自然公園区域，自然環境保全地域，保護水面，共同漁業権区域などの各種規制区域を海洋保護区として取り扱っている．こうした海洋保護区には，まず，①自然景観の保護等を目的とするもの，②自然環境または生物の生息・生育場の保護等を目的とするもの，③水産生物の保護培養等を目的とするものの3種類がある．日本の海洋保護区は，沿岸域では23.3万 km^2 のうち72.1%が，沖合域では，423.7万 km^2 のうち10%が海洋保護区に指定されている．数値としては沖合域で圧倒的に不足していることがわかる．沖合域は2018年に新たに定められた②の沖合海底自然環境保全地域（海底の改変，掘削行為などの開発規制）が約5.1%で，今後科学的根拠に基づく保護区の拡張が必要である．一方，すでに7割以上が保護区に指定されている沿岸域の保全の実態はどうだろうか．日本の海洋保護区間の延べ面積は14.4%であるが，このうち沖合の5.1%を除くと，残りの約6.9%の沿岸水産資源管理開発区域（水産動植物の増殖または養殖を推進することにより，漁業生産の増大を図ることが可能と認められる区域）および2.0%の共同漁業権区域（一定地区の漁民が漁業権をもつ水域）がほとんどを占める．すなわち，日本の沿岸海洋保護区は主に水産物の保護を目的としたものであり，沿岸の景観や生物・生息地を守る保護区はほとんどない．残る沿岸浅海域の保護区のなかで最も面積が大きいのは自然公園の普通地区0.4%であるが，ここには捕獲・開発に関する規制はない．さらにいえば，日本にはすべての海産動植物の捕獲を法的に禁止した海洋保護区（no-take MPA）もない．沖合海域で数値目標を達成することはもちろんのこと，人為ストレスの特に大きい沿岸生態系の生物多様性を守るためには，海洋保護区の「質」についても見直していく必要があるだろう．

［安田仁奈］

12　生物多様性と人間社会の利益を一致させるために

この章では次のことを学ぶ.
- 生物多様性と人間社会の利益を一致させる様々な方法.
- 個人や集団の活動や政策と生物多様性保全への貢献.
- 将来起こりうる環境破壊の深刻さを左右する主要因.
- 環境についての自分自身の世界観の明確化.
- 知識の実データへの活用.

　人間社会のニーズと生物多様性の存続要件は，しばしば対立しているように見える．ヒトと，他の何百万種もの生物のニーズを調和させるには，どうすればよいだろうか？　あなた個人ができること，あなたが属する集団ができること，あなたの国ができることを話し合い，1つ以上挙げてみよう．自分自身の強みと興味を踏まえ，あなたが様々なスケールでの課題解決にどのような役割を果たせるか考えてみよう.

はじめに

　前章では生物多様性の保全と管理のためのアプローチを紹介した．そこで検討したいずれの保全策も，個人，団体，政府の支援が必要である．さらに，現場での保全活動は，より広い社会的，文化的，政治的な背景に深く組み込まれており，それらから影響を受けている．変化する世界のなかで生物多様性の保全を成功させるためには，個人と社会，そして人類が依存している生態系の利害を一致させる必要がある．本章では，生物多様性と人間社会の間の相互依存的な関係を深く理解し，急速な地球変動の時代において生物多様性を保全するための，様々な手法を紹介していく.

人間‒自然連関システムとは？

　これまで見てきたように，生命システムは複雑で相互作用的であり，数多くの生物的・非生物的フィードバックをもっている．生物圏におけるヒトの役割も例外ではなく，生態系と社会システムはまさに1つの領域をなしている．人間活動とその他の生物圏とは，複雑な相互作用とフィードバックによって直接結びついている．この相互依存性は，しばしば**人間‒自然連関システム**（coupled human-natural system，または社会‒生態システム）と呼ばれる（例：Liu et al., 2007；

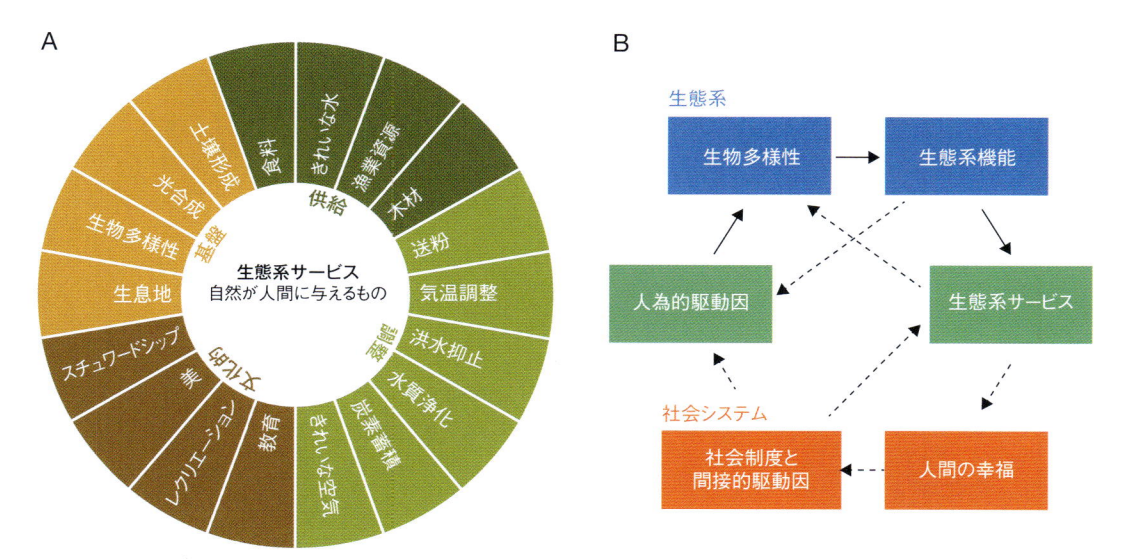

図12.1　人間‑自然連関システム．（A）人間社会が自然から享受している主な恩恵．（B）生態系と社会システムの密接な結びつき．
出典　（A）TEEB Europe；（B）Wikipedia, Pecl et al. (2017)

Carter et al., 2014)．

　前章までに，人間活動によって環境や生物多様性が影響を受ける事例を数多く見てきた．一方，自然界の変化は人間社会に大きな反作用を引き起こす．図12.1は，社会システムと生態系との関連に注目して，生態系サービスの概念を整理した図である．人類の存続は生態系の持続性にかかっており，生態系の健全性は今日ますます人類の選択に依存するようになっている．

　様々な空間・時間スケールの解析から，生物多様性と人類の幸福との相互依存が一貫して示されている（Isbell et al., 2017 など）．生物多様性の消失が，生態系プロセス，生態系サービス，ひいては人間の健康に影響を与えている具体例は枚挙にいとまがない（Pecl et al., 2017 など）．逆に，生物多様性の保護は人類に計り知れない利益をもたらし，清浄な水，食料安全保障，持続可能な収入源は，今後数十年にわたって重要性をいっそう増していくに違いない．

　現代の環境問題を長期的に解決するためには，システム思考が必要となる．人間社会と生態系が利益を共有できる方法に，改めて注目する必要がある．また，生態系内の複雑なフィードバックだけでなく，生態系と社会システムの間の複雑なフィードバックについても理解する必要がある．そのためには，地球変動を引き起こす社会的要因，環境の悪化による社会への影響，そして社会変革のための方法論を，より深く検討する必要があるだろう．

生物多様性保全を支援するための社会的手段

　ヒトが地球上で他の数百万種の生物と持続的に共存する未来に向かうには，様々なレベルの社会組織の変化が必要である．本章の「基本知識」では，人類が将来の地球に与える影響の大きさを決定する根本的な社会的要因を考える．これらの主要な要素（人口，資源の消費，技術革新など）のいずれかを変えることにより，環境のストレス要因の軌道を変えられる．これらの要素をどのくらい変えられるかは，個人，団体，国，そして人類全体としての，私たちの選択にかかっている．

　本章では，生物多様性の保全を支援するための個人や社会の行動，および政治行動の事例を検

討する．これは，グローバル変動生物学の「生物学」に注目したものではないが，必要不可欠なことである．生物多様性を保全するためには，環境悪化の根本原因に対処しなければならない．この根本原因に対処するには，私たちの搾取の文化が生態系に影響を与え，同時に地球上の多くの人々や文化を疎外し抑圧してきたという現実を直視しなければならない．この問題の大きさには圧倒されそうになるが，本章では創造的で持続的な解決策を様々なレベルにわたって紹介していく．

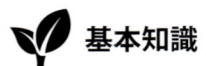

基本知識

I = PAT 式とは?

人間の活動はこれまでも，そしてこれからも，地球環境に劇的な影響を与えるだろう．将来の人為影響の大きさを左右する重要な要素は何だろうか？ これまで，地球環境に対する人為影響の駆動因を整理するために，様々な枠組みが提案されてきた．古典的な提案の1つが1970年代初頭に普及したI = PAT式(IPAT framework)(Commoner, 1972；Ehrlich & Holdren, 1972)で，そこでは環境への影響(Impact)が3つの主な決定要因，すなわち人口(Population)，豊かさ(Affluence)，技術(Technology)で説明される．

人口

人口が地球環境に与える影響は明白である．人口が増加するにつれ，土地利用の変化，資源の採取，廃棄物の排出が増える．世界人口はI = PAT式が提案された時点からほぼ倍増した．

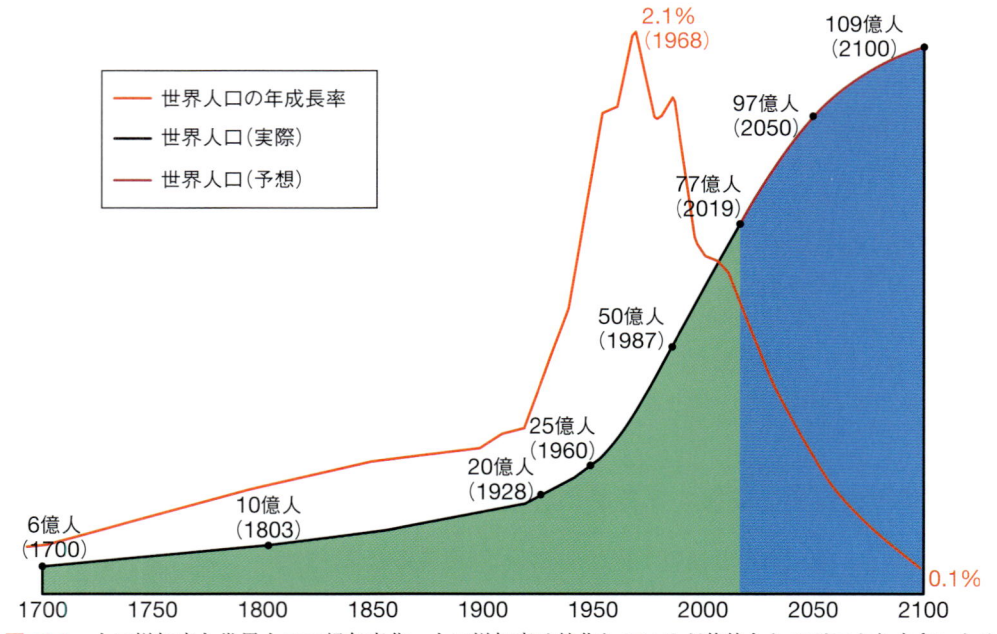

BOX 図 12.1 人口増加率と世界人口の経年変化．人口増加率は鈍化しているが依然としてゼロより大きいため，地球上の総人口は増加を続けている．
考えてみよう：過去300年間の人口増加パターンにおける重要な変曲点は何か？ どのような要因が，これらの経年変化を説明するのに役立ちそうか？
出典 Max Roser (CC-BY-SA)

BOX 図 **12.1** に示す通り，人口増加率は鈍化しているものの世界人口は増え続けており，2100年までに 110 億人を超えると思われる．人口は依然，問題の核心である．

人口以外にも，人口構造の様々な側面が，人間の環境への影響を変化させる．例えば，人口は空間的に集中しやすいので，人口密度は環境に与える影響を変化させる重要な因子である．例えば，高密度，中密度，低密度の居住地（都市，郊外，田園地帯など）の環境フットプリント（負荷）はそれぞれ異なる．

豊かさ

豊かさはしばしば資源消費量の指標として用いられる．一般に，1 人当たりの所得が増加するほど，資源使用量は増加する．例えば，世界で豊かさの象徴となっている自動車の所有が，環境に与える影響を考えてみよう．一般的な自家用車は，年間 5 t 近い二酸化炭素を排出する．ただし，自動車のライフサイクル全体には原材料の資源採取，生産に必要な水やエネルギー，廃棄時の有害物の排出などが含まれており，そ

れらを考慮すれば，影響ははるかに大きくなる．

一般的に，個人の豊かさは所得によって測られ，国や地域の豊かさは**国内総生産**（gross domestic product, GDP）で測られる．**BOX 図 12.2** に示すように，個人と国家の富，およびそれらの格差は，環境負荷を増大させる．社会のなかで最も豊かな人々は，概して環境の悪化に最も大きく加担する．それだけでなく，富の格差が最も大きい国々は，資源採取，炭素排出，汚染への加担が際立って大きい（例：Boyce & Boyce, 2007）．そして，豊かな人々が作り出した環境負荷は，経済的に貧しい人々により多く降りかかる．このように，経済的平等は環境と社会の両方にとって有益であり，貧富の格差に対処することの重要性がよくわかる．

技術

技術革新は人間が環境に与える影響を減少も増加もさせる．第 4 章で見たように，生産の進歩とそれに続く工業化は，人新世の誕生に大きく関わった．しかし，技術の進歩は，より持続可能な未来への希望をもたらす．例えば，第

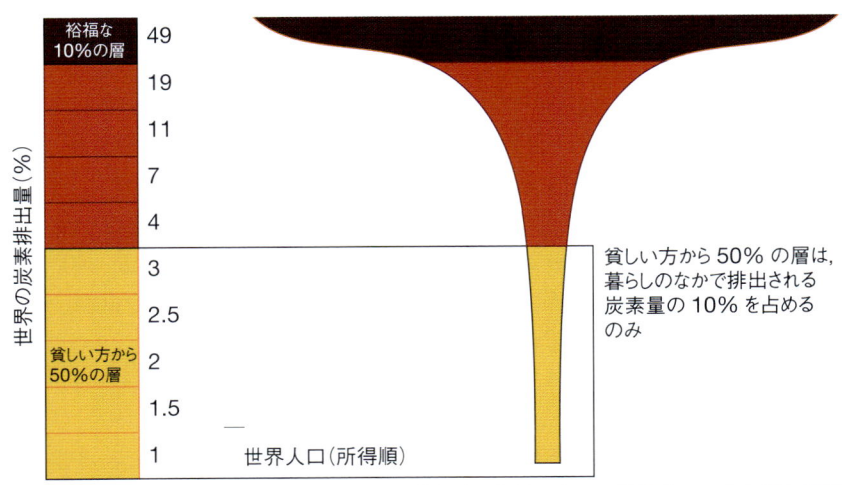

BOX 図 12.2　貧富の格差と炭素排出量．個人の所得は消費と強い相関がある．世界人口のうち最も富裕な 10% が，世界の炭素排出量の約 50% について責任を負っている．

出典 The material "Extreme Carbon Inequality: Why the Paris climate deal must put the poorest, lowest emitting and most vulnerable people first" –Timothy Gore - Oxfam Media Briefing - 2 December 2015 - Figure 1: Global income deciles and associated lifestyle consumption emissions– top of p. 4" is adapted by the publisher with the permission of Oxfam, Oxfam House, John Smith Drive, Cowley, Oxford OX4 2JY UK www.oxfam.org.uk. Oxfam does not necessarily endorse any text or activities that accompany the materials, nor has it approved the adapted text.

11章で検討したように，エネルギー効率の向上と代替エネルギー源の開発は，人為による気候変動の緩和に向けた重要な戦略である．

技術革新には複雑なトレードオフがあり，一見「環境にやさしい」技術には隠れたコストが存在することがある．交通手段の例で考えてみよう．運輸の分野では代替技術が導入され，電気自動車は温室効果ガス排出量の削減を約束している．しかし，電気自動車のサプライチェーンのなかには，実際には資源採掘や環境汚染を増加させるものもある（例：Hawkins et al., 2013）．したがって技術革新の影響は，サプライチェーンや製品のライフサイクルだけでなく，新しい技術が生態系に及ぼす副次的，間接的，長期的な影響も視野に入れ，総合的に評価する必要がある．

行動

I＝PAT式については，その構成要素の定義や測定方法，さらに要素を追加すべきかなど，多くの議論がなされてきた（例：Roca, 2002；Waggoner & Ausubel, 2002）．重要な例の1つが，環境への人為影響の程度を決める行動の役割である．例えば，個人は消費者として選択を行い，企業は供給者として決断を下し，国家は法律や規制のプロセスを通じて選択をし，国際組織は国際協力や統治に関する意思決定を行う（O'Rourke & Lollo, 2015）．こうした個人，組織，政府の行動は，環境への影響を劇的に変化させうる．

もちろん，環境への影響は，生物システムによっても変わる．本書を通じて見てきたように，生態系は人為によるストレス要因に対して様々な応答を示し，その応答はフィードバックループを生み出す可能性がある．結局のところ，地球上の生物多様性の未来は，人口，豊かさ，技術，行動などの人為的要因と，それらが影響する生物システムとの相互作用に依存するだろう．私たちは今，重大な岐路に立たされている．社会・経済の平等と環境の持続的な関係を早急に解明し，問題解決に真摯に取り組む必要がある．

個人による生物多様性保全への支援

個人の価値観や選択は，地球上の他の生物に影響を与える．農薬や有害な家庭用化学物質の使用を控える，自生種の植物を植える，徒歩や自転車，相乗りで排気ガスを減らすなど，日々の様々な決断によって，生物多様性を支援することができる．個人の行動が地球上の生物多様性の運命を変えることはないかもしれないが，個人の選択の力が合わされば，地域社会の優先課題や商業市場，大規模な政治的変革に，強い影響を与えられる（例：Ehrlich & Pringle, 2008）．ここでは，個人が社会変革に貢献する方法をいくつか見ていこう．なお，個人は個々の役割にとどまらない可能性をもっていることも忘れないでほしい．

消費者として

経済的な観点からは，市場における消費者としてのふるまいが，個人でできる強力な手段となる．消費者は「環境にやさしい（green）」製品を手に入れやすくなってきており，持続可能性の高い選択を可能にする様々なツールの開発も進んでいる．ただ，多くの消費者にとって環境に配慮した製品は高すぎて手が出ない．それに，持続可能性についての情報を提供しさえすれば，すべてが解決するというものでもない．多くの消費者は，「環境にやさしい」と表示されている商品に対し，環境性能を誇張しているかもしれない，値段が高いのに品質が悪いかもしれないといった認識をもち，購入をためらうこともある（Chang, 2011）．また，持続可能性についての情報は，

平均的な購買層の選択に影響を与えるわけではなく，そうした情報を欲している個人にのみ影響を与える (O'Rourke & Ringer, 2016)．したがって，市場における個人の姿勢や行動を変えるには，単に環境によい選択肢を提供するだけでは不十分であり，教育や動機づけも鍵となる．

　持続可能性についての情報を探す意欲のある人には，環境性能に見合った購買を支援する様々な情報源が存在する．消費者に対して保全への配慮を示す認証は多数開発されている．例えば，食品の認証である USDA オーガニック (USDA Organic)，エネルギー効率を示すエネルギースター (Energy Star)，絶滅危惧種を保護する農場を示すレインフォレスト・アライアンス (Rainforest Alliance)，環境に配慮した建設を示す LEED (Leadership in Energy and Environmental Design)，食品，コーヒー，衣類などのフェアトレード (Fair Trade) などがある．

　自分の基準に合った製品を探したい消費者を支援する大規模な検索データベースもある．例えば，GoodGuide は 7 万 5,000 を超える日用品・家庭用品の化学組成を表示しており，健康被害や環境毒性につながりかねない製品を消費者が識別できるようにしている．同様に，グリーンシール (www.greenseal.org) は 450 分類以上の製品やサービスについて，健康と環境の持続可能性に関する基準を満たす商品を推奨している．消費者，建築家，科学者，企業経営者の支払い意思の決定に役立つ専門のデータベースは，ほぼすべての分野について存在する．このように，消費者は様々な方法により，市場価値を持続可能な方向に向かわせることができるのである．

出資者として

　生物多様性保全の資金調達に対して，直接貢献することもできる．保全団体の活動に参加したり資金を寄付したりする従来のやり方に加え，個人が現場に直接貢献できる新たな仕組みもある．例えば，保全プロジェクトの資金調達ではクラウドファンディングの利用が盛んになっている．Gallo-Cajiao ら (2018) は，保全の資源を集める方法としてのクラウドファンディングの効果について，初の総説を書いた．それによると，過去 10 年間に 470 万米ドルを超える資金が投じられ，80 ヶ国の 577 の保全プロジェクトが支援されていた．図 12.2 に示す通り，この研究から世界的な資金の流れが明らかになり，市民が世界中の有意義な保全プロジェクトへの資金協力を望んでいることがわかった．

　クラウドファンディングを受けた保全プロジェクトには，特定の地域を対象とするもの，広い地域にわたるもの，特定の種の保護を目的とするもの，生態系の保全を目指すものがある．調査研究 (40%)，保全活動の実行 (21%)，意識改革 (31%) を主目標とするプロジェクトもあった．これらの保全プロジェクトのリーダーの多くは非政府組織 (35%) や大学 (30%) に所属していたが，フリーランスもかなりの割合に上った (26%)．このように，特定の保護団体に属さない市民が，生物多様性保全のための行動を起こすことが増えてきている．また，個人から個人への資金移動が容易となった今日の世界経済では，ごく普通の市民が生物多様性の保全に直接，有意義な貢献を果たすことも可能となっている．

実務家や活動家として

　自然を守るための個人レベルの行動は，しばしば生態系と社会の両方に劇的な影響を及ぼしうる．人間は市場におけるただの消費者を超える存在であり，生物多様性のための最も強力な個人の行動は，財布ではなく心から生まれることが多い．ここから紹介するのは，過去数十年間に社会のニーズと生物多様性を調和させるべく時間とエネルギーを注いだ，真に尊敬すべき一握りの人々である．彼らの物語を簡単に紹介しよう．

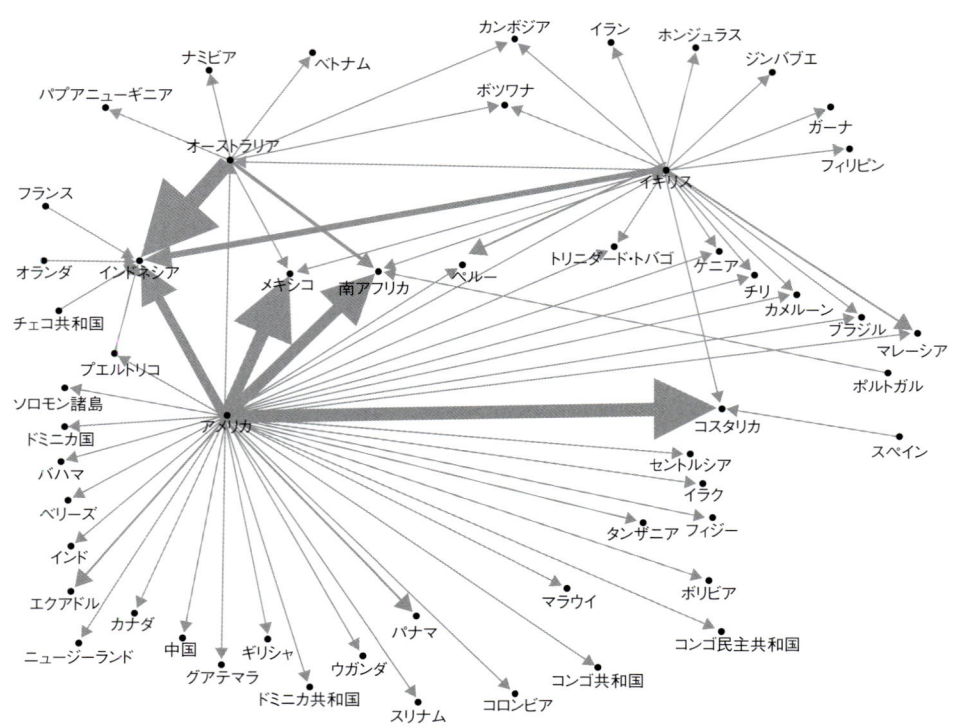

図 12.2 クラウドファンディングによる保全資金のグローバルな流れ．ここでは，最も投資額の大きい3ヶ国からの投資額を矢印の太さで表している．実際には，16ヶ国の市民が資金を提供し，80ヶ国のプロジェクトが支援を受けている．

考えてみよう：あなたがクラウドファンディングのプロジェクト（規模は問わない）を提案するとしたら，どのようなものになるだろうか？

出典 Gallo-Cajiao E et al., Crowdfunding biodiversity conservation, *Conservation Biology*, **32**(6):1426–1435 (2018)

　ワンガリ・マータイ（Wangari Maathai, 1940 ～ 2011）は，有名なグリーンベルト運動の創始者である．マータイは中部・東部アフリカで女性として初めて博士号を取得し，科学者，教授，活動家，国会議員などのキャリアにおいて多くの役割を果たした．彼女はグリーンベルト運動を通して先駆的な活動を行い，ケニアの農村女性たちに植林を行う権限を与えることにより，森林破壊の影響を緩和すると同時に収入源を生み出した．環境再生・持続可能な生計・社会的平等を結びつけた取り組みが評価され，ノーベル平和賞を受賞している．

　チコ・メンデス（Chico Mendes, 1944 ～ 1988）は，ブラジルの熱帯雨林の保護と先住民の権利を結びつけたことで知られる社会活動家である．メンデスは9歳のときから，ゴム樹脂を木から抽出する労働者として働いた．メンデスが結成した労働組合は，労働条件を改善し，アマゾンの森林の保護とその持続的利用に貢献した．地域の森林伐採を阻止する運動を展開した後，メンデスは殺害された．先住民の生活を守りながら森林資源の持続的利用を支援した彼を偲び，チコ・メンデス特別保護区が設立されている．

　ジェイン・グドール（Jane Goodall, 1934 ～）は霊長類学者，保全生物学者で，特にチンパンジーの保護と，地域の教育や生計のための活動を結びつけたことで名高い．彼女は博士研究において精力的な野外調査を行い，動物の知能，感情，社会組織についての理解に革命をもたらした．彼女は当初，タンザニアのゴンベに住むチンパンジーの保護に重点を置いて活動していたが，それ

はすぐに世界中に広がっていった．彼女の Roots & Shoots プログラムには現在 100 ヶ国の若者が参加しており，明日の保全リーダーの育成を目指している．

ジョン・フランシス（John Francis, 1946 ～）は環境保護活動家で，「プラネット・ウォーカー」として環境問題への関心を高めたことでよく知られている．原油流出事故の影響を目撃した後，22 年間自動車に乗らず，アメリカ全土を徒歩で回った．そのうち 17 年間，彼は自分の選択についての論争を避けるため，沈黙を貫いた．この間，学士，修士，博士の学位を取得した．彼が設立したプラネットウォーク協会は，環境に対する責任と協力という新しいビジョンのもとに，科学者，実践者，若者を結びつけることを目指している．

これら 4 つの短い物語は，個人がなしうる影響についての感動的な例である．しかし，環境問題の解決を目標とするキャリアパスは無数に存在する．科学者でもいいし，自然保護の実践者，教育者，弁護士，政策立案者，活動家でもいい．参画する機会は増える一方であり，持続可能性に取り組む未来のリーダーは，今はまだ存在しない新たな仕事に就くかもしれない．もっとも，貢献できそうなキャリアを確立するまで待つ必要もない．若者が参加し積極的に活動する文化の発展は，すでに社会の優先順位を変えつつあり，個人が独自の仕組みを構築して，多くの人に働きかけられることを実証している．多くの人が，環境と社会正義の交差点で，あらゆる不公平や搾取の問題に取り組むため働こうとする意欲をもち始めている．

まとめ

環境問題の解決に携わる人は，思慮深い消費者であれ，活動の実践者であれ，地球の将来に対する圧倒的な罪悪感，ストレス，悲しみ，恐怖の感情にしばしば直面する．また，環境問題への取り組みのなかで，自分の世界観や役割についての信念を問い直す必要に迫られる．これらの話題については，本章の最後の「発展」で詳しく考える．チコ・メンデスは，生物多様性の保全・人間の幸福・個人の行動の結びつきを，美しい言葉で表している．「私ははじめ，ゴムの木を守るために戦っているつもりだった．そのうち，アマゾンの熱帯雨林を守るための戦いだと考えるようになった．そして今は，人類のための戦いなのだと実感している．」

団体による生物多様性保全への支援

個人は団体に組み込まれており，団体は生物多様性の保全に大きな影響を与えうる．団体が協力して共通の目標のために行う取り組みを**協働**（collective action）という．協働には，地域の草の根運動から大規模な国際協力まで様々なものがある．最も効果的なのは，生物多様性の保全と人間生活の調和に主眼を置いた協働である．生態系プロセスの保全を通して地域社会の生活，健康，食の安全を支える方法には，様々なものがある．以下に記す例はごく一部であり，団体や企業や公共機関が，地域住民や先住民の権利を尊重しながら持続可能な目標を支援する方法は，他にも豊富に存在する．

エコツーリズム

観光は，雇用を創出しながら脆弱な生態系の野生生物保護を推進できる一分野である．図12.3A に示すように，**エコツーリズム**（ecotourism）は経済・社会・環境の利益を結びつける明快な取り組みである．エコツーリズムは多くの国の経済において重要な要素となっており，国内総生産の 10% 以上を占める場合もある（Brandt & Buckley, 2018）．

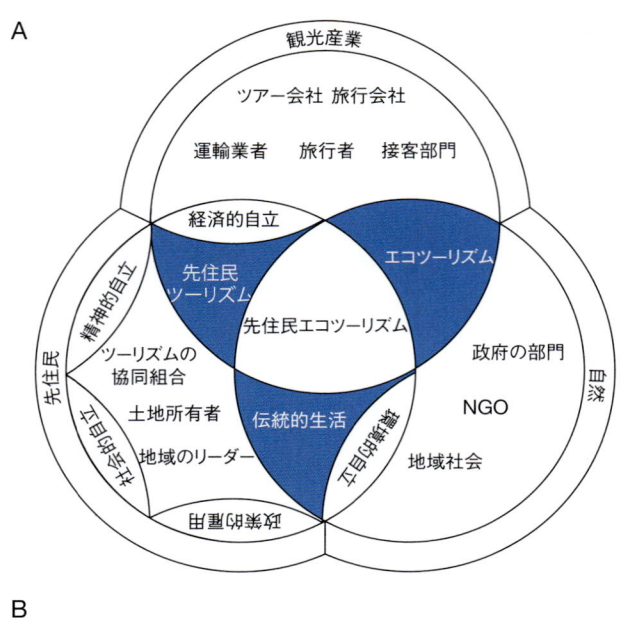

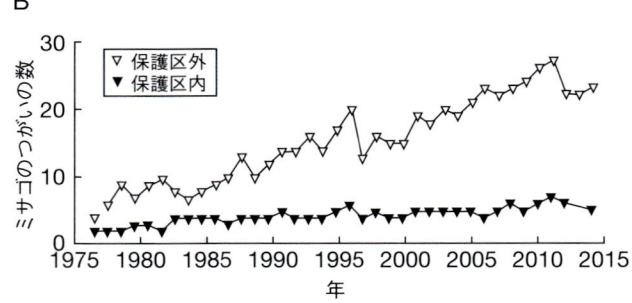

図 12.3 エコツーリズムの利点と課題．(A)「エンパワーメントの環」．エコツーリズムがマヤの熱帯雨林地域（メキシコ，ベリーズ，グアテマラ，ホンジュラス）のコミュニティに社会的，環境的，経済的利益をもたらす仕組みの概念的枠組み．(B)コルシカ島のミサゴに対するエコツーリズムの予期せぬ負の影響．海洋保護区内（黒）では，ミサゴのつがいの数が保護区外（白）より減少した．
考えてみよう：あなたが順応的管理のアプローチでミサゴの保護に取り組むとしたら，データに基づいて，次の行動をどのように提案するだろうか？
出典 (A) Mendoza-Ramos A & Prideaux B, Assessing ecotourism in an indigenous community: using, testing and proving the wheel of empowerment framework as a measurement tool, *Journal of Sustainable Tourism*, **26**(2):277-291 (2017)；(B) Monti F et al., The price of success: integrative long-term study reveals ecotourism impacts on a flagship species at a UNESCO site, *Animal Conservation*, **21**(6):448-458 (2018)

　地域社会を主体とするエコツーリズムの例は世界中に何百とあり，なかには地域に自然資源保護の動機を生み出し，大きな成功を収めているものもある．例えばブラジルでは，絶滅危惧種のウミガメを搾取していた地域経済を，地域社会，非政府組織（NGO），政府が協力して，ウミガメ保護の経済へと転換させた．現在では，地域の人々が雇用されてウミガメ営巣地の保護や教育，エコツーリズムのプログラム指導にあたっており，かつてウミガメ卵の密猟者だった人たちも含まれている（Marcovaldi & Dei Marcovaldi, 1999）．

　しかし，すべてのエコツーリズムのプログラムが，野生生物や地域社会にとってよい結果をもたらすわけではない．特に，地域社会や先住民社会の意思決定権や，土地利用の権利，経済利益の公正な分配が確保されていない場合は，その傾向が強い（Coria & Calfucura, 2012；Das &

Chatterjee, 2015；Buckley et al., 2016）．また，エコツーリズムは保護対象種に予期せぬ悪影響を及ぼす可能性がある．例えば最近のある研究で，海洋保護区内のミサゴに対するエコツーリズムの役割が評価されている（Monti et al., 2018）．**図 12.3B** に示すように，海洋保護区内のミサゴの繁殖成功は保護区外よりも低かった．エコツーリズムによってボートの往来が増え，撹乱が増加したため，成鳥が巣から離れる時間が長くなり，雛に餌を与える時間が短くなっていた．このように，エコツーリズムは万能ではないが，象徴種への予期せぬ撹乱が迅速に対処され，地域社会が深く関わって力を発揮すれば，有効である（例：Mendoza-Ramos & Prideaux, 2017）．

持続可能な食料生産

食料生産もまた，協働によって持続可能性を促進できる分野である．**アグロエコロジー**（agroecology）は，小さな市民農園でも大規模な商業農場でも，自然資源の保護と人間生活，持続可能な食料生産を調和させるのに役立っている（Scherr & McNeely, 2008；Thomich et al., 2011）．アグロエコロジーは，現代の農学と土着の知識や慣習を統合し，強靭かつ生産的で生物多様性の高い農業景観を生み出すことを目指している（Altieri et al., 2012）．このように，アグロエコロジーは新しいパラダイムを提供するものであり，単に工業型農業のシステムを「環境にやさしく」するものではない（Ponisio & Ehrlich, 2016）．

その一例が，中国における水田養魚で，国連の世界農業遺産（GIAHS）に認定されている（**図12.4**）．これらの生物多様性の高い水田では，魚が害虫を食べ（農薬の使用を減らす），アヒルが水田雑草を食べる（富栄養化の抑止）．この多様性の高い農業システムは，農薬の使用を大幅に減らし，土壌の窒素固定を促進し，メタン排出を減らし，複雑な食物網を保全することができる．

人間の健康と生態系の健全性の密接な結びつきは，他の食料供給システムでも明らかである．栄養摂取と生計を漁業に依存する地域にその例が見られる．Fiorella ら（2017）はケニアのビクトリア湖付近に居住する 300 以上の世帯を追跡調査した．その結果，漁師たちが健康なときは，持続可能な漁法がとられている確率が高いことがわかった．ところが，漁師たちが病気になると，彼らは漁獲努力量を減らさずに，より破壊的でしばしば違法な（しかし体力的には楽な）沿岸漁を行うようになっていたのである．このように，人間の健康や生存と持続可能性の間には，強いフィードバックがある．したがって，人間の健康，生存，食の安全への取り組みが鍵となってくる．そのような取り組みは，気候変動，歪んだ権力構造，人的資源や自然資源の搾取によって甚大な影響を受けている社会では，いっそう重要となる．食料システムを生物多様性保全や持続可能な経済と調和させることは，生物圏に素晴らしい影響を及ぼすだろう．

「ゆりかごからゆりかごまで」の工業生産

協働は他の分野でも慣行を変えることができる．例えば，利害関係者による圧力は，商品の製造の慣行を変えることができる．アパレル産業にその例が見られる（**図12.5**）．アパレル製品には，生産（綿花栽培における農薬使用など）から流通（包装材や輸送エネルギーなど），使用（洗濯用水など），廃棄（埋立ごみなど）まで，ライフサイクルを通じて多くの環境コストが発生する．これらの環境負荷は，化学物質による汚染から温室効果ガスの排出まで，生物多様性に直接的・間接的に影響を与えている．

しかし，**「ゆりかごからゆりかごまで」のライフサイクル分析**（"Cradle-to-cradle" life cycle analysis）が重視されることで，環境への影響が低減される可能性がある．企業や業界団体は，原材料の調達から最終的な廃棄やリサイクルまで，製品のライフサイクルの全段階において，よ

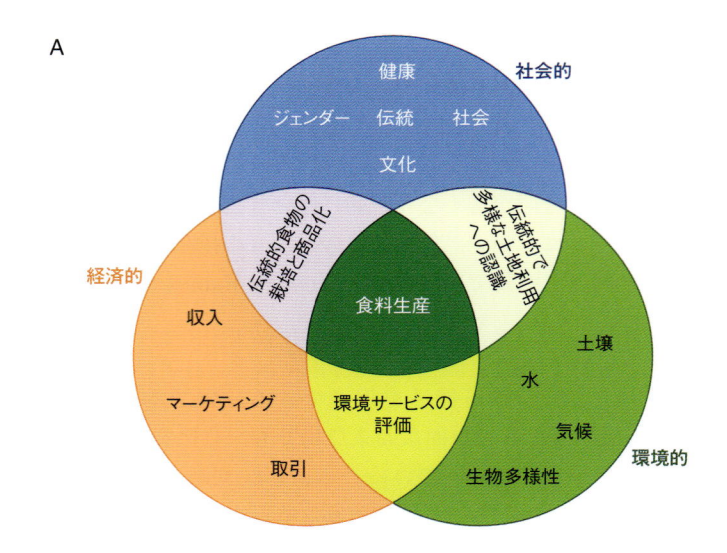

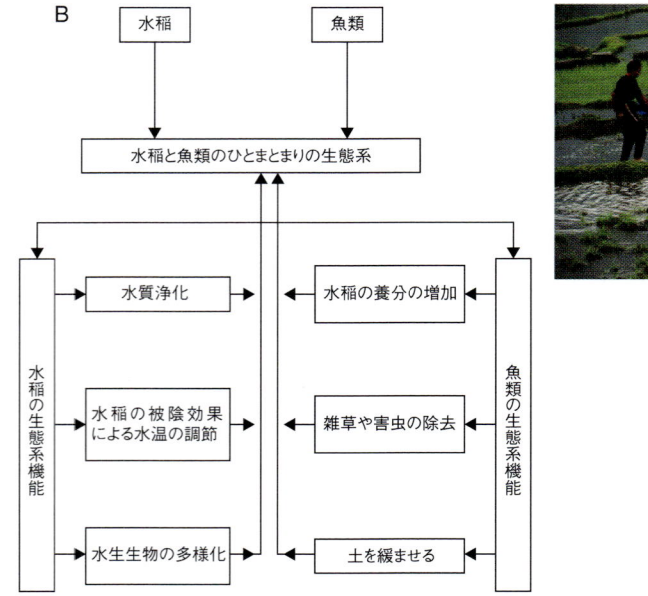

図 12.4 （A）アグロエコロジーによる食料生産の包括的アプローチ．（B）1,500 年以上前から行われている中国の水田養魚農業システムでは，食料生産地でも自然の食物網が維持されている．

考えてみよう：食料生産分野において，人間の健康と生態系の機能が結びついている事例には，どのようなものがあるか．

出典 （A）International Assessment of Agricultural Knowledge, Science and Technology for Development (IAASTD), IAASTD Global Report: Summary for Decision Makers, Island Press (2009)；（B）Lu J & Li X, Review of rice-fish farming systems in China: One of the Globally Important Ingenious Agricultural Heritage Systems (GIAHS), *Aquaculture*, **260**(1–4):106–113 (2006)；MOA/PRC

り厳しい環境基準に則ったイノベーションを起こしている．様々な利益が，より持続可能性の高い工業生産の動機となりうる（Fargani et al., 2016 など）．例えば，環境に配慮したビジネスは，廃棄物やエネルギーなどのコストの削減，環境配慮型製品などへの顧客需要の増加，公共イメージの変化による企業評価の向上につながる可能性がある．このように，製造分野におけるイノベー

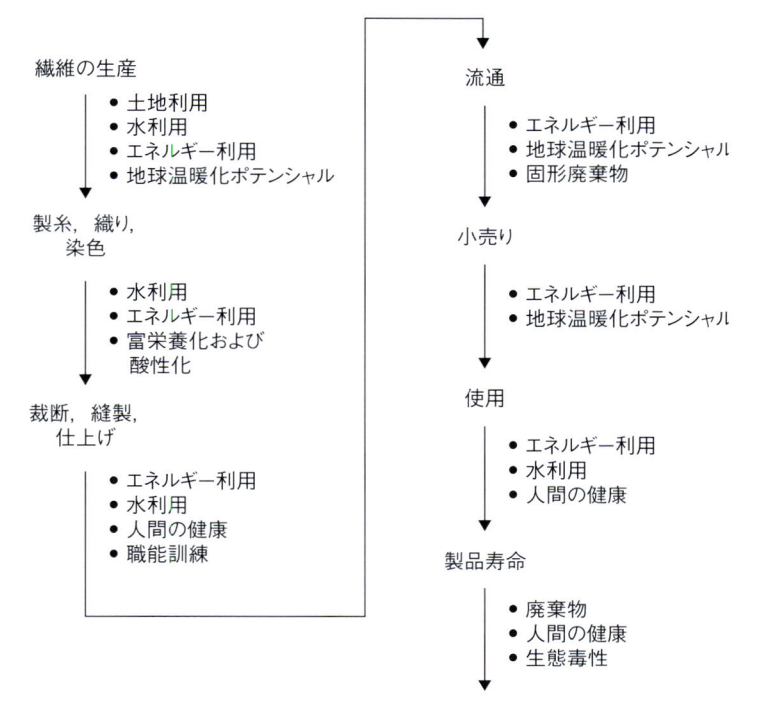

図 12.5 アパレル製品のライフサイクルにおける環境配慮. 環境負荷を低減する選択は, 生産, 流通, 使用, 廃棄の全段階において可能である.

考えてみよう：本節で取り上げた 3 つの分野 (観光, 農業, 製造業) において, 一般的に生物多様性保全と人間の需要を結びつける戦略の成功に影響しそうな要因とは何か.

出典 O'Rourke D, The science of sustainable supply chains, *Science*, **344**(6188):1124–1127 (2014)

ションは, 環境への影響を劇的に低減し, 生態学的に責任あるビジネスの新しい基準を設定することができる.

まとめ

　人為による生態系へのストレスは, 協働を促す重要なきっかけとなりうる. 資源が枯渇しかけると, 社会はしばしば自らを支える生態系を保全するための新たな方法を見つけようとする. 協働は, 生物多様性と人間社会に信じがたいほどの相互利益をもたらしうるが, それには高度な信頼, 責任の履行, 社会の取り組みが必要である (Kruijssen et al., 2009). 特に, 地域社会や先住民の権利が尊重されているとき, 協働は生態系の回復だけでなく, 抑圧と権利剥奪という人類の負の遺産に対処することができる. 協働はより広範な政治的・社会的変化を起こすこともある. 次はこの話題について見ていこう.

政治行動による生物多様性保全への支援

　個人と団体の行動は, より広範な政治的変化を起こすことがあり, 反対に政治活動も, 個人と団体の行動に影響を与えうる. 地方, 国, および国際的統治機関は, 生物多様性保全を支援する政策を制定することができる. これらの政治活動は, 立法 (法律の制定) や規制 (法律の監視と執行のプロセス) の形で行われる. 政治活動は, 個人や企業や国家に対して働きかけ, 生物多様性

を支援する選択を行うよう，またその選択の効果を高めるため垣根を超えて協力するよう，誘導することもできる．ここでは，政治行動がどのようにして生態学的，経済的，社会的な目標を調和させるのか，いくつかの例で見てみよう．

漁業管理

共有資源が「コモンズの悲劇」に陥る可能性は古くから認識されてきた．全員が個人の利益を最大化しようとすれば，共有資源は急速に枯渇する．漁業は，古くから資源の利用と搾取に関する理論の実験場となってきた．個々の漁業者が収穫を最大化させようとする心理的な圧力は，乱獲や混獲の頻発，環境破壊的な漁法の使用を招いてきた（Fujita & Bonzon, 2005）．それらの漁法は世界の多くの地域で，魚類資源を枯渇させ，水生生物の生息環境に影響を与えてきた（例：Möllmann & Diekmann, 2012）．

一方，伝統的な社会では，個人，家族，団体，または村が健全な漁業管理を行ってきた結果，何世紀にもわたってコモンズの悲劇が回避されてきた（Berkes, 1985）．漁業管理者たちはそれを踏まえ，漁業者と生物多様性の利益を一致させる方法を模索するようになってきている．有望な戦略の1つが，**権利に基づく漁業管理**（rights-based fishery management）を行い，利害関係者が所有権をもつことである（例：Allison et al., 2012）．グループが漁場で独占的な権利を得れば，競争による漁業資源の枯渇を減らせるだろう（Viana et al., 2019）．漁業者の安定した生計と資源の長期的健全性への投資が保証されると，受託責任（スチュワードシップ）が向上し，乱獲は抑制される．

最近の総説によれば，多くの漁業で回復の兆しが見られており，その理由がこの資源管理の変化にあるとされている（Lubchenco et al., 2016）．アメリカ合衆国では現在，毎年漁獲される魚の半分以上が権利ベースの手法に則って処理されており，他にも世界で少なくとも 40 ヶ国が権利ベースの漁業を行っている．このように，経済的な動機づけを行うことで，複雑な産業においても生態系と人間社会の利害を一致させることができる．

絶滅危惧種をめぐる法制

アメリカ合衆国の**絶滅危惧種保護法**（Endangered Species Act, ESA）は，生物多様性への地球温暖化のストレス要因に直接対処する法律の代表例である．ESA は，危急種とその種が依存する生態系の保護を目的として，1973 年に成立した．ESA に登録された種は法的保護を受け，その回復計画に資金が提供される．ESA の重要な役割として**生息地保全計画**（habitat conservation plan）による重要生息地の保護と回復があり，これにより種の保全と生息域保全の戦略が結びついている．アメリカ合衆国では 2022 年時点で 1,900 を超える種が，絶滅危惧種または準絶滅危惧種としてリストに掲載されている（**図 12.6**）．

ESA は極めて重要な法的手段だが，その運用は複雑である．種が保護を受けるまでには長い時間がかかり（あるメタ解析では平均 12 年），リストへの掲載手続きには，時間と費用のかかる訴訟が伴うこともある（Puckett et al., 2016）．また，回復手段（種の回復計画，重要生息地の指定，個々の種に対する資金供給など）の効果の評価が難しい場合もある．これは，回復計画がしばしば定量的で客観的な基準を欠くためではないかと指摘されている（Gibbs & Currie, 2012；Himes Boor, 2014）．最後に，たとえ効果的な回復手段がとられても，その後に回復した種をリストから外すと，法的保護をほとんど受けられずに放置されるおそれがある（Doremus & Pagel, 2001）．

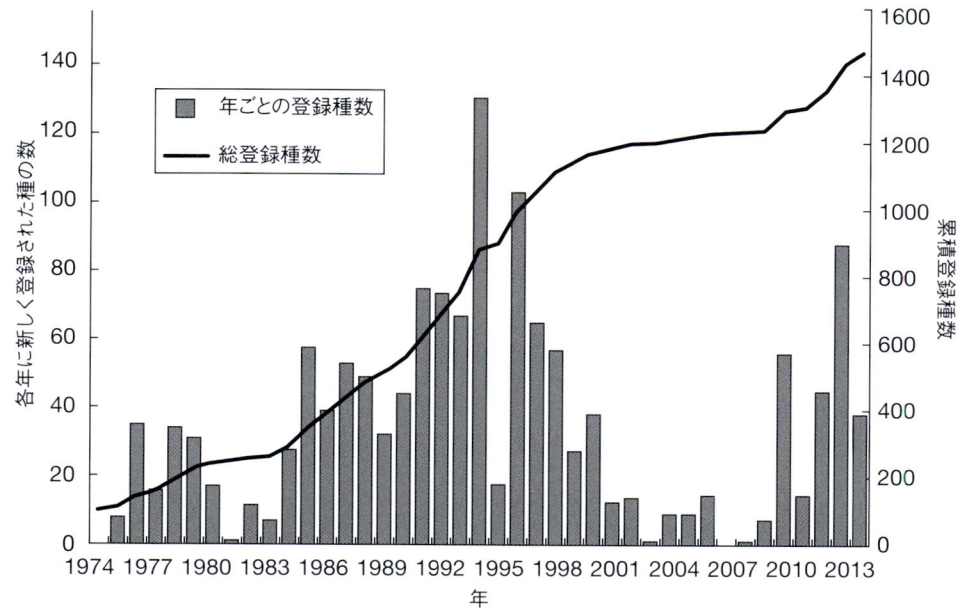

図 12.6 絶滅危惧種保護法（ESA）の年変化．ESA のもとで登録された種数の経年値（灰色のバー）と累積登録種数（黒線）．

考えてみよう：ESA によって登録された種の総数は過去 50 年間で着実に増加したが，大きな変動があった．この年間登録種数の年変動には，どのような要因が関わっていたと思われるか？

出典 Puckett EE et al., Taxa, petitioning agency, and lawsuits affect time spent awaiting listing under the US Endangered Species Act, *Biological Conservation*, **201**:220–229 (2016)

　科学者，管理者，政策立案者は，ESA や他の生物多様性保全に寄与する法律を強化するため，努力を続けている．例えば，これまで述べてきた分析手法（個体群存続可能性分析など）や管理ツール（順応的管理など）の多くは，定量的な回復基準の設定に利用できるだろう．さらに ESA は，絶滅危惧種を保護する世界中の多国間条約と連動している．例えば，**絶滅のおそれのある野生動植物の種の国際取引に関する条約**（Convention on International Trade in Endangered Species of Wild Fauna and Flora, CITES）は，1975 年に国際取引によって絶滅するおそれのある種を保護するため制定された 175 ヶ国間の協定である．現時点で，3 万 5,000 種を超える種がこの協定によって保護されている．

国際気候変動条約

　環境問題の多くは国境を越えた調整を必要とする．国境をまたぐ湖などのような共有資源の環境規制に関する交渉では，しばしば二国間の協定が結ばれる．しかし真にグローバルな問題に取り組むには，多国間の協力が必要である．国連環境計画（UNEP）は，国際的な環境立法を主導している機関である．UNEP の初期の成功の 1 つが，オゾン層を破壊する物質の削減を義務づけた「モントリオール議定書」である．モントリオール議定書は 1987 年に 197 ヶ国によって批准され，オゾン層の劣化を食い止めることに成功した．

　現在最も重要な国際協働の舞台となっているのは，人為による気候変動への対応である．1988 年，UNEP の新しい支部として**気候変動に関する政府間パネル**（Intergovernmental Panel on Climate Change, IPCC）が設立された．IPCC は，人為による気候変動の科学的・経済的・政治

的影響および健康問題に関して，信頼性の高い報告書を作成してきた．**国連気候変動枠組条約**（UNFCCC）は，1992年に IPCC の報告に基づき，加盟各国に二酸化炭素排出量の削減を求める，法的拘束力をもたない初の条約を作成した．法的拘束力をもつ初の協定である京都議定書は，1997年に192の加盟国によって採択された（ただしアメリカ合衆国は批准せず）．その後パリ協定など，気候変動の抑制に向けた具体的目標を掲げた協定が追加されている．

　これらの多国間協定は非常に複雑で，平等性，説明責任，執行に関する多くの問題を提起している（例：Duruji et al., 2018）．重要課題の1つとなっているのは責任の公平な配分，すなわち気候変動に最も関与してきた先進国が，最も大幅な排出削減の義務を負うことを可能にする仕組みの構築である（Dellink et al., 2009；Liu et al., 2017）．しかし，これは依然としていばらの道である．最近のある研究によると，高排出国の大部分は気候変動の影響を最も受けにくいのに対し，低排出国の大部分は気候変動に対して特に脆弱であるという（Althor et al., 2016；図 12.7）．人為による気候変動の潮流を変えるには，こうした気候変動の影響の不均一性に対処することが必要である．強大な先進国は，過去と現在の大気の変化の原因を作ってきたことに対して，まっとうな責任を取る必要がある．

　また，現在の気候危機と社会的格差をもたらした，天然資源の収奪と人間集団への抑圧の歴史を認識することも不可欠である．黒人，先住民，有色人種は，最初は直接的な搾取（大量虐殺，奴隷制度，毒性物質への曝露など）によって，次には気候変動の負担を不当に重く負うことによって（干ばつ，野火，作物の不作など；Pierre, 2020），環境変化の原因と結果の影響をより強く受けてきた．個人や社会や国家は，過去の排出量だけでなく，社会・経済・生態系に広範な反作用をもたらす不正義のシステムを作り，維持し，そこから利益を得てきたことについても，責任を負わねばならない．

国際自然保護債務スワップ

　経済と生態系のニーズの一致に向けた創造的な国際的アプローチの最後の例として，**自然保護債務スワップ**（debt-for-nature swap）を取り上げる．この制度では，国が生息地保護に取り組むことを条件に，他国への債務が帳消しにされる（Hansen, 1989）．自然保護債務スワップは当初，熱帯雨林の保護のために利用されていたが（McFarland, 2017），その後は陸域と海洋の保護区を作るために利用されてきた．

　海洋で自然保護債務スワップが用いられたのは最近のことである．セーシェルにおける事例は，政府，NGO，個人の間で結んだパートナーシップの先進的なものである．この例では，レオナルド・ディカプリオ財団がネイチャー・コンサーバンシー（the Nature Conservancy）に対し，セーシェルの負債を購入するのに十分な額の寄付を行った．この資金により新しい海洋保護区が設置され，保護水域が海域の1％から30％に増加した．さらに，保護区の管理を長期にわたり成功させるための基金も設立された．

　もちろん，自然保護債務スワップには潜在的な落とし穴がある．例えば，環境保護の不十分さ，不適切な資金の使途，地域社会への利益還元の欠如などは，成功の妨げになりうる（Cassimon et al., 2011）．しかし，債務スワップのような国境をまたぐ革新的アプローチは，債務を保全資金に変えることができる．このことは，地域社会や先住民がすべての過程に主体的に取り組めば，地域経済と生態系の健全性の両方にとって大きな恩恵となるだろう．

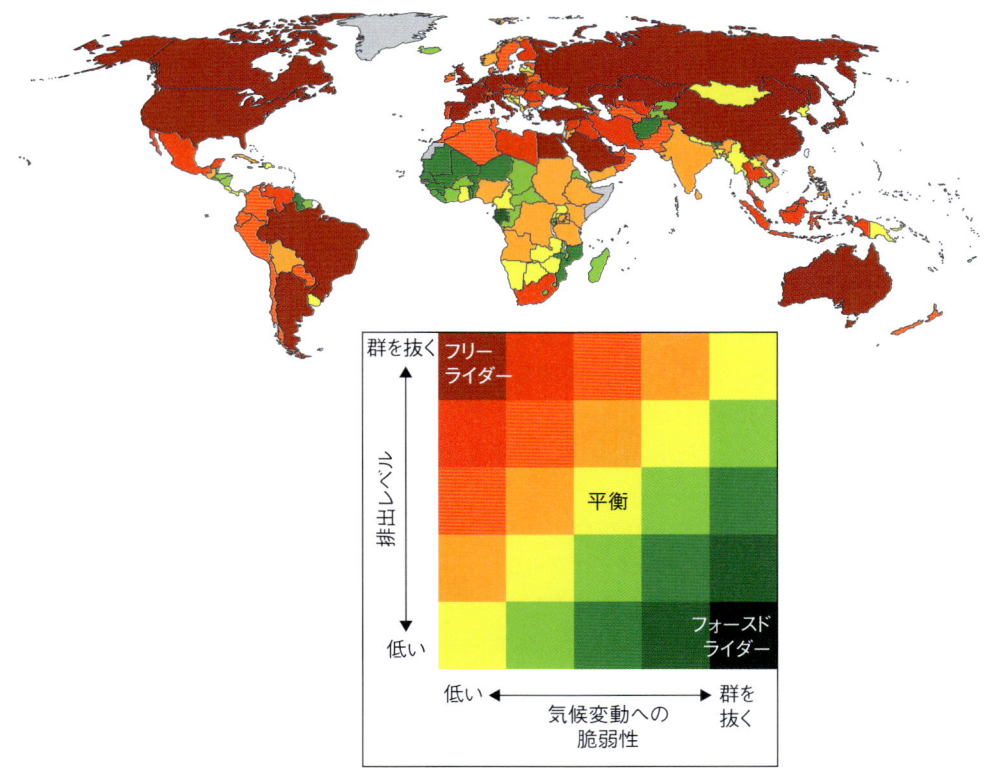

図 12.7 気候変動の不平等. 気候変動への各国の寄与は同等ではなく, 気候変動の影響に対する脆弱性も国により異なる. 排出量が最も多く脆弱性が最も低い「フリーライダー」の国々は, 暗い赤色で表されている. 排出量は最も少ないのに脆弱性が最も高い「フォースドライダー」の国々は, 暗い緑色で表されている. 気候変動への寄与とそこから生じるリスクが拮抗している国はほとんどない. ほとんどの先進国は気候変動への寄与が非常に大きく, ほとんどの途上国はコスト負担が非常に大きい.
考えてみよう: 最も影響の大きい国々が国際的な排出量目標を実現するためには, 何が必要だと思うか?
出典 Althor G et al., Global mismatch between greenhouse gas emissions and the burden of climate change, *Scientific Report*, **6**(1):20281 (2016)

まとめ

地域や国, および国際的な統治機関が, 地球変動のストレス要因を緩和し生物多様性保全に寄与する手段は, 他にも数多く存在する. 挑戦的な国際的取り組み (コスタリカが初の「カーボンニュートラル」国を目指す) から, 地域の取り組み (地主に保全目標への貢献を動機づける) まで, 政治活動は生物多様性保全の主要な要素である. 究極的には, 透明性, 参加型の管理, 長期ビジョン, 説明責任, 成果を測る新指標が, 不可欠な要素となるだろう (O'Rourke & Lollo, 2015). 私たちは今, 公正な管理への展望や分野を越えた新たな提携が芽生えてゆく, 前例のない時代に生きている. 「データで見る」では, 人間社会と保全の利益の一致をはかる官民連携の創造的な事例をもう一つ紹介しよう.

予想される未来

本書を通じて見てきた通り, 個別のストレス要因や, 個別の種や生態系の応答については, そ

の変化を予測する分析ツールが多数存在している．しかし，未来に起こることの全体像を予測する方法はあるのだろうか？　私たちは，地球規模の生態系の崩壊に向かっているのだろうか？　それとも，地球環境や資源との新たな持続可能な関係が，今まさに訪れようとしているのだろうか？

　環境学者らは長い間，地球システムが重要な閾値に近づいている，あるいは閾値を超えたと警告してきた．主要メディアも「環境の終末」を度々扱うようになってきた．最近のある研究によれば，過去半世紀の間に，生態系の崩壊をテーマとする興行収入の高い映画が増加したという（Kareiva & Carranza, 2018）．これらの映画は，人類の向かう先にある，避けようのない何かを捉えているのかもしれない．

　疫病の流行，干ばつ，洪水，飢饉，山火事などに多くの人が影響を受けている現在，生態系の終末というシナリオはいっそう真実味を帯びている．しかし同時に，世界中の人々が，持続可能性を提唱し，地域社会に持続的な変化をもたらす新しい取り組みを始めている．不正な権力構造に立ち向かい，人類社会と生物圏全体の持続可能な未来を描くことに，多くの人々が加わるようになっている．

　また人類社会の重大な試練が，環境のフットプリントに予想外の影響を与えることがある．例えば，2020 年の COVID-19 によるロックダウン期間に，調査対象国の炭素排出量が最大 26% 減少し，2006 年の排出量と同水準にまで減少した（Quéré et al., 2020）．とはいえ，社会と生態系がともに加速度的に変化する時代に突入した現在，より長期的な排出量の推移は依然として不透明である．

　結局のところ，私たちは生態系が驚異的な回復力をもつことを知っているし，人間は必要があれば信念や行動を変えられることも知っている．では，果たして私たちはもっと持続可能な構造へ向けて舵を切れるのだろうか？　この問いへの最終的な答えはまだない．だが，答えのない問いこそが，私たちを新しい考え方へと駆り立てるのである．人為による地球システムの変化が激化するなか，私たちと環境との関係は疑いようもなく，かつてないほど重要なものとなっている．本章の「発展」では，この時代における私たちの立ち位置を，歴史のうえでどう捉えるのかを見つめ直す．

結論

　これまで見てきたように，地球変動の時代における生物多様性保全には，すべての場合に適用できる解決策は存在しない．地球上には何百万もの種が存在し，それぞれがユニークな歴史をもっている．それぞれの種は，異なる進化の軌跡を辿り，生態系のなかで異なる役割をもち，異なるストレス要因によってその存続が脅かされている．しかも生物たちは，他の種や生物地球化学的循環との複雑な関わり，つまり相互作用ネットワークのなかで共存している．地球変動のストレス要因を改善するための行動は，地球上の相互に関連する生物的・非生物的プロセスの総体を考慮したものでなければならない．

　私たちは変化し続ける世界のなかで，生物多様性の様々な側面（遺伝的多様性，種の多様性，機能の多様性，生態系の多様性）を，あらゆる空間スケール（ローカルからグローバルまで），あらゆる時間スケール（現在から未来まで）において，不確実性があるなかで保全するという，壮大な挑戦に直面している．

　この挑戦は容易ではないが，生物多様性を保全し，生態系と人間社会のニーズを一致させるためのデータやツールは豊富に存在する．これまで見てきたように，私たちは，人為的ストレス要

因や種の脆弱性を迅速に評価するための新しい技術を活用できるようになっている．また，学問分野間，利害関係者間，そして国家間の協力や統合に向けた好機にも恵まれている．

　人類は今，歴史の転換期を迎えている．あらゆる生命の維持に向けた未来への道筋は，新しい考え方と新しい組織作りを必要とする．本章の「発展」でも取り上げるが，アルバート・アインシュタインの有名な言葉の通り，「私たちが直面している重大な課題は，私たちがその課題を生み出した頃と同程度の思考水準では解決できない」のである．今こそ，人間社会と自然界のニーズを一致させる創造的な解決策を生み出すときである．それは，人間と「環境」とを隔てる誤った区分を取り払うことから始まる．環境は人間と隔たったものであるという考えが，過去と未来の双方に対する視野を狭めている．今こそ，人類と他のすべての生命体と地球との，ダイナミックで相互依存的な関係を捉え直すときである．私たちの真の創造力により，新しい時代のための優れたビジョンを生み出すときである．そのビジョンはどんなものになるだろうか，そして，あなたはどんな役割を果たすだろうか？

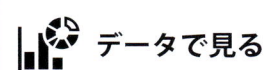

データで見る

動的な保全のための報奨金制度

誰が，何を目指したのか？

　ここでは，レイノルズ（Mark Reynolds）博士と共同研究者が 2017 年に学術誌 "Science Advances" に発表した，「渡りをする生物の動的な保全」というタイトルの研究を取り上げる．ネイチャー・コンサーバンシーが主導した研究だが，複数の大学や NPO の生物学者と経済学者による共同研究である（**BOX 図 12.3** 参照）．この研究では，地元の農家の利益と，渡りを行う鳥類の生息地のニーズを調和させるために設立された，新しい保全プログラムの効果を検証した．

　温室効果ガスの排出削減，汚染の軽減，生物多様性保全を支援するための政策メカニズムとして，報奨金制度の使用が増えてきている（de Vries & Hanley, 2016 の総説）．農業分野では，環境の影響を受けやすい農地の所有者に直接支払いや税額控除を行い，保全目標への貢献を奨励する取り組みが長く行われてきた．例えば土地所有者は，政府機関や土地信託と**保全地役権**（conservation easement）と呼ばれる土地保全協定を結ぶことにより，金銭的な補償を受けることができる．さらに地域によっては，土地所有者が自発的に近隣住民と連携し，地続きの地域を保護して生息地の分断を低減した場合，ボーナスを受け取ることができる（Parkhurst

BOX 図 12.3　ネイチャー・コンサーバンシーのチームは，地元の農家に渡り鳥の保護に貢献してもらう動機づけを開始した．（A）チームメンバーのエリック・ホールスタイン（Eric Hallstein, 左）博士，レイノルズ（中央の望遠鏡と三脚をもつ人物）博士とプログラムに参加した稲作農家（右）．（B）カリフォルニア州セントラルバレーの稲作農地に創出された，渡り鳥の中継地．
出典 Nature Conservancy

et al., 2002).

　土地の保全政策では，かねてから土地を恒久的に保護することが主眼とされてきた．だが，保護のために土地を永続的に寄贈することは農家にとってリスクが大きいうえ，保護のため大面積の土地を取得するには，土地信託のために莫大な先行投資を求められるかもしれない．一方，一部の保全目標は恒久的な土地の保護がなくても達成できる．例えば，動的アプローチは，渡りを行う種の保護に特に有効である．渡りを行う種は，移動ルート上の1地点の変化によって個体群全体が壊滅する可能性があり，地球温暖化のストレス要因によるリスクが大きい．最近のメタ解析によると，渡り鳥のうち，渡りルート全体の生息地が保護されていた種はわずか9％で，これは渡りをしない定住種の45％が保護地域に生息地をもつのと対照的である（Runge et al., 2015）．

　カリフォルニア州のセントラルバレーは，昔

から，「太平洋フライウェイ」を通って渡りや越冬を行う何百万羽ものカモ，ガン，シギ・チドリ類に，極めて重要な中継地を提供してきた（Shuford et al., 1998）．しかし，古くからの湿地帯の90％以上は失われており，残存する生息地のほとんどは公的な保護を受けていない（Stralberg et al., 2011）．**BOX 図 12.4** に示すように，湿地の大部分が水田へ転換され，現在では地域の20％以上の土地面積を水田が占めている．このような背景から，短い期間だけ渡り鳥の中継地を創出するよう地元の稲作農家に働きかけ，残りの期間は農家が耕作を維持できるようにするという，新しい試みが生まれた．

あなたの予測は？

　この先を読む前に，本章で学んだ生物多様性の保全と人間の利益や生活の調和について，セントラルバレーのシステムに当てはめて考えてみよう．まず，以下の問いを考えてみよう．

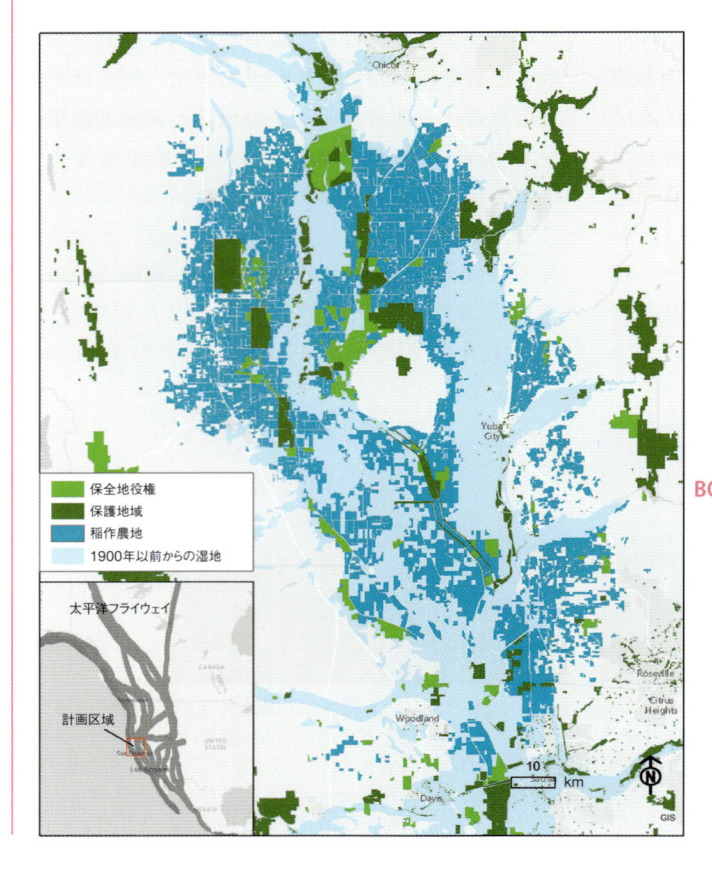

凡例：
- 保全地役権
- 保護地域
- 稲作農地
- 1900年以前からの湿地

太平洋フライウェイ

計画区域

BOX 図 12.4　セントラルバレーを通過する数百万羽の渡り鳥や越冬する水鳥にとって，利用可能な生息地（薄緑および濃緑の部分）は限られている．古くからの湿地帯（水色の部分）の大部分は都市や農業用地に転換されており，そのなかには広大な稲作農地（濃い青色の部分）も含まれる．

出典　Reynolds MD et al., Dynamic conservation for migratory species, *Science Advances*, 3(8):e1700707 (2017)

- 稲作農家は，具体的にどうすれば渡り鳥の保全に貢献できるだろうか．
- 稲作農家に保全プログラムへの参加を促すには，どんな働きかけが可能だろうか．
- プログラムの成果をどのように追跡し，どのような指標で成果を評価すればよいだろうか．

次に，農家に保全に貢献してもらうにはどのような働きかけが可能か，また働きかけの成果はどうすれば測定できるかについて，要約してみよう．

科学者らの予測はどうだったのか？

著者らは正式な予測は記していないが，研究動機となった目的を明確に述べている．「渡り鳥が最も必要とする時と場所に合わせて生息地を提供できるようにするため，自然保護活動家に求められるのは，(1) 種が渡りルート上のどこにいるかを予測し，(2) 渡り鳥に適した場所や，適した場所に変更できる場所を特定し，(3) 到着時に確実に生息地があるようにするための費用対効果の高い仕組みを作ることである．」

どのようなデータを収集したか？

レイノルズ博士らは市民科学，数理モデリング，政策的動機づけ，長期モニタリングを組み合わせた統合的アプローチを用いた．まず，愛好家が野鳥の観察を電子的に記録する eBird という市民科学プロジェクトから，野鳥の目撃情報を入手した．そして，数理モデルを作成し，1週間ごとに各地域の鳥類の数を予測し，保護価値が高いと予想された地域を表す地図を作成した．次に衛星画像を用いて，セントラルバレー全体における好適な湿地生息地を評価した．予想される鳥類の数が多いにもかかわらず，冠水した生息地が不足している場所と時期を見出すことにより，いつどこで鳥類の中継地のニーズが最も高まるかを特定した．その手法を **BOX 図 12.5** に示す．

次にネイチャー・コンサーバンシーは**逆オークション**（reverse auction）を実施し，生息地として湿地が必要な数週間の間，水田を冠水させた稲作農家に対して支払いを行った．逆オークションモデルでは，農家はこの保全リースに

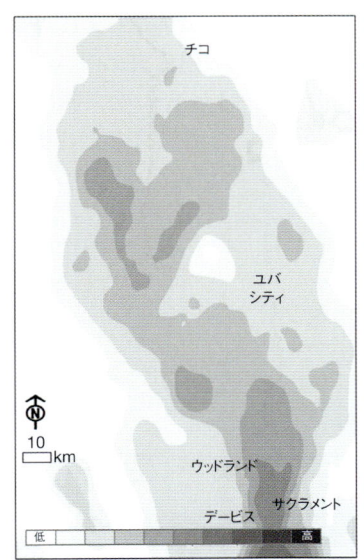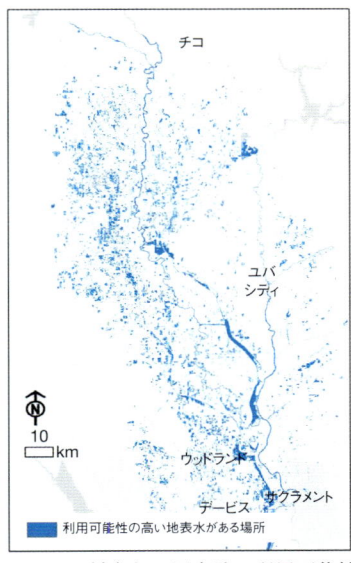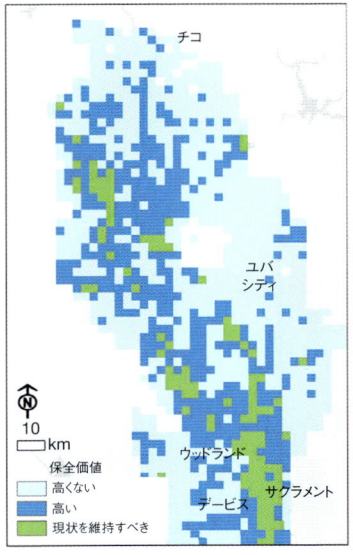

BOX 図 12.5 シギ・チドリ類の生息数のデータ（左）と，冠水域の利用可能性のデータ（中央）を統合し，保全価値の高い地域（右）を抽出する．保全価値の高い地域（青）は，シギ・チドリ類の生息数が多く，冠水域の利用可能性が低いと予測される地域であり，動的な保全の対象地域の候補となる．

出典 Reynolds MD et al., Dynamic conservation for migratory species, *Science Advances*, **3**(8):e1700707 (2017)

入札を行い（最低価格の入札者が落札する），自然保護団体と短期契約を結ぶ．これにより，農家は一時的に水田を冠水させる対価を自ら設定でき，自然保護団体は景観構造と渡りの季節を考慮して生息地の区画を選ぶことができる．科学者らは最後に，冠水に参加した水田と参加しなかった水田におけるシギ・チドリ類の応答を，現場での目視調査によって比較した．

データをどのように解釈するか？

この先を読む前に，**BOX 図 12.6** に示された研究の結果を数分で解釈し，図を見ながら，以下の問いを考えてみよう．

• 参加した水田と非参加の水田で，シギ・チドリ類の密度や種数はどのように異なっていたか？

• データから，どのような時間的パターンが見られるだろうか？

• エラーバーから，反復間のばらつきについて，何がわかるだろうか？

この研究の主要な発見とその意義について，1～2文で書いてみよう．

科学者らはデータをどう解釈したか？

鳥の目撃情報などの市民科学データと，地表水の分布に関する衛星データを組み合わせることにより，生息地を創出する効果が特に高い時期や場所が見出された．湿地生息地のニーズは，特に晩冬から早春にかけて最も高まった．ネイチャー・コンサーバンシーは，鳥の個体数の最盛期に水田を一時的に冠水させて報酬を得たい農家から入札を募った．55件の入札があり，その8割を受け入れた．

参加した水田は，渡り鳥に驚くべき恩恵を与えていた．著者らの言葉を借りれば「多くの鳥が一時的な湿地を利用していた．2014年春の記録では，参加した水田で57種18万羽以上の鳥が観察された．そこでは非参加の水田に比べ，シギ・チドリ類の平均種数が3倍以上，平均密度は5倍となった．」

著者らは，動的な短期保全戦略の経済的に優れた点も強調している．彼らは逆オークション方式の経済コストを計算し，セントラルバレーで同程度の広さの土地を購入して維持管理するコストと比べている．今後100年間，渡りの季節に一時的に生息地を拡大するのにかかる総費用は，同じ面積の土地を購入する費用よりも，1桁ほど低い．そこで彼らは次のように提案している．「動的な保全は，特に渡りを行う種に対しては，静的な保護区戦略より重要な利点があるだろう．利点としては，提供される生息地の時期，範囲，場所を，種の生活史上のニーズ（例：繁殖，移動，中継地）に合わせて調整したり，気候変動，干ばつ，土地改変などの脅威

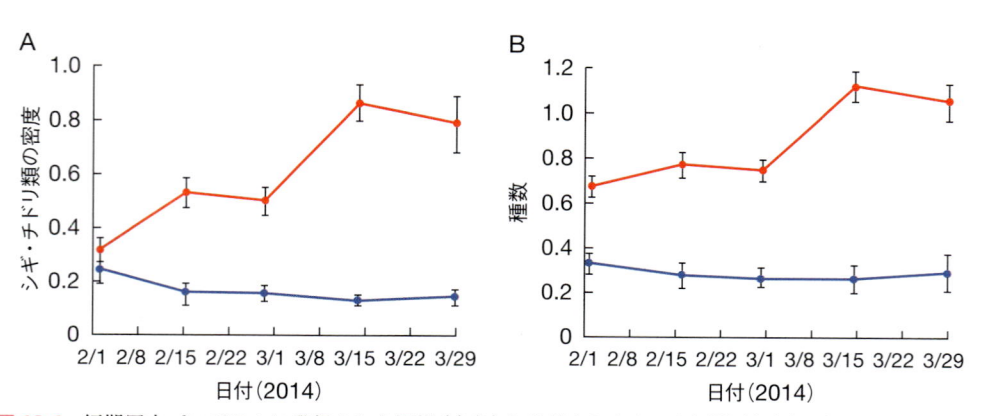

BOX 図 12.6 短期冠水プログラムに登録された圃場（赤色）と登録されなかった圃場（青色）で観察された，1 ha 当たりの鳥類の密度（A）と種数（B）．2014 年の越冬および中継利用の主要時期における結果．

出典 Reynolds MD et al., Dynamic conservation for migratory species, *Science Advances*, **3**(8):e1700707 (2017)

に柔軟に対応したりできる．また，一時的に生息地を改善する方が恒久的な保護よりも安価であるため，動的な保全戦略の方が，拡張性と費用対効果が高い可能性がある．」

著者らは動的な保全戦略について「限られた保全費用の効果を高めることができ，また市民科学者や地主の参加を得られることも重要である」と結論づけている．一方で，「動的な保全は恒久的保護を代替するものではなく，特に一年を通して保全価値の高い地域においては，補助的な手段と見なすべきだ」とも警鐘している．

今後の研究の方向性について考えよう

レイノルズ博士らが明らかにした渡り鳥の生息地を短期間で増やす取り組みの効果を踏まえ，あなたなら，この研究プログラムの次の一手をどのように思い描くだろうか？　もし，あなたがこの研究に携わっていたとしたら，次はどうするだろうか？　以下の質問について考えることから始めてみよう．

- 生息地オークションプログラムの範囲と効果を拡大する方法はあるか？
- 動的な保全活動に，特に適していそうな種や地域が他にあるか？
- 農地以外も含めて，生物多様性の保全と人間の生活を一致させるのに役立つ補完的な手法は，他にもあるだろうか？

次に，この研究テーマに関する今後の方向性について，数行で書いてみよう．

▲▲ 発展

環境についての世界観

個人や集団としての行動は，価値観や信念，究極的には世界観によって形成されている．哲学者プラトンは「物事は，その人が見たいように見えるものである」と述べた．環境についての世界観は様々であり，その分類方法も様々である．ここでは，環境についての世界観の様々な違いを例示するとともに，自身の環境観を深く考える材料として，環境学者のメイシー（Joanna Macy）博士による解説を見てみよう（Macy & Brown, 2014）．ここでの目的は，特定の世界観を支持することではない．意識するしないにかかわらず，誰もが環境についての世界観に基づいて行動していることに気づいてもらうことである．以下の観点は，それぞれ長所と短所をもっている．あなたはどれに最も共感するだろうか？

産業成長の世界観とは

人類を頂点とするパラダイムは，過去千年間にわたって最も影響力のあった文化的パラダイムの1つである．第2章で見たように，アリストテレスの「自然の階梯」（Scala Naturae）では，進化はホモ・サピエンスを頂点とする，完璧に向かう進歩として表現された．進化の過程や人類の歴史についての現代的な理解を得てもなお，人類を正当な支配的生物種と見る考え方は，多くの文化圏に広く浸透している．環境を人間の資源と見なす態度は，産業革命の時代，メイシー博士が「産業成長」の世界観と呼ぶもののなかで頂点に達した．

産業成長の世界観はめざましい成長を促し，人類社会の発展へ様々に貢献してきた（生活水準の向上，医療の進歩，新しいサービスや商品など）．しかし，産業成長は大きな代償を伴った．すべての人に健康，富，幸福を，という約束は実現されなかった．BOX 図 12.7 に示す通り，寿命や所得など人間社会の様々な部分に，途方もない不公平が存在している．そして，人類が今生態系に与えている影響を見れば，無節操な産業成長の気質は，人類社会にとっても環境にとっても持続可能ではない．人間の創造性と技術の進歩が現在の環境危機を解決する，と主張

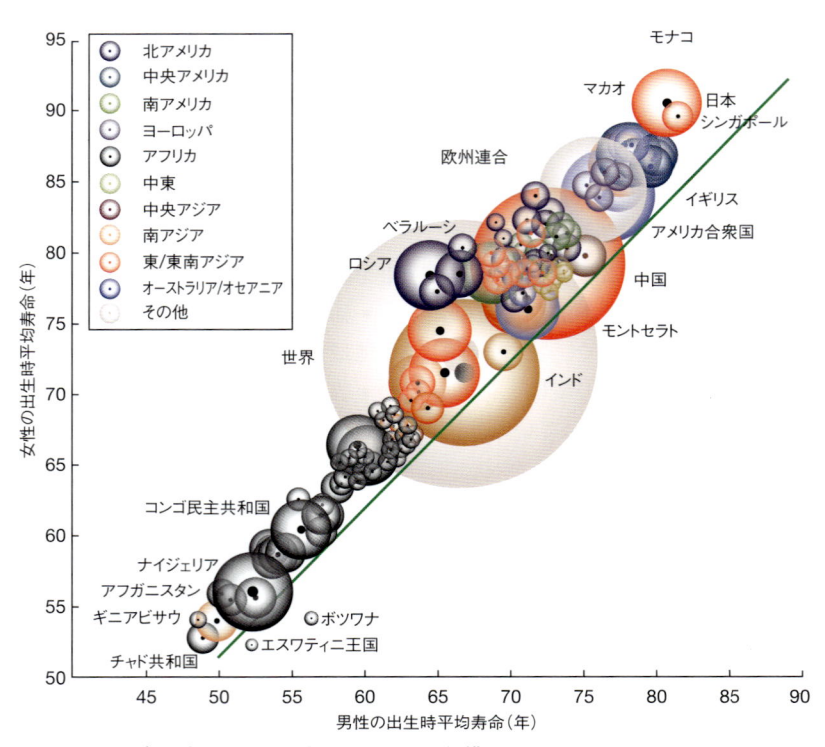

BOX 図 12.7 世界の平均寿命の違い．円の大きさは国の人口規模に比例している．
考えてみよう：社会的不平等と環境劣化はどのように関連するか？　その両方に関与している根本的な要因はあるだろうか？
出典 Cmglee/Wikimedia Commons

する人たちもいる．しかし多くの人は，何事も限界なく無限に成長できるはずはなく，環境について別の見方が必要だと主張している．

大いなる崩壊の世界観とは

　産業成長の世界観に代わる最もありふれたものは，メイシー博士が「大いなる崩壊」の世界観と呼ぶものである．地球が直面する環境問題の大きさが明らかになるにつれ，異なる文化的パラダイムが力をもつようになった．多くの人々が，人類は完璧に近づいているのではなく，地球上に終末をもたらす宇宙の厄介者だと考えるようになった．BOX 図 12.8 に示す「大いなる崩壊」の世界観の基本的なメッセージは，「私たちがすべてを台無しにした」，そして環境を人間の欲深さから守る必要がある，というものである．

　「大いなる崩壊」の世界観は，行動や改革主義への動機づけとなりうる．ただ，この世界観は，やや行きすぎているように思える．この見方は人間と環境を対立させており，和解や共存には悲観的である．それに，根本的に後ろ向きな世界観のなかで生きることは，さらなる問題を引き起こす可能性がある．例えば社会のレベルでは，対立は破壊的な行動を抑制するより，むしろ分断を深めてしまう傾向がある．同様に個人のレベルでは，罪悪感や怒りはしばしばやる気を起こすより，むしろ削いでしまうことがある．そのため，「大いなる崩壊」の世界観が現代の環境問題に対し，スケールの大きい解決策を提供できるかどうかは不明である．

大いなる転換の世界観とは

　歴史的に類を見ないこの時代に，多くの思想家は環境についての新しい世界観が必要だと考えている．思想家たちは，アインシュタインの

戻れ.
我々はすべてを台無し
にしてしまった.

A

B

BOX 図 12.8 （A）「大いなる崩壊」の世界観を表現した図解.（B）「大いなる転換」の世界観を教えるメイシー博士.
考えてみよう：それぞれの世界観（大いなる崩壊，大いなる転換）は，私たちが個人や集団として行う環境についての選択に，どのような影響を与えるだろうか？
出典 写真：Adam Loften

「私たちが直面している重大な課題は，私たちがその課題を生み出した頃と同程度の思考水準では解決できない」という格言を拠り所としている.「大いなる転換」の世界観の基本的なメッセージは，私たちが生物圏の他の部分と調和して生きる社会を創るには，人間の新たな創造力が必要だというものである. 従来の環境保護に加えて，世界観や文化基盤の転換が必要かもしれない. この基盤の転換には，すべての生命の相互の関連性についての深い洞察や，全人類の平等と持続可能性を支える新しい社会構造を希求する必要がある.

メイシー博士は，「大いなる転換」の世界観を次のように表現している.「地球史上における現代の最も顕著な特徴は，私たちが世界を破壊しつつあるということではない——それはずっと以前から続いてきたことだ. 現代の最大の特徴は，私たちが千年の眠りから覚め，世界との，自分自身との，そして人間どうしの全く新しい関係に目覚めつつあることなのだ.」この世界観の根底にある，包括的な変化（collective change）という発想は多くの人にとって魅力的だが，実現は難しい. 私たちが生物圏と新たな関係を築くためには，何が必要なのだろうか？

本章では，環境問題の積極的な解決に携わるための様々な方法を紹介してきたが，ここでは，それらの方法を補完するアプローチを推奨する. 現在の環境問題への関わり方を変えることは，私たちがとる行動と同じくらい重要かもしれない. 多くの著者は，相互の結びつきという原則に従って生きる人々が，新しい持続可能な時代を導くと考えている（例：Tolle, 2005）. ニサルガダッタ・マハラジは次のように述べている.「万物は万物に影響を及ぼす. この宇宙では，1つのものが変われば，すべてが変わる. それゆえ，人間は自分自身を変えることによって，世界を変える力をもつ.」この言葉は，我々自身の創造的であろうとする意思の力を過小評価するなと教えている. 私たちが地球上の何百万もの生命との関わり方を変えることで，人類の未来も変わり始めるのである.

もしあなたが，環境についての自己の世界観をより深く探求してみたければ，以下の問いを自分に投げかけてみてほしい. 私とは何か？ 私はどのような状態にあるか？ この世界の問題とは何か？ どうすればもっとうまくいくだろうか？ これらの問いへの答えは，時間の経過や人生経験の違いによって変化することに注意しよう. あなたの祖父や祖母の視点に立って，

また過去の自分自身の視点に立って，これらの問いに答えてみよう．あなたの思う，地球上の生物遺産と持続的に共存する新しい時代へと人類を導く視点に立って，これらの問いに答えてみよう．

第12章のまとめ

○ **人間-自然連関システムとは？**
- 生態系と社会領域は，複雑な相互作用とフィードバックをもつ真に統合されたシステムである．
- 生物多様性の保全を成功させるには，保全上の価値と人間社会のニーズを調和させる必要がある．

○ **生物多様性保全を支援するための社会的手段**
- 人間が生物圏に与える影響は，個人，団体，国家，国際社会が行う選択に依存する．

○ **個人による生物多様性保全への支援**
- 個人は様々な方法で生物多様性の保全に貢献できる．例えば，天然資源の保護，持続可能な方法で生産された商品の購入，また研究，活動，教育を通じて環境に関する知識と意識を高めるなど．

○ **団体による生物多様性保全への支援**
- 団体は多様な方法で生物多様性の保全に貢献できる．例えば，エコツーリズムやアグロエコロジー，製造業などにおいて，持続可能な生計の機会を創出するなど．

○ **政治行動による生物多様性保全への支援**
- 地域や国，国際的な統治機関は，立法，規制，動機づけを通して生物多様性保全に貢献できる．例えば，権利に基づく漁業，絶滅危惧種に関する法制，国際気候変動枠組条約，自然保護債務スワップなど．

○ **予想される未来**
- 人間と自然が複雑に連関したシステムについて，絶対的な未来予測はないが，人類社会をもっと持続可能な未来へ向かわせる創造的な方法は数多くある．

○ **基本知識：I ＝ PAT 式とは？**
- 将来の環境影響の大きさは，人口，豊かさ，技術革新，個人・地域社会・政府の行動に強く依存する．

○ **データで見る：動的な保全のための報奨金制度**
- ネイチャー・コンサーバンシーは，市民科学，数理モデル，地元農家への動機づけプログラム，生物のモニタリングを統合した取り組みにより，渡り鳥の生息地を動的に，短期的に増やす機会を生み出している．

○発展：環境についての世界観

• 私たちの世界観は，環境問題の解決への取り組み方に影響を及ぼす．私たちの考え方や，人間とそれ以外の生物圏との関係についての文化的な信念は，時とともに変化しうる．

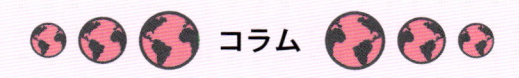

コラム

環境保全型の農業

　第3章や第4章で見たように，ヒトは農業と牧畜を発達させたことで世界中の土地利用を変化させ，陸域に大きな影響を及ぼしてきた．特に20世紀半ば以降，農薬や化学肥料，トラクターなどの化石燃料を使用した農業機械を基盤として集約的な農業が普及し，農業生産性が向上するとともに，環境への負荷がさらに強まった．現在，農業生産は陸域の生物多様性の最大の脅威の1つである．また，主要な温室効果ガスの排出源でもある．農業機械や温室の加温に利用される化石燃料由来の二酸化炭素だけでなく，畑の土壌から排出される亜酸化窒素，水田やウシなど反芻動物の家畜から排出されるメタンが高い温室効果をもっている．

　このような背景から，先進国を中心に環境負荷の少ない環境保全型農業への転換が進んでいる．例えば，2020年5月に欧州委員会が公表した「Farm to Fork戦略」では，2030年までに，化学農薬の使用量を50%削減，化学肥料の使用量を20%削減，全農地の25%を有機農業とすることが目標とされている．日本でも，2021年にみどりの食料システム戦略が策定され，2050年までに，化学農薬使用量を50%削減，化学肥料使用量を20%削減，全農地の25%を有機農業とすることが目標に掲げられている．

　無化学肥料・無化学農薬に限定する有機農業だけでなく，環境負荷の少ない農業管理方法は多数ある．例えば，冬期湛水（稲作を行わない冬期の水田に水を張る作業），中干し（一定期間，水田から水を抜き表面を乾かす作業）期間の延長，水田周囲の畔の草刈り頻度を減らすなどの管理は，水田生態系の生物多様性によい影響がある（片山ほか，2020）．また，緑肥の利用（非換金作物を栽培して土壌にすき込む農法）は土壌炭素蓄積を増やす効果があり，農業生産における気候変動対策として世界的に増加している．いくつかの農法は，生物多様性と気候変動対策の両方によい効果をもたらす．例えば，緑肥の利用は土壌動物の多様性を増やし，送粉昆虫に蜜源を提供する働きももつ．

　ただし，景観レベルでは環境負荷の少ない環境保全型の農業であっても，国土スケールあるいはグローバルな観点からは環境負荷を高める可能性があることには注意が必要である．有機農業などの環境保全型農業は，集約的な慣行農業に比べ単位面積当たりの生産性が著しく低い．そのため，先進国の農産物の消費量が減少しないなかで環境保全型農業への大規模な移行が進むと，途上国で農地が拡大し，先進国がそこから輸入するという，環境負荷の途上国への押しつけが生じる可能性がある（Bateman & Balmford, 2023）．実際，EUの有機農産物の約25%は途上国から輸入されており，EUで消費される農産物のために，1990年から2014年にかけてブラジルやインドネシアで1,000万ha以上の森林が農地に転換されたと推定されている（Fuchs et al., 2020）．

　環境保全型農業への転換は国土スケールだけでなく，地球規模でも推進されている．そのため，特定の農法の環境への効果を単一の景観や生態系で評価するだけでなく，農家の意思決定や貿易の変化を考慮し，より広いスケールでも評価する必要があるだろう．　　　　　　　　　　　　　　　［深野祐也］

 **コラム**

絶滅危惧種保護の法制度

　アメリカ合衆国の種の保存法である絶滅危惧種保護法（ESA）に遅れること 20 年，1993 年に日本で「絶滅のおそれのある野生動植物の種の保存に関する法律（通称，種の保存法）」が制定された．この法律では「国内希少野生動植物種」に指定された在来の絶滅危惧種について，それらを絶滅から守る様々な取り組み（例：捕獲・採集や取引の禁止，重要な生息地の開発の規制，生息地や繁殖地の環境整備）が指定されている．すでに野外個体群の存続が難しい状況となっている種に対しては，飼育下で管理し繁殖させる，いわゆる「生息域外保全」が重要な取り組みとされている．種の保存法も ESA と同様，CITES や二国間渡り鳥等保護条約などの国際条約と連携しており，それらの条約で指定された種（国際希少野生動植物種）の採集・販売・頒布・輸入・譲渡などを禁止している．このように，ひとたび種の保存法の適用対象となった生物には，手厚い保護対策が行えるようになる．

　国内希少野生動植物種に選ばれるのは，環境省のレッドリストで絶滅危惧 I, II 類に指定された種のうち，人為ストレスで生息・生育に支障を来している生物である．しかし実際に指定されている種は 442 種で，これは絶滅危惧 I, II 類全体（3,716 種）のたった 12% にすぎない（2023 年 8 月現在）．1 つでも多くの種が国内希少野生動植物種に登録されるためには，それぞれの生物の生息状況が十分に調査され把握されるのに加え，対象種に対する地域社会の理解や後押しが必要である．

　また現時点では，国内希少野生動植物種に海鳥以外の海洋生物は 1 種も指定されていない．海洋生物は世界的に見ても，陸域・陸水域の生物に比べて生息情報が圧倒的に不足しており，絶滅リスクを判断できない種が多い．しかも日本では，海洋生物は基本的に水産庁の管轄で，環境省の法規制が及びづらいという事情もある（例外として，国際条例上の保護対象となっているウミガメなどの生物だけは，国際希少野生動植物種として種の保存法の適用を受けている）．

　さて，絶滅危惧種の保護に関わる日本の法律は種の保存法だけではない．例えば，絶滅危惧種の生息地を保全する際には，自然公園法や自然環境保全法などの法律がしばしば役立つ．陸上生物への捕獲の禁止は鳥獣保護管理法，特定外来種である天敵の排除は外来生物法に基づいて行われる．さらに，カモシカ，ライチョウ，オオサンショウウオなど一部の絶滅危惧種は「特別天然記念物」にも指定され，文化財保護法による保護も受けている．絶滅危惧種を保護する取り組みの最前線では，これらの様々な関係法制が併せて駆使されているのである．　　　　　　　　　　　　　　　　　　　[鈴木　牧]

用　語　集

I ＝ PAT 式（IPAT framework）　環境への影響（I）を人口（P），豊かさ（A），技術（T）の3つの
　　主要因によって説明する式.

P 値（*p*-value）　結果が偶然に生じたと考えられる確率を示す統計学の概念（通常，$p<0.05$ が統
　　計的有意性の指標として用いられる）.

アウストラロピテクス（Australopithecus）　400 万年前〜 200 万年前に存在したヒト科の初期グ
　　ループ.

アグロエコロジー（agroecology）　農業のシステムに生態学の原理や研究成果を融合させる分野.

アフリカ単一起源説（Out of Africa hypothesis）　現代のホモ・サピエンスは，当初アフリカで
　　進化したという，現在ではよく受け入れられている定説.

アリー効果（Allee effect）　集団のサイズまたは密度の低下により，生存または繁殖などの重要
　　なプロセスがうまくいかなくなること.

アルディピテクス（Ardipithecus）　600 万年前〜 400 万年前に存在したヒト科の初期グループ.

アルベド（albedo）　地表面で反射される熱や光の割合.

移住支援（assisted migration）　自力では分散できない生息適地へ，種を意図的に移動させるこ
　　と.

一塩基多型（single nucleotide polymorphism）　DNA の 1 塩基対における変異（略称 SNP）.

遺伝（heredity）　形質（およびそれをコードする遺伝情報）が親から子へと伝えられる手段のこ
　　と.

遺伝子（gene）　タンパク質をコードする DNA の断片.

遺伝子型（genotype）　個体の遺伝情報や特定の形質に関する遺伝子の組み合わせのこと.

遺伝子型−環境相互作用（genotype by environment interaction）　異なる遺伝子型が環境変化に
　　対して異なる反応を示す現象.

遺伝子工学（genetic engineering）　生物の遺伝情報を人為的に操作する技術.

遺伝子座（locus）　染色体上の遺伝子の位置のこと．複数形は loci.

遺伝子浸透（introgression）　種間での遺伝的変異の移動.

遺伝子調節（gene regulation）　遺伝子の発現をコントロールし，RNA やタンパク質の産生を増
　　加または減少させること.

遺伝子の水平伝播（horizontal gene transfer）　親子関係や先祖−子孫の関係にない個体間での遺
　　伝情報の移動.

遺伝子発現（gene expression）　DNA 断片の情報が RNA やタンパク質として転写されること.

遺伝子流動（gene flow）　個体群間を個体の移動により遺伝子が移動すること.

遺伝性をもつ形質（heritable trait）　親から子供へ遺伝的に受け継がれる形質のこと.

遺伝的確率性（genetic stochasticity）　小集団で顕著となる対立遺伝子頻度のランダムな変化（遺
　　伝的浮動を参照）.

遺伝的同化（genetic assimilation）　環境により可塑的に現れていた形質が，後に遺伝的に固定さ
　　れる適応過程.

遺伝的浮動(genetic drift)　集団内の遺伝子頻度が偶然に変動する現象.

移入(immigration)　集団中へ個体が移動すること.

栄養カスケード(trophic cascade)　ある種に生じた変化が,栄養段階の隔たった他種に及ぼす影響のこと.

栄養段階(trophic level)　食物網における生物の機能的役割(例:生産者,一次消費者,二次消費者).

栄養段階の構造(trophic structure)　生態系における生物を,食物網における役割に基づいて機能的にグループ化すること.

エコツーリズム(ecotourism)　保全地域を訪問し支援することをテーマとする商業活動.通常,経済や社会の利益と環境の利益を結びつける意図がある.

エピジェネティック遺伝(epigenetic inheritance)　DNA 配列の変化を伴わずに遺伝子発現を変化させる遺伝様式.

温室効果(greenhouse effect)　地球の大気が入射する太陽放射を閉じ込める自然現象.

温暖期(hot house)　地球の歴史上,比較的温暖で氷河が少なかった地質時代.

カエルツボカビ症(chytridiomycosis)　菌類の感染によってカエルに引き起こされる病気.

火球(bolide)　地球の大気に衝突する物体(流星や隕石など).

核ゲノム(nuclear genome)　(真核生物の)細胞の核にある遺伝物質の総和のこと.

カスケード効果(cascading effect)　生態系内でのある変化が他の構成要素に連鎖的な影響を及ぼす現象.

可塑性第一仮説(plasticity-first hypothesis)　表現型可塑性は,遺伝的変化に先行するだけでなく,適応的な遺伝的変化を促進する可能性があるという仮説のこと.

環境正義(environmental justice)　環境コストと便益を人間社会全体で公平に配分し,どのグループも排除したり負担をかけたりしないこと.

環境的確率性(environmental stochasticity)　環境条件が時間的または空間的に予測困難な変化をすること.

間接効果(indirect effect)　ある個体または種が,別の個体や種に与える影響のうち,第三者に媒介されるもの(↔直接効果).

完全相加的効果(fully additive effect)　複数の要因の影響の合計が,個々の要因の影響の合計と正確に一致すること.

寒冷期(ice house)　地球の歴史上,比較的涼しく多くの氷河が存在した地質時代.

緩和時間(relaxation time)　あるシステムが新しい平衡状態に到達するために必要な時間.

気候変動に関する政府間パネル(intergovernmental panel on climate change)　現在の気候パターンを分析し意思疎通を行うため国連によって召集された国際機関(略称 IPCC).

気候変動の緩和(climate change mitigation)　気候システムへの放射強制を削減するための行動.

気候変動への適応(climate change adaptation)　人為的な気候変動に対する生物的なシステムの脆弱性を減らすための行動.

キーストーン種(keystone species)　生態系に対してその存在量に比べて非常に大きな影響をもち,その消失が劇的な効果をもたらす種のこと.

既存の遺伝的変異(standing genetic variation)　ある集団内の特定の遺伝子座に複数の対立遺伝子が存在すること.

機能的冗長性（functional redundancy）　複数の種が同様の生態学的役割をもち，同じ生態学的プロセスを支えている状況.

基本ニッチ（fundamental niche）　理想的な条件下で個体群が利用できる条件および資源のこと.

帰無仮説（null hypothesis）　統計学的な概念で，例えば変数間に有意な関係がないなど，節約的な立場に立つ仮説.

逆オークション（reverse auction）　買い手と売り手の役割が逆転した取引で，売り手が買い手に対しサービスの売値を入札する.

協働（collective action）　人々が共通の目標に向かって協力して行う取り組み.

近親交配（inbreeding）　遺伝的に近縁なものどうしの交配.

組換え（recombination）　染色体の交叉を通じて，遺伝物質の再配置が行われるプロセスのこと.

クローニング（cloning）　ある個体の遺伝子のコピーを作ること.

グローバル化（globalization）　世界各地の人々，組織，政府の相互作用と相互依存度の増大.

群集（community）　特定の地域において相互作用する種の集合.

系統（lineage）　ある先祖とそのすべての子孫のこと.

系統樹（phylogenetic tree）　遺伝的データや表現型データに基づいて構築される進化的関係を示す図.

系統的種概念（lineage species concept）　生命の樹において独立して進化するセグメントとして種を定義する考え方.

ゲノム（genome）　生物の全遺伝情報.

ゲノム編集（genome editing）　DNA を欠失，挿入，または改変することにより，DNA の配列を変更する技術.

原核生物（prokaryotes）　膜で囲まれた核をもたない単細胞生物を指すが，単一の系統ではない.

原生息域（native range）　人間の影響を受ける前の種の地理的分布.

権利に基づく漁業管理（rights-based fishery management）　漁業資源に対する権利と所有権を，利害関係者がより確実に保有する管理方法. 特に乱獲対策として行われる.

交互作用効果（interaction effect）　2つ以上の独立変数の複合的効果.

更新世（Pleistocene）　大規模な氷河が存在した第四紀の最初の地質時代.

古細菌（アーキア）（archaea）　核をもたない単細胞生物の古代のドメインの1つ. 当初は細菌と一緒に分類されていたが，現在は別系統として認識されている.

個体群存続性分析（population viability analysis）　ある期間にわたって個体群が存続する可能性を評価するための定量的モデリング手法（略称 PVA）.

固着性（sessile）　その場に定着しており，自由に動くことができないこと.

コモンガーデン実験（common garden experiment）　異なる遺伝子型の個体を共通の環境で育てる実験. 多くの場合，特定の形質が遺伝的に受け継がれるかを評価するために行われる.

細菌（バクテリア）（bacteria）　核をもたない単細胞生物の古代のドメインの1つで，地球上で最初の細胞生命体であると考えられている（真正細菌ともいう）.

最小存続可能個体数（minimum viable population）　集団が失われる可能性のある最小の個体数の閾値.

産業革命（Industrial Revolution）　1700 年代後半から 1800 年代前半にかけて，製造技術における多くの革新が初めて現れた時代.

サンゴの白化（coral bleaching）　サンゴがストレスによって共生褐虫藻を排出してその色素を失

い，白い骨格が透けて見える現象．しばしば高温によって引き起こされ，サンゴの死滅につながる．

散布体バンク（propagule bank）　堆積物，土壌，氷のなかに安定的に保存されている種子，卵，嚢胞，または胞子の貯蔵物（後に復活できることが多い）．

時間遅れ効果（lag effect）　原因から時間的に遅れて発生する効果．

自然選択（natural selection）　環境への適合性に基づく生物の生存または繁殖の差．適応をもたらす進化の過程．

自然保護債務スワップ（debt-for-nature swap）　生息地保全へのコミットメントと引き換えに，国家間の債務を減少させる約束をする取引のこと．

実現気候変動（realized climate change）　すでに発生した地球温暖化の大きさ（↔予測気候変動）．

実験進化（experimental evolution）　実験室や野外における制御された自然選択下で，世代を超えて進化プロセスをリアルタイムで研究する手法．

実現ニッチ（realized niche）　捕食者や競争相手などの制約があるなかで，生物種が実際に占めることのできる生態的役割や場所のこと．

従属変数〈dependent variable〉　独立変数に値が依存する変数のこと（応答変数ともいう）．

種間交雑（hybridization）　異なる種間の交配．

主効果（main effect）　ある独立変数の影響から，他の独立変数の影響を差し引いたもの．

種数（species richness）　ある生物群集に存在する種の総数．

種の多様性（species diversity）　生物群集内の種の多様さの尺度．

種分化（speciation）　新しい系統が形成されることで多様化する進化過程．

種分布モデル（species distribution model）　現在の種の分布情報と環境データを関連づけ，将来の生息適地や生物群集の構成を予測する数学的モデル（略称SDM）．

馴化（acclimation）　実験室内における条件の変化に合わせて個体の性質が変化していく過程．

順応（acclimatization）　自然界における条件の変化に合わせて個体の性質が変化していく過程．

順応的管理（adaptive management）　保全目標を設定し，管理介入を実施した後，その結果をもとにして，今後の目標を調整する包括的なプロセス．

消費者（consumer）　生産者や他の消費者を餌にしてエネルギーを得る生態学的役割をもつ生物．

人為移住（translocation）　保全の目的で個体をある場所から別の場所へ意図的に運び，放すこと．

人為選択（artificial selection）　人間が意図的に望ましい形質をもつ個体を何世代にもわたって繁殖させ，種や系統の特徴を変化させるプロセス．

真核生物（eukaryotes）　細胞内に膜で覆われた核をもつすべての生物．

進化支援（assisted evolution）　環境の急変に直面している種を対象に，生存に望ましい形質を強化するために，人間が適応を意図的に加速させること．

進化的救済（evolutionary rescue）　環境の変化や競争による絶滅の危機から，迅速な適応的進化によって生き残る過程のこと．

進化的放散（evolutionary radiation）　ある系統において，主に種分化率の上昇により，分類学的多様性が急速に蓄積すること（自然選択の役割が明確な場合は適応放散と呼ばれる）．

新規突然変異（new mutation）　環境変化が起きた後で起こる遺伝的変化．

人獣共通感染症（zoonosis）　人間と動物の間で伝播する疾患のこと．

人新世（Anthropocene）　人間の活動が地球の主要なプロセスを支配する地質学的年代.

新石器革命（Neolithic Revolution）　人類社会が大規模な集落や農耕へと移行し始めた歴史上の時期.

侵入個体数（propagule size）　外来種が侵入先で初期に産み出す配偶子や個体の数.

侵略的外来種（invasive species）　新しい分布域で経済的または生態的な悪影響をもたらす外来種のこと.

生産者（producer）　光合成によって太陽エネルギーをバイオマスに変換し，エネルギーを生産する役割をもつ生物.

脆弱性（vulnerability）　種またはシステムが環境変化に対してどれだけ影響を受けやすいかの程度（感受性，曝露度，および対応能力に依存する）.

生食食物網（green food web）　食物網のうち光合成生物によって支えられている部分.主に地上を起点とする.

生息域外保全（ex situ conservation）　脅威のある地域から個体を移動させることにより，脆弱な種を保護するための「現地外での」取り組み.

生息域内保全（in situ conservation）　自然の生息地で生物に対する脅威に対処し，脆弱な種を保護するための「現場での」取り組み.

生息域保全戦略（coarse-filter strategy）　保全分野において，景観または生態系レベルに焦点を当てた，生物多様性を保護，保全，または回復するための取り組み.

生息地保全計画（habitat conservation plan）　絶滅危惧種法に基づく，土地の管理方法および絶滅危惧種への影響に関する合意.

生息適地地図（habitat suitability map）　種の生態学的な要求に基づき，その種が生存すると予想される地域.

生態系（ecosystem）　ある地域内で相互作用しているすべての生物的および非生物的要素.

生態系機能（ecosystem function）　ある生態系内で起こる物理的，化学的，生物的プロセス.

生態系サービス（ecosystem service）　人間に直接利益をもたらす生態系の機能.

生態系の回復力（ecosystem resilience）　生態系がその全体的な構造と機能を維持しながら，撹乱を吸収する，または撹乱から回復する能力.

生態系の構造（ecosystem structure）　生態系における生物的および非生物的な構成要素.

生態系の崩壊（ecosystem collapse）　生態系の構造と機能が急速かつ継続的に失われること.

生態系のレッドリスト（Red List of Ecosystems）　国際自然保護連合（IUCN）がまとめた生態系の状態を評価するための基準.

正のフィードバックループ（positive feedback loop）　反応によって刺激がさらに増大する過程.

生物学的な相互作用連鎖（biotic interaction chain）　異なる栄養段階の生物種間で生じる直接的および間接的影響.

生物圏（biosphere）　地球上で生物が生息するすべての領域.

生物集団保全戦略（fine-filter strategy）　生物多様性の保全において，特定の種や個体群などに焦点を当てた保護や管理のアプローチ.

生物相の均質化（biotic homogenization）　地球上の各地域において生物群集の遺伝学的，分類学的，機能的類似性が上昇すること.

生物多様性重要地域（key biodiversity area）　世界的な生物多様性の維持に大きく貢献している地理的な地域.

生物多様性ホットスポット（biodiversity hotspot）　多くの固有種を含み，地球変動のストレス要因に対して特に脆弱な生物多様性の高い地域.

生物地球化学的循環（biogeochemical cycle）　環境の生物的・非生物的構成要素を通じてエネルギーや物質の流れを支配する，相互に連結した循環.

絶対的（義務的）（obligate）　生物種の生態学的役割が固定されていたり，相互作用相手が限定されていたりする状態.

絶滅（extinction）　種全体（またはさらに高次の分類群）が喪失すること.

絶滅危惧種のレッドリスト（Red List of Threatened Species）　IUCN がまとめた世界中の種の保全状況と絶滅の脅威のレベルを定義したデータベース.

絶滅危惧種保護法（Endangered Species Act）　1973 年に成立したアメリカ合衆国の法律. 危急種とその種が依存する生態系の保護を目的とする（略称 ESA）.

絶滅の渦（extinction vortex）　ある種の個体数の減少が絶滅を加速させる正のフィードバックループのこと.

絶滅のおそれのある野生動植物種の国際取引に関する条約（Convention on International Trade in Endangered Species of Wild Fauna and Flora）　絶滅危惧種の国際取引を規制する多国間条約. ワシントン条約ともいう（略称 CITES）.

絶滅の負債（extinction debt）　過去または現在に起因して起こる将来の絶滅.

絶滅リスク（extinction risk）　種の消失の危険度のこと（通常，特定のタイムスケールで定義される）.

先住民（indigenous people）　占領または植民地化される前にその地域に居住していた民族または文化的集団.

染色体（chromosome）　ゲノムの構造単位.

染色体逆位（chromosomal inversion）　染色体の一部が逆さまに並び替えられる大規模な DNA の再配置.

選抜育種（selective breeding）　人間が意図的に望ましい形質をもつ個体を何世代にもわたって繁殖させ，品種または種の特徴を変化させるプロセス.

相互移植実験（reciprocal transplant experiment）　異なる遺伝子型がそれぞれの「元の環境（ホーム）」と「異なる環境（アウェイ）」で育てられる実験のことで，環境の影響と遺伝的影響を分離するために用いられる.

相乗効果（synergistic effect）　複数の要因の複合的な影響が，個々の影響の合計よりも大きい場合.

相利共生（mutualism）　2 つ以上の種間で，すべての相互作用するパートナーにとって有益な生態学的関係.

外向き長波放射（outgoing longwave radiation）　地球およびその大気から熱放射として放出されるエネルギー.

第 6 の大量絶滅（the sixth mass extinction）　人間活動によって引き起こされている現代の全球的な絶滅の高まりのこと.

体外受精（in-vitro fertilization）　体外で卵子と精子を受精させ，実験室で胚に発生させること.

対照区（control）　特定の処理にさらされることなく，データ解釈のための比較基準を提供するもの.

タイムラグ（time lag）　原因と結果の間に生じる時間的な隔たり.

第四紀後期の大型動物の絶滅(late Quaternary megafaunal extinctions)　人新世以前の地質時代における人間の狩猟と気候変動が主な原因となって，多くの大型種が世界的に失われたこと.

対立遺伝子(allele)　ある遺伝子の変異型.

大量絶滅(mass extinctions)　地球史において，世界中の系統が不釣り合いなほど多く失われること.

脱絶滅(de-extinction)　絶滅した種の復活や，それに近い機能をもつ類似種を作出すること.

炭素隔離(carbon sequestration)　炭素を貯蔵する過程.自然界(例：植物，土壌，海)で行われるほか，人為的にも(例：地下への注入などを通じて)補強することができる.

地球工学(geoengineering)　大規模な環境プロセスを意図的に操作すること.

調和生態学(reconciliation ecology)　人間が支配する景観を，生物多様性を支えられるように強化するための学問.

直接効果(direct effect)　ある個体または種が，別の個体や種に与える影響のうち，第三者を介在しないもの(↔間接効果).

地理的範囲(geographic range)　ある種が生息している空間的な総面積.

地理的分布(geographic distribution)　地球上である種の個体が存在するすべての場所の配置.

デオキシリボ核酸(deoxyribonucleic acid)　自己複製を行う二本鎖の高分子で，地球上のほとんどの生物の遺伝的な継承をする(略称 DNA).

適応(adaptation)　世代を越えた遺伝的変化により，集団がより環境に適した存在になる過程.

適応度(fitness)　特定の環境条件下で生物個体や遺伝子が増殖する能力.

適応ポテンシャル(adaptive potential)　ある種が環境条件の変化に対して適応的な反応を示す能力.

転換点(tipping point)　システムやプロセスにおいて急激かつ重要な変化が起こる点.しばしば，ある状態から別の状態へ移行する閾値効果を意味する.

点源汚染(point source pollution)　局所的な起源をもつ汚染.

統計的有意性(statistical significance)　変数間の関係が偶然だけでは説明できないことを示す統計的な概念.

独立変数(independent variable)　値が他の要因に依存しない要因(説明変数ともいう).

都市のヒートアイランド効果(urban heat island effect)　主にアルベドの低下，蒸発散速度の低下，および熱の閉じ込めの増加による都市部の気温上昇.

突然変異(mutation)　DNA レベルでの遺伝的変化.

トップダウン効果(top-down effect)　生態系においてより高い栄養段階(例：捕食者)が，より低い栄養段階の生物(例：被食者)や栄養塩に与える影響.

内部共生(または細胞内共生)(endosymbiosis)　一方の生物が他方の生物の内部に生息し，相互作用するパートナー双方が利益を得る生態学的関係のこと.

ニッチ(niche)　種とその環境との関係，すなわち種の環境的要件とその種が環境に及ぼす影響のこと.

ニッチの保守性(niche conservatism)　種がその先祖と同様の生態的役割や要件を保持する傾向のこと.

入射する太陽放射(incoming solar radiation)　太陽からのエネルギーで，短波放射として地球の大気に入るもののこと.

任意的（facultative）　ある生物種について，その生態学的役割が固定されていないこと，あるいは状況に応じて相互作用相手を変更できること．

人間-自然連関システム（coupled human-natural system）　社会，経済，生態系，生物地球化学のシステム間の動的な相互関係．

パラントロプス（Paranthropus）　約300万年前～100万年前に存在したヒト科の初期グループ．

反射される太陽放射（reflected solar radiation）　入射する太陽放射のうち，雲，大気ガス，または地球表面によって短波放射として宇宙空間に反射される割合．

反復（replication）　複数の独立した個体，サンプル，グループ，または場所における実験の繰り返し．

非侵襲的サンプリング（noninvasive sampling）　羽毛，毛皮，糞などを用いて，調査対象生物を傷つけずに試料を採取すること．

ヒト科（Hominidae）　オランウータン，ゴリラ，チンパンジー，ボノボ，ヒトなど大型類人猿の総称．

避難所／レフュジア（refugia）　環境条件により，孤立した遺存個体群の存続が可能となった地域．

氷河期（ice age）　氷河のある時代．更新世の氷河期を指すことが多い．

表現型（phenotype）　遺伝子型と環境の相互作用の結果として観察される生物の形質．

表現型可塑性（phenotypic plasticity）　1つの遺伝子型が異なる環境で異なる表現型を示すこと．

フィードバック（feedback）　それ自体の効果によって変化するプロセスやシステム．

フェノロジー（phenology）　周期的または季節的な自然現象．

フェノロジーの不一致（phenological mismatch）　相互作用する種が時間的または空間的に一致しなくなる現象．

腐食食物網（brown food web）　主に地下の分解者に支えられた食物網の部分．

不浸透面（impervious surface cover）　舗装のような，水が土壌に浸透できない硬い地表のこと．

復活生態学（resurrection ecology）　保存されている卵や種子を孵化させたり発芽させたりして，時間的に「凍結」された生物を研究する学問．

負のフィードバックループ（negative feedback loop）　反応によって刺激が減少する自己調節過程．

部分的な相加的効果（partially additive effect）　複数の要因の影響の合計が，個々の要因の影響の合計よりも小さくなる効果のこと．

分解者（decomposer）　有機物を分解する生態学的な役割をもつ生物．

分散（variance）　平均値を中心とした値のばらつきや広がりを表す統計学的な概念．

分散能力（dispersal capability）　生物が分散により移動する能力．分散により通常，出生地とは別の場所に移動する．

分布移動（range march）　種の地理的分布が一部の範囲が縮小し，別の部分が拡大することによって移動すること．

分布拡大（range expansion）　種が以前よりも広い面積を占有するように，その地理的分布が広がること．

分布縮小（range contraction）　種の地理的分布が過去の分布範囲の一部のみに減少すること．

ヘテロ接合度（heterozygosity）　遺伝的多様性の指標の1つで，1つの個体がある遺伝子座において複数の対立遺伝子をもつこと．

放射強制力（forcing） 気候システムにおける放射バランスに影響する要因.

捕食-被食関係のミスマッチ（trophic mismatch） 消費者とその資源との同調性の欠如. 気候変動により増加している.

保全（conservation） 生態系を保存, 保護, または復元する行為.

保全地役権（conservation easement） 特定の土地に対する権限が, 最大限の保全効果を目指して土地信託や政府機関に委ねられる仕組み.

保全における重みづけ（conservation triage） リソースをどの保全対象に割り当て, どれに割り当てないかを決定する過程. 通常, 回復の可能性が高い種などにリソースを当てるため, その他の種は後回しにされる.

ボトムアップ効果（bottom-up effect） 生態系内の栄養塩や低次の栄養段階の生物（生産者など）がより高次の栄養段階に与える影響.

ホモ属（*Homo*） ホモ・サピエンス（*Homo sapiens*）を唯一の現存種とする古代および現代人に対する属名.

無作為化（randomization） 実験において系統的な偏りを回避するため, 個体や試料を処理群に割り当てる際に確率的な方法を用いること.

メタ解析（meta-analysis） 多数の個別研究のデータを統一的な枠組みで系統的に再解析すること.

メタ個体群（metapopulation） 個体の移動を通じて相互作用する集団で, 絶滅と再定着の力学に支配される.

モデル生物（model organism） 酵母, ショウジョウバエ, マウスなど, 実験室での飼育が容易で, 広く研究されている種.

約束された地球温暖化（global warming commitment） 気候システムの慣性により, 仮にすべての炭素排出が抑制されても避けられない将来の地球温暖化の度合い.

有益な突然変異（beneficial mutation） 適応度を向上させ自然選択で残りやすい遺伝的変異.

有害な突然変異（deleterious mutation） 適応度を低下させ, 自然選択により排除されうる遺伝的変異.

「ゆりかごからゆりかごまで」のライフサイクル分析（"cradle-to-cradle" life cycle analysis） 製品のライフサイクルの全段階における環境影響を, 原材料からリサイクルまで含めて考慮すること.

予測気候変動（projected climate change） 数学的な気候モデルにより予測される地球温暖化の大きさ.

ラグジュアリー効果（luxury effect） 人の富が, 人間によって改変された環境内の生物多様性としばしば正の相関を示すこと.

リボ核酸（ribonucleic acid） 遺伝子の発現やタンパク質の合成など, 多くの細胞機能に関与する一本鎖の高分子で, 多くのウイルスにおいては遺伝子を受け継ぐ唯一の基盤となっている（略称 RNA）.

臨界最高温度（critical thermal maximum） 動物が主要な運動機能を失い, それ以上生存できなくなる温度.

連結性（connectivity） 生物個体や資源が異なる生息地の間で移動する能力.

索　　　引

わ 行

監訳者略歴

宮下　直（みやした　ただし）

1961 年　長野県に生まれる
1985 年　東京大学大学院農学系研究科修士課程修了
現　在　東京大学大学院農学生命科学研究科教授
　　　　博士（農学）
著　書　『生物多様性と生態学』（共著，朝倉書店，2012）
　　　　『生物多様性のしくみを解く』（工作舎，2014）
　　　　『となりの生物多様性』（工作舎，2016）
　　　　『生物多様性概論』（共著，朝倉書店，2017）
　　　　『人と生態系のダイナミクス 1 農地・草地の歴史と未来』
　　　　（共著，朝倉書店，2019）
　　　　『チャレンジ！ 生物学オリンピック 5 —行動学・生態学—』
　　　　（監修，朝倉書店，2023）
　　　　『ソバとシジミチョウ』（工作舎，2023）など

グローバル変動生物学

—急速に変化する地球環境と生命—　　　　　　　定価はカバーに表示

2024 年 10 月 1 日　初版第 1 刷

監訳者　宮　下　　　直

発行者　朝　倉　誠　造

発行所　株式会社　朝　倉　書　店

東京都新宿区新小川町 6-29
郵 便 番 号　　162-8707
電　話　03（3260）0141
Ｆ Ａ Ｘ　03（3260）0180
https://www.asakura.co.jp

〈検印省略〉

ⓒ 2024 〈無断複写・転載を禁ず〉　　　　　　　シナノ印刷・渡辺製本

ISBN 978-4-254-18064-0　　C 3045　　　　　Printed in Japan

チャレンジ！ 生物学オリンピック4 —遺伝学・生物進化・系統学—

国際生物学オリンピック日本委員会・和田 洋 (監修)／鈴木 大地・二階堂 雅人・森長 真一 (編集)

A5判／144ページ　ISBN：978-4-254-17519-6 C3345　定価2,970円（本体2,700円＋税）

国際生物学オリンピック，日本生物学オリンピックで出題された問題を例に，遺伝学・生物進化・系統学を丁寧に解説。世界標準の知識と問題の解き方・考え方を身につけ，高い実践力を養う。〔内容〕遺伝／進化／自然選択／分子進化／系統推定／分岐年代推定／形質進化／オミクス／実験問題（一部PCを使った演習問題あり）／他

チャレンジ！ 生物学オリンピック5 —行動学・生態学—

国際生物学オリンピック日本委員会・宮下 直 (監修)／沓掛 展之・瀧本 岳・森 章・野口 立彦 (編集)

A5判／160ページ　ISBN：978-4-254-17520-2 C3345　定価2,970円（本体2,700円＋税）

国際生物学オリンピック，日本生物学オリンピックで出題された問題を例に，行動学・生態学を丁寧に解説。世界標準の知識と問題の解き方・考え方を身につけ，高い実践力を養う。〔内容〕動物行動学／自然選択／個体群／群集／種多様性／生態系生態学／保全・応用／実験問題（個体群動態モデルほか）／大会概要／他

生物多様性概論 —自然のしくみと社会のとりくみ—

宮下 直・瀧本 岳・鈴木 牧・佐野 光彦 (著)

A5判／192ページ　ISBN：978-4-254-17164-8 C3045　定価3,080円（本体2,800円＋税）

生物多様性の基礎理論から，森林，沿岸，里山の生態系の保全，社会的側面を学ぶ入門書。〔内容〕生物多様性とは何か／生物の進化プロセスとその保全／森林生態系の機能と保全／沿岸生態系とその保全／里山と生物多様性／生物多様性と社会

生物多様性と地球の未来 —6度目の大量絶滅へ？—

太田 英利 (監訳)／池田 比佐子 (訳)

B5判／192ページ　ISBN：978-4-254-17165-5 C3045　定価3,740円（本体3,400円＋税）

生物多様性の起源や生態系の特性，人間との関わりや環境等の問題点を多数のカラー写真や図を交えて解説。生物多様性と人間／生命史／進化の地図／種とは何か／遺伝子／貴重な景観／都市の自然／大量絶滅／海洋資源／気候変動／侵入生物

人と生態系のダイナミクス2 森林の歴史と未来

鈴木 牧・齋藤 暖生・西廣 淳・宮下 直 (著)

A5判／192ページ　ISBN：978-4-254-18542-3 C3340　定価3,300円（本体3,000円＋税）

森林と人はどのように歩んできたか。生態系と社会の視点から森林の歴史と未来を探る。〔内容〕日本の森林のなりたちと人間活動／森の恵みと人々の営み／循環的な資源利用／現代の森をめぐる諸問題／人と森の生態系の未来／他

生物の多様性百科事典

C. タッジ (著)／野中 浩一・八杉 貞雄 (訳)

B5判／676ページ　ISBN：978-4-254-17142-6 C3545　定価22,000円（本体20,000円＋税）

生物学の教育と思考の中心にある分類学・体系学は，生物の理解のために重要であり，生命の多様性を把握することにも役立つ。本書は現生生物と古生物をあわせ，生き物のすべてを網羅的に記述し，生命の多様性を概観する百科図鑑。平易で読みやすい文章，精密で美しいイラストレーション約600枚の構成による魅力的な「系統樹」ガイドツアー。"The Variety of Life"の翻訳。〔内容〕分類の技術と科学／現存するすべての生きものを通覧する／残されたものたちの保護